教育部高等学校化工类专业教学指导委员会推荐教材
荣获中国石油和化学工业优秀教材一等奖

化工原理

（第四版）

吕树申　莫冬传　祁存谦　主编

化学工业出版社

·北京·

内 容 简 介

《化工原理》(第四版)覆盖化工单元操作的主要内容,包括流体流动、流体输送、非均相分离、传热、蒸发、精馏、吸收、萃取、干燥、流态化与气力输送。对第三版每章学习要求、中英文关键词、相关知识背景和工业实用实例等做了补充,使体系更加完整,内容更具有趣味性;将"虚拟化工原理课堂"以线上资源的方式与纸质教材配套,以便于读者通过自学加深对相关知识的理解;同时本书配有两种网络增值服务:《化工原理》习题解答和《化工原理》教学课件。

本书可作为大学本科60~90学时化工原理课程教材,适用于化工、应用化学、制药、材料、生物工程、食品工程、环境工程、造纸、冶金等专业。也可供自考学生、高职学生等选用。

图书在版编目（CIP）数据

化工原理/吕树申,莫冬传,祁存谦主编. —4版. —北京:化学工业出版社,2022.2(2024.3重印)
教育部高等学校化工类专业教学指导委员会推荐教材
ISBN 978-7-122-40491-6

Ⅰ.①化… Ⅱ.①吕…②莫…③祁… Ⅲ.①化工原理-高等学校-教材 Ⅳ.①TQ02

中国版本图书馆CIP数据核字（2021）第259448号

责任编辑：徐雅妮　吕　尤　　　　　　　　装帧设计：关　飞
责任校对：宋　玮

出版发行：化学工业出版社（北京市东城区青年湖南街13号　邮政编码100011）
印　　装：大厂聚鑫印刷有限责任公司
787mm×1092mm　1/16　印张16¾　字数433千字　2024年3月北京第4版第3次印刷

购书咨询：010-64518888　　　　　　　　　　售后服务：010-64518899
网　　址：http://www.cip.com.cn
凡购买本书,如有缺损质量问题,本社销售中心负责调换。

定　价：49.00元　　　　　　　　　　　　　　　　　　版权所有　违者必究

教育部高等学校化工类专业教学指导委员会
推荐教材编审委员会

顾　　　问　王静康

主 任 委 员　张凤宝

副主任委员（按姓氏笔画排序）

山红红	华　炜	刘有智	李伯耿	辛　忠
陈建峰	郝长江	夏淑倩	梁　斌	彭孝军

其 他 委 员（按姓氏笔画排序）

王存文	王延吉	王建国	王海彦	王靖岱	叶　皓	叶俊伟
付　峰	代　斌	邢华斌	邢颖春	巩金龙	任保增	庄志军
刘　铮	刘清雅	汤吉彦	苏海佳	李小年	李文秀	李清彪
李翠清	杨朝合	余立新	张玉苍	张正国	张青山	陈　砺
陈　淳	陈　群	陈明清	林　倩	赵劲松	赵新强	胡永琪
钟　秦	骆广生	夏树伟	顾学红	徐春明	高金森	黄　婕
梅　毅	崔　鹏	梁　红	梁志武	董晋湘	韩晓军	喻发全
童张法	解孝林	管国锋	潘艳秋	魏子栋	魏进家	褚良银

前言

化工原理是一门关于化学加工过程的技术基础课,它为过程工业(包括化工、轻工、医药、食品、环境、材料、冶金等工业部门)提供科学基础,是化工生产、化工设计等技术类岗位的必备基础知识。化工原理课程主要研究化工生产中单元操作的基本原理及其设备的设计、操作与调节,以传递过程原理和研究方法论为主线,研究各个物理加工过程的基本规律、典型设备的设计方法、过程的操作和调节原理。化工单元操作将在绿色低碳、智能化、大数据融合等方面深度发展,以智能化工厂的建设促进绿色化工和低碳化工。

本书第一版于2006年出版,第二版于2009年出版,第三版于2015年出版,至今已有十五年,得到了广大教师和读者的认同。第二版和第三版分别于2010年、2016年两次荣获中国石油和化学工业优秀出版物奖·教材一等奖。本书的整体特点是单元操作过程中的数学解析简明清晰,将工艺新算法引入若干新型化工设备及原理;本书趣味性强,从源于生活的事例入手逐步展开科学原理的讲解,引入贴近生产的化工例题;配备数字化教学资源,将化工设备动画、虚拟课堂以在线资源的方式与教材互联。

本书内容是基于中山大学"化工原理""化工基础"等课程精编而成。早期,祁存谦教授带领年轻教师团队在化工设备动画库、虚拟化工实验、化工原理试题库、虚拟化工原理课堂、双语教学等多媒体教学方面做了积极的努力与尝试,取得了全国瞩目的成绩。1997年12月《化工基础试题库》获全国优秀CAI软件三等奖、2002年9月《虚拟化工实验》获第六届全国多媒体教育软件大奖赛二等奖、2003年12月《化工设备动画库》软件获第七届全国教育软件大奖赛三等奖。

随着化学工程技术的发展以及化工原理教学方法和内容的改进,本教材逐步增加了一些最新研究方向的内容、一些化工历史及背景知识、一些著名化工科学家事迹,并配有化工设备动画,进一步增加教材的趣味性和知识面,凸显新工科特点。

本书第四版是在第三版基础上修订完成的,编写的基本思想与体系延续了第三版。第四版补充了每章学习要求、中英文主题词、相关知识背景和工业应用实例等,使体系更加完整、内容更具有可读性。本次修订的主要内容有:在"第4章 传热"中增加了"流体有相变时对流传热系数的计算"一节,以增加沸腾和冷凝传热的知识点；在"第7章 吸收"中增加了三传类比的基础理论说明，以使读者更清楚地理解传递过程的实验规律；在书末增加"主要符号表"，以方便读者查阅相关符号；将"虚拟化工原理课堂"以线上资源的方式与纸质教材配套，以便于读者自学及加深对相关知识的理解。

同时本书配有其他两种网络增值服务：《化工原理》习题解答和《化工原理》教学课件，读者可通过扫描封底二维码获取。

为了更好地传承，祁存谦教授力荐青年教师莫冬传副教授担纲本次修订工作，杨祖金副教授提出了部分修订意见，罗佳利博士参加了部分编写工作，全书由吕树申教授统稿。在此，谨向为本书第一、二版编写做出贡献的丁楠副教授表示感谢。

由于作者能力有限，望读者继续提出宝贵意见和修改建议。另外，本书拟在后续版本中进一步充实工程实例，诚邀各位同行参与并提供素材。

吕树申　莫冬传　祁存谦

2021年8月于中山大学

网络增值服务使用说明

本教材配有网络增值服务（含付费），建议同步学习使用。读者可通过微信扫描本书二维码获取网络增值服务。

网络增值服务内容

 虚拟课堂　关键知识 视频讲解

 教学课件　重点提炼 内容拓展

 习题解答　习题详解 逐题掌握

网络增值服务使用步骤

1 　 易读书坊

微信扫描本书二维码，关注公众号"易读书坊"

2

正版验证

刮开涂层获取网络增值服务码

手动输入　　无码验证

首次获得资源时，需点击弹出的应用，进行正版认证

3

刮开 **封底** "网络增值服务码"，通过 **扫码认证**，享受本书的网络增值服务

化学工业出版社教学服务

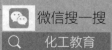

化工类专业教学服务与交流平台

新书推荐　·　教学服务　·　教材目录　·　意见反馈　……

目录

绪论 / 1
  0.1 化工原理在化学化工领域的地位 … 1
  0.2 化学工程发展四阶段 …………… 1
  0.3 相关教材的发展 ………………… 3
  0.4 衡算方程和过程速率 …………… 3

第1章 流体流动 / 5
  本章学习要求 …………………………… 5
  1.1 流体流动现象 …………………… 5
    1.1.1 流体流动问题的引出 ……… 5
    1.1.2 流体的几个重要性质参数 … 6
    1.1.3 牛顿黏性定律 ……………… 7
    1.1.4 流体流动类型 ……………… 9
    1.1.5 层流速度分布式的推导 …… 10
    1.1.6 层流平均流速与最大流速 … 11
  1.2 流体质量衡算——连续性方程 … 11
  1.3 流体能量衡算——伯努利方程 … 12
    1.3.1 伯努利方程的导出 ………… 12
    1.3.2 流体静力学方程应用举例 … 14
    1.3.3 真空规测压原理推导 ……… 15
    1.3.4 伯努利方程应用举例 ……… 16
    1.3.5 伯努利方程在工厂中的应用实例 … 18
  1.4 流体流动阻力计算 ……………… 21
    1.4.1 圆形直管阻力公式 ………… 21
    1.4.2 层流时摩擦因数的计算 …… 22
    1.4.3 乌氏黏度计的原理 ………… 23
    1.4.4 量纲分析法 ………………… 24
    1.4.5 湍流时摩擦因数的计算 …… 25
    1.4.6 局部阻力的计算 …………… 26
    1.4.7 流体阻力计算举例 ………… 28
  1.5 管路计算 ………………………… 29
    1.5.1 简单管路计算 ……………… 29
    1.5.2 适宜管径选择 ……………… 30
    1.5.3 并联管路计算 ……………… 31

    1.5.4 分支管路计算 ……………… 32
    1.5.5 供水计算举例 ……………… 32
  1.6 流量测量 ………………………… 35
    1.6.1 孔板流量计原理及示例 …… 35
    1.6.2 转子流量计原理及示例 …… 38
    1.6.3 测速管原理及示例 ………… 40
  习题 …………………………………… 41
  本章关键词中英文对照 ……………… 43

第2章 流体输送 / 44
  本章学习要求 ………………………… 44
  2.1 离心泵及其计算 ………………… 45
    2.1.1 离心泵构造及原理 ………… 45
    2.1.2 离心泵参数与特性曲线 …… 46
    2.1.3 离心泵选择与示例 ………… 48
    2.1.4 离心泵的安装高度及计算举例 … 49
    2.1.5 离心泵的工作点及调节举例 … 50
    2.1.6 离心泵的并联与串联 ……… 52
  2.2 流体输送设备和流体流动习题课 … 53
    2.2.1 流体输送设备的种类及原理 … 53
    2.2.2 流体流动习题课 …………… 57
  习题 …………………………………… 60
  本章关键词中英文对照 ……………… 61

第3章 非均相分离 / 63
  本章学习要求 ………………………… 63
  3.1 重力沉降 ………………………… 64
    3.1.1 重力沉降速度及计算举例 … 64
    3.1.2 降尘室计算 ………………… 67
  3.2 离心沉降 ………………………… 69
    3.2.1 离心沉降速度和分离因数 … 69
    3.2.2 旋风分离器及计算举例 …… 70
  3.3 过滤 ……………………………… 71
    3.3.1 过滤操作与过滤基本方程式 … 71
    3.3.2 恒压过滤方程及计算举例 … 73

3.4 膜分离 ……………………………… 75
3.5 沉降过滤设备 …………………… 77
习题 ……………………………………… 80
本章关键词中英文对照 ………………… 80

第4章 传热 / 82
本章学习要求 …………………………… 82
4.1 换热器类型及传热平衡方程 …… 83
 4.1.1 换热器类型 …………………… 83
 4.1.2 传热平衡方程 ………………… 83
4.2 热传导 …………………………… 84
 4.2.1 傅里叶定律 …………………… 84
 4.2.2 平壁稳定热传导与热导率的测定 … 85
 4.2.3 圆筒壁稳定热传导计算 ……… 86
4.3 对流传热 ………………………… 88
 4.3.1 牛顿冷却定律 ………………… 88
 4.3.2 流体无相变时对流传热系数计算 … 89
 4.3.3 流体有相变时对流传热系数的计算
    ………………………………… 90
4.4 综合传热计算 …………………… 94
 4.4.1 导热与对流联合传热公式推导 … 94
 4.4.2 导热与对流联合传热计算举例 … 97
 4.4.3 强化传热的途径 ……………… 99
 4.4.4 热管设计原理与计算 ………… 99
 4.4.5 绝热保温技术 ………………… 101
4.5 辐射传热 ………………………… 102
 4.5.1 辐射传热概述 ………………… 102
 4.5.2 辐射传热计算举例 …………… 103
 4.5.3 对流与辐射联合传热计算 …… 104
4.6 传热设备与习题课 ……………… 106
 4.6.1 传热设备的种类与原理 ……… 106
 4.6.2 传热习题课 …………………… 108
习题 ……………………………………… 111
本章关键词中英文对照 ………………… 113

第5章 蒸发 / 114
本章学习要求 …………………………… 114
5.1 单效蒸发 ………………………… 115
 5.1.1 单效蒸发衡算方程 …………… 115
 5.1.2 蒸发器传热面积 ……………… 116
 5.1.3 蒸气压下降引起沸点升高 …… 117
 5.1.4 溶液静压力引起沸点升高 …… 118

5.2 多效蒸发 ………………………… 119
 5.2.1 多效蒸发概述 ………………… 119
 5.2.2 多效蒸发流程 ………………… 119
5.3 蒸发设备 ………………………… 121
习题 ……………………………………… 122
本章关键词中英文对照 ………………… 123

第6章 精馏 / 124
本章学习要求 …………………………… 124
6.1 传质过程概述 …………………… 124
 6.1.1 传质过程的引出 ……………… 124
 6.1.2 传质过程举例 ………………… 125
6.2 理想溶液的汽-液平衡 …………… 126
 6.2.1 相平衡的引出 ………………… 126
 6.2.2 理想溶液及拉乌尔定律 ……… 127
 6.2.3 $t\text{-}x\text{-}y$ 图与 $x\text{-}y$ 图 ………………… 127
 6.2.4 汽-液平衡解析表达式及计算举例 … 128
6.3 简单蒸馏及其计算 ……………… 130
 6.3.1 简单蒸馏的装置及原理 ……… 130
 6.3.2 简单蒸馏计算公式及举例 …… 130
6.4 精馏原理 ………………………… 132
 6.4.1 多次简单精馏 ………………… 132
 6.4.2 有回流的多次简单蒸馏 ……… 132
 6.4.3 提馏塔与中间进料现代化精馏塔 … 133
6.5 双组分连续精馏塔的计算 ……… 134
 6.5.1 理论板与恒摩尔流假设 ……… 134
 6.5.2 全塔物料衡算方程 …………… 135
 6.5.3 精馏段操作线方程 …………… 135
 6.5.4 提馏段操作线方程 …………… 137
 6.5.5 进料状况参数及计算 ………… 137
 6.5.6 进料线方程 …………………… 138
 6.5.7 进料方式对进料线方程的影响 … 139
 6.5.8 精馏计算举例 ………………… 140
 6.5.9 理论塔板数的求法 …………… 140
6.6 回流比与吉利兰图 ……………… 141
 6.6.1 回流比的影响因素 …………… 141
 6.6.2 全回流与最小回流比 ………… 142
 6.6.3 芬斯克公式推导 ……………… 142
 6.6.4 吉利兰图法求理论板数 ……… 143
6.7 实际板数与板效率 ……………… 145
 6.7.1 塔效率 ………………………… 145

6.7.2 莫弗里板效率 …………………… 146
6.8 精馏设备及习题课 …………………… 147
　6.8.1 精馏设备 …………………… 147
　6.8.2 精馏习题课 …………………… 147
习题 …………………… 151
本章关键词中英文对照 …………………… 153

第7章 吸收 / 154
本章学习要求 …………………… 154
7.1 吸收过程概述 …………………… 154
　7.1.1 吸收定义与工业背景 …………………… 154
　7.1.2 吸收的用途与分类 …………………… 155
7.2 吸收相平衡关系 …………………… 156
　7.2.1 气体的溶解度曲线 …………………… 156
　7.2.2 亨利定律 …………………… 157
　7.2.3 亨利定律中系数之间的关系 …………………… 158
7.3 传质系数与速率方程 …………………… 159
　7.3.1 分子扩散与费克定律 …………………… 159
　7.3.2 单相传质的层流"膜模型" …………………… 160
　7.3.3 两相间传质的"双膜模型" …………………… 161
　7.3.4 传质速率方程与传质系数之间的换算 …………………… 162
　7.3.5 气膜控制与液膜控制 …………………… 164
　7.3.6 三传比拟 …………………… 165
7.4 吸收填料层高度计算 …………………… 166
　7.4.1 吸收塔物料衡算 …………………… 166
　7.4.2 最小液气比 …………………… 166
　7.4.3 物料衡算计算举例 …………………… 167
　7.4.4 填料层高度基本计算式 …………………… 167
　7.4.5 传质单元高度与传质单元数 …………………… 168
　7.4.6 平均推动力法计算传质单元数 …………………… 169
　7.4.7 吸收因数法计算传质单元数 …………………… 170
　7.4.8 吸收塔设计计算举例 …………………… 171
　7.4.9 平衡线为曲线时填料层高度计算 …………………… 172
　7.4.10 曲线拟合法计算举例 …………………… 174
7.5 吸收与解吸概要 …………………… 175
　7.5.1 吸收塔操作计算举例 …………………… 175
　7.5.2 吸收与解吸的比较 …………………… 175
　7.5.3 解吸操作线与最小气液比 …………………… 176
　7.5.4 解吸塔填料层高度计算 …………………… 177
7.6 吸收设备和习题课 …………………… 178
　7.6.1 吸收设备 …………………… 178
　7.6.2 吸收习题课 …………………… 179
7.7 吸附分离 …………………… 183
习题 …………………… 186
本章关键词中英文对照 …………………… 187

第8章 萃取 / 189
本章学习要求 …………………… 189
8.1 萃取概念的引出 …………………… 189
8.2 萃取溶解度曲线 …………………… 190
　8.2.1 三角形相图表示法 …………………… 190
　8.2.2 直角坐标表示法 …………………… 190
8.3 错流萃取与逆流萃取计算 …………………… 192
　8.3.1 错流萃取公式推导 …………………… 192
　8.3.2 错流萃取举例 …………………… 194
　8.3.3 逆流萃取公式推导 …………………… 195
　8.3.4 萃取最小溶剂用量 …………………… 195
　8.3.5 图解法确定逆流萃取理论级数 …………………… 196
　8.3.6 解析法确定逆流萃取理论级数 …………………… 196
　8.3.7 逆流萃取计算举例 …………………… 198
8.4 萃取设备 …………………… 198
习题 …………………… 199
本章关键词中英文对照 …………………… 200

第9章 干燥 / 201
本章学习要求 …………………… 201
9.1 干燥过程概述 …………………… 201
9.2 湿空气性质与温湿图 …………………… 202
　9.2.1 湿空气的基本概念 …………………… 202
　9.2.2 湿空气性质 …………………… 202
　9.2.3 湿空气 T-H 图绘制 …………………… 208
　9.2.4 T-H 图的绝热冷却线 …………………… 210
　9.2.5 T-H 图应用举例 …………………… 211
　9.2.6 三种类型湿度图比较 …………………… 213
9.3 物料衡算与热量衡算 …………………… 213
　9.3.1 干燥器物料衡算及计算举例 …………………… 213
　9.3.2 干燥器热量衡算及计算举例 …………………… 215
　9.3.3 干燥器的热效率与干燥效率 …………………… 218
9.4 干燥速率与干燥时间 …………………… 219
　9.4.1 物料所含湿分的性质 …………………… 219
　9.4.2 干燥速率与速率曲线 …………………… 220
　9.4.3 恒速干燥速率计算 …………………… 222

9.4.4　干燥时间及计算举例 …………………… 223
9.5　干燥器和习题课 ……………………………… 225
　9.5.1　干燥器种类及原理 …………………… 225
　9.5.2　干燥器的选型 ………………………… 229
　9.5.3　干燥习题课 …………………………… 230
习题 …………………………………………………… 233
本章关键词中英文对照 ……………………………… 235

第10章　流态化与气力输送 / 236
本章学习要求 ………………………………………… 236
10.1　固体流态化 ………………………………… 236
　10.1.1　流态化现象 …………………………… 236
　10.1.2　压降与流速的关系 …………………… 237
　10.1.3　起始流化速度 ………………………… 238
　10.1.4　流化床的带出速度 …………………… 239
10.2　气力输送概述 ……………………………… 239
习题 …………………………………………………… 240
本章关键词中英文对照 ……………………………… 240

附录 / 241
附录1　常用单位换算 ……………………………… 241
附录2　水的物理性质 ……………………………… 243
附录3　饱和水蒸气的物理性质
　　　　（按温度排列） ……………………………… 244
附录4　饱和水蒸气的物理性质
　　　　（按压力排列） ……………………………… 245
附录5　干空气的物理性质
　　　　（$p = 1.01325 \times 10^5$ Pa） ………… 247
附录6　IS型单级单吸离心泵规格
　　　　（摘录） ……………………………………… 248
附录7　金属材料的某些性能 ……………………… 250
附录8　某些液体的物理性质 ……………………… 252
附录9　某些气体的物理性质 ……………………… 254
主要符号表 …………………………………………… 255

参考文献 / 258

绪 论

0.1 化工原理在化学化工领域的地位

在此之前,同学们学习过了无机化学、分析化学、有机化学、物理化学"四大化学","化工原理"是一门什么样的课程呢?它与"四大化学"有什么区别和联系呢?"四大化学"是化学化工类学生的基础理论课程,侧重化学理论和化学实验,它是培养化学家的。而"化工原理"是由化学理论到化学工业过渡的专业基础课程,是由化学实验过渡到化工生产的有关工程基础理论,是从事化工生产必需的工程知识。化工原理与化工传递过程、化学反应工程、分离工程、化工热力学、系统工程等,统称为化工专业基础课。图 0-1 给出了化工原理在化学化工领域的地位。

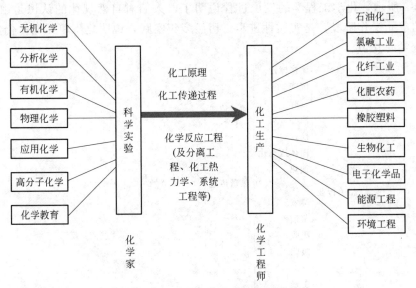

图 0-1 化工原理在化学化工领域的地位

0.2 化学工程发展四阶段

化工原理课程,不是教学生如何合成得到新物质、如何提取新物质、如何表征新物质,这是化学家的工作。化学工程研究的是,如何把化学家的小试研究成果,开发放大为中试,再开发为生产规模。这是在科学实验与化工生产之间架桥的工作。目前学术界比较公认的是，化学工程的发展经历了四个阶段，即化学工艺学阶段、化工单元操作阶段、传递过程阶段和"三传一反"阶段。"三传一反"即动量传递、热量传递、质量传递和化学反应工程。化工原理讲的就是化工单元操作。

（1）化学工艺学阶段 在20世纪以前的几百年时间里，出现了不少化学工业，如制糖工业、制碱工业、造纸工业等。介绍每种工业从原料到成品的生产过程，作为一种特殊的知识讲解，这是最早的化学工艺。

（2）化工单元操作阶段 到20世纪初，人们逐渐发现，许多化学工业中存在共性的操作原理。例如，无论在制糖业还是制碱业，从溶液蒸发得到固体糖或固体碱所遵循的原理是相同的，于是，蒸发成为最早提出的单元操作之一。经过不断的归纳与总结，陆续形成的单元操作有流体流动与输送、沉降与过滤、固体流态化、传热、蒸发、蒸馏、吸收、吸附、萃取、干燥、结晶、膜分离等。

（3）传递过程阶段 到20世纪50年代，人们又发现，各单元操作之间还存在着共性。例如，传热、蒸发都有热量传递的共性，蒸馏、吸附、吸收、萃取都存在质量传递的共性。于是将单元操作归纳为动量传递、热量传递、质量传递。此即化工传递过程阶段。

（4）"三传一反"阶段 20世纪50年代中期，化学工程中出现了"化学反应工程学"这一新的分支。对化学反应器的研究，不仅要运用化学动力学与热力学原理，而且要运用动量传递、热量传递、质量传递原理。于是"传递过程"与"化学反应"成为当今化学工程学的两大支柱，简称"三传一反"阶段。

如图0-2所示，化学工程学的发展过程说明了，人们对自然规律的认识是由浅入深的。第二阶段的单元操作阶段，是实质性进步。历经多年实践，说明化工单元操作仍然是化工专业学生最重要的知识。

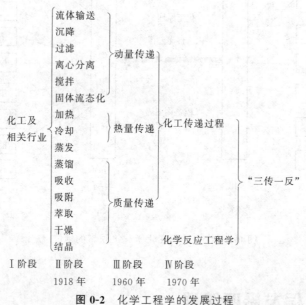

图0-2 化学工程学的发展过程

传递过程，也称传递现象，指物系内某物理量从高强度区域自动地向低强度区域转移的过程，是单元操作和化学反应工程研究的基础。传递过程的研究通常按三种不同的尺度进行，即分子尺度、微团尺度和设备尺度。近年来，对传递现象的研究深入发展，例如随着高分子化工和生物化学工程的发展，已开展高黏度、非牛顿型流体中传递过程的研究。

0.3 相关教材的发展

在学习化工原理之前,应该掌握一些什么知识呢?也就是说,它的前期课程有哪些?如何定义化工原理课程,用一句话概括,就是利用数学手段,研究化学领域中的物理现象。它涉及数、理、化三大学科。但主要是研究物理定律,属于物理类课程。所以学好这门课程,首先要学好高等数学、普通物理,然后还要学好物理化学。

化学工程学类的教材,也有一个逐渐成熟的过程。20世纪20年代初,出现了第一本《化工原理》教科书。我国于20世纪20年代在某些大学亦成立了化学工程系,讲授化工原理课程。1960年第一本《动量、热量和质量传递》问世(C. O. Bennett, J. E. Myers, Momentum, Heat and Mass Transfer, 1960),开始了化工传递过程阶段。

我国20世纪50年代自编的《化工原理》及相关课程教科书有:

苏元复,《化工原理》,1952年;

丁绪淮、张洪源、顾毓珍、张震旦,《化工操作原理及设备》上、下册,1956年;

张洪源、丁绪淮、顾毓珍,《化工过程及设备》上、下册,1956年[1]。

20世纪80年代后,工科和理科相关化工教科书有:

上海化工学院、天津大学等,《化学工程》(一)、(二),1980年;

天津大学,《化工原理》上、下册,1983年;

谭天恩、麦本熙、丁惠华,《化工原理》上册,1982年;下册,1986年;

陈敏恒、丛德滋、方图南,《化工原理》上、下册,1985年;

王志魁,《化工原理》,1985年;

王绍亭,《化工传递过程》,1980年[2];

清华大学、天津大学,《化工系统工程》,1981年;

北京大学,《化学工程基础》,1979年;

上海师范学院、福建师范大学,《化工基础》,1980年[3];

……以及后面陆续再版的教材[4~16]。

0.4 衡算方程和过程速率

物料衡算、能量衡算和过程传递速率是化工过程中最重要的几个概念。物料衡算的依据是物质不灭定律。能量衡算的依据是能量守恒定律。

将某个单元(某个设备、某个工艺、某个工厂)选定为衡算范围,输入衡算范围的量等于输出衡算范围的量加上累积量,就得到了某个单元的衡算方程:

$$输入量 = 输出量 + 累积量 \tag{0-1}$$

如果累积量为零,就称某个单元为稳定过程。在某个单元过程中,任一点物理量(如温度、压力、流量)都不随时间变化的过程,称为稳定过程,否则为非稳定过程。

一个稳定生产的化工车间,任何一点的温度、压力和流量都不会随时间而变化,否则是不稳定的生产过程。一般工艺车间,开车和停车时都是非稳定过程。

假如选定某精馏塔为衡算范围,稳定生产过程中,进入塔的物质流量等于输出塔的物质流量,可得到该塔的物料衡算方程;进入塔的能量等于输出塔的能量,可得到该塔的能量衡算方程。

例0-1 加工鱼粉时,先将鱼块挤出油,再把含水鱼块投入转鼓式干燥器内进行干燥,如图0-3所示,最后进行研磨和包装,制得含65%蛋白质的鱼粉。将某一批含有80%水(剩余物为干鱼块)的湿鱼块投入干燥器中,去掉100kg水后,出干燥器的鱼块含有40%的水。求最初进入干燥器中湿鱼块的质量。

图 0-3 转鼓式干燥器物料衡算示意图

解 设湿鱼块为 A kg,干鱼块为 B kg。对干燥器作总物料衡算:

$$A = B + 100 \tag{1}$$

对干燥器中的水分作物料衡算:

$$A \times 0.8 = B \times 0.4 + 100 \tag{2}$$

联立式(1)和式(2)得 $A = 150 \text{kg}, B = 50 \text{kg}$

另外一种解法是,对干燥器中的干鱼粉作物料衡算:

$$A \times 0.2 = B \times 0.6 \tag{3}$$

联立式(1)和式(3)得 $A = 150 \text{kg}, B = 50 \text{kg}$

化工原理中涉及的传热速率和传质速率,称为过程速率。过程速率的大小,直接影响设备的大小、工厂占地及经济效益等。过程速率等于过程推动力除以过程阻力:

$$过程速率 = \frac{推动力}{阻力} \tag{0-2}$$

以糖溶于水的过程为例,将50g砂糖放入500g纯水中,其溶解速率大于将50g砂糖放入500g稀浓度糖水中的速率,这是因为前者的浓度差更大,或者说是溶解推动力更大。

将50g砂糖放入500g纯水中,其溶解速率大于将50g颗粒状冰糖放入500g纯水中的速率。这是因为砂糖与水的接触面积更大,溶解阻力更小。

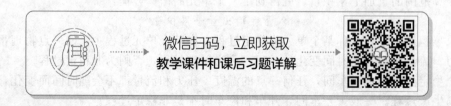

第1章 流体流动

本章学习要求

一、重点掌握
- 流体物理性质、压力的定义与表达；
- 流体的连续性方程、伯努利方程及其计算应用；
- 层流与湍流的流型判据，Re 数的物理意义与计算；
- 流体流动阻力的原理与计算；
- 量纲分析法及 π 定理。

二、熟悉内容
- 层流与湍流的特征；
- 复杂管路的计算要点；
- 各种测速管、流量计的结构、工作原理与计算。

三、了解内容
- 新型流量计的结构、原理及应用。

1.1 流体流动现象

流体流动现象

1.1.1 流体流动问题的引出

首先讨论流体流动问题。每个家庭天天要用水，公园里随处可见流水，工厂更加离不开供水。某新建的居民小区，拟采用建水塔方案为居民楼供水，如图 1-1 所示[17]。

用泵将水送到高位水塔，水塔中的水源源不断地送到一、二、三楼的用户，流量分别为 q_{V1}、q_{V2}、q_{V3}。

这里引出三个问题：第一个问题是，为了保证一、二、三楼有水，就要维持楼底水管中有一定的水压（60kPa 表压），为了维持这个表压，水塔应建多高？即图中的 H 为多少？当然水塔高度的计算，有许多因素要考虑，水压仅是因素之一。第二个问题是，若水塔高度 H 确定了，需要选用什么类型的泵？即求算图 1-1 中泵的有效功率 P_e 为多少？然后选用泵。第三个问题是，若保持楼底水压为 60kPa 表压，那么一、二、三楼出水是均等的吗？

即图 1-1 中 $q_{V1}:q_{V2}:q_{V3}$ 为多少？图 1-1 的供水系统是将实际供水系统作了简化处理。本章的知识将系统解决上述三个问题。

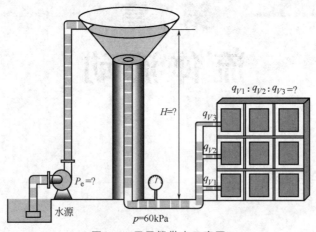

图 1-1　居民楼供水示意图

1.1.2　流体的几个重要性质参数

流体是液体和气体的总称，是没有固定形状、可以自由流动的物质。流体具有物质的一切属性，如密度、比热容、焓及电化学性质等。由于流体可以自由流动，它具有运动属性，如流动速度、流量、压强等。

(1) 密度　单位体积流体所具有的质量称为流体的密度。用 ρ 表示，单位是 $kg \cdot m^{-3}$。

比体积　单位质量流体所具有的体积，称为流体的比体积。它是密度的倒数，用 v 表示，$v = \dfrac{1}{\rho}$。

(2) 压强　单位面积上所受流体垂直方向的作用力，称为流体的压强，习惯上称为压力，用 p 表示，单位是 Pa。$1atm = 101325 Pa = 760 mmHg = 10.33 mH_2O = 1.033 at$。

绝压　以绝对真空为基准的压力数值，称为绝压（绝对压力）。

表压　某体系的绝对压力高出当地大气压的差值，称为该体系的表压。

$$表压 = 绝压 - 大气压$$

真空度　某体系的绝对压力低于当地大气压的差值，称为该体系的真空度。

$$真空度 = 大气压 - 绝压$$

表压等于绝压减去当地大气压，而真空度等于当地大气压减去绝压，如图 1-2 所示。于是，真空度亦为负表压。

(3) 流量　有体积流量与质量流量两种。

体积流量（q_V）　单位时间流过导管任一截面的流体体积，单位是 $m^3 \cdot s^{-1}$。

质量流量（q_m）　单位时间流过导管任一截面的流体质量，单位是 $kg \cdot s^{-1}$。

$$质量流量(q_m) = 体积流量(q_V) \times 流体密度(\rho)$$

流速（u）　流体质点单位时间内在管路中流过的距

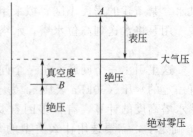

图 1-2　表压和真空度示意图

离，单位是 m·s^{-1}。这是流体的点速度，化工计算中经常使用的是平均流速。

$$\text{平均流速}(u) = \frac{\text{体积流量}(q_V)}{\text{管路截面积}(A)}$$

1.1.3 牛顿黏性定律

首先应指出，牛顿黏性定律是个实验性定律，是通过实验得出的。

站在长江大桥上，人们可以看到，江心水急浪大，岸边水流速度小，证明流速存在一个流动分布，如图 1-3 所示。横渡长江的人体会更深刻。

对于在圆管中流动的流体，可以想像它们是由无数的速度不等的流体圆筒所组成，如图 1-4 所示。

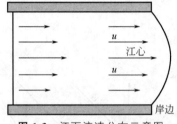

图 1-3　江面流速分布示意图

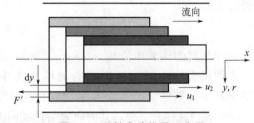

图 1-4　黏性定律推导示意图

这里选相邻两薄圆筒流体（1,2）进行分析。设两薄层之间垂直距离为 dy，速度差为 du，即 $(u_2 - u_1)$，接触的圆筒表面积为 A，内摩擦力为 F'。实验证明，对于一定流体，内摩擦力 F' 与接触面积 A 成正比，与速度差 du 成正比，与垂直距离 dy 成反比，此即牛顿黏性定律。

$$F' \propto A \frac{du}{dy} \Longrightarrow F' = -\mu A \frac{du}{dy}$$

$$\tau = \frac{F'}{A} = -\mu \frac{du}{dy} \tag{1-1}$$

式中，$\frac{F'}{A}$ 为摩擦剪应力（单位面积上所受的内摩擦力），N·m^{-2}；$\frac{du}{dy}$ 为流体的速度梯度（垂直于流体运动方向的速度变化率），s^{-1}；μ 为比例系数，称为黏度或动力黏度，Pa·s。

以往常用厘泊（cP）表示黏度单位，换算关系如下：

$$1\text{cP} = 0.01\text{P} = 0.01 \frac{\text{dyn·s}}{\text{cm}^2} = 0.01 \times \frac{1 \times 10^{-5}\text{N·s}}{1 \times 10^{-4}\text{m}^2} = 1 \times 10^{-3} \frac{\text{N·s}}{\text{m}^2} = 1 \times 10^{-3} \text{Pa·s}$$

黏度 μ 的物理意义　由 $F' = -\mu A \frac{du}{dy}$ 知，当取 $A = 1\text{m}^2$，$\frac{du}{dy} = 1\text{s}^{-1}$ 时，在单位接触面积上 $\mu = F'$。所以黏度 μ 的物理意义是：在单位接触面积上，速度梯度为 1 时，由流体的黏度引起的内摩擦力的大小。在相同的流动条件下，流体的黏度越大，所产生的黏性力（或内摩擦力）也越大，即流体阻力越大。例如，用手指插入不同黏度的流体中，当流体黏度大时，手指感受阻力大；当黏度小时，手指感受阻力小。

式(1-1) 即为牛顿黏性定律。用一句话表述牛顿黏性定律，就是流体内部所受的剪应力与速度梯度成正比。再换一种表达形式，因

$$F = ma = m \frac{du}{dt} = \frac{d(mu)}{dt}$$

改写式(1-1) 得

$$\tau = \frac{F'}{A} = \frac{\mathrm{d}(mu)}{A\mathrm{d}t} = -\mu \frac{\mathrm{d}u}{\mathrm{d}y} \tag{1-1a}$$

式(1-1a)中，$\frac{\mathrm{d}(mu)}{A\mathrm{d}t}$ 为单位面积的动量变化率，称为动量通量。所以，牛顿黏性定律的另一说法是，流体的动量通量与速度梯度成正比。

黏度或动力黏度是流体的一种属性，是表征流体黏性大小的物理量，其值由实验测定。液体的黏度随温度升高而减少。气体的黏度随温度升高而增大。压强变化时，液体的黏度基本不变，气体的黏度变化也不大。只有在极高和极低的压强下，才需考虑压强对气体黏度的影响。

工程计算中还会经常引用另一黏性系数，即运动黏度 γ。流体的运动黏度是流体的黏度与流体密度之比，即

$$\gamma = \frac{\mu}{\rho} \tag{1-2}$$

运动黏度的国际单位是 $m^2 \cdot s^{-1}$。

人们将服从牛顿黏性定律的流体称为牛顿型流体；将不服从牛顿黏性定律的流体称为非牛顿型流体。

非牛顿型流体有三种，其剪应力与速度的关系如图 1-5 所示。

(1) 塑性流体 $\tau = \tau_y + \mu \frac{\mathrm{d}u}{\mathrm{d}y}$

(2) 假塑性流体 $\tau = K \left(\frac{\mathrm{d}u}{\mathrm{d}y}\right)^n$ $(n<1)$

(3) 涨塑性流体 $\tau = K \left(\frac{\mathrm{d}u}{\mathrm{d}y}\right)^n$ $(n>1)$

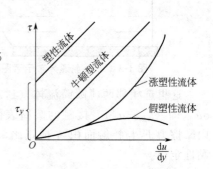

图 1-5 黏性定律示意图

许多高分子溶液、涂料、泥浆等属于非牛顿型流体。

科学家小传

牛顿（Isaac Newton，1643—1727）被誉为科学巨人。他出生在英格兰的一个农民家庭。牛顿研究了在流体中运动的物体所受到的阻力，得到阻力与流体密度、物体迎流截面积及运动速度的平方成正比的关系。他针对黏性流体运动时的内摩擦力提出了牛顿黏性定律。这是他在流体力学方面的贡献。

牛顿的三大成就是创立微积分、提出万有引力定律和光学分析的思想。对于一个运动物体，求微分相当于在时间和路程的关系中，求某点的切线斜率。这个斜率就是点速度。一个变速的运动物体，在一定时间范围里走过的路程，可以看作是在微小时间间隔里所走路程的和，这就是积分的概念。求积分相当于求时间和速度关系曲线下面的面积。牛顿从这些基本概念出发，建立了微积分。微积分是牛顿和莱布尼茨在前人的基础上各自独立建立起来的。牛顿是经典力学理论的集大成者。他系统地总结了伽利略、开普勒和惠更斯等人的工作，提出了著名的万有引力定律和牛顿运动三定律。牛顿在光学方面的三大贡献是：1666 年，发现了白光是由各种不同颜色的光组成的；1668 年，制成了第一架反射望远镜样机；提出了光的"微粒说"。

1.1.4 流体流动类型

当人们拧开水龙头时,若水压大,水的流量是大而急的,盆底激起水花飞溅;若水压小,水的流量小而慢,水呈细流状。在自然风景区,有的水流有"飞流直下三千尺"的架势,有的小溪则是涓涓细流。贵阳花溪公园的花溪流水是典型的涓涓细流,贵州安顺的黄果树瀑布则是典型的"飞流直下"。这都说明,日常生活中水的流动是有差别的。

如何将这些定性的感性认识提高到定量的理论高度呢?流动型态与哪些物理量有关呢?雷诺(Reynolds)利用如图1-6所示的实验装置,对流动型态进行了专门的研究。

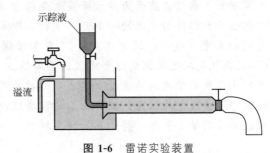

图1-6 雷诺实验装置

1883年,雷诺通过大量实验观察到,流体流动分为层流(滞流)、过渡流、湍流,且流动型态除了与流速(u)有关外,还与管径(d)、流体的黏度(μ)、流体的密度(ρ)有关。

雷诺将 u、d、μ、ρ 组合成一个无量纲特征数。

$$Re = \frac{du\rho}{\mu} \tag{1-3}$$

此特征数后人称之为雷诺数 Re。无数的观察与研究证明,Re 值的大小,可以用来判断流动型态。$Re \leqslant 2000$,为层流;$Re \geqslant 4000$,为湍流;Re 在 2000~4000 之间为过渡流。此时,流体的流动处于一种过渡状况,可能是层流也可能是湍流,或二者交替出现,所以,此区域称为过渡区。

雷诺数 Re 是个十分重要的无量纲数群。它不仅在流体流动过程中经常用到,而且在整个传热、传质过程中也常用到。

(1) 层流特征 流体质点无返混,整个流动区都存在速度梯度,速度分布呈抛物线形。

$$u_r = \frac{p_1 - p_2}{4\mu l}(R^2 - r^2) \tag{1-4}$$

平均流速是最大流速的一半,$\bar{u} = \frac{1}{2} u_{\max}$,如图1-7所示。

(2) 湍流特征 流体质点杂乱无章,仅在管壁处存在速度梯度,速度分布服从尼库拉则的1/7次方定律:$\frac{u_r}{u_{\max}} = \left(\frac{y}{R}\right)^{\frac{1}{7}}$ 应用范围是 Re 大于 1.1×10^5,平均流速是最大流速的0.8倍,$\bar{u} = 0.8 u_{\max}$,如图1-8所示。

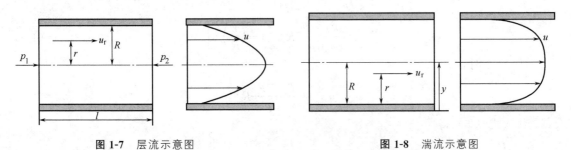

图1-7 层流示意图　　　　图1-8 湍流示意图

> **科学家小传**
>
> 雷诺(Osborne. Reynolds,1842—1912)是英国力学家、物理学家、工程师,1842年生于北爱尔兰的贝尔法斯特。早年在工厂做技术工作。1867年毕业于剑桥大学王后学院。1868年起任曼彻斯特欧文学院工程学教授。1877年当选为皇家学会会员。1888年获皇家奖章。雷诺在流体力学方面最主要的贡献是发现流动的相似律,他引入表征流动中流体惯性力和黏性力之比的一个无量纲数,即雷诺数。对于几何条件相似的各种流动,即使它们的尺寸、速度、流体不同,只要雷诺数相同,则这些流动是动力相似的。1851年G. G. 斯托克斯已认识到这个比数的重要性。1883年雷诺通过管路中平滑流线型流动(层流)向不规则带漩涡的流动(湍流)过渡的实验,阐明了这个比数的作用。此外,雷诺还给出平面渠道中的阻力;提出轴承的润滑理论(1886年);研究河流中的波动和潮汐,阐明波动中群速度概念;将许多单摆串联且均匀分布在一紧张水平弦线上,以演示群速度。

1.1.5 层流速度分布式的推导

如图 1-9 所示,在半径为 R 的管内,取半径为 r,长为 l 的圆柱流体讨论。

作用于流体柱左端面的力为 $p_1 \pi r^2$;

作用于流体柱右端面的力为 $-p_2 \pi r^2$;

流体柱外表面受的内摩擦力为 $-F'$。

由牛顿黏性定律得 $F' = -\mu A \dfrac{\mathrm{d}u}{\mathrm{d}y}$,则

$$\mathrm{d}y = \mathrm{d}r$$

$$F' = -\mu(2\pi r l)\dfrac{\mathrm{d}u}{\mathrm{d}r}$$

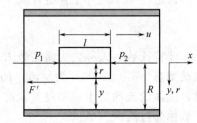

图 1-9 速度分布推导示意图

在稳定流动条件下,上述合力为零,得

$$(p_1 - p_2)\pi r^2 + 2\pi r l \mu \dfrac{\mathrm{d}u}{\mathrm{d}r} = 0 \Longrightarrow 2l\mu \dfrac{\mathrm{d}u}{\mathrm{d}r} = -(p_1 - p_2)r$$

则
$$\mathrm{d}u = -\left(\dfrac{p_1 - p_2}{2l\mu}\right) r \mathrm{d}r \tag{1-5}$$

当 $r = R$ 时,$u = 0$;$r = r$ 时,$u = u$,积分式(1-5)得

$$\int_0^u \mathrm{d}u = -\int_R^r \dfrac{p_1 - p_2}{2l\mu} r \mathrm{d}r$$

则
$$u = -\dfrac{p_1 - p_2}{2l\mu} \times \dfrac{r^2}{2}\bigg|_R^r = -\dfrac{p_1 - p_2}{2l\mu} \times \dfrac{r^2 - R^2}{2} = \dfrac{p_1 - p_2}{4l\mu}(R^2 - r^2)$$

$$u = \dfrac{p_1 - p_2}{4l\mu} R^2 \left[1 - \left(\dfrac{r}{R}\right)^2\right] \tag{1-6}$$

当 $r = 0$ 时,$u = u_{\max}$,有

$$u_{\max} = \dfrac{p_1 - p_2}{4l\mu} R^2$$

代入式(1-6)得

$$u = u_{\max}\left[1 - \left(\frac{r}{R}\right)^2\right] \tag{1-7}$$

将式(1-7)作图,如图 1-10 所示。当 $\frac{r}{R} = 0$ 时,由式(1-7)得 $u = u_{\max}$,当 $\frac{r}{R} = 1$ 时,由式(1-7)得 $u = 0$,式中 u 为点速度,$m \cdot s^{-1}$。

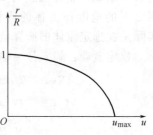

图 1-10 层流速度分布示意图

1.1.6 层流平均流速与最大流速

在层流条件下,平均速度 $\bar{u}$ 与最大速度 $u_{\max}$ 的关系如何呢?

如图 1-11 所示,设管内流体由速度不等的几个圆筒(形)流体组合而成,以第 i 个圆筒流体来分析,该圆筒流体的流量为

$$\Delta q_{V,i} = 2\pi r_i \Delta r_i u_i$$

总流量为

$$q_V = \sum_{i=1}^{n} \Delta q_{V,i} = \sum_{i=1}^{n} 2\pi r_i \Delta r_i u_i$$

当 $n \to \infty$ 时(即 Δr_i 取足够小,圆筒数量取足够多时),$\Delta r_i \to dr$,则

$$q_V = \int_0^R 2\pi u r \, dr$$

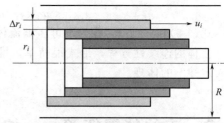

图 1-11 管内流体速度分布示意图

$$\bar{u} = \frac{q_V}{\pi R^2} = \frac{\int_0^R u \, 2\pi r \, dr}{\pi R^2}$$

将式(1-7) $u = u_{\max}\left[1 - \left(\frac{r}{R}\right)^2\right]$ 代入上面的积分式得

$$\bar{u} = \frac{\int_0^R u_{\max}\left[1 - \left(\frac{r}{R}\right)^2\right] 2\pi r \, dr}{\pi R^2}$$

因 $d\left(\frac{r}{R}\right)^2 = 2\left(\frac{r}{R}\right)\frac{1}{R}dr \Rightarrow 2r\,dr = R^2 d\left(\frac{r}{R}\right)^2$,$2\pi r\,dr = \pi R^2 d\left(\frac{r}{R}\right)^2$,代入上式得

$$\bar{u} = \frac{u_{\max} \pi R^2 \int_0^R \left[1 - \left(\frac{r}{R}\right)^2\right] d\left(\frac{r}{R}\right)^2}{\pi R^2} = u_{\max}\left[\left(\frac{r}{R}\right)^2 - \frac{1}{2}\left(\frac{r}{R}\right)^4\right]_0^R = \frac{1}{2}u_{\max} \tag{1-8}$$

所以,在层流条件下,平均流速是最大流速的一半。

1.2 流体质量衡算——连续性方程

因为流体是物质,它就要服从质量守恒定律。就是在指定的衡算范围里、稳定状态下,进入衡算范围的质量流速,等于离开衡算范围的质量流速,所得到的方程,称为质量衡算方程,也称为连续性方程。在化工原理中,经常会用到稳定状态下的质量衡算方程。

如图 1-12 所示，此导管由直径为 d_1、d_2、d_3 的三段直管所组成，流体流速为 u_1、u_2、u_3。取从截面 1-1' 到截面 2-2' 的范围作流体的质量衡算。初学者以为是选截面，实际是在选定流体的衡算范围。

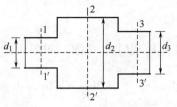

图 1-12 连续性方程推导

稳定流动：输入量＝输出量，则

$$q_{m,1}=q_{m,2}（单位\ kg\cdot s^{-1}） \quad (1\text{-}9)$$

$$q_{V,1}\rho_1=q_{V,2}\rho_2（单位\ m^3\cdot s^{-1}\times kg\cdot m^{-3}）$$

$$u_1\frac{\pi}{4}d_1^2\rho_1=u_2\frac{\pi}{4}d_2^2\rho_2$$

由于液体是不可压缩的，所以 $\rho_1=\rho_2$，则

$$u_1 d_1^2 = u_2 d_2^2$$

同理可得

$$u_1 d_1^2 = u_3 d_3^2$$

则

$$u_1 d_1^2 = u_2 d_2^2 = u_3 d_3^2 = 常数 \quad (1\text{-}10)$$

式(1-9)和式(1-10)称为不可压缩流体的稳定流动的连续性方程。

流体的连续性方程，形式很简单，推导也很容易，但非常重要，它是中学学过的"物质不灭定律"的体现。

1.3 流体能量衡算——伯努利方程

1.3.1 伯努利方程的导出

在电视中或生活中可看到，如果一个高速运动的足球撞击到运动员的头部，严重者可导致运动员脑震荡。这说明高速流体（足球里面的空气）具有能量。环卫工人用高压水清扫路面，节省了人力；工厂工人常用高压空气清扫机器上的灰尘。这说明高压流体具有能量。

人们给自行车胎打气时，通过对打气筒的活塞做功，才可使常压空气变成加压空气，充到自行车内胎里。加压空气具有能量，是因为人们对空气做了功。流体的能量服从什么规律呢？下面推导非常重要的伯努利方程。

如图 1-13 所示，设有 m 千克流体由截面 1-1' 流至截面 2-2'，流体流速分别为 u_1 和 u_2；流体具有的压强（力）分别为 p_1 和 p_2。下面对 1-1' 和 2-2' 范围的流体作机械能衡算。

(1) 势能 取基准面。在截面 1-1' 和 2-2' 所具有的势能分别为 mgz_1 和 mgz_2，其单位是 $kg\cdot m\cdot s^{-2}\cdot m \Rightarrow N\cdot m \Rightarrow J$。

(2) 动能 在截面 1-1' 和 2-2' 具有的动能分别为 $\dfrac{mu_1^2}{2}$ 和 $\dfrac{mu_2^2}{2}$，其单位 $kg\cdot m^2\cdot s^{-2} \Rightarrow N\cdot m \Rightarrow J$。

(3) 压强能 压强能在普通物理中讲得不多。压强具不具有能量？生活中许多例子可以说明。

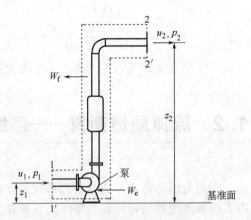

图 1-13 伯努利方程推导

液压吊车，就是利用高压油（流体）推动活塞来做功的，其动力就是高压油泵；消防车灭火时，消防水管可将水喷至十几米高；洒水车，就是利用高压水清扫路面等。这都是高压流体释放能量的例子。人们为自行车内胎充气，这是流体吸收能量的例子。

压强能的表达形式如何呢？如图 1-14 所示，要将压强为 p_2，质量为 m 的流体推出系统之外，做了多少功呢？

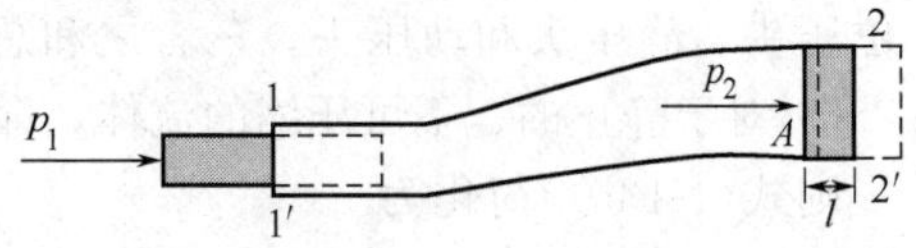

推力为 $F=p_2A$，单位是 $N \cdot m^{-2} \cdot m^2 \Rightarrow N$；

流体走过的距离为 $l=\dfrac{m}{\rho A}$，单位是 $\dfrac{kg}{\dfrac{kg}{m^3} \cdot m^2} \Rightarrow m$；

图 1-14　压强能的表达形式

所以做功为 $Fl=\dfrac{p_2 A m}{\rho A}=\dfrac{m p_2}{\rho}$，单位是 $N \cdot m \Rightarrow J$。

此即质量为 m 的流体在截面 2-2′ 具有的压强能。于是，在截面 1-1′ 和 2-2′，质量为 m 的流体具有的压强能分别为 $\dfrac{m p_1}{\rho}$ 和 $\dfrac{m p_2}{\rho}$，其单位是 J。

(4) 由输送机械获得的能量　质量为 m 的流体由输送机械获得的能量为 mW_e，单位是：J。式中，W_e 为每千克流体从输送机械获得的能量，$J \cdot kg^{-1}$。

(5) 摩擦能量损耗　由截面 1-1′ 至 2-2′，经过途中的管路和管件的摩擦损失为 mW_f，单位是：J。式中，W_f 为每千克流体的摩擦能量损失，$J \cdot kg^{-1}$。

分析了这五种机械能之后，可以方便地列出在截面 1-1′ 至 2-2′ 范围内流体的机械能衡算方程，当达到稳定流动时，进入衡算范围的流体机械能等于输出衡算范围的流体机械能，即

截面 1-1′ 具有的机械能＋由泵获得的机械能＝截面 2-2′ 具有的机械能＋摩擦损耗

即

$$mgz_1+\dfrac{mu_1^2}{2}+\dfrac{mp_1}{\rho}+mW_e=mgz_2+\dfrac{mu_2^2}{2}+\dfrac{mp_2}{\rho}+mW_f \quad (J) \tag{1-11}$$

式(1-11) 为稳定流动时，流体流动过程的机械能衡算方程。

将式(1-11) 两边同时除以 m，得

$$gz_1+\dfrac{u_1^2}{2}+\dfrac{p_1}{\rho}+W_e=gz_2+\dfrac{u_2^2}{2}+\dfrac{p_2}{\rho}+W_f \quad (J \cdot kg^{-1}) \tag{1-12a}$$

将式(1-12a) 两边同时除以 g，得

$$z_1+\dfrac{u_1^2}{2g}+\dfrac{p_1}{\rho g}+H_e=z_2+\dfrac{u_2^2}{2g}+\dfrac{p_2}{\rho g}+h_f \quad (m\ 液柱) \tag{1-12b}$$

① 若无输送机械（$W_e=0$），是理想流体，忽略摩擦损失（$h_f=0$），则式(1-12a) 简化为

$$gz_1+\dfrac{u_1^2}{2}+\dfrac{p_1}{\rho}=gz_2+\dfrac{u_2^2}{2}+\dfrac{p_2}{\rho} \tag{1-13a}$$

式中，下标 1、2 分别代表截面 1-1′ 和截面 2-2′；gz 项为单位质量液体所具有的位能；p/ρ 项为单位质量液体所具有的静压能；$u^2/2$ 项为单位质量流体所具有的动能。

位能、静压能及动能均属于机械能，三者之和称为总机械能或总能量。式(1-13a) 为原始的伯努利方程，也称为流体动力学方程，是由伯努利（Bernoulli）最先推导出的。

式(1-12b) 也可进一步变化为

$$z_1 + \frac{u_1^2}{2g} + \frac{p_1}{\rho g} = z_2 + \frac{u_2^2}{2g} + \frac{p_2}{\rho g} \tag{1-13b}$$

式中，下标 1，2 分别代表截面 1-1′ 和截面 2-2′；z、$p/\rho g$ 和 $u^2/2g$ 分别为位压头、静压头和动压头，三者之和总压头守衡。

② 对于静止的、不可压缩的流体，即 $W_e = 0$，$h_f = 0$，$u_1 = u_2 = 0$

则式(1-13a) 简化为

$$gz_1 + \frac{p_1}{\rho} = gz_2 + \frac{p_2}{\rho}$$

则

$$p_1 = \rho g(z_2 - z_1) + p_2 \text{ (Pa)} \tag{1-14}$$

如图 1-15 所示，式(1-14) 为著名的、应用广泛的流体静力学方程。所以说，流体静力学方程是流体动力学方程的特例。

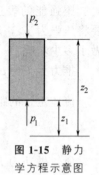

图 1-15 静力学方程示意图

● 科学家小传 ●

伯努利（D. Bernoulli，1700—1782）是瑞士物理学家、数学家、医学家。生于荷兰格罗宁根。著名的伯努利家族中最杰出的一位，他是数学家 J. 伯努利的次子。1721 年取得医学硕士学位。他在 25 岁时，应聘为圣彼得堡科学院的数学院士。8 年后回到瑞士巴塞尔，先任解剖学教授，1750 年成为物理学教授。在 1725~1749 年间，伯努利曾十次荣获法国科学院的年度奖。主要成就有：①1738 年出版了《流体动力学》一书，共 13 章，这是他最重要的著作，书中用能量守恒定律解决流体的流动问题，推导出流体动力学的基本方程，后人称之为伯努利方程，还提出了"流速增加、压强降低"的伯努利原理；②他还提出将气压看成是气体分子对容器壁表面撞击而产生的效应，建立了分子运动理论和热学的基本概念，并指出压强和分子运动随温度增高而加强的事实；③从 1728 年起，他和欧拉还共同研究柔韧而有弹性的链和梁的力学问题，包括这些物体的平衡曲线，还研究了弦和空气柱的振动。

1.3.2 流体静力学方程应用举例

例 1-1 U 形管压差计测量蒸汽锅炉水面上方的蒸气压，如图 1-16 所示，U 形管压差计的指示液为水银，两个 U 形管的连接管内充满水。已知水银面与基准面的垂直距离分别为：$h_1 = 2.3\text{m}$，$h_2 = 1.2\text{m}$，$h_3 = 2.5\text{m}$，$h_4 = 1.4\text{m}$；$h_5 = 3\text{m}$，大气压强 $p_a = 745\text{mmHg}$，水银的密度 $\rho_0 = 13600\text{kg} \cdot \text{m}^{-3}$，水的密度 $\rho = 1000\text{kg} \cdot \text{m}^{-3}$。试求锅炉上方水蒸气的压力 p_0（绝对压强）。

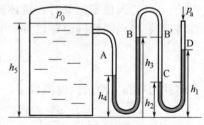

图 1-16 静力学方程举例

解

$$p_C = p_a + \rho_0 g(h_1 - h_2) \tag{1}$$

$$p_C = p_{B'} + \rho g(h_3 - h_2) = p_B + \rho g(h_3 - h_2) \tag{2}$$

$$p_A = p_B + \rho_0 g(h_3 - h_4) \tag{3}$$

$$p_A = p_0 + \rho g(h_5 - h_4) \tag{4}$$

整理得

$$p_C - p_a = \rho_0 g(h_1 - h_2) \tag{1a}$$

$$p_B - p_C = -\rho g(h_3 - h_2) \tag{2a}$$

$$p_A - p_B = \rho_0 g(h_3 - h_4) \tag{3a}$$
$$p_0 - p_A = -\rho g(h_5 - h_4) \tag{4a}$$

式(1a)+式(2a)+式(3a)+式(4a) 得

$$p_0 = p_a + \rho_0 g[(h_1 - h_2) + (h_3 - h_4)] - \rho g[(h_3 - h_2) + (h_5 - h_4)]$$

$$= \frac{745}{760} \times 101330 + 13600 \times 9.81 \times (1.1+1.1) - 1000 \times 9.81 \times (1.3+1.6)$$

$$= 3.64 \times 10^5 (\text{Pa})$$

1.3.3 真空规测压原理推导

例 1-2 利用真空规（测量高真空的仪器）测压步骤为：首先将真空规与被测系统连通，并将真空规 A 管水平放置；然后将真空规 A 管立起，垂直放置，读 A 管与 C 管水银柱的高度差 Δh。试导出被测系统压强 p 与 Δh 的关系。

已知毛细管 A 及其扩大部分 B 的总体积为 V，毛细管内径为 d，C 管中的水银柱每次都调到比毛细管 A 的顶端低 1mm。

若 $V = 5.0\text{cm}^3$，$d = 0.16\text{cm}$，$\Delta h = 3.5\text{cm}$，求压力 p 为多少？

解 如图 1-17 所示，水平放置时，A 管中空气的物质量为

$$n = \frac{pV}{RT} \tag{1}$$

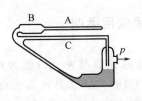
(a) 水平放置

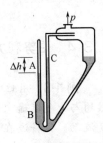
(b) 竖直放置

图 1-17 真空规示意图

p 即被测系统的压力。

垂直放置时，A 管的空气量不变，此时根据理想气体状态方程

$$n = \frac{p'\frac{\pi}{4}d^2(\Delta h + 0.001)}{RT} \Longrightarrow nRT = p'\frac{\pi}{4}d^2(\Delta h + 0.001) \tag{2}$$

联立式(1)、式(2) 得 $\qquad pV = nRT = p'\frac{\pi}{4}d^2(\Delta h + 0.001)$

由静力学方程知 $\qquad p' = p + \Delta h \rho_0 g \quad (\rho_0$ 为水银密度)

则 $\qquad pV = (p + \Delta h \rho_0 g)\left[\frac{\pi}{4}d^2(\Delta h + 0.001)\right] \tag{3}$

下面经过简单代数运算

$$p = (p + \Delta h \rho_0 g)\frac{\frac{\pi}{4}d^2(\Delta h + 0.001)}{V}$$

$$\frac{p}{p + \Delta h \rho_0 g} = \frac{\frac{\pi}{4}d^2(\Delta h + 0.001)}{V}$$

若 $\dfrac{a}{b} = \dfrac{c}{d}$，则 $\dfrac{a}{b-a} = \dfrac{c}{d-c}$，所以

$$\frac{p}{p+\Delta h\rho_0 g-p}=\frac{\frac{\pi}{4}d^2(\Delta h+0.001)}{V-\frac{\pi}{4}d^2(\Delta h+0.001)}$$

则
$$p=\frac{\rho_0 g\frac{\pi}{4}d^2(\Delta h+0.001)}{V-\frac{\pi}{4}d^2(\Delta h+0.001)}\Delta h$$

$$p=\frac{104731 d^2(\Delta h+0.001)}{V-\frac{\pi}{4}d^2(\Delta h+0.001)}\Delta h \tag{4}$$

式(3)和式(4)都可以计算余压 p,单位是 Pa。

在本例中,将 $d=0.0016\text{m}$,$V=0.000005\text{m}^3$,$\Delta h=0.035\text{m}$ 代入式(4)得

$$p=\frac{104731\times(0.0016)^2\times 0.036}{0.000005-0.785\times(0.0016)^2\times 0.036}\times 0.035=68.56(\text{Pa})$$

1.3.4 伯努利方程应用举例

例 1-3 用虹吸管从高位槽向反应器加料,高位槽和反应器均与大气连通(图1-18),要求料液在管内以 $1\text{m}\cdot\text{s}^{-1}$ 的速度流动。设料液在管内流动时的能量损失为 $20\text{J}\cdot\text{kg}^{-1}$(不包括出口的能量损失),试求高位槽的液面应比虹吸管的出口高出多少?

解 取虹吸管出口内侧截面为截面1-1′,高位槽液面为截面2-2′,并以1-1′为基准面。列伯努利方程得

$$gz_1+\frac{u_1^2}{2}+\frac{p_1}{\rho}+W_e=gz_2+\frac{u_2^2}{2}+\frac{p_2}{\rho}+W_f$$

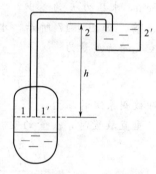

图 1-18 例 1-3 示意图

式中,$z_1=0$,$z_2=h$,$p_1=p_2=0$(表压),$W_e=0$,因截面2-2′比截面1-1′面积大得多,则 $u_2\approx 0$,而 $W_f=20\text{J}\cdot\text{kg}^{-1}$,$u_1=1\text{m}\cdot\text{s}^{-1}$,代入得

$$0+\frac{1}{2}+0+0=gh+0+0+20$$

$$h=-1.99\text{m}$$

为什么得负值呢?因为截面1-1′是下游截面,是离开衡算范围的能量,应该和离开衡算范围的摩擦损失能量相加。而截面2-2′是上游截面,是进入衡算范围的能量,应该和进入衡算范围的、从输送机械获得的能量相加。所以重新列伯努利方程得

$$gz_1+\frac{u_1^2}{2}+\frac{p_1}{\rho}+W_f=gz_2+\frac{u_2^2}{2}+\frac{p_2}{\rho}+W_e$$

其中 $z_1=0$,$z_2=h$,$p_1=p_2=0$(表压),$W_e=0$,因截面2-2′面积比截面1-1′面积大得多,则 $u_2\approx 0$,而 $W_f=20\text{J}\cdot\text{kg}^{-1}$,$u_1=1\text{m}\cdot\text{s}^{-1}$,代入得

$$0+\frac{1}{2}+0+20=gh+0+0+0$$

$$h=2.09\text{m}$$

值得注意的是,本题下游截面1-1′必定要选在管子出口内侧,这样才能与题给的不包括

出口损失的总能量相适应。

例 1-4 在某水平通风管段中，管直径自 300mm 渐缩到 200mm（图 1-19）。为了粗略估算其中空气的流量，在锥形接头两端分别测得粗管截面 1-1′ 的表压为 1200Pa，细管截面的表压为 800Pa。空气流过锥形管的能量损失可以忽略，求空气的体积流量为多少 $m^3 \cdot h^{-1}$？（设该物系可按不可压缩流体处理，空气密度 ρ 为 $1.29 kg \cdot m^{-3}$）

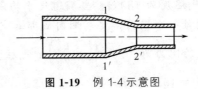

图 1-19 例 1-4 示意图

解 在截面 1-1′ 和截面 2-2′（水平管的基准面取通过管中心线的水平面）间列伯努利方程得

$$gz_1 + \frac{u_1^2}{2} + \frac{p_1}{\rho} + W_e = gz_2 + \frac{u_2^2}{2} + \frac{p_2}{\rho} + W_f$$

因为是水平管，式中 $z_1 = z_2 = 0, W_f = 0, W_e = 0, p_1 = 1200 Pa, p_2 = 800 Pa$，则

$$\frac{u_1^2}{2} + \frac{1200}{1.29} = \frac{u_2^2}{2} + \frac{800}{1.29}$$

$$u_2^2 - u_1^2 = 620 \tag{1}$$

$$u_1 d_1^2 = u_2 d_2^2 \Longrightarrow u_2 = u_1 \left(\frac{d_1}{d_2}\right)^2 = u_1 \left(\frac{0.3}{0.2}\right)^2 = 2.25 u_1$$

代入式(1) 得 $(2.25 u_1)^2 - u_1^2 = 620 \Longrightarrow (2.25^2 - 1) u_1^2 = 620$

则 $u_1 = 12.35 m \cdot s^{-1}$

$$q_V = \frac{\pi}{4} d_1^2 u_1 = \frac{\pi}{4} \times (0.3 m)^2 \times 12.35 m \cdot s^{-1} = 0.8725 m^3 \cdot s^{-1} = 3141 m^3 \cdot h^{-1}$$

应用伯努利方程时要注意以下几点。

① 选取截面，实际是确定衡算范围。截面可以有许多，选取已知条件最多的截面，是选取截面的原则。从数学角度讲，选取截面就是选边界条件。当然，截面应垂直于流动方向。

② 确定基准面。主要是计算截面处的相对位能。一般是选位能较低的那个截面为基准面。此时这个截面的位能为零。基准面一般是平行于水平面的。

③ 压力的单位要统一。要么都用表压，要么都用绝压等。如有连通大气的截面，以表压为单位时，该处截面表压为零。

④ 大口截面的流速为零。如例 1-3 中的截面 2-2′，其流速为零。

⑤ 上游截面与下游截面的确定。伯努利方程更确切的表达式为

上游截面的三项能量＋从输送机械获得的能量＝
下游截面的三项能量＋管路中的摩擦损失能量

例 1-3 的求解，是说明确定上游截面与下游截面的好例子。

⑥ 水平管截面确定基准面时，一般是取通过管中心的水平面为基准面，如例 1-4。

1.3.5 伯努利方程在工厂中的应用实例

例 1-5 某焦化厂一组焦炉（2×42 孔）烟道气流量（标准状态）为 128000m³·h⁻¹，烟道气组成为：CO_2 22.5%，N_2 72%，O_2 3.5%，H_2O 2%，与空气接近。进烟囱的烟道气温度为 280℃，出烟囱的烟道气温度为 180℃。当烟道气平均温度为 230℃时，烟道气的平均密度为 0.70kg·m⁻³。欲设计一个烟囱，要求烟囱底部真空度为 360Pa，烟囱顶部的流速为 13.5m·s⁻¹。烟囱内壁的阻力为 $\left(0.06\dfrac{H}{D}\times\dfrac{u^2}{2g}\right)$ m 气柱。试估算烟囱的直径 D 和高度 H 为多少米？当地大气压 p_0=101.3kPa。

解 设烟囱顶部直径为 d_2，如图 1-20 所示。顶部直径 d_2 计算如下。

首先将烟道气流量由标准状态下换算为使用状态下的流量。

$$\frac{p_1 V_1}{T_1} = \frac{p_0 V_0}{T_0}, \quad p_1 = 101300 - 360 = 100940(\text{Pa})$$

$$\frac{100940 V_1}{273+280} = \frac{101300 \times 128000}{273}$$

则

$$V_1 = \frac{101300 \times 553}{100940 \times 273} \times 128000 = 260207$$

$$q_V = 260207 \text{m}^3 \cdot \text{h}^{-1}$$

因 $q_V = \dfrac{\pi}{4} d_2^2 u$，则 $d_2 = \sqrt{\dfrac{260207 \times 4}{3600\pi \times 13.5}} = 2.61\text{m} = D$

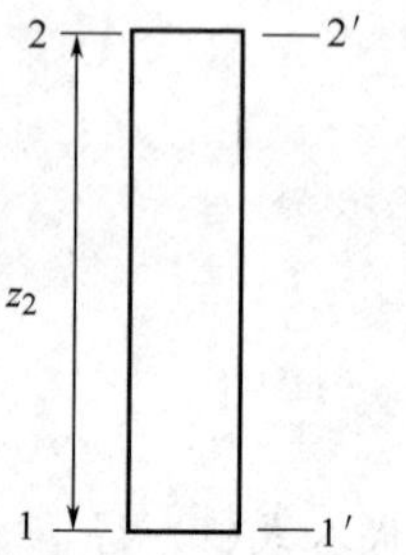

在图 1-20 所示的烟囱底部 1-1′ 和顶部外侧 2-2′ 列伯努利方程得

$$z_1 + \frac{p_1}{\rho g} + \frac{u_1^2}{2g} = z_2 + \frac{p_2}{\rho g} + \frac{u_2^2}{2g} + h_{f1} + h_{f2}（出口阻力） \quad (1)$$

因 $z_1 = 0, z_2 = H$

$$p_1 = 101300 - 360 = 100940(\text{Pa})$$

$$p_2 = 101300 - H\rho_A g \quad (\rho_A \text{ 为空气密度})$$

$$u_1 = u_2 = 13.5\text{m}\cdot\text{s}^{-1}, h_{f2} = \xi \frac{u_2^2}{2g} = \frac{u_2^2}{2g} \quad (\xi \text{ 为出口阻力系数，等于 }1)$$

$$h_{f1} = 0.06 \frac{H}{D} \times \frac{u^2}{2g} = \left[\frac{0.06}{2.61} \times \frac{(13.5)^2}{2 \times 9.81}\right] H = 0.214 H$$

图 1-20 例 1-5 示意图

代入式 (1) 得

$$0 + \frac{100940}{0.7 \times 9.81} = H + \frac{101300}{0.7 \times 9.81} - \frac{H \times 1.29}{0.7} + 0.214 H + \frac{(13.5)^2}{2 \times 9.81}$$

则

$$\left(\frac{1.29}{0.7} - 1 - 0.214\right) H = \frac{101300 - 100940}{0.7 \times 9.81} + 9.3$$

$$0.629 H = 61.72 \Longrightarrow H = 98\text{m}（烟囱的高度）$$

例 1-6 在例 1-5 中，为了烟囱的机械稳定性，假定顶部直径取 3m，而底部直径 $d_1 = D + 0.02H$。此时烟囱底部的直径和高度为多少米？

解 取烟囱高度 $H = 98$m，则烟囱底部的直径

$$d_1 = D + 0.02H = 3 + 0.02 \times 98 = 4.96(\text{m})$$

如图 1-21 所示，由于底部直径加大，底部截面的流速为

$$u_1 = \frac{q_V}{\frac{\pi}{4}d_1^2} = \frac{260207}{3600 \times 0.785 \times (4.96)^2} = 3.74 (\text{m} \cdot \text{s}^{-1})$$

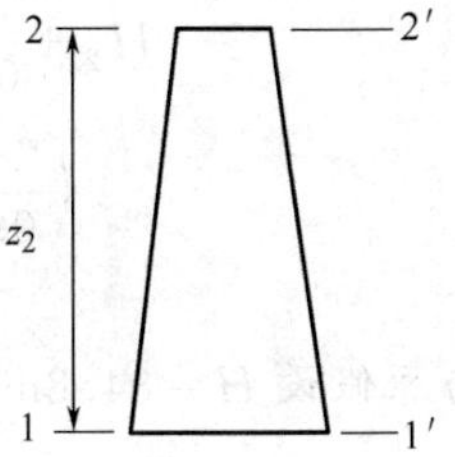

顶部截面的流速为

$$u_2 = \frac{q_V}{\frac{\pi}{4}D^2} = \frac{260207}{3600 \times 0.785 \times 3^2} = 10.23 (\text{m} \cdot \text{s}^{-1})$$

图 1-21 例 1-6 示意图

按例 1-5 同样的方法得

$$z_1 + \frac{p_1}{\rho g} + \frac{u_1^2}{2g} = z_2 + \frac{p_2}{\rho g} + \frac{u_2^2}{2g} + h_{f1} + h_{f2}(\text{出口阻力}) \qquad (1)$$

因

$$z_1 = 0, z_2 = H_1$$
$$p_1 = 101300 - 360 = 100940(\text{Pa})$$
$$p_2 = 101300 - H_1 \rho_A g$$
$$h_{f1} = 0.06 \frac{H_1}{D} \times \frac{u^2}{2g} = \left[\frac{0.06}{3.0} \times \frac{(10.23)^2}{2 \times 9.81}\right] H_1 = 0.107 H_1$$

代入式(1) 得

$$0 + \frac{100940}{0.7 \times 9.81} + \frac{(3.74)^2}{2g} =$$
$$H_1 + \frac{101300}{0.7 \times 9.81} - \frac{H_1 \times 1.29}{0.7} + \frac{(10.23)^2}{2 \times 9.81} + 0.107 H_1 + \frac{(10.23)^2}{2 \times 9.81}$$

则

$$\left(\frac{1.29}{0.7} - 1 - 0.107\right) H_1 = \frac{101300 - 100940}{0.7 \times 9.81} - 0.713 + 10.67$$
$$0.736 H_1 = 62.4 \Longrightarrow H_1 = 84.8 \text{m} \quad (\text{与假定的高度不符})$$

再取烟囱高度 $H = 84.8\text{m}$,则烟囱底部的直径

$$d_1 = D + 0.02 H = 3 + 0.02 \times 84.8 = 4.69(\text{m})$$

烟囱底部和顶部的流速分别为

$$u_1 = \frac{q_V}{\frac{\pi}{4}d_1^2} = \frac{260207}{3600 \times 0.785 \times (4.69)^2} = 4.18 (\text{m} \cdot \text{s}^{-1})$$

$$u_2 = \frac{q_V}{\frac{\pi}{4}D^2} = \frac{260207}{3600 \times 0.785 \times 3^2} = 10.23 (\text{m} \cdot \text{s}^{-1})$$

在底部和顶部外侧列伯努利方程得

$$z_1 + \frac{p_1}{\rho g} + \frac{u_1^2}{2g} = z_2 + \frac{p_2}{\rho g} + \frac{u_2^2}{2g} + h_{f1} + h_{f2} (\text{出口阻力})$$

因

$$z_1 = 0, z_2 = H_2$$
$$p_1 = 101300 - 360 = 100940(\text{Pa})$$
$$p_2 = 101300 - H_2 \rho_A g$$
$$h_{f1} = 0.06 \frac{H_2}{D} \times \frac{u^2}{2g} = \left[\frac{0.06}{3} \times \frac{10.23^2}{2 \times 9.81}\right] H_2 = 0.107 H_2$$

代入上式得

$$0 + \frac{100940}{0.7 \times 9.81} + \frac{(4.18)^2}{2 \times 9.81} =$$

$$H_2 + \frac{101300}{0.7 \times 9.81} - \frac{H_2 \times 1.29}{0.7} + \frac{(10.23)^2}{2 \times 9.81} + 0.107 H_2 + \frac{(10.23)^2}{2 \times 9.81}$$

$$\left(\frac{1.29}{0.7} - 1 - 0.107\right) H_2 = \frac{101300 - 100940}{0.7 \times 9.81} - 0.891 + 10.67$$

$$0.736 H_2 = 62.2 \Longrightarrow H_2 = 84.5 \text{m}$$

与原假设 $H = 84.8$ m 符合,所以烟囱高度为 84.5m。

炼油厂及其他工厂有许多烟囱,20 世纪 50 年代把烟囱看作工业发达的象征。烟囱高度计算的基本原理,大体和例 1-5 相似。北方农民家庭的烟囱,也有相似的地方,家庭的烟囱越高,空气流量越大,燃料燃烧越完全。

例 1-7 山洞的通风管路如图 1-22 所示,$H = 200$m,管路内气体的平均密度为 $\rho_0 = 1.2 \text{kg} \cdot \text{m}^{-3}$,若山洞外面的空气温度清晨为 10℃ ($\rho_W = 1.247 \text{kg} \cdot \text{m}^{-3}$),中午为 30℃ ($\rho_H = 1.16 \text{kg} \cdot \text{m}^{-3}$)。求清晨及中午管路内空气的流动方向及流速。设空气在管路内的全部阻力损失为 $h_f = 0.46 u^2$。

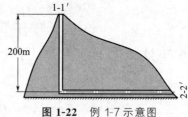

图 1-22 例 1-7 示意图

解 设山顶的管路截面为截面 1-1′,山脚的洞口为截面 2-2′,如图 1-22 所示。管内空气平均密度为 ρ_0。

设清晨空气由山顶流向山脚,在截面 1-1′ 和 2-2′ 列伯努利方程得

$$z_1 + \frac{p_1}{\rho_0 g} + \frac{u_1^2}{2g} = z_2 + \frac{p_2}{\rho_0 g} + \frac{u_2^2}{2g} + h_f$$

因 $z_1 = H = 200 \text{m}, u_1 = u_2, z_2 = 0, h_f = 0.46 u^2$,且由理想气体状态方程得

$$\rho = \frac{G}{V} = \frac{pM}{RT}$$

则

$$p_2 = \frac{\rho_2 RT}{M} = \frac{1.247 \text{kg} \cdot \text{m}^3 \times 8314 \text{J} \cdot \text{kmol}^{-1} \cdot \text{K}^{-1} \times 283 \text{K}}{29 \text{kg} \cdot \text{kmol}^{-1}}$$

$$= 101173 \frac{\text{N} \cdot \text{m}}{\text{m}^3} = 101173 \text{Pa}$$

因

$$p_1 + \rho_W g H = p_2$$

则

$$p_1 = p_2 - \rho_W g H = 101173 - 1.247 \times 9.81 \times 200 = 98726 (\text{Pa})$$

$$0.46 u^2 = \frac{p_1 - p_2}{\rho_0 g} + 200 = \frac{98726 - 101173}{1.2 \times 9.81} + 200 = -7.87$$

因为速度的平方为负数,速度无实数解。说明假设的空气流向不对。ρ_W 是清晨山洞外面的空气密度。

又设空气自截面 2-2′ 流至 1-1′,列伯努利方程

$$z_2 + \frac{p_2}{\rho_0 g} + \frac{u_2^2}{2g} = z_1 + \frac{p_1}{\rho_0 g} + \frac{u_1^2}{2g} + h_f$$

$$0 + \frac{p_2}{\rho_0 g} = 200 + \frac{p_1}{\rho_0 g} + 0.46 u^2$$

$$0.46 u^2 = \frac{101173 - 98726}{1.2 \times 9.81} - 200 = 7.87$$

则
$$u = 4.14 \text{m} \cdot \text{s}^{-1}$$

清晨时，空气由山脚流向山顶。中午时，设空气由山顶流向山脚。在截面 1-1' 和 2-2' 列伯努利方程得

$$z_1 + \frac{p_1}{\rho_0 g} + \frac{u_1^2}{2g} = z_2 + \frac{p_2}{\rho_0 g} + \frac{u_2^2}{2g} + h_f$$

因 $z_1 = H = 200\text{m}, u_1 = u_2, z_2 = 0, h_f = 0.46u^2$，则

$$p_2 = \frac{\rho_2 RT}{M} = \frac{1.16 \text{kg} \cdot \text{m}^3 \times 8314 \text{J} \cdot \text{kmol}^{-1} \cdot \text{K}^{-1} \times 303\text{K}}{29 \text{kg} \cdot \text{kmol}^{-1}}$$

$$= 100766 \frac{\text{N} \cdot \text{m}}{\text{m}^3} = 100766 \text{Pa}$$

$$p_1 = p_2 - \rho_H gH = 100766 - 1.16 \times 9.81 \times 200 = 98490 \text{ (Pa)}$$

代入上式得
$$200 + \frac{p_1}{\rho_0 g} = 0 + \frac{p_2}{\rho_0 g} + 0.46u^2$$

$$0.46u^2 = \frac{98490 - 100766}{1.2 \times 9.81} + 200 = 6.66$$

$$u = 3.80 \text{m} \cdot \text{s}^{-1}$$

中午时，空气由山顶流向山脚。

1.4 流体流动阻力计算

1.4.1 圆形直管阻力公式

如图 1-23 所示，取一段水平导管直径为 d，流体以流速 u 做等速运动，流体柱长为 l，上、下侧压力为 p_1 和 p_2。在截面 1-1' 和 2-2' 间列伯努利方程

$$z_1 + \frac{p_1}{\rho g} + \frac{u^2}{2g} = z_2 + \frac{p_2}{\rho g} + \frac{u^2}{2g} + h_f$$

则
$$h_f = \frac{p_1 - p_2}{\rho g} \quad (1-15)$$

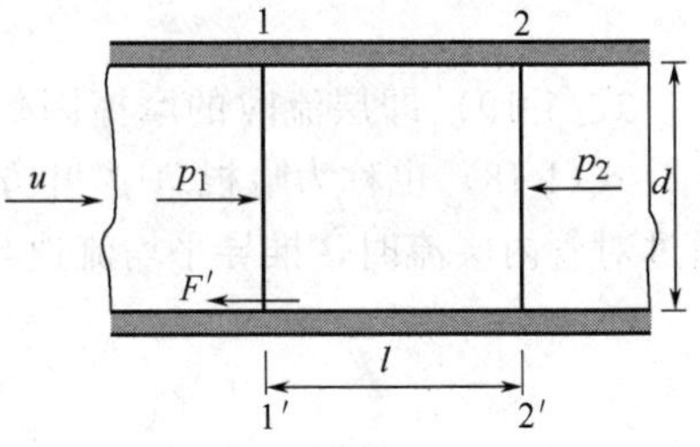

对流体柱作力的衡算：因为是等速运动，所以合力为零。

图 1-23 阻力公式导出

$$p_1 \frac{\pi}{4} d^2 - p_2 \frac{\pi}{4} d^2 - F' = 0$$

而 F' 为流体与管壁的摩擦力，它等于 τ（单位面积上的摩擦力，即剪应力）乘以 πdl（流体与管壁的接触面积），则 $p_1 \frac{\pi}{4} d^2 - p_2 \frac{\pi}{4} d^2 - \tau \pi dl = 0$，即 $p_1 - p_2 = \frac{4l}{d} \tau$，代入式(1-15)得

$$h_f = \frac{4l}{d\rho g} \tau \quad (1-16)$$

由大量实验得知，流体只有在流动情况下才产生阻力，阻力与流速 u 有关。并且与 u^2 成正比，与管长 l 成正比。将 h_f 表示为动压头 $\left(\dfrac{u^2}{2g}\right)$ 的若干倍，主要是为了计算方便。

所以，改写式(1-16) 得

$$h_f = \frac{l}{d} \times \frac{u^2}{u^2} \times \frac{4}{\rho g} \times \tau = 8\left(\frac{\tau}{\rho u^2}\right)\left(\frac{l}{d}\right)\frac{u^2}{2g}$$

令 $\lambda = 8\left(\dfrac{\tau}{\rho u^2}\right)$，$\lambda$ 称为摩擦因数，则上式为

$$h_f = \lambda \frac{l}{d} \times \frac{u^2}{2g} \tag{1-17}$$

式(1-17) 和下面的式(1-18)，都可以用来计算流体的直管阻力。
如何求取摩擦因数 λ 是关键，化工界前辈对此做了大量的工作。

1.4.2　层流时摩擦因数的计算

因 $u = \dfrac{1}{2}u_{max} = \dfrac{1}{2} \times \dfrac{p_1 - p_2}{4\mu l} R^2$（参见 1.1.6 层流平均流速与最大流速），则

$$p_1 - p_2 = \frac{8\mu l u}{R^2} = \frac{8\mu l u}{\dfrac{d^2}{4}} = \frac{32\mu l u}{d^2} \tag{1-18}$$

联立式(1-18)、式(1-15)、式(1-17) 得

$$\lambda \frac{l}{d} \times \frac{u^2}{2g} = \frac{32\mu l u}{\rho g d^2}$$

$$\lambda = \frac{64}{\dfrac{d\rho u}{\mu}} = \frac{64}{Re} \tag{1-19}$$

式(1-19) 即层流时的摩擦因数 λ 计算公式。

式(1-18) 也称为哈根-泊肃叶方程，也可以用来计算管内压强降或流体阻力。式(1-18) 是通过对管内层流时，推导平均流速与最大流速的关系时得到的。改写式(1-18) 得

$$u = \frac{\Delta p}{l} \times \frac{d^2}{32\mu} \tag{1-18a}$$

$$q_V = \frac{\pi}{4}d^2 u = \frac{\pi}{4}d^2 \frac{\Delta p}{l} \times \frac{d^2}{32\mu} = \frac{\pi}{128\mu} \times \frac{\Delta p}{l}d^4 \tag{1-18b}$$

式(1-18b) 说明：体积流量与单位长度上的压力降成正比，与管径的四次方成正比。这个结果正是泊肃叶 1840 年在"小管径内流体流动的实验研究"论文中得到的实验结果。当 40 多年之后的 1883 年，有了雷诺实验和雷诺数，又有了层流、过渡流、湍流的概念，才会有层流摩擦因数 λ 的计算公式(1-19)。后来的计算理论，即公式(1-19)，是应该涵盖早期泊肃叶的实验结果。这就是理论来源于实验，实验又验证理论的科学方法论。

> **科学家小传**
>
> **泊肃叶**（M. Poiseuille，1799—1869）是法国生理学家。他在巴黎综合工科学校毕业后，又攻读医学，长期研究血液在血管内的流动。在求学时代即已发明血压计，用以测量狗主动脉的血压。他发表过一系列关于血液在动脉和静脉内流动的论文。其中1840～1841年发表的论文"小管径内液体流动的实验研究"，对流体力学的发展起了重要作用。他在文中指出，流量与单位长度上的压力降成正比，与管径的四次方成正比。此定律后称为泊肃叶定律。由于德国工程师G. H. L. 哈根在1839年曾得到同样的结果，W. 奥斯特瓦尔德在1925年建议称该定律为哈根-泊肃叶定律。泊肃叶和哈根的经验定律，是G. G. 斯托克斯于1845年建立的关于黏性流体运动基本理论的重要实验证明。现在流体力学中，常把黏性流体在圆管路中的流动称为泊肃叶流动。医学上把小血管管壁近处流速较慢的流层称为泊肃叶层。1913年，英国R. M. 迪利和P. H. 帕尔建议将动力黏度的单位以泊肃叶的名字命名为泊P（poise），$1P=1dyn·s/cm^2$。1969年国际计量委员会建议的国际单位制（SI）中，动力黏度单位改用$Pa·s$，$1Pa·s=10P$。

1.4.3 乌氏黏度计的原理

乌氏黏度计是一种常用仪器，如图1-24所示。通过测量一定体积V（图中a、b刻度间的液体）的流体，流过一定长度l的毛细管，所需时间t来计算流体的黏度。毛细管左边的小管是使c点通大气的旁通管。毛细管右边的粗管是储存流体的容器管。

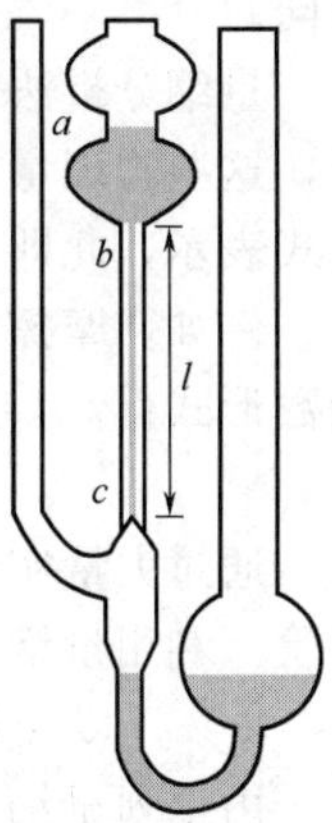

在毛细管截面b与截面c，列伯努利方程，截面c为基准面，得

$$z_b+\frac{p_b}{\rho g}+\frac{u_b^2}{2g}=z_c+\frac{p_c}{\rho g}+\frac{u_c^2}{2g}+h_f$$

$z_c=0$，$z_b=l$，$u_b=u_c$，$p_c=0$（表压），忽略a、b间位差，即$H_{ab}=0$，所以$p_b=\rho g H_{ab}=0$。而假定流动为层流

$$h_f=\lambda\frac{l}{d}\times\frac{u^2}{2g}=\frac{64}{\frac{du\rho}{\mu}}\times\frac{l}{d}\times\frac{u^2}{2g}$$

代入伯努利方程，得

$$l=\frac{64}{\frac{du\rho}{\mu}}\times\frac{l}{d}\times\frac{u^2}{2g}\Longrightarrow 1=\frac{32\mu u}{d^2\rho g}$$

图1-24 乌氏黏度计示意图

则

$$\mu=\frac{d^2\rho g}{32u} \quad (1-20)$$

因$u=\dfrac{V}{\frac{\pi}{4}d^2 t}$，代入式(1-20) 得

$$\mu=\frac{d^2\rho g\pi d^2 t}{32V\times 4}=\frac{\pi\rho g d^4 t}{128V} \quad (1-21)$$

式中，d为毛细管直径，m；V为流体体积，m^3；t为体积为V的流体流过毛细管所需时间，s。

由式(1-21)测得的黏度单位是 $\dfrac{\text{kg}\cdot\text{m}^{-3}\cdot\text{m}\cdot\text{s}^{-2}\cdot\text{m}^4\cdot\text{s}}{\text{m}^3} \Longrightarrow \text{kg}\cdot\text{m}^{-1}\cdot\text{s}^{-1} \Longrightarrow \text{Pa}\cdot\text{s}$。

例 1-8 若已知毛细管直径为 $d=1\text{mm}$，被测流体的密度为 $1050\text{kg}\cdot\text{m}^{-3}$，流体体积为 3.5cm^3 时，流过毛细管所需时间为 100s，此时流体黏度为多少？

由 $$\mu=\frac{\pi\rho g d^4 t}{128V}=\frac{3.14\times 1050\times 9.81\times(10^{-3})^4\times 100}{128\times 3.5\times 10^{-6}}=7.22\times 10^{-3}(\text{Pa}\cdot\text{s})$$

校验 Re 是否在层流范围

$$Re=\frac{du\rho}{\mu}=\frac{10^{-3}\times 3.5\times 10^{-6}\times 1050}{\dfrac{\pi}{4}\times(10^{-3})^2\times 100\times 7.22\times 10^{-3}}=6.48\ll 2000$$

在层流范围，计算结果成立。

1.4.4 量纲分析法

摩擦阻力的计算，关键是寻求摩擦因数 λ 的计算。层流时，$\lambda=64/Re$，比较容易。但流体在管内作湍流时，λ 与许多因数（d、u、ρ、μ、ε）有关。用实验方法来求 λ 与上列因数的关系，则十分困难。量纲分析法是化学工程实验研究中经常使用的方法之一。

量纲分析法的基础是量纲的一致性原则，即方程的两边不仅数值相等，而且量纲也必须相同。

量纲分析法的基本原理是 π 定理（Buckingham theorem）：设影响该现象的物理量为 n 个，这些物理量的基本量纲为 m 个，则该物理现象可用 $N=n-m$ 个独立的无量纲数群关系式表示，此即 π 定理。

例如，摩擦因数 λ 与管径 d、流速 u、密度 ρ、黏度 μ、管壁粗糙度 ε 有关。将 λ 写成幂指数形式得

$$\lambda=Kd^a u^b \rho^c \mu^d \varepsilon^e \tag{1-22}$$

通过大量实验，直接归纳求出指数 a、b、c、d、e 当然也可以，但须做工作量巨大的实验。利用量纲分析法，式(1-22)中的六个物理量的量纲分别为

$$\lambda=\text{L}^0\text{M}^0\text{T}^0；d=\text{L}；u=\text{LT}^{-1}；\rho=\text{ML}^{-3}；\mu=\text{MT}^{-1}\text{L}^{-1}；\varepsilon=\text{L}$$

由上列量纲代入式(1) 得

$$\text{L}^0\text{M}^0\text{T}^0=K(\text{L})^a(\text{LT}^{-1})^b(\text{ML}^{-3})^c(\text{MT}^{-1}\text{L}^{-1})^d\text{L}^e$$

则
$$\text{L}^0\text{M}^0\text{T}^0=K\text{L}^a\text{L}^b\text{T}^{-b}\text{M}^c\text{L}^{-3c}\text{M}^d\text{T}^{-d}\text{L}^{-d}\text{L}^e$$
$$=K\text{L}^{a+b-3c-d+e}\text{M}^{c+d}\text{T}^{-b-d}$$

根据量纲一致性原则得

$$\left.\begin{array}{l}\text{对于 L},a+b-3c-d+e=0\\ \text{对于 M},c+d=0\\ \text{对于 T},-b-d=0\end{array}\right\} \tag{1-23}$$

令 b、e 为已知，由式(1-23)解得

$$\left.\begin{array}{l}d=-b\\ c=b\\ a=-b+3b-b-e=b-e\end{array}\right\} \tag{1-24}$$

将式(1-24)代入式(1-22)得

$$\lambda = Kd^{b-e}u^b\rho^b\mu^{-b}\varepsilon^e = K\left(\frac{du\rho}{\mu}\right)^b\left(\frac{\varepsilon}{d}\right)^e \tag{1-25}$$

式(1-25)说明，λ只与两个无量纲数群有关，做化工实验时，只需确定指数 b、e 就行了，可使实验工作大大简化。

量纲分析法只能归纳出无量纲数群，至于无量纲数群之间的确切定量关系，还必须依靠实验才能得到。但必须注意，在确定有关物理量时，须作较详细的分析，若漏了必要的物理量，则得到的无量纲数群无法通过实验建立确定的关系，若引进无关的物理量，则可能得到没有意义的无量纲数群。

1.4.5 湍流时摩擦因数的计算

湍流时 λ 不仅与 Re 有关，而且与管内壁的相对粗糙度（ε/d）有关。相对粗糙度是管壁粗糙凸起高度（绝对粗糙度 ε）与管子内径 d 的比值，为无量纲量。常用查图 1-25 莫狄（Moody）图的方法查取 λ 的值。

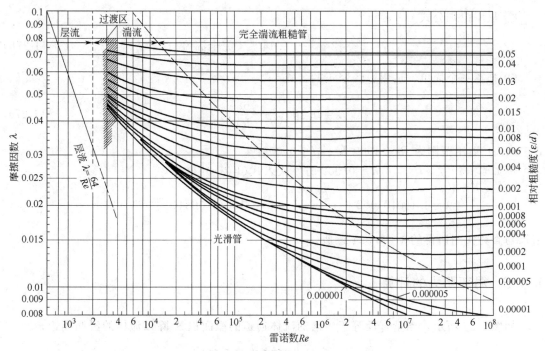

图 1-25 莫狄 (Moody) 图

Moody 图是以 Re 为横坐标，λ 为纵坐标，管内相对粗糙度（ε/d）为参考量，经由莫狄（Moody）对新商品钢管实测数据，绘制而成。

在湍流区（$Re \geqslant 4000$ 以及虚线以下区域），λ 与 Re，ε/d 均有关。其中最下面的一条曲线代表水力光滑管，其余曲线代表粗糙管。

例如当 $Re = 2 \times 10^5$，$\varepsilon/d = 0.002$ 时，查图 1-25 得 λ 在 0.02～0.025 之间，即 λ = 0.024。有人若查得 λ = 0.03，那就是横坐标对应错了。

Moody 图在流体流动计算中，非常重要［参见文献 Moody L F, Friction Factors for Pipe Flow, Transations of the ASME, 1944, 66 (8)：671~684］。

摩擦因数 λ 的常见的几种解析式如下。

（1）光滑管

① 布拉修斯（Blasius）式

$$\lambda = \frac{0.3164}{Re^{0.25}} \qquad Re\ 为\ (5\times10^3) \sim (100\times10^3) \tag{1-26a}$$

② 顾毓珍公式

$$\lambda = 0.0056 + \frac{0.500}{Re^{0.32}} \qquad Re\ 为\ (3\times10^3) \sim (3000\times10^3) \tag{1-26b}$$

③ 尼库拉则与卡门公式

$$\frac{1}{\sqrt{\lambda}} = 2\lg(Re\sqrt{\lambda}) - 0.8 \qquad Re > 3\times10^3 \tag{1-26c}$$

（2）粗糙管

① 顾毓珍公式

$$\lambda = 0.01227 + \frac{0.7543}{Re^{0.38}} \qquad Re\ 为\ (3\times10^3) \sim (3000\times10^3) \tag{1-27a}$$

② 尼库拉则公式

$$\frac{1}{\sqrt{\lambda}} = 2\lg\frac{d}{e} + 1.14 \qquad 完全湍流 \tag{1-27b}$$

③ 推荐一个简单、适用、经修正的公式

$$\lambda = 0.100\left(\frac{\varepsilon}{d} + \frac{68}{Re}\right)^{0.23} \tag{1-27c}$$

式（1-27c）适用范围为 $Re \geqslant 4000$ 及 $\varepsilon/d \leqslant 0.005$。

例如当 $Re = 2\times10^5$，$\varepsilon/d = 0.002$ 时，代入式（1-27c）得

$$\lambda = 0.100\left(0.002 + \frac{68}{2\times10^5}\right)^{0.23} = 0.100(0.0034)^{0.23} = 0.0248$$

结果与查莫狄图所得的 $\lambda = 0.024$ 近似。

1.4.6 局部阻力的计算

如图 1-26 所示，当量直径等于 4 倍的流体通道的截面积 A 除以流体的浸润周边 π。

$$d_e = 4 \times \frac{流体通道的截面积(A)}{在通道截面上流体的浸润周边(\pi)}$$

当量长度（l_e） 能产生与局部阻力相同的沿程阻力所需的长度，称做局部阻力的当量长度。

所以局部阻力压头损失为

$$h_f = \lambda \frac{l_e}{d} \times \frac{u^2}{2g} \tag{1-28}$$

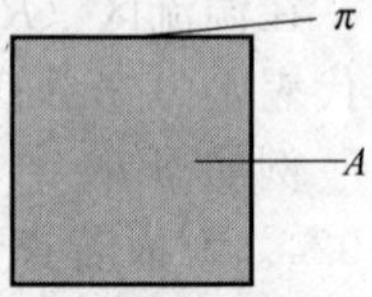

上式为计算局部阻力的当量长度法。也有采用阻力系数法，见下式：

图 1-26 当量直径示意图

$$h'_f = \xi \frac{u^2}{2g} \tag{1-29}$$

当量长度 l_e 可以参见图 1-27，管件与阀门的当量长度共线图。

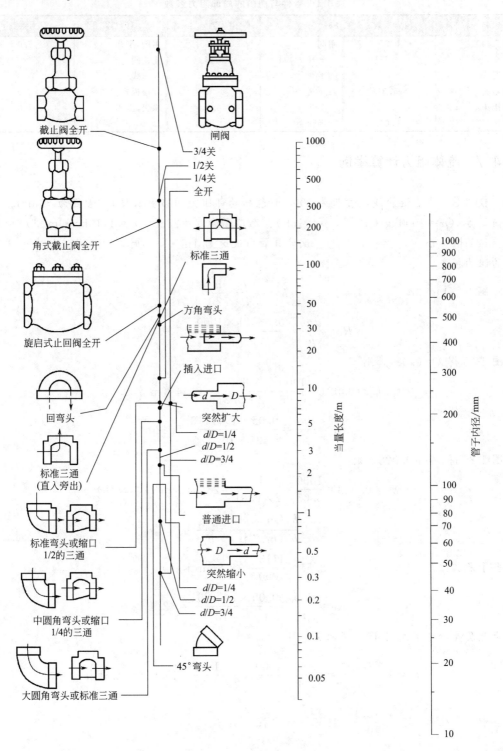

图 1-27 管件与阀门的当量长度共线图[12]

阻力系数 ξ 可查表 1-1 管件与阀门的局部阻力系数表。入口管的局部阻力系数 $\xi=0.5$，出口管的局部阻力系数 $\xi=1.0$。

表 1-1 管件与阀门的局部阻力系数[12]

名　称	阻力系数 ξ	名　称	阻力系数 ξ	名　称	阻力系数 ξ
弯头,45°	0.35	闸阀		角阀,半开	2.0
弯头,90°	0.75	全开	0.17	止逆阀	
三通	1	半开	4.5	球式	70.0
回弯头	1.5	截止阀		摇板式	2.0
管接头	0.04	全开	6.0	水表,盘式	7.0
活接头	0.04	半开	9.5		

1.4.7 流体阻力计算举例

例 1-9 某输送管线，管长为 1000m（包括局部阻力的当量长度），管径为 50mm。若分别输送水（$\rho=1000$kg·m^{-3}，$\mu=1$cP）、乙二醇（$\mu=23$cP，$\rho=1113$kg·m^{-3}）和甘油（$\rho=1261$kg·m^{-3}，$\mu=1499$cP）。试计算管内流速为 1m·s^{-1} 时，此三种流体在光滑管路中的阻力损失。

解 （1）
$$h_f = \lambda \frac{l}{d} \times \frac{u^2}{2g}$$

$$Re = \frac{du\rho}{\mu} = \frac{0.05 \times 1 \times 1000}{1 \times 10^{-3}} = 5 \times 10^4$$

查图 1-25 得 $\lambda=0.021$，则

$$h_f = 0.021 \times \frac{1000}{0.05} \times \frac{1^2}{2 \times 9.81} = 21.4 \text{（m 水柱）}$$

（2）
$$Re = \frac{du\rho}{\mu} = \frac{0.05 \times 1 \times 1113}{23 \times 10^{-3}} = 2420$$

查图 1-25 得，$\lambda=0.028$，则

$$h_f = 0.028 \times \frac{1000}{0.05} \times \frac{1^2}{2 \times 9.81} = 28.54 \text{（m 乙二醇柱）}$$

因
$$\frac{h_f(\text{m 液柱})}{h_f(\text{m 水柱})} = \frac{\rho_\text{水}}{\rho_\text{液}}$$

相当于米水柱为
$$28.54 \times \frac{1113}{1000} = 31.8 \text{(m 水柱)}$$

（3）
$$Re = \frac{du\rho}{\mu} = \frac{0.05 \times 1 \times 1261}{1499 \times 10^{-3}} = 42.1$$

因为是层流，可用式(1-19)求取 λ，则

$$h_f = \lambda \frac{l}{d} \times \frac{u^2}{2g} = \frac{64}{42.1} \times \frac{1000}{0.05} \times \frac{1}{2 \times 9.81} = 1550 \text{（m 甘油柱）}$$

相当于米水柱为 $1550 \times \frac{1261}{1000} = 1955$ （m 水柱）。

例 1-9 说明：不同流体，以相同流速流过相同管长时的阻力损失，相差很大。

1.5 管路计算

1.5.1 简单管路计算

(1) 已知管路能量损失 h_f、管长 l、管径 d，求管中流体的流速 u

由

$$h_f = \lambda \frac{l}{d} \times \frac{u^2}{2g} \tag{1-17}$$

$$\lambda = \varphi\left(\frac{du\rho}{\mu}, \frac{\varepsilon}{d}\right) \tag{1-30}$$

得

$$h_f = \varphi\left(\frac{du\rho}{\mu}, \frac{\varepsilon}{d}\right)\frac{l}{d} \times \frac{u^2}{2g} \tag{1-31}$$

对于式(1-17)和式(1-30)，从数学角度讲，共有 8 个变量（h_f、d、l、ρ、μ、ε、λ、u），2 个约束条件（即 2 个方程），若已知其中的 6 个变量，其余 2 个变量就有唯一解。若已知 h_f、d、l、ρ、μ、ε，是可以得出 u 的唯一解。但由于 $\lambda = \varphi\left(\frac{du\rho}{\mu}, \frac{\varepsilon}{d}\right)$ 的关系不能用简单解析式表达，所以式(1-31)只能用试差法求解。试差法并不意味没有唯一解。

试差法的步骤是：①首先假设一个 λ 值，一般从 0.02 开始设定；②由式(1-17)，$h_f = \lambda \frac{l}{d} \times \frac{u^2}{2g}$ 求出 u；③由 u 求出 $Re = \frac{du\rho}{\mu}$；④由 Re、$\frac{\varepsilon}{d}$，查图 1-25 得到 λ，看是否与假设的 λ 值一致；⑤若不符合，重新假设，直到 λ 值符合为止，具体流程图参见图 1-28(a)。

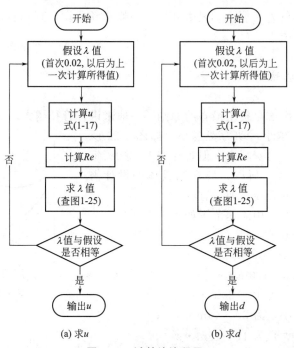

图 1-28 试差法流程图

例 1-10 已知某水平输水管路的管子规格为 $\phi 89\text{mm} \times 3.5\text{mm}$（其中 89mm 为管外径，3.5mm 为管壁厚度），管长为 138m，管子相对粗糙度 $\dfrac{\varepsilon}{d}=0.0001$。若该管路能量损失 $h_f=5.1\text{m}$，求水的流量为多少？水的密度为 $1000\text{kg} \cdot \text{m}^{-3}$，黏度为 1cP。

解 令 $\lambda=0.02$，$d=89-3.5\times 2=82(\text{mm})$，由式(1-17) 得

$$u=\sqrt{\dfrac{2dh_f g}{\lambda l}}=\sqrt{\dfrac{2\times 0.082\times 5.1\times 9.8}{0.02\times 138}}=1.723\ (\text{m}\cdot\text{s}^{-1})$$

$$Re=\dfrac{du\rho}{\mu}=\dfrac{0.082\times 1.723\times 1000}{1\times 10^{-3}}=1.413\times 10^5$$

查图 1-25 得 $\lambda=0.017(\neq 0.02)$，说明 λ 假设偏大。

再令 $\lambda=0.017$，得 $u=\sqrt{\dfrac{2\times 0.082\times 5.1\times 9.81}{0.017\times 138}}=1.87\ (\text{m}\cdot\text{s}^{-1})$

$$Re=\dfrac{0.082\times 1.87\times 1000}{1\times 10^{-3}}=1.53\times 10^5$$

查图 1-25 得 $\lambda=0.017$（符合），则

$$q_V=\dfrac{\pi}{4}d^2 u=0.785\times (0.082)^2\times 1.87=9.87\times 10^{-3}\ (\text{m}^3\cdot\text{s}^{-1})$$

(2) 已知管路能量损失 h_f、管长 l、管中流速 u，求管径 d

由式(1-17) 和式(1-30)，从数学的角度，可以求出确定的解 d 和 λ。由于式(1-30) 并非解析式，所以亦要用试差法求解。试差法并不意味着没有确定的解。

其步骤与前同：①设 λ 值；②由式(1-17) 计算 d；③由 d 计算 Re；④由 Re、$\dfrac{\varepsilon}{d}$ 查图 1-25 得 λ，看计算的 λ 与假设的是否相同，否则重新假设，直到假设 λ 值与计算 λ 值相符为止，具体流程参见图 1-28(b)。

1.5.2 适宜管径选择

选择管径时，要考虑总费用最省的原则。一般来讲，管径越大，流速越小，流动阻力也越小，所需泵功率会越小，动力费越小。如图 1-29 所示，随着管径增大，动力费减少。但管径增大，购买钢管的设备费投入会增大。所以，应根据具体的设计需要，选用总费用最省的管径，即适宜管径。

某些流体在管中的常用流速范围如下：
自来水为 $1\sim 1.5\text{m}\cdot\text{s}^{-1}$；
低黏度液体为 $1.5\sim 3\text{m}\cdot\text{s}^{-1}$；
高黏度液体为 $0.5\sim 1.0\text{m}\cdot\text{s}^{-1}$；
一般气体（常压）为 $10\sim 20\text{m}\cdot\text{s}^{-1}$；
饱和蒸汽（黏度小）为 $20\sim 40\text{m}\cdot\text{s}^{-1}$；
低压空气（黏度大）为 $12\sim 15\text{m}\cdot\text{s}^{-1}$。

一般来讲，黏度越大的流体，适宜流速越小；黏度越小，则适宜流速可以大些。

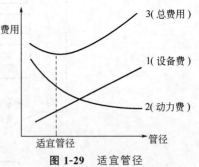

图 1-29 适宜管径

1.5.3 并联管路计算

并联管路如图1-30所示，其特点如下。

① 总管流量是支管流量之和，即

$$q_{VA}=q_{VC}+q_{VD}+q_{VE} \tag{1-32}$$

$$u_A d_A^2 = u_C d_C^2 + u_D d_D^2 + u_E d_E^2 \tag{1-33}$$

② 当两汇合点（A，B）在同一水平面时，各支管流体阻力均相等，即

$$h_{fC}=h_{fD}=h_{fE} \tag{1-34}$$

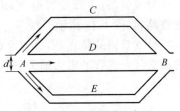

图 1-30　并联管路示意图

下面用伯努利方程证明式(1-34)的结论。

对图1-30中的支管 ACB、ADB、AEB 分别列伯努利方程：

$$z_A+\frac{u_A^2}{2g}+\frac{p_A}{\rho g}=z_B+\frac{u_B^2}{2g}+\frac{p_B}{\rho g}+h_{fC}$$

$$z_A+\frac{u_A^2}{2g}+\frac{p_A}{\rho g}=z_B+\frac{u_B^2}{2g}+\frac{p_B}{\rho g}+h_{fD}$$

$$z_A+\frac{u_A^2}{2g}+\frac{p_A}{\rho g}=z_B+\frac{u_B^2}{2g}+\frac{p_B}{\rho g}+h_{fE}$$

比较以上三式得

$$h_{fC}=h_{fD}=h_{fE}$$

例 1-11　用内径为0.3m的钢质管子输送20℃的水。为了测量管内水的流量，采用主管旁边并联安装带有转子流量计的支管。如图1-31所示，在2m长的一段主管路上并联了一根总长为10m（包括分支直管及局部阻力的当量长度）、$\phi 60\text{mm}\times 3.5\text{mm}$ 的支管。支管上转子流量计读数为 $3\text{m}^3\cdot\text{h}^{-1}$。试求水在总管中的流量。假设主管与支管的摩擦因数分别为0.02和0.03。

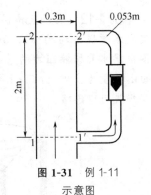

图 1-31　例 1-11 示意图

解　支管流速 $u_2=\dfrac{3}{3600\times\dfrac{\pi}{4}\times(0.053)^2}=0.378\text{m}\cdot\text{s}^{-1}$

由于并联管路中主管阻力 h_{f1} 等于支管阻力 h_{f2}，则

$$h_{f1}=\lambda_1\frac{l_1}{d_1}\times\frac{u_1^2}{2g}=h_{f2}=\lambda_2\frac{l_2+l_e}{d_2}\times\frac{u_2^2}{2g}$$

将 $\lambda_1=0.02$，$\lambda_2=0.03$，$l_1=2\text{m}$，$l_2+l_e=10\text{m}$，$d_1=0.3\text{m}$，$d_2=0.053\text{m}$，$u_2=0.378\text{m}\cdot\text{s}^{-1}$ 代入上式得

$$0.02\times\frac{2}{0.3}\times u_1^2=0.03\times\frac{10}{0.053}\times(0.378)^2$$

$$u_1=2.46\text{m}\cdot\text{s}^{-1}$$

则

$$q_{V1}=\frac{\pi}{4}d_1^2 u_1=0.785\times(0.3)^2\times 2.46\times 3600=626\text{m}^3\cdot\text{h}^{-1}$$

$$q_V=q_{V1}+q_{V2}=626+3=629\text{m}^3\cdot\text{h}^{-1}$$

1.5.4 分支管路计算

分支管路:主管处有分支,但分支最终不再汇合的管路称为分支管路,如图 1-32 所示。

分支管路的特点是:分支点（O 点）处的总压头等于支管出口处的压头加上支管的阻力损失。

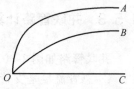

图 1-32 分支管路示意图

$$H_O = z_O + \frac{p_O}{\rho g} + \frac{u_O^2}{2g} = z_A + \frac{p_A}{\rho g} + \frac{u_A^2}{2g} + h_{fA} \tag{1-35a}$$

$$H_O = z_O + \frac{p_O}{\rho g} + \frac{u_O^2}{2g} = z_B + \frac{p_B}{\rho g} + \frac{u_B^2}{2g} + h_{fB} \tag{1-35b}$$

$$H_O = z_O + \frac{p_O}{\rho g} + \frac{u_O^2}{2g} = z_C + \frac{p_C}{\rho g} + \frac{u_C^2}{2g} + h_{fC} \tag{1-35c}$$

上述三式是对分支点与支管出口分别作出的能量衡算。

第二个特点则是总管流量等于支管流量之和。

$$q_{VO} = q_{VA} + q_{VB} + q_{VC}$$

$$u_O d_O^2 = u_A d_A^2 + u_B d_B^2 + u_C d_C^2 \tag{1-36}$$

1.5.5 供水计算举例

例 1-12 某居民楼供水系统，如图 1-33 所示，若在 A 分流处的水压为 60kPa（表压）。室内水管规格均为 $\phi 21.5\text{mm} \times 2.75\text{mm}$，垂直主管（$ABC$）规格为 $\phi 33.5\text{mm} \times 3.25\text{mm}$，各楼层水管摩擦阻力的总当量长度均为 5m，管内摩擦因数均为 $\lambda = 0.02$。求一、二、三层的水流量为多少（$\text{m}^3 \cdot \text{h}^{-1}$）？水的密度取 $1000\text{kg} \cdot \text{m}^{-3}$。为简化计算，主管（$ABC$）的摩擦损失可以忽略。

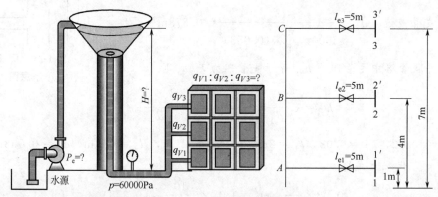

图 1-33 居民楼供水示意图

解 设一、二、三层水管出口截面分别为截面 1-1′、2-2′、3-3′。以地面为基准面。

由于主管 ABC 的摩擦损失可忽略，所以分流点 A、B、C 可以看作一个分流点 A。分别在 A 和截面 1-1′、A 和截面 2-2′、A 和截面 3-3′列伯努利方程得

$$z_A + \frac{p_A}{\rho g} + \frac{u_A^2}{2g} = z_1 + \frac{p_1}{\rho g} + \frac{u_1^2}{2g} + \lambda \frac{l_{e1}}{d} \times \frac{u_1^2}{2g} \tag{1}$$

$$z_A + \frac{p_A}{\rho g} + \frac{u_A^2}{2g} = z_2 + \frac{p_2}{\rho g} + \frac{u_2^2}{2g} + \lambda \frac{l_{e2}}{d} \times \frac{u_2^2}{2g} \tag{2}$$

$$z_A + \frac{p_A}{\rho g} + \frac{u_A^2}{2g} = z_3 + \frac{p_3}{\rho g} + \frac{u_3^2}{2g} + \lambda \frac{l_{e3}}{d} \times \frac{u_3^2}{2g} \tag{3}$$

因 $z_A=1\text{m}$，$z_1=1\text{m}$，$z_2=4\text{m}$，$z_3=7\text{m}$，$p_A=60\text{kPa}$，$p_1=p_2=p_3=0$（表压），$l_{e1}=l_{e2}=l_{e3}=5\text{m}$，$d=0.016\text{m}$，$\lambda=0.02$，所以

$$\begin{cases} 1+\dfrac{60000}{\rho g}+\dfrac{u_A^2}{2g}=1+\dfrac{u_1^2}{2g}+0.02\times\dfrac{5}{0.016}\times\dfrac{u_1^2}{2g} \\ 1+\dfrac{60000}{\rho g}+\dfrac{u_A^2}{2g}=4+\dfrac{u_2^2}{2g}+0.02\times\dfrac{5}{0.016}\times\dfrac{u_2^2}{2g} \\ 1+\dfrac{60000}{\rho g}+\dfrac{u_A^2}{2g}=7+\dfrac{u_3^2}{2g}+0.02\times\dfrac{5}{0.016}\times\dfrac{u_3^2}{2g} \end{cases}$$

$$\begin{cases} 7.12+\dfrac{u_A^2}{2g}=1+(0.051+0.319)u_1^2 \\ 7.12+\dfrac{u_A^2}{2g}=4+(0.051+0.319)u_2^2 \\ 7.12+\dfrac{u_A^2}{2g}=7+(0.051+0.319)u_3^2 \end{cases}$$

则

$$\begin{cases} u_1=\sqrt{\dfrac{6.12}{0.37}+\dfrac{u_A^2}{2g\times 0.37}}=\sqrt{16.54+0.1378u_A^2} & (1\text{a}) \\ u_2=\sqrt{\dfrac{3.12}{0.37}+\dfrac{u_A^2}{2g\times 0.37}}=\sqrt{8.432+0.1378u_A^2} & (2\text{a}) \\ u_3=\sqrt{\dfrac{0.12}{0.37}+\dfrac{u_A^2}{2g\times 0.37}}=\sqrt{0.3243+0.1378u_A^2} & (3\text{a}) \end{cases}$$

由于总管流量等于支管流量之和，所以

$$q_{VA}=q_{V1}+q_{V2}+q_{V3} \tag{4}$$

$$\frac{\pi}{4}d'^2 u_A = \frac{\pi}{4}d^2 u_1 + \frac{\pi}{4}d^2 u_2 + \frac{\pi}{4}d^2 u_3$$

$$(0.027)^2 u_A = (0.016)^2 u_1 + (0.016)^2 u_2 + (0.016)^2 u_3$$

$$u_A = 0.351(u_1+u_2+u_3) \tag{4a}$$

将式(1a)、式(2a)、式(3a)代入式(4a)得

$$\frac{u_A}{0.351}=\sqrt{16.54+0.1378u_A^2}+\sqrt{8.432+0.1378u_A^2}+\sqrt{0.3243+0.1378u_A^2} \tag{5}$$

式(5)用解析法解比较难，可用图解法或列表试算法。

作曲线 $y=\dfrac{u_A}{0.351}$ 和曲线 $y'=\sqrt{16.54+0.1378u_A^2}+\sqrt{8.432+0.1378u_A^2}+\sqrt{0.3243+0.1378u_A^2}$，两曲线交点的横坐标 u_A 值即为式(5)的解。

由于作图比较麻烦,而 u_A 值 $(1\sim 3\mathrm{m\cdot s^{-1}})$ 的范围也不大,可采用列表试算法求解。计算数据列在表 1-2 中。

表 1-2 例 1-12 的计算数据

$u_A/\mathrm{m\cdot s^{-1}}$	$y=\dfrac{u_A}{0.351}$	$y'=\sqrt{16.54+0.1378u_A^2}+\sqrt{8.432+0.1378u_A^2}+\sqrt{0.3243+0.1378u_A^2}$
0	0	4.067+2.9038+0.5695=7.54
1	2.849	4.084+2.927+0.6797=7.6907
2	5.698	4.134+2.997+0.9357=8.0667
3	8.547	4.217+3.11+1.2507=8.5777
3.01	8.575	4.217+3.111+1.254=8.582

$u_A=3.01\mathrm{m\cdot s^{-1}}$ 时,式(5)成立。将 $u_A=3.01\mathrm{m\cdot s^{-1}}$ 分别代入式(1a)、式(2a)、式(3a)得

$$u_1=4.217\mathrm{m\cdot s^{-1}},\quad u_2=3.11\mathrm{m\cdot s^{-1}},\quad u_3=1.254\mathrm{m\cdot s^{-1}}$$

即

$$q_{V1}=\frac{\pi}{4}\times(0.016)^2\times 4.217\times 3600=3.051\mathrm{m^3\cdot h^{-1}}$$

$$q_{V2}=\frac{\pi}{4}\times(0.016)^2\times 3.111\times 3600=2.251\mathrm{m^3\cdot h^{-1}}$$

$$q_{V3}=\frac{\pi}{4}\times(0.016)^2\times 1.254\times 3600=0.907\mathrm{m^3\cdot h^{-1}}$$

则

$$q_{V1}:q_{V2}:q_{V3}=1:0.738:0.297$$

例 1-12 说明,在各层阻力相等的情况下,由于水压不足 $p_A=60\mathrm{kPa}$(表压),相当于 $\dfrac{p_A}{\rho g}=6.12\mathrm{m}$ 水柱,压头仅高出三层 0.12m,所以三层水量大大低于底层。

例 1-13 若外供水仍为 $p_A=60\mathrm{kPa}$,尽量关小一楼的水阀开度,使 l_{e1} 增至 30m,即减小一层的用水量,是否能使二、三层水量增大一些呢?即仅仅使 $l_{e1}=30\mathrm{m}$,其他条件与例 1-12 相同,再分别求出 q_{V1}、q_{V2}、q_{V3}。

解 方程式(2a)、式(3a)、式(4a)均与前同。由于 l_{e1} 增至 30m,所以由式(1)得

$$1+\frac{60000}{\rho g}+\frac{u_A^2}{2g}=1+\frac{u_1^2}{2g}+0.02\times\frac{30}{0.016}\times\frac{u_1^2}{2g}$$

$$7.12+\frac{u_A^2}{2g}=1+(0.051+1.911)u_1^2$$

则

$$u_1=\sqrt{\frac{6.12}{1.962}+\frac{u_A^2}{2\times 9.81\times 1.962}}=\sqrt{3.119+0.026u_A^2} \tag{1b}$$

联立式(1b)、式(2a)、式(3a)、式(4a)得

$$\frac{u_A}{0.351}=\sqrt{3.119+0.026u_A^2}+\sqrt{8.432+0.1378u_A^2}+\sqrt{0.3243+0.1378u_A^2} \tag{5a}$$

同例 1-12 的方法,求解式(5a),其数据列在表 1-3 中。

表 1-3　例 1-13 的计算数据

$u_A/m \cdot s^{-1}$	$y = \dfrac{u_A}{0.351}$	$y' = \sqrt{3.119+0.026u_A^2} + \sqrt{8.432+0.1378u_A^2} + \sqrt{0.3243+0.1378u_A^2}$
0	0	1.766+2.9038+0.5695=5.239
1	2.849	1.773+2.927+0.6797=5.38
2	5.698	1.795+2.997+0.9357=5.728
2.01	5.7265	1.7956+2.998+0.9386=5.732

$u_A = 2.01 \text{m} \cdot \text{s}^{-1}$ 时，方程式(5a)成立。将 $u_A = 2.01 \text{m} \cdot \text{s}^{-1}$ 分别代入式(1b)、式(2a)、式(3a)得

$$u_1 = 1.80 \text{m} \cdot \text{s}^{-1}, u_2 = 3.0 \text{m} \cdot \text{s}^{-1}, u_3 = 0.94 \text{m} \cdot \text{s}^{-1}$$

即

$$q_{V1} = \frac{\pi}{4} \times (0.016)^2 \times 1.8 \times 3600 = 1.3 \text{m}^3 \cdot \text{h}^{-1}$$

$$q_{V2} = \frac{\pi}{4} \times (0.016)^2 \times 3.0 \times 3600 = 2.17 \text{m}^3 \cdot \text{h}^{-1}$$

$$q_{V3} = \frac{\pi}{4} \times (0.016)^2 \times 0.94 \times 3600 = 0.68 \text{m}^3 \cdot \text{h}^{-1}$$

则

$$q_{V1} : q_{V2} : q_{V3} = 0.426 : 0.711 : 0.223$$

以例 1-12 中的一层用水量 $3.051 \text{m}^3 \cdot \text{h}^{-1}$ 为基准讨论。

例 1-13 计算说明，一层用水量是大大减少了，由 $3.051 \text{m}^3 \cdot \text{h}^{-1}$ 减至 $1.30 \text{m}^3 \cdot \text{h}^{-1}$，但二、三层用水量却不能增加，而且稍有减少。由于全楼阻力增大，全楼总流量 $q_V = 4.15 \text{m}^3 \cdot \text{h}^{-1}$，也减少了。

所以，对于相同的水压 $p_A = 60 \text{kPa}$，管路阻力越小，提供的用水量越大。若不增加水压（Pa），仅靠一层少用水，是解决不了二、三层的用水问题的。

在日常生活中可以发现，虽然由于水压不足，一、二层也经常有水，而即使 8:00~11:00 时一、二层不用水，三、四、五层也难以有水。同时还可发现，如果三层晚上 9:00 时以后有水，则四层要在 10:30 左右来水，五层则在午夜 0 时才可能有水。为什么要滞后这么长时间呢？这是因为底层用水量在逐渐减少，水压在逐渐增大，由于大面积区域供水，所以水压升高是很慢的。水压增大是高层有水的关键。

请同学们不妨分别计算一下，$p_A = 20 \text{kPa}$ 时的 q_{V1}、q_{V2}、q_{V3}；$p_A = 140 \text{kPa}$ 时的 q_{V1}、q_{V2}、q_{V3}；$p_A = 90 \text{kPa}$ 时的 q_{V1}、q_{V2}、q_{V3}。并从中悟出点道理来。

1.6　流量测量

1.6.1　孔板流量计原理及示例

孔板流量计是在流体管路中安装一个带有圆孔的孔板构成的，其结构如图 1-34 所示。通过测量孔板前后压力差，即可定出管路中流体的流量。流体通过孔板时，流速增大，静压头减少，由静压头的减少值可以测出流速。

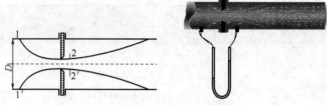

图 1-34　孔板流量计示意图

现在对孔板前后的两截面列伯努利方程得

$$z_1 + \frac{p_1}{\rho g} + \frac{u_1^2}{2g} = z_2 + \frac{p_2}{\rho g} + \frac{u_2^2}{2g} + h_f$$

因 $z_1 = z_2$，而 $h_f = 0$，由于流道缩小时，速度增加，压强能变为动能，由截面 $1-1'$ 至 $2-2'$ 时，流体并不产生漩涡，能量损失不明显，所以 $h_f \approx 0$。代入上式得

$$\frac{p_1}{\rho} + \frac{u_1^2}{2} = \frac{p_2}{\rho} + \frac{u_2^2}{2} \quad (\text{J} \cdot \text{kg}^{-1}) \tag{1-37}$$

设流体体积流量为 q_V（$\text{m}^3 \cdot \text{s}^{-1}$），则 $u_1 = \dfrac{q_V}{A_1}$，$u_2 = \dfrac{q_V}{A_2}$，代入式(1-3)得

$$\left(\frac{q_V}{A_2}\right)^2 - \left(\frac{q_V}{A_1}\right)^2 = \frac{2(p_1 - p_2)}{\rho}$$

则

$$q_V = \frac{A_2}{\sqrt{1 - \left(\dfrac{A_2}{A_1}\right)^2}} \sqrt{\frac{2(p_1 - p_2)}{\rho}} \tag{1-38}$$

因

$$A_1 = \frac{\pi}{4} D^2$$

而

$$A_2 \leqslant \frac{\pi}{4} d_0^2$$

式中，D 为管路直径；d_0 为孔板直径。流体脉缩处一般在孔板右侧，A_2 是无法得知的。

若令 $A_2 = \dfrac{\pi}{4} d_0^2 C$，即 A_2 为某一未知系数 C 乘以孔板面积 $\dfrac{\pi}{4} d_0^2$，代入式(1-38) 得

$$q_V = \frac{\dfrac{\pi}{4} d_0^2 C}{\sqrt{1 - \dfrac{C^2 \left(\dfrac{\pi}{4} d_0^2\right)^2}{\left(\dfrac{\pi}{4} D^2\right)^2}}} \sqrt{\frac{2(p_1 - p_2)}{\rho}} = \frac{C}{\sqrt{1 - C^2 \left(\dfrac{d_0}{D}\right)^4}} \times \frac{\pi}{4} d_0^2 \sqrt{\frac{2(p_1 - p_2)}{\rho}}$$

又令

$$C_0 = \frac{C}{\sqrt{1 - C^2 \left(\dfrac{d_0}{D}\right)^4}}$$

用一新的未知系数 C_0 替代包括原系数 C 的新关系，亦是合理的，C_0 称为孔流系数。则

$$q_V = C_0 \frac{\pi}{4} d_0^2 \sqrt{\frac{2(p_1 - p_2)}{\rho}} \tag{1-39}$$

C_0 与管径 D、流速 u、密度 ρ、黏度 μ、孔板开孔直径 d_0 有关，即

$$C_0 = f(D, u, \rho, \mu, d_0)$$

用量纲分析法得

$$C_0 = \varphi\left[\frac{Du\rho}{\mu}, \left(\frac{d_0}{D}\right)^2\right]$$

通过实验得出 C_0 与 $\frac{Du\rho}{\mu} = Re$ 和 $\left(\frac{d_0}{D}\right)^2 = \beta^2$ 的关系，并绘制成图，如图 1-35 所示。

如何应用式(1-39)和图 1-35 呢？

用式(1-39)计算流体体积流量时，必须先确定 C_0，而 C_0 与 Re 有关，管路流速 u 不知，亦无法求得 Re 值。在这种情况下采用试差法，即先假设 Re 值大于某极限值 Re_c，由已知的 $\left(\frac{d_0}{D}\right)^2 = \beta^2$，查图 1-35 得 C_0，由式(1-39)计算 q_V，再求出 $u = \frac{q_V}{\frac{\pi}{4}D^2}$，$Re = \frac{du\rho}{\mu}$，看所得 Re 是否大于假设值 Re_c。否则，重新假设。

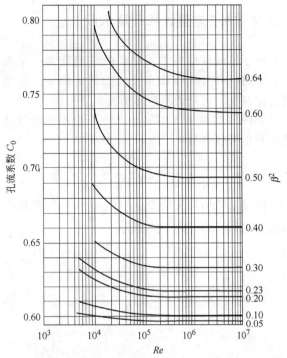

图 1-35　C_0 与 Re、β^2 的关系 [13]

例 1-14　密度为 $\rho = 1000 \text{kg} \cdot \text{m}^{-3}$ 的流体，流经一装有孔板流量计的管路，管路内径为 $D = 0.5\text{m}$，孔板开孔直径为 $d_0 = 0.30\text{m}$，流体黏度为 $\mu = 1.29\text{cP}$，孔板前后压差计读得压强降为 $2.5\text{mH}_2\text{O}$。试求该流体的体积流量为多少（$\text{m}^3 \cdot \text{s}^{-1}$）？

解　由题知　　$p_1 - p_2 = 2.5\text{mH}_2\text{O} = 2.5 \times 9807 = 24518 \text{ (Pa)}$

而 $\left(\frac{d_0}{D}\right)^2 = \left(\frac{0.3}{0.5}\right)^2 = 0.36$，查图 1-34 得 $C_0 = 0.65$，此时在 $C_0 = 0.65$ 时直线区最小的雷诺数是 $Re_c = 2 \times 10^5$。

$$q_V = C_0 \frac{\pi}{4} d_0^2 \sqrt{\frac{2(p_1 - p_2)}{\rho}} = 0.65 \times \frac{\pi}{4} \times (0.3)^2 \sqrt{\frac{2 \times 24518}{1000}} = 0.322 (\text{m}^3 \cdot \text{s}^{-1})$$

验证：　　$Re = \frac{du\rho}{\mu} = \dfrac{0.5 \times 0.322 \times 1000}{\frac{\pi}{4} \times (0.5)^2 \times 1.29 \times 10^{-3}} = 6.36 \times 10^5$ （在直线段）

孔板流量计具有结构简单、安装方便的优点，但其能量损失较大。其永久压强损失（Δp）与管压差（$p_1 - p_2$）有关；与（d_0/D）比值有关。其关系如下

$$-\Delta p = \frac{\sqrt{1 - 0.628\left(\frac{d_0}{D}\right)^4} - 0.61\left(\frac{d_0}{D}\right)^2}{\sqrt{1 - 0.628\left(\frac{d_0}{D}\right)^4} + 0.61\left(\frac{d_0}{D}\right)^2}(p_1 - p_2) \tag{1-40}$$

式(1-40)可参见文献 [18]。

1.6.2 转子流量计原理及示例

转子流量计由一个倒锥形的玻璃管和一个能上、下移动并且比流体密度大的转子构成。转子的上浮高度，可以表示流体的流量。

如图1-36所示，对转子上、下两端面的流体截面列伯努利方程：

$$z_1+\frac{p_1}{\rho g}+\frac{u_1^2}{2g}=z_2+\frac{p_2}{\rho g}+\frac{u_2^2}{2g}+h_f$$

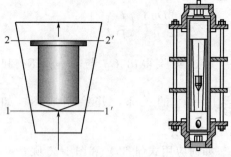

图 1-36 转子流量计示意图

假定忽略位压头的变化（$z_1 \approx z_2$）与摩擦阻力损失（$h_f \approx 0$），则上式变为

$$\frac{p_1}{\rho}+\frac{u_1^2}{2}=\frac{p_2}{\rho}+\frac{u_2^2}{2} \tag{1-41}$$

设流体体积流量为 q_V（$m^3 \cdot s^{-1}$），则 $u_1=\frac{q_V}{A_1}, u_2=\frac{q_V}{A_2}$，代入式(1-41)得

$$\left(\frac{q_V}{A_2}\right)^2-\left(\frac{q_V}{A_1}\right)^2=\frac{2(p_1-p_2)}{\rho}$$

$$q_V^2 \frac{1}{A_2^2}\left[1-\left(\frac{A_2}{A_1}\right)^2\right]=\frac{2(p_1-p_2)}{\rho}$$

$$q_V=\frac{A_2}{\sqrt{1-\left(\frac{A_2}{A_1}\right)^2}}\sqrt{\frac{2(p_1-p_2)}{\rho}} \tag{1-42}$$

式中，A_1 为转子下端面与锥形玻璃管形成的流体环隙面积，m^2；A_2 为转子上端面与锥形玻璃管形成的流体环隙面积，m^2。

因为 $A_1 > A_2$，所以对于一定流量 q_V，$u_1\left(=\frac{q_V}{A_1}\right)<u_2\left(=\frac{q_V}{A_2}\right)$。

又根据式(1-41)得 $p_1-p_2=\frac{(u_2^2-u_1^2)\rho}{2}$，即 $p_1>p_2$。

令 $A_R=A_2$，A_R 称为转子的环隙面积；又令 $C_R=\frac{1}{\sqrt{1-\left(\frac{A_2}{A_1}\right)^2}}$，$C_R$ 称为转子流量系数，由实验测定。对于一定的转子，在一定流量范围内，A_2/A_1 为常数，所以 C_R 为常数，代入上式得

$$q_V=C_R A_R \sqrt{\frac{2(p_1-p_2)}{\rho}} \tag{1-43}$$

对于一定的流量，转子会浮动在一定位置，即作用于转子的合力为零，如图1-37所示。

转子平衡时 $p_1 A_f+V_f \rho g=p_2 A_f+V_f \rho_f g$

$$p_1-p_2=\frac{V_f g(\rho_f-\rho)}{A_f} \tag{1-44}$$

转子在任何位置，压强差都服从式(1-44)，将式(1-44)代入式(1-43)得

$$q_V = C_R A_R \sqrt{\frac{2V_f g(\rho_f - \rho)}{A_f \rho}} \tag{1-45}$$

式中，V_f 为转子的体积，m^3；ρ_f 为转子的密度，$kg \cdot m^{-3}$；A_f 为转子的大端截面面积，m^2；ρ 为流体密度，$kg \cdot m^{-3}$。

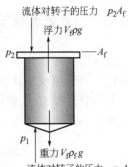

图1-37 转子平衡示意图

由式(1-45)看出，对于一定的转子（V_f、A_f、ρ_f）和流体（ρ），流体的体积流量 q_V 正比于环隙面积 A_R，A_R 越大，即转子上升越高，流量亦越大。生产厂家在转子流量计出厂前，一般用20℃的水标定转子流量计的刻度。若测定流量的流体是水，则刻度之值即为流量实际值。

若测定流量的流体不是水，是油或是其他流体（ρ_a），则 q_{Va} 为

$$q_{Va} = C_R A_R \sqrt{\frac{2V_f g(\rho_f - \rho_a)}{A_f \rho_a}} \tag{1-46}$$

用式(1-46)除以式(1-45)得

$$\frac{q_{Va}}{q_V} = \sqrt{\frac{(\rho_f - \rho_a)\rho}{(\rho_f - \rho)\rho_a}}$$

则

$$q_{Va} = \sqrt{\frac{\rho(\rho_f - \rho_a)}{\rho_a(\rho_f - \rho)}} q_V \tag{1-47}$$

例 1-15 某不锈钢转子流量计（$\rho_f = 7900 kg \cdot m^{-3}$）用来测定煤油（$\rho_a = 800 kg \cdot m^{-3}$）的流量，转子读数 q_V 为 $5 \times 10^{-4} m^3 \cdot s^{-1}$。试求煤油的实际流量。水在20℃的密度为 $998.2 kg \cdot m^{-3}$。

解 按式(1-47)得

$$q_{Va} = \sqrt{\frac{\rho(\rho_f - \rho_a)}{\rho_a(\rho_f - \rho)}} q_V = \sqrt{\frac{998.2 \times (7900 - 800)}{800 \times (7900 - 998.2)}} \times 5 \times 10^{-4}$$
$$= 1.13 \times 5 \times 10^{-4} = 5.65 \times 10^{-4} (m^3 \cdot s^{-1})$$

例 1-16 某钢质转子（$\rho_f = 7900 kg \cdot m^{-3}$）流量计，测定水流量时，因刻度过于密集，不适合现场要求。若以同样形状的铝合金转子（$\rho_f' = 2700 kg \cdot m^{-3}$）代替钢转子，此时测得水的流量读数为 $q_V = 8 \times 10^{-4} m^3 \cdot s^{-1}$。试求水的实际流量。

解

$$q_V' = C_R A_R \sqrt{\frac{2V_f g(\rho_f' - \rho)}{A_f \rho}}, q_V = C_R A_R \sqrt{\frac{2V_f g(\rho_f - \rho)}{A_f \rho}}$$

上面二式相除得

$$q_V' = \sqrt{\frac{\rho_f' - \rho}{\rho_f - \rho}} q_V$$

代入已知条件 $q_V' = \sqrt{\frac{2700 - 1000}{7900 - 1000}} \times 8 \times 10^{-4} = 0.496 \times 8 \times 10^{-4} = 3.97 \times 10^{-4} (m^3 \cdot s^{-1})$

0.496 可称为更换转子后的校正系数。由于将铁转子换成了铝转子，刻度流量应乘以系数 0.496，才是实际的流量。

1.6.3 测速管原理及示例

测速管又称皮托管，是测定流体点速度的装置，如图 1-38 所示。测速管由两根弯成直角的同心套管组成。其中外管的管口是封闭的，但外管侧壁开了几个小孔。内管前端敞开。内、外管分别和 U 形管压差计两端相连。内管前端所在的位置点即测定点，测速管所测定的速度即该点的点速度。

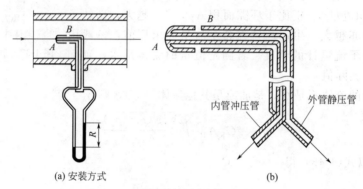

图 1-38 测速管

当密度为 ρ 的流体以流速 u_r 向管口流动到达 A 时，内管已充满被测流体，流体在内管口 A 处被止住，其速度降为零。外管测压孔口 B 处，流速没有改变。如果 A 处流速不变，则 U 形管压差计 R 为零。之所以出现压差 R，是因为 A 处流体的动压头转化为静压头，即

$$\frac{u_r^2}{2g} = \frac{R(\rho_0 - \rho)}{\rho}$$

则

$$u_r = \sqrt{\frac{2gR(\rho_0 - \rho)}{\rho}} \tag{1-48}$$

式中，ρ_0 为 U 形管压差计中指示液的密度；ρ 为被测流体的密度。

用测速管测得各点的点速度之后，再利用有关数据图表，即可求得管内的平均流速。

测速管的准确性是比较高的，但压差读数 R 较小。

例 1-17 今有 50℃ 的空气流过直径 100mm 的管道。拟用测速管测定管中心处空气的点速度。已知压差计读数 $R=15\text{mmH}_2\text{O}$，测压点的空气压强为 3000Pa（表压），压差计内指示液为水，水的密度取为 1000kg·m^{-3}。试求管中心处空气的点速度。

解 管道中空气的密度为

$$\rho = \frac{pM}{RT} = \frac{(101300+3000) \times 29}{8314 \times (273+50)} = 1.126 \text{ (kg·m}^{-3})$$

管中心处空气的点速度为

$$u_r = \sqrt{\frac{2gR(\rho_0 - \rho)}{\rho}} = \sqrt{\frac{2 \times 9.81 \times 0.015 \times (1000-1.126)}{1.126}} = 16.15 \text{ (m·s}^{-1})$$

习 题

1-1 容器 A 中气体的表压力为 60kPa,容器 B 中气体的真空度为 1.2×10^4Pa。试分别求出 A、B 两容器中气体的绝对压力为多少(Pa)？该处环境大气压等于标准大气压。

[答：A 为 160kPa,B 为 88kPa]

1-2 某设备进、出口的表压分别为 −12kPa 和 157kPa,当地大气压为 101.3kPa。试求此设备进、出口的压力差为多少(Pa)？

[答：−169kPa]

1-3 为了排除煤气管中的少量积水,用如图 1-39 所示水封设备,水由煤气管路上的垂直支管排出,已知煤气压力为 10kPa(表压)。问水封管插入液面下的深度 h 最小应为多少？

[答：1.02m]

1-4 如图 1-40 所示,某套管换热器,其内管为 ϕ33.5mm×3.25mm,外管为 ϕ60mm×3.5mm。内管流过密度为 1150kg·m^{-3}、流量为 5000kg·h^{-1} 的冷冻盐水。管隙间流着压力(绝压)为 0.5MPa、平均温度为 0℃、流量为 160kg·h^{-1} 的气体。标准状态下气体密度为 1.2kg·m^{-3},试求气体和液体的流速分别为多少(m·s^{-1})？

[答：$u_液$=2.11m·s^{-1}；$u_气$=5.69m·s^{-1}]

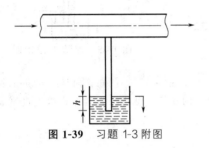

图 1-39 习题 1-3 附图

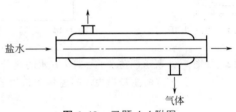

图 1-40 习题 1-4 附图

1-5 25℃水在内径为 50mm 的管内流动,流速为 2m·s^{-1}。试求雷诺数为多少？ [答：1.12×10^5]

1-6 (1) 设流量为 4L·s^{-1},水温为 20℃,管径为 ϕ57mm×3.5mm,试判断流动类型。(2) 条件与上相同,但管中流过的是某种油类,油的运动黏度为 4.4cm^2·s^{-1},试判断流动类型。

[答：(1) $Re=1.01\times10^5$,为湍流；(2) $Re=231$,为层流]

1-7 密度为 1800kg·m^{-3} 的某液体经内径为 60mm 的管路输送到某处。若其流速为 0.8m·s^{-1},求该液体的体积流量(m^3·h^{-1})、质量流量(kg·s^{-1})和质量流速(kg·m^{-2}·s^{-1})。

[答：8.14m^3·h^{-1}；4.07kg·s^{-1}；1440kg·m^{-2}·s^{-1}]

1-8 有一输水管路,20℃的水从主管向两支管流动,如图 1-41 所示,主管内水的流速为 1.06m·s^{-1},支管 1 与支管 2 的水流量分别为 20×10^3kg·h^{-1} 与 10×10^3kg·h^{-1}。支管为 ϕ89mm×3.5mm。试求：(1) 主管的内径；(2) 支管 1 内水的流速。

[答：(1) $d=0.1$m；(2) $u_1=1.053$m·s^{-1}]

1-9 已知水在管中流动,如图 1-42 所示。在截面 1 处的流速为 0.5m·s^{-1}。管内径为 0.2m,由于水的压力产生水柱高为 1m；在截面 2 处管内径为 0.1m。试计算在截面 1、2 处产生水柱高度差 h 为多少？(忽略水由 1 到 2 处的能量损失)。

[答：0.191m]

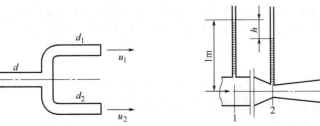

图 1-41 习题 1-8 附图   图 1-42 习题 1-9 附图

1-10 在图 1-43 所示吸液装置中，吸入管尺寸为 $\phi 32mm \times 2.5mm$，管的下端位于水面下 2m，并装有底阀及拦污网，该处的局部压头损失为 $8\dfrac{u^2}{2g}$。若截面 2-2′处的真空度为 39.2kPa，由截面 1-1′至截面 2-2′的压头损失为 $\dfrac{1}{2}\times\dfrac{u^2}{2g}$。求：(1) 吸入管中水的流量（$m^3\cdot h^{-1}$）；(2) 吸入口 1-1′处的表压。

[答：(1) $2.95m^3\cdot h^{-1}$；(2) $1.04\times 10^4 Pa$]

1-11 在图 1-44 所示装置中，出水管直径为 $\phi 57mm\times 3.5mm$。当阀门全闭时，压力表读数为 30.4kPa，而在阀门开启后，压力表读数降至 20.3kPa，设总压头损失为 0.5m（水柱），求水的流量为多少（$m^3\cdot h^{-1}$）？

[答：$22.8m^3\cdot h^{-1}$]

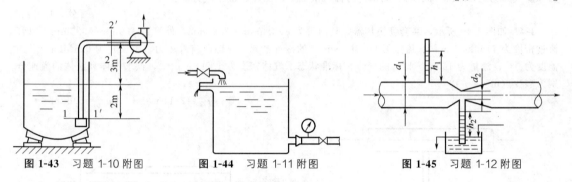

图 1-43 习题 1-10 附图   **图 1-44** 习题 1-11 附图   **图 1-45** 习题 1-12 附图

1-12 如图 1-45 所示，在水平管路中，水的流量为 $2.5\times 10^{-3} m^3\cdot s^{-1}$，已知管内径 $d_1=5cm$，$d_2=2.5cm$，$h_1=1m$。若忽略能量损失，问连接于该管收缩断面上的水管，可将水自容器内吸上高度 h_2 为多少？

[答：0.234m]

1-13 求常压下、35℃的空气以 $12m\cdot s^{-1}$ 的流速流经 120m 长的水平通风管的能量损失。管路截面为长方形，高 300mm，宽 200mm。（设 $\dfrac{\varepsilon}{d}=0.0005$）

[答：66.1m 空气柱]

1-14 如图 1-46 所示，某一输油管路未装流量计，但 A 与 B 点压力表读数分别为 $p_A=1.47MPa$，$p_B=1.43MPa$。试估计管路中油的流量。已知管路尺寸为 $\phi 89mm\times 4mm$ 的无缝钢管，A、B 两点间长度为 40m，其间还有 6 个 90°弯头。油的密度为 $820kg\cdot m^{-3}$，黏度为 121mPa·s。

[答：$17.6m^3\cdot h^{-1}$]

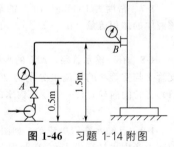

图 1-46 习题 1-14 附图

1-15 水从水塔用 $\phi 108mm\times 4mm$ 有缝钢管引至车间的低位水槽中，水槽与水塔的液位差为 12m，管路长度为 150m（包括管件的当量长度），水温为 12℃。试求此管路输水量为多少（$m^3\cdot h^{-1}$）。$\left(\text{设}\dfrac{\varepsilon}{d}=0.002\right)$

[答：$71.8m^3\cdot h^{-1}$]

1-16 在管径为 $\phi 325mm\times 8mm$ 的管路中心装一测速管，以测定管路中流过的空气流量。空气温度为 21℃，压力为 $1.47\times 10^5 Pa$（绝压），用 U 形管压差计测量，其读数为 $68mmH_2O$。问管中心处空气的点速度为多少？

[答：$27.6m\cdot s^{-1}$]

1-17 密度为 $1000kg\cdot m^{-3}$ 的液体，以 $319kg\cdot s^{-1}$ 的流量流经一内径为 0.5m 的管路，该液体的黏度为 1.29mPa·s。若流过孔板的压力降不超过 24.5kPa，问孔板的孔径为多少？

[答：$d_0=0.3m$]

本章关键词中英文对照

流体力学/fluid mechanics
流体静力学/fluid statics
流体动力学/fluid dynamics
绝压/absolute pressure
表压/gage pressure
真空度/vacuum pressure
黏度，动力黏度/absolute viscosity
运动黏度/kinematic viscosity
不可压缩流体/incompressible fluid
牛顿型流体/Newtonian fluid
非牛顿型流体/non-Newtonian fluid
（宾汉）塑性流体/Bingham plastics
假塑性流体/pseudoplastic fluid
涨塑性流体/dilatant fluid
层流/laminar flow
过渡层/buffer layer

湍流/turbulent flow
当量直径/equivalent diameter
水力半径/hydraulic radius
水力光滑管/hydraulically smooth
粗糙度/roughness parameter
直管阻力/the friction loss of the straight pipe
局部阻力/the local friction loss
基准面/reference plane
U 形管压差计/U-tube manometer
转子流量计/rotameter
测速管，皮托管/Pitot tube
文丘里流量计/Venture meter
双液 U 形管压差计，微差压差计/two-fluid U-tube manometer
孔板流量计/orifice meter

微信扫码，立即获取
教学课件和课后习题详解

第 2 章

流 体 输 送

流体输送设备

> **本章学习要求**
>
> 一、重点掌握
> - 离心泵的构造、工作原理、性能参数与特殊性曲线、计算与应用；
> - 气蚀与气蚀的原理；
> - 泵的工作点、流量调节、并联与串联、安装及使用。
>
> 二、熟悉内容
> - 离心泵的安装高度；
> - 往复泵的工作原理及正位移特性；
> - 离心通风机的性能参数、特性曲线。
>
> 三、了解内容
> - 其他化工用泵的工作原理及特性；
> - 往复压缩机的工作原理；
> - 新型泵的结构、工作原理及应用。

气体的输送和压缩主要采用鼓风机和压缩机。液体的输送主要采用离心泵、漩涡泵、往复泵。固体的输送特别是粉粒状固体，可采用流态化的方法，使气-固两相形成液体状物流，然后输送，即气力输送。

流体输送在化工企业中用途十分广泛，流体输送机械主要分为以下三大类。

(1) 离心式 靠离心力作用于流体，达到输送物料的目的。有离心泵、多级离心泵、离心鼓风机、离心通风机、离心压缩机等。

(2) 正位移式 靠机械推动流体，达到输送流体的目的。有往复泵、齿轮泵、螺杆泵、罗茨风机、水环式真空泵、往复真空泵、气动隔膜泵、往复压缩机等。

(3) 离心-正位移式 既有离心力作用，又有机械推动作用的流体输送机械。有漩涡泵、轴流泵、轴流风机，如喷射泵属于流体作用输送机械。

本章主要介绍连续流体（气体和液体）输送机械的原理和结构。

2.1 离心泵及其计算

2.1.1 离心泵构造及原理

若将某池子热水送至高 10m 的凉水塔,倘若外界不提供机械能,水能自动由低处向高处流吗?显然是不能的。如图 2-1 所示,在池面与凉水塔液面列伯努利方程得

$$z_1+\frac{p_1}{\rho g}+\frac{u_1^2}{2g}+h_e=z_2+\frac{p_2}{\rho g}+\frac{u_2^2}{2g}+h_f$$

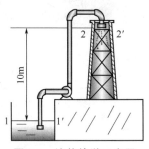

图 2-1 流体输送示意图

因 $z_1=0$,$p_1=p_2=0$(表压),$z_2=10\text{m}$,$u_1=0$,若泵未开动,则 $h_e=0$,代入上式得

$$0+0+0+0=10+0+\left(1+\lambda\frac{l+l_e}{d}\right)\frac{u_2^2}{2g} \tag{2-1}$$

$$u_2^2=\frac{-10\times 2g}{1+\lambda\dfrac{l+l_e}{d}}$$

此计算说明,u_2 无实数解。泵不开动,热水就不可能流向凉水塔,需要外界提供机械能量。对流体提供机械能量的机器,称为流体输送机械。离心泵是重要的输送液体的机械之一。

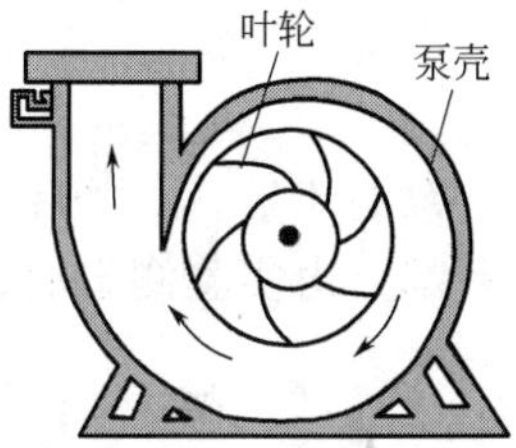

如图 2-2 所示,离心泵主要由叶轮和泵壳组成。

先将液体注满泵壳,叶轮高速旋转,将液体甩向叶轮外缘,产生高的动压头 $\left(\dfrac{u^2}{2g}\right)$。由于泵壳液体通道设计成截面逐渐扩大的形状,高速流体逐渐减速,部分动压头转变为静压头 $\left(\dfrac{p}{\rho g}\right)$,即流体出泵壳时表现为具有较高的压力。

图 2-2 离心泵构造示意图

在液体被甩向叶轮外缘的同时,叶轮中心液体减少,出现负压(或真空),则常压液体不断补充至叶轮中心处。于是,离心泵叶轮源源不断输送着流体。

可以用如下形式表示:

常压流体 $\xrightarrow[\text{所造成的负压}]{\text{流体被甩出后}}$ 低速流体 $\xrightarrow[\text{的离心力}]{\text{机械旋转}}$ 高速流体 $\xrightarrow[\text{泵壳通道}]{\text{逐渐扩大的}}$ 高压流体

此机械何以得名离心泵,是因为在叶轮旋转过程中,产生离心力,液体在离心力作用下产生高速度。离心泵工作原理和离心泵叶轮的类型,如图 2-3 和图 2-4 所示。

离心泵启动时,如果泵壳与吸入管道中没有充满液体或泵壳内还存有空气,由于空气密度远远小于液体密度,叶轮旋转带动空气所产生的离心力就小,泵壳内产生的真空度就小。此时储槽液面与泵入口处的静压差就小,不能推动液体流入泵内。这种由于泵内存气,启动离心泵而不能输送液体的现象称做"气缚"。泵吸入管中的底阀是一个单向阀,它可以保证第一次开泵时,使泵内容易充满液体,避免气缚现象发生。

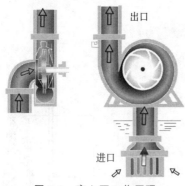

图 2-3　离心泵工作原理

(a) 开式叶轮　　(b) 半开式叶轮　　(c) 闭式叶轮

图 2-4　离心泵叶轮的三种类型

2.1.2　离心泵参数与特性曲线

为了正确地选择和使用离心泵，需要了解离心泵性能。

(1) 泵的流量　指单位时间泵所输送的流体体积，用 q_V 表示，单位是 $m^3 \cdot s^{-1}$。

(2) 泵的扬程　指单位重量（1N）液体流经泵所获得的能量，用 H 表示，单位是 m（液柱）。

(3) 泵的轴功率　指泵轴所需的功率，用 P 表示，单位是 W。

(4) 泵的有效功率　指单位时间流体从泵所获得的有效能量，用 P_e 表示，单位是 W。

(5) 泵的效率　指泵的有效功率与轴功率之比，用 η 表示，即

$$\eta = \frac{P_e}{P} \tag{2-2}$$

泵的流量 q_V、扬程 H、轴功率 P、效率 η 统称为离心泵的性能参数。这些参数之间的关系都是由实验测定的，如图 2-5 所示。

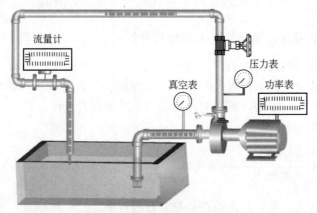

图 2-5　泵性能实验装置示意图

将实验所得数据（q_V、H、P、η）描绘成 H-q_V 曲线、P-q_V 曲线、η-q_V 曲线，这些曲线统称为离心泵的特性曲线。

下面对真空表与压力表之间的液体列伯努利方程得

$$z_1 + \frac{p_1}{\rho g} + \frac{u_1^2}{2g} + H = z_2 + \frac{p_2}{\rho g} + \frac{u_2^2}{2g} + h_f$$

因 $z_1=0$，$z_2=h_0$，$p_1=-p_v$（p_v 为真空度，即负表压），$p_2=p_M$（压力表读数，表压），$h_f\approx 0$（管路径很短，可以忽略），则

$$H=h_0+\frac{p_M+p_v}{\rho g}+\frac{u_2^2-u_1^2}{2g} \tag{2-3}$$

式中，h_0 为真空表与压力表垂直位差，m；p_M 为压力表读数（表压），Pa；p_v 为真空表读数，Pa；u_1、u_2 为吸入管和压出管中液体流速，m·s^{-1}。

式(2-3)即为对应于一定流量（q_V）泵提供扬程的计算公式。

电动机提供给泵轴的机械功率 P 可由电流表 I(A) 和电压表 U(V) 的读数得到，也可由功率表直接读得。

$$P=IU \tag{2-4}$$

泵的有效功率（P_e）计算式，推导如下。

离心泵对流体实际提供的能量为 W_e (J·kg^{-1})，也就是说，对每千克液体，泵要提供 W_e 焦耳的能量。在 θ 时间里，泵输送的体积流量为 q_V (m^3·s^{-1})，则输送的液体质量（单位 kg）为

$$q_V(\text{m}^3\cdot\text{s}^{-1})\times\rho(\text{kg}\cdot\text{m}^{-3})\times\theta(\text{s})，$$

在 θ 时间里，泵要提供的能量（单位 J）为

$$q_V\rho\theta(\text{kg})\times W_e(\text{J}\cdot\text{kg}^{-1})$$

而功率（单位 W）是单位时间里提供的能量，所以

$$P_e=\frac{q_V\rho\theta W_e(\text{J})}{\theta(\text{s})}=q_V\rho W_e \tag{2-5}$$

因

$$W_e=Hg \tag{2-6}$$

则

$$P_e=q_V\rho gH \tag{2-7}$$

在图 2-5 所示装置上，用阀门调节管路流量至某一值 q_{V1}；读取真空计、压力计读数 p_{v1}、p_{M1}，再读取功率表数值 P_1；已知进、出口管径分别为 d_1、d_2。由式(2-3)计算得到 H_1，由式(2-6)计算得到 P_{e1}，由式(2-2)计算得到 η_1。

再调节流量至 q_{V2}，重复上述步骤，得到 H_2、P_{e2}、η_2。因此，重复测得 8~10 个数据点，可绘出三条曲线 H-q_V、P-q_V、η-q_V，此即泵的特性曲线，如图 2-6 所示。

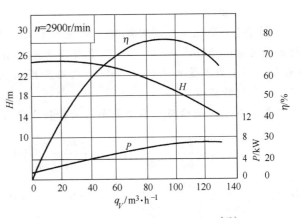

图 2-6 某离心水泵的特性曲线[13]

例 2-1 有一台 IS100-80-125 型离心泵，测定其性能曲线时某一点数据如下：$q_V=60\text{m}^3\cdot\text{h}^{-1}$；真空计读数 $p_v=0.02$MPa，压力表读数为 0.21MPa，功率表读数为 5550W。已知液体密度为 1000kg·m^{-3}，真空计与压力计的垂直距离为 0.4m，吸入管直径为

100mm，排出管直径为 80mm。试求此时泵的扬程 H、功率 P_e 和效率 η。

解
$$H = h_0 + \frac{p_M + p_v}{\rho g} + \frac{u_2^2 - u_1^2}{2g}$$

$$u_2 = \frac{60}{3600 \times \frac{\pi}{4} \times (0.08)^2} = 3.32(\text{m} \cdot \text{s}^{-1})$$

$$u_1 = \frac{60}{3600 \times \frac{\pi}{4} \times (0.1)^2} = 2.12(\text{m} \cdot \text{s}^{-1})$$

则
$$H = 0.4 + \frac{(0.21 + 0.02) \times 10^6}{1000 \times 9.81} + \frac{(3.32)^2 - (2.12)^2}{2 \times 9.81}$$
$$= 0.4 + 23.445 + 0.333 = 24.2\text{m}$$

$$P_e = q_V H\rho g = \frac{60}{3600} \times 24.2 \times 1000 \times 9.81 = 3957\text{W}$$

$$\eta = \frac{P_e}{P} = \frac{3957}{5550} = 71\%$$

IS100-80-125 型离心泵的含义：IS 是指国际标准单级单吸清水离心泵，IS 型是我国按国际标准（ISO）设计的产品，是 B 型泵的换代产品；100 是指泵入口直径，mm；80 是指泵出口直径，mm；125 是指叶轮外径，mm。

2.1.3 离心泵选择与示例

选择泵的主要依据是，输送管路计算中需要泵提供的扬程和已知输送液体的流量，然后查离心泵样本，看哪种泵的扬程和流量能满足其要求。

例 2-2 某化工厂，需将 60℃ 的热水用泵送至高 10m 的凉水塔冷却，如图 2-7 所示。输水量为 $80 \sim 85\text{m}^3 \cdot \text{h}^{-1}$，输水管内径为 106mm，管路总长（包括局部阻力当量长度）为 100m，管路摩擦因数 λ 为 0.025，试选一合适的离心泵。

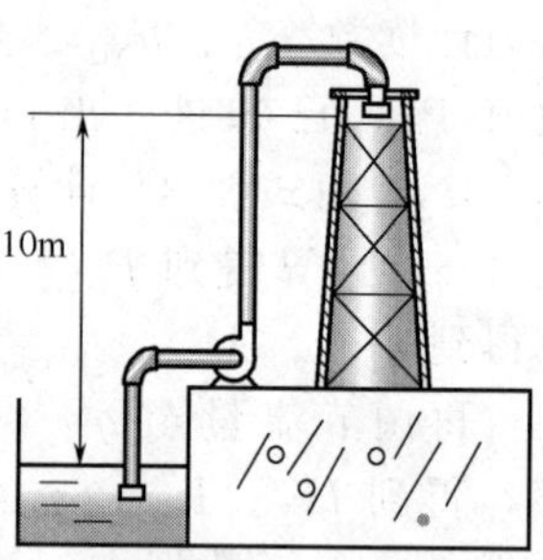

解 在水池液面与喷水口截面列伯努利方程
$$z_1 + \frac{p_1}{\rho g} + \frac{u_1^2}{2g} + H = z_2 + \frac{p_2}{\rho g} + \frac{u_2^2}{2g} + h_f$$

因 $u_2 = \frac{85}{3600 \times \frac{\pi}{4} \times (0.106)^2} = 2.68\text{m} \cdot \text{s}^{-1}$，$p_1 = p_2$，$u_1 = 0$，$z_1 = 0$，

图 2-7 例 2-2 附图

$$h_f = \lambda \frac{l + l_e}{d} \times \frac{u_2^2}{2g} = 0.025 \times \frac{100 \times (2.68)^2}{0.106 \times 2 \times 9.81} = 8.63$$

代入上式得
$$H = 10 + \frac{(2.68)^2}{2 \times 9.81} + 8.63 = 19\text{m}$$

查附录6，可选 IS100-80-125 型离心泵，参数如下。

$q_V/\text{m}^3 \cdot \text{h}^{-1}$	60	100	120
H/m	24	20	16.5

2.1.4 离心泵的安装高度及计算举例

为什么要提出安装高度问题呢？倘若吸水池液面通大气，即使泵壳内的绝压（p_1）为零，即真空度为 0.1MPa，其安装高度 H_g 亦会不大于 10m，如图 2-8 所示。若 H_g 大于 10m，则池中液体就不会源源不断压入泵壳内。另外，若泵壳的绝压（p_1）小于被输送液的饱和蒸气压（p_v），则液体将发生剧烈汽化，气泡剧烈冲向叶轮，使叶轮表面剥离、破损，发生"汽蚀"现象，即气泡对叶轮的腐蚀现象。为了避免"汽蚀"，必须满足泵壳内绝压要大于被输送液的饱和蒸气压 $p_1 \geqslant p_v$。所以安装高度 H_g 必须小于 $\dfrac{p_0 - p_1}{\rho g}$。那么实际安装高度 H_g 应如何计算呢？

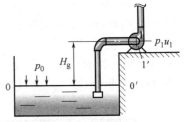

图 2-8 安装高度示意图

如图 2-8 所示，在储槽液面 0-0′ 与泵入口处 1-1′，列伯努利方程得

$$z_0 + \frac{p_0}{\rho g} + \frac{u_0^2}{2g} = z_1 + \frac{p_1}{\rho g} + \frac{u_1^2}{2g} + h_f$$

因 $z_0 = 0, z_1 = H_g, u_0 = 0$，则

$$H_g = \frac{p_0 - p_1}{\rho g} - \frac{u_1^2}{2g} - h_f \tag{2-8}$$

(1) 汽蚀余量法（Δh） 汽蚀余量 Δh 是指泵入口处动压头与静压头之和 $\left(\dfrac{u_1^2}{2g} + \dfrac{p_1}{\rho g}\right)$，与液体在操作温度下水的饱和蒸气压具有的静压头 $\left(\dfrac{p_v}{\rho g}\right)$ 之差，即

$$\Delta h = \left(\frac{u_1^2}{2g} + \frac{p_1}{\rho g}\right) - \frac{p_v}{\rho g} \tag{2-9}$$

改写式(2-8)，并将式(2-9)代入式(2-8)得

$$H_g = -\frac{p_1}{\rho g} - \frac{u_1^2}{2g} + \frac{p_v}{\rho g} - \frac{p_v}{\rho g} + \frac{p_0}{\rho g} - h_f$$

则

$$H_g = -\Delta h + \frac{p_0}{\rho g} - \frac{p_v}{\rho g} - h_f \tag{2-10}$$

式中，Δh 为由泵样本查得的汽蚀余量值，m；p_0 为泵工作处的大气压强，Pa；p_v 为操作温度下被输送液体的饱和蒸气压，Pa。

(2) 允许吸上真空高度法（H_s） 目前的泵样本中，并没有列出 H_s 数值。但 20 世纪 90 年代以前出版的教材和泵样本中，是列有 H_s 值的。为了便于新老样本的衔接，此处简要介绍此法。

定义

$$H_s = \frac{p_0 - p_1}{\rho g}$$

将 H_s 代入式(2-8)得

$$H_g = H_s - \frac{u_1^2}{2g} - h_f \tag{2-11}$$

考虑到泵工作地点的大气压强不一定是 0.1MPa，泵需输送的液体也不一定是 20℃的水，将压力与温度校正项加进去，代入式(2-11) 得

$$H_g = H_s + \left(\frac{p_0}{\rho g} - 10\right) - \left(\frac{p_v}{\rho g} - 0.24\right) - \frac{u_1^2}{2g} - h_f \tag{2-12}$$

式(2-12) 即允许吸上真空高度法计算泵安装高度的公式。H_s 为允许吸上真空高度。

例 2-3 在例 2-2 的输水系统中，泵的吸入管内径为 150mm，吸入管压头损失为 $1mH_2O$，选用 IS100-80-125 型泵，该离心泵的性能参数如表 2-1 所示。

表 2-1 例 2-3 附表

流量 $q_V/m^3 \cdot h^{-1}$	扬程 H/m	汽蚀余量 $\Delta h/m$
60	24	4.0
100	20	4.5
120	16.5	5.0

试计算：(1) 泵的安装高度。已知 60℃水的饱和蒸气压为 19919Pa，天津地区平均大气压为 0.10133MPa。(2) 若该设计图用于兰州地区某化工厂，该泵能否正常运行？已知兰州地区平均大气压为 0.085MPa。

解 (1) $H_{gmax} = \frac{p_0}{\rho g} - \frac{p_v}{\rho g} - \Delta h - h_f = \frac{101330}{1000 \times 9.81} - \frac{19919}{1000 \times 9.81} - 4.5 - 1 = 2.8m$

(2) 兰州地区的安装高度为

$$H_{gmax} = \frac{85000}{1000 \times 9.81} - \frac{19919}{1000 \times 9.81} - 4.5 - 1 = 1.13m$$

在兰州地区安装高度应更低，才能正常运行。所以该设计图用于兰州地区，则应该根据兰州地区大气压数据进行修改。

2.1.5 离心泵的工作点及调节举例

离心泵工作时，不仅取决于泵的特性曲线 H-q_V 线，而且取决于工作管路的特性。当离心泵在给定管路工作时，液体要求泵提供的压头，可由伯努利方程求得

$$H = (z_2 - z_1) + \frac{p_2 - p_1}{\rho g} + \frac{u_2^2 - u_1^2}{2g} + h_f \tag{2-13}$$

由于位压头和静压头与流量无关，可令其为常数 A，即

$$A = (z_2 - z_1) + \frac{p_2 - p_1}{\rho g} \tag{2-14}$$

又因为 $u_1 \approx u_2$，所以 $\frac{u_2^2 - u_1^2}{2g} \approx 0$，则式(2-13) 为

$$H = A + h_f$$

因

$$h_f = \lambda \left(\frac{l+l_e}{d}\right)\frac{u^2}{2g} = \lambda \left(\frac{l+l_e}{d}\right)\left(\frac{1}{2g}\right) \times \frac{q_V^2}{\left(\frac{\pi}{4}d^2\right)^2 \times (3600)^2} = Bq_V^2 \qquad (2-15)$$

其中 $B = 6.38 \times 10^{-9} \lambda \left(\dfrac{l+l_e}{d^5}\right)$，$q_V$ 单位为 $m^3 \cdot h^{-1}$，则

$$H = A + Bq_V^2 \qquad (2-16)$$

式(2-16)为管路特性曲线。离心泵的稳定工作点应是泵特性曲线（H-q_V 曲线）与管路特性曲线的交点，如图 2-9 所示。

例 2-4 在例 2-2 中，若安装了 IS100-80-125 型泵，试求此时泵的稳定工作点，再求此时泵的有效功率。

解 管路特性曲线为

$$H = (z_2 - z_1) + \frac{p_2 - p_1}{\rho g} + 6.38 \times 10^{-9} \lambda \left(\frac{l+l_e}{d^5}\right) q_V^2$$

$$= 10 - 0 + 0 + 6.38 \times 10^{-9} \times 0.025 \times \frac{100}{(0.106)^5} q_V^2$$

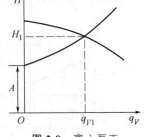

图 2-9 离心泵工作点示意图

则 $H = 10 + 0.00119 q_V^2$

将上式计算若干数据如下。

$q_V/m^3 \cdot h^{-1}$	70	80	90	100
H/m	15.83	17.62	19.64	21.9

取 IS100-80-125 泵的特性曲线数据如下。

$q_V/m^3 \cdot h^{-1}$	60	100	120
H/m	24	20	16.5

将泵性能曲线与管路特性曲线绘在图 2-10 中，得到交点为

$$q_V = 94.5 \, m^3 \cdot h^{-1}, H = 20.8 \, m$$

此即泵的稳定工作点，此时泵的有效功率为

$$P_e = q_V H \rho g = \frac{94.5}{3600} \times 20.8 \times 1000 \times 9.81 = 5356 \, W$$

要调节泵的工作点，通常采用调节管路特性曲线的办法。将式(2-16)展开得

$$H = (z_2 - z_1) + \frac{p_2 - p_1}{\rho g} + 6.38 \times 10^{-9} \lambda \left(\frac{l+l_e}{d^5}\right) q_V^2 \qquad (2-17)$$

式(2-17)中的 z_1、z_2、p_1、p_2 一般由工艺要求所决定，不可随意变动。主要是通过调节阀门开度，改变管路的局部阻力当量长度（l_e）。若要使流量变小，则关小阀门，使 l_e 增加。如图 2-11 所示，管路特性曲线斜率增大，由 EC 线变至 EB 线。若要使流量增大，则开大阀门使 l_e 减少。

例 2-5 在例 2-2 中，稳定工作点的流量（$94.5 \, m^3 \cdot h^{-1}$）大于所需的流量，若要使流

量保持 $82\text{m}^3 \cdot \text{h}^{-1}$（即 $80\sim85\text{m}^3 \cdot \text{h}^{-1}$）。问管路的阻力当量长度 $l+l_e$ 应调至多少？并写出新的管路特性曲线方程。

解 若流量要保持 $82\text{m}^3 \cdot \text{h}^{-1}$，从泵性能曲线上查得此时扬程为 $H=21.9\text{m}$，如图 2-10 所示。即新的工作点为 $q_V=82\text{m}^3 \cdot \text{h}^{-1}$，$H=21.9\text{m}$。这个工作点必在管路特性曲线上，代入管路特性曲线方程式(2-17) 得

$$21.9 = 10 + 6.38 \times 10^{-9} \times 0.025 \times \frac{l+l_e}{(0.106)^5} \times (82)^2$$

则
$$l+l_e = 148.5\text{m}$$

即新的管路特性曲线方程为 $H = 10 + 0.00177 q_V^2$

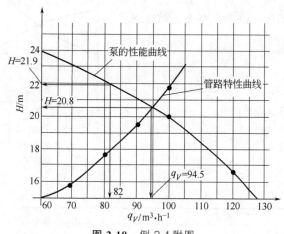

图 2-10 例 2-4 附图

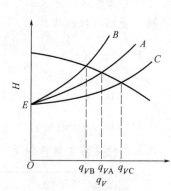

图 2-11 流量调节示意图

上面主要介绍了通过调节管路特性曲线，即加大和减小阀门开度，改变阀门的阻力当量长度 l_e，达到调节离心泵工作点的目的。当然，通过调节离心泵特性曲线，也可以达到调节离心泵工作点的目的。要调节泵的特性曲线，可以通过改变离心泵的叶轮转速，或车削叶轮的直径来达到。

在设计某个工艺管路时，可通过改变泵的特性曲线来调节泵的工作点。在已投入操作的工艺管路中，多采用调节管路特性曲线的办法，来调节泵的工作点。

2.1.6 离心泵的并联与串联

对于已经安装并使用着的管路系统，使用一台离心泵流量太小，不能满足流量要求时，可采用两台型号相同的离心泵并联操作，即两台泵排出的液体汇合送入同一管路系统。此时可把两台泵看成虚拟的一台"大泵"。

当取某一扬程数据时，"虚拟大泵"流量为与此扬程对应流量的两倍。当取另一扬程数据时，"虚拟大泵"流量为与另一扬程对应流量的两倍，依此取几组数据。所以，根据一台离心泵的特性曲线，可绘出"虚拟大泵"的特性曲线，如图 2-12 所示。如果此时管路特性曲线不变，一台泵的工作点在 A 点，"虚拟大泵"的工作点在 B 点。显然，B 点的总流量并没有增加两倍。并联泵的台数越多，所增加的流量越少。

同样的道理，如果现场管路中，一台离心泵的扬程不能满足要求时，可采用两台型号相同的离心泵串联操作，即第一台泵排出的液体进入第二台泵，然后由第二台泵排入管路系统

中。此时串联的两台泵，也可以看成是一个虚拟的大泵。当取某流量数据时，"虚拟大泵"的扬程为与此流量对应扬程的两倍。所以根据一台离心泵的特性曲线，可绘出"虚拟大泵"的特性曲线，如图 2-13 所示。如果此时管路特性曲线不变，一台泵的工作点在 A 点，"虚拟大泵"的工作点在 B 点。显然，B 点的总扬程并没有增加两倍。

由此看出，并联泵只是现场需要时，才会用到。在设计时，选一台两倍流量的泵就可以了，何必需要两台并联呢？串联泵也是现场需要时，才会用到。在设计时，选一台高扬程泵或者选一台适合的多级泵就可以了。不会采用两台泵串联的形式。

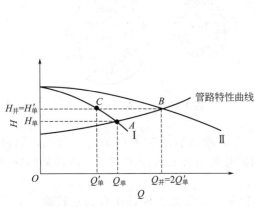

图 2-12　离心泵并联操作示意图

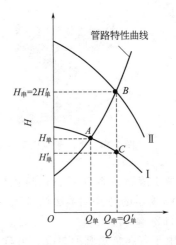

图 2-13　离心泵串联操作示意图

2.2　流体输送设备和流体流动习题课

2.2.1　流体输送设备的种类及原理

(1) 离心通风机　其原理与离心泵相同。机壳截面是逐渐扩大的蜗牛形状，便于流体动能转变为压强能。叶轮上的叶片比较多，且长度较短。叶片方向有径向平直型，有前弯型，有后弯型。离心泵叶片均为后弯型，即甩水型。中、低压风机的叶片常向前弯，是前弯型。高压风机的叶片为后弯叶片。

离心通风机的特性曲线，也有三条线。压头与流量曲线，功率与流量曲线，效率与流量曲线。每台风机的说明书都附有该风机的特性曲线图。

(2) 轴流通风机　送风方向与轴向相同。它的叶片是径向倾斜的。叶片旋转时，此倾斜叶片将空气剪切推挤向前推进，类似螺旋推料机的原理。轴流风机空气压强增加不大。但流量可以很大，送风量有高达每小时 18 万立方米的大型轴流风机。适合厂房通风换气之用。如图 2-14 所示。

家庭用的风扇，就是小型轴流风机，风压不高，吹得人舒服。转速越高，风量越大，天热需要降温时，更觉凉爽。转速越低，风量越小，微风入睡更惬意。

(3) 漩涡泵　它是介于离心式与正位移式之间的一种泵。泵壳呈正圆形，不是蜗牛形。吸入口不在泵盖正中，而是在泵壳顶部，与排出口相对称。吸入管与排出管之间为隔舌，隔舌与叶轮只有很小的缝隙，用于分隔吸入腔和排出腔。叶轮是一个铣有凹槽的圆盘。凹槽之间形成叶片，叶片密集而呈辐射状排列。如图2-15所示。

泵壳内先充满液体，当叶轮旋转时，叶片推着（正位移）液体向前运动的同时，叶片槽中的液体在离心力的作用下，甩向流道，导致流道中与叶片凹槽中流体的漩涡流。流道中的液体一次增压，流道中的液体又因槽中液体被甩出形成低压，流体再次进入凹槽，又在离心力作用下甩向流道，再次增压。多次的凹槽-流道-凹槽的漩涡运动，从而获得较高压头。因为产生漩涡流，故名为漩涡泵。

图 2-14 轴流通风机示意图

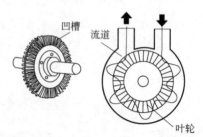
图 2-15 漩涡泵示意图

由于漩涡泵兼有离心式与正位移式的特点，所以启动时不要关闭出口阀，而采用如图2-18所示的旁路调节法调节流量。在相同的叶轮直径和转速条件下，漩涡泵的扬程是离心泵的2～4倍。

由于漩涡泵是圆形泵壳，叶轮和泵壳结构简单，制造方便，而且扬程较高。对于低流量，高压头的场合，应用很广泛。

（4）**单级往复泵** 活塞右移，腔内压力降低，将上活门压下，下活门顶起，液体吸入；活塞左移，腔内压力增高，将上活门顶起，下活门压下，液体排出。如图2-16所示。

（5）**双动往复泵** 活塞右移，左下吸液，右上排液。活塞左移，右下吸液，左上排液。活塞往复一次，有两次吸、排液，流量更加均匀。如图2-17所示。

图 2-16 单级往复泵的液体吸入状态图

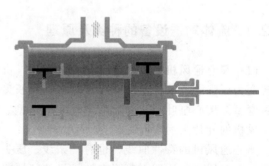
图 2-17 双动往复泵的左下吸液、右上排液状态图

往复泵是正位移式泵，泵提供的流量是一定的。体积流量等于腔内体积乘单位时间往复次数，再乘以程数。比如某往复泵，腔内体积是 $0.03m^3$，往复次数为每分钟30次，是双动往复泵，程数为2。则流量为每分钟送液 $1.8m^3$。当泵的输出流量一定时，如果管道中需要的流量变小，就需要把多余流体回流到往复泵的入口，即需要有旁路调节。如图2-18所示。当出口阀开度变小时，多余流量就由旁路阀流回到泵入口。如果旁路管直径还不够大，再多余流量通过安全阀管道流回。旁路调节是保护泵壳不因变压而受损。

（6）**齿轮泵** 是一种正位移泵，如图2-19所示。齿轮泵由椭圆形原壳，以及一个主动齿轮和相互啮合的从动齿轮组成。主动齿轮由传动机构带动。主从动轮旋转方向相反。两齿轮的齿相互分开时，形成低压，吸入液体，液体沿壳壁被推动到另一侧排出腔。在排出腔内，两齿轮相互合拢使液体受压，形成高压而排出。

齿轮泵能产生较高压头，流量小，但流量均匀。具有构造简单、维修方便、运行可靠等优点。但也需要有图 2-18 所示的旁路调节，保护齿轮泵不受损。

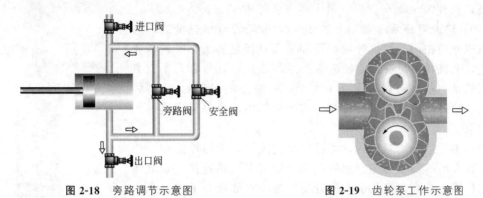

图 2-18　旁路调节示意图　　　　　图 2-19　齿轮泵工作示意图

(7) 双螺杆泵　双螺杆泵与齿轮泵十分相似，一个主动螺杆由传动机构带动，主动螺杆和从动螺杆啮合。流体从两侧进入，由螺杆推至内腔，内腔液体受螺杆推挤不断将液体压出。如图 2-20 所示。

它也是一种正位移泵，也需要有如图 2-18 所示的旁路调节装置。

(8) 罗茨鼓风机　罗茨鼓风机又称做旋转风机，与齿轮泵也十分相似，是做成主、从两个如鞋底形状的旋转构件。有时形象地称罗茨鼓风机为"鞋底泵"。当下侧两"鞋底尖"分开时，形成低压，吸入气体。上侧两"鞋底尖"合拢时，形成高压，将气体挤出。如图 2-21 所示。

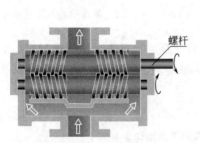
图 2-20　双螺杆泵工作示意图

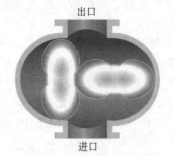
图 2-21　罗茨鼓风机示意图

它也属于正位移式风机。也需要有旁路调节装置。

(9) 水环式真空泵　泵壳和叶轮都是圆形，但泵壳中心与叶轮中心安装成偏心。如图 2-22 所示。叶轮上的叶片，有正向平直形状，也有后弯形状的叶片，图 2-22 所示为后弯叶片。先在泵壳内充一定量的水（约泵壳内容积的一半），当转子旋转时，形成水环，水环形状与壳

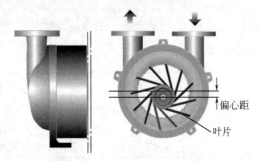
图 2-22　水环式真空泵示意图

壁相符，相邻叶片与水环就形成了气室，如果有 n 个叶片，就会形成 n 个气室。因为叶轮与泵壳成偏心，自然与水环也成偏心，于是气室在旋转一周过程中，气室体积呈现周期性变化。气室变大时，吸入气体，气室变小时，空气被压缩，并压出气体。n 个气室，即 n 组往复压缩。水环式真空泵是湿式真空泵，适用于抽吸含有液体的气体。对于抽吸有爆炸性和有腐蚀性的气体尤为合适。这种真空泵，主要优点是安全，但泵效率不高，只有约 30%～50%，最大真空度可达 85%。

（10）轴流管路泵 如图 2-23 所示，叶轮设计成轴流式，与轴流风机原理相同。如果叶轮直径和泵壳直径足够大，叶轮转速足够高，电机功率足够大，轴流管路泵的流量可达每秒几十立方米。那就是一秒钟可以输送几十吨水。一般排洪泄涝的水泵站，都是安装这种轴流管路泵。长江三峡大坝船闸，也是采用这种大流量水泵。

当轮船开进一级船闸后，将进口闸门关闭，轮船停泊在一个相似于长方形的储水槽中。用管路泵（管道泵）迅速往储水槽注水，水位迅速升高，轮船也迅速升高，当注水液面与上一级水面持平时，打开上一级闸门，轮船开出第一级船闸，然后进入第二级船闸。如此重复，轮船才可以经过五级船闸，顺利通过长江三峡大坝。

图 2-23 轴流管路泵示意图

（11）喷射真空泵 如图 2-24 所示，工作水蒸气在高压下，以很高的流速从喷嘴中喷出，将低压气体带入高速流体中，吸入的气体接受水蒸气的动能，一并进入混合室，混合气体流速逐渐降低，动能逐渐转变为压强能，压强增高后的气体，从压出口排出。另一方面，当水蒸气从喷嘴高速喷出时，喷嘴附近空间形成低压，于是空气被不断吸入。

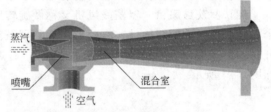

图 2-24 蒸汽喷射泵示意图

此种喷射泵，可以喷射蒸汽，也可以喷射水。如果吸入的气体来自某容器，那么容器将被抽真空，单级水蒸气喷射泵，可使容器产生绝压为 13kPa 的低压。因为喷射泵常用于容器抽真空，所以称为喷射真空泵。它不能用来输送气体，因为机械效率太低。

如表 2-2 所示，几种常用泵的性能比较。

表 2-2 几种常用泵的性能比较

泵的类型	离心式			容积泵		液体作用式
	离心泵	旋涡泵	轴流泵	往复泵	回转泵	射流泵
工作原理	惯性离心力(无自吸力-灌泵,防气缚) (开式旋涡泵有自吸力)			活塞往复运动有自吸力	转子的排挤有自吸力	能量转换(射流泵有自吸力)
特性曲线	H-Q H_e-Q_e N-Q	H-Q H_e-Q_e N-Q	H-Q H_e-Q_e N-Q	H-Q H_e-Q_e	H-Q H_e-Q_e	H-Q H_e-Q_e

续表

泵的类型		离心式			容积泵		液体作用式
		离心泵	旋涡泵	轴流泵	往复泵	回转泵	射流泵
操作	启动	灌泵,关闭出口阀	灌泵,全开出口阀		不灌泵,全开出口阀	全开出口阀	
	流量调节	改变出口阀开度	旁路调节	旁路或改变叶片角度	旁路或改变冲程与往复频率	旁路调节	改变工作液体的流量或压力
	维修	简便			麻烦	较麻烦	简便
流量	均匀性	均匀			脉动	尚均匀	均匀
	恒定性	随管路特性而变			恒定		随管路特性而变
	范围	从小到大均可	小流量	大流量	较小流量	小流量	小流量
效率		稍低	低	稍低	高	较高	低
适用场合		流量、压头适用范围广,特别适宜大流量、中压头;液体黏度不能太大	小流量较高压头,低黏度清洁液体	黏度不太高的大流量低压头	不含杂质的高黏性液体,小流量高压头。腐蚀液体用隔膜泵	膏糊状高黏度、小流量高压头	腐蚀性液体

2.2.2 流体流动习题课

习题课是培养学生综合能力的重要手段。化工原理就是要解决化工生产中的问题,解决问题是核心。通过对这些综合性很强的例题的解答,学生才可以全面掌握所学的知识。图 2-25 是流体流动线索方框图。

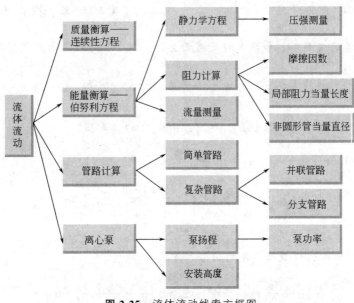

图 2-25 流体流动线索方框图

例 2-6 用离心泵把 20℃ 的水从储槽送至水洗塔顶部，槽内水位维持恒定，各部分相对位置如图 2-26 所示。管路的直径均为 $\phi76\text{mm}\times2.5\text{mm}$，在操作条件下，泵入口处真空度的读数为 185mmHg，水流经吸入管与排出管的能量损失可分别按 $h_{f1}=2u^2$ 与 $h_{f2}=10u^2(\text{J}\cdot\text{kg}^{-1})$ 计算，排出管口通大气。试求水泵的有效功率。

解题思路 此题有三处截面可取，即储槽液面 1-1′，泵入口 2-2′，水出口截面 3-3′（图 2-27），此题要计算泵的有效功率，所取的两个截面必须包含泵，只有 1-1′ 至 3-3′，2-2′ 至 3-3′ 两种方案。

$$z_1g+\frac{u_1^2}{2}+\frac{p_1}{\rho}+H=z_3g+\frac{u_3^2}{2}+\frac{p_3}{\rho}+12u^2$$

$$z_2g+\frac{u_2^2}{2}+\frac{p_2}{\rho}+H=z_3g+\frac{u_3^2}{2}+\frac{p_3}{\rho}+10u^2$$

当按这两种方案列出伯努利方程之后，发现流速 u 是个未知数。只有通过另外列伯努利方程来求流速 u。当在 1-1′ 至 2-2′ 列伯努利方程时，可以求出 u。

$$z_1g+\frac{u_1^2}{2}+\frac{p_1}{\rho}=z_2g+\frac{u_2^2}{2}+\frac{p_2}{\rho}+h_{f1}$$

此题可以按第一步求出流速 u，第二步求出泵压头 H，第三步求出泵的有效功率 P_e 的办法求解。

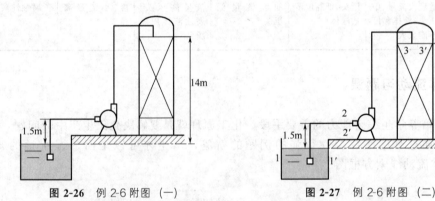

图 2-26 例 2-6 附图（一）　　图 2-27 例 2-6 附图（二）

解 在储槽液面截面 1-1′ 和泵入口处截面 2-2′，以 1-1′ 为基准面列伯努利方程：

$$z_1g+\frac{u_1^2}{2}+\frac{p_1}{\rho}=z_2g+\frac{u_2^2}{2}+\frac{p_2}{\rho}+h_{f1} \tag{1}$$

因 $p_1=0$（表压），$p_2=-\frac{185}{760}\times101330=-24666$（Pa）（表压）

$z_1=0$，$z_2=1.5\text{m}$，$u_1=0$，$u_2=u$，$h_{f1}=2u^2$，代入式(1) 得

$$0+0+0=1.5\times9.81+\frac{-24666}{1000}+\frac{u^2}{2}+2u^2$$

则

$$u=2\text{m}\cdot\text{s}^{-1}$$

在截面 1-1′ 和出水出口截面 3-3′ 列伯努利方程

$$z_1g+\frac{u_1^2}{2}+\frac{p_1}{\rho}+W_e=z_3g+\frac{u_3^2}{2}+\frac{p_3}{\rho}+h_{f1}+h_{f2} \tag{2}$$

因 $p_1=p_3=0$（表压），$z_1=0$，$z_3=14\text{m}$，$u_1=0$，$u_3=u=2\text{m}\cdot\text{s}^{-1}$，$h_{f1}+h_{f2}=(2+10)u^2=12u^2$，代入式(2) 得

$$W_e=14\times 9.81+\frac{2^2}{2}+0+12\times 2^2=187\text{J}\cdot\text{kg}^{-1}$$

则

$$P_e=q_V W_e \rho=\frac{\pi}{4}\times(0.071)^2\times 2\times 187\times 1000=1480\text{W}$$

点评：此题重点是复习伯努利方程的截面选取问题。在有多个截面选择时，如何根据所求问题，选取合适截面。其次了解泵的有效功率计算公式。

例 2-7 用离心式卫生泵将浓缩的脱脂牛奶从蒸发器内抽送到上层楼面的常压储槽内（见图 2-28），蒸发器内液面上方压力为 35mmHg（绝压），蒸发器液面到管路出口的距离为 7.5m，管路由长 37.5m 的 $\phi 38\text{mm}\times 2.5\text{mm}$ 不锈钢卫生管及 4 个肘管构成，局部阻力当量长度为 5.9m。所消耗的泵的轴功率为 735.5W。已知牛奶密度为 $1200\text{kg}\cdot\text{m}^{-3}$，黏度为 2cP，设泵的效率为 0.55。试估算牛奶的流量（取管内 $\varepsilon=0.15\text{mm}$）。

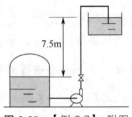

图 2-28 【例 2-7】附图

解题思路 此题是求流量 q_V 或者流速 u，含有 u 的方程有三个，即伯努利方程，阻力计算式和有效功率计算式，在这三个方程中，包括四个未知数，即流速 u、压头 H、管路阻力 h_f 和摩擦因数 λ。四个未知数，三个方程，还缺少一个方程。但摩擦因数关联图也可以看成一个方程或者叫一个约束条件。所以，四个方程解四个未知数 H、h_f、u、λ，这一题就解决了。

在求解过程中，因为摩擦因数关联图不是方程，所以要用试差法求解。

$$z_1+\frac{p_1}{\rho g}+\frac{u_1^2}{2g}+H=z_2+\frac{p_2}{\rho g}+\frac{u_2^2}{2g}+h_f \tag{1}$$

$$h_f=\lambda\frac{l+l_e}{d}\times\frac{u^2}{2g} \tag{2}$$

$$P_e=q_V H\rho g\Longrightarrow P\eta=\frac{\pi}{4}d^2 u H\rho g \tag{3}$$

$$\lambda=f\left(Re,\frac{\varepsilon}{d}\right)\quad(\text{Moody 图}) \tag{4}$$

解 设蒸发器液面为截面 1-1′，常压储槽液面为截面 2-2′，以截面 1-1′ 为基准面，列伯努利方程得

$$z_1+\frac{p_1}{\rho g}+\frac{u_1^2}{2g}+H=z_2+\frac{p_2}{\rho g}+\frac{u_2^2}{2g}+h_f \tag{1}$$

因 $z_1=0$，$z_2=7.5\text{m}$，$p_1=\frac{35}{760}\times 101325=4.67\times 10^3$（Pa），$p_2=101325\text{Pa}$（绝压），$u_1\approx 0$，$u_2\approx 0$，而

$$h_f=\lambda\frac{l+l_e}{d}\times\frac{u^2}{2g}=\lambda\frac{37.5+5.9}{0.033}\times\frac{u^2}{2g}=67\lambda u^2$$

又因为

$$P_e=q_V H\rho g\Longrightarrow P\eta=\frac{\pi}{4}d^2 u H\rho g$$

则

$$H = \frac{P\eta}{\frac{\pi}{4}d^2 u\rho g} = \frac{735.5 \times 0.55}{\frac{\pi}{4} \times (0.033)^2 \times 1200 \times 9.81 \times u} = \frac{40.2}{u}$$

代入式（1）得

$$0 + \frac{4.67 \times 10^3}{1200 \times 9.81} + 0 + \frac{40.2}{u} = 7.5 + \frac{101325}{1200 \times 9.81} + 0 + 67\lambda u^2$$

$$67\lambda u^2 - \frac{40.2}{u} + 15.71 = 0 \tag{5}$$

用试差法联立求解式（5）和摩擦因数关联图。

试差法一：设 u 等于某值（u 取值一般在 1～2m·s^{-1}），→计算 $Re = \frac{du\rho}{\mu}$ →查图得 λ 为某值→代入式（5）是否成立。若不成立，则重设 u ……

试差法二：设 λ 等于某值（λ 初取值一般在 0.02～0.03）→代入式（5）得 u 为某值→计算 $Re = \frac{du\rho}{\mu}$ →查图得 λ 是否与设定相等。若不相等，则重设 λ ……

用试差法一求解，设

$$u = 1.5 \text{m} \cdot \text{s}^{-1} \Rightarrow Re = \frac{du\rho}{\mu} = \frac{0.033 \times 1.5 \times 1200}{2 \times 10^{-3}} = 2.97 \times 10^4$$

因 $\frac{\varepsilon}{d} = \frac{0.15 \times 10^{-3}}{0.033} = 0.0045$，查图得 $\lambda = 0.032$。将 λ 和 u 代入式（5）得

$$67 \times 0.032 \times (1.5)^2 - \frac{40.2}{1.5} + 15.71 = -6.3 \neq 0$$

式（5）不成立。

再设 $u = 1.77 \text{m} \cdot \text{s}^{-1}$ $Re = \frac{0.033 \times 1.77 \times 1200}{2 \times 10^{-3}} = 3.5 \times 10^4$

因 $\frac{\varepsilon}{d} = 0.0045$，查图得 $\lambda = 0.031$，代入式（5）得

$$67 \times 0.031 \times (1.77)^2 - \frac{40.2}{1.77} + 15.71 = -0.49 \approx 0$$

则 $u = 1.77 \text{m} \cdot \text{s}^{-1}$

$$q_V = \frac{\pi}{4}d^2 u = \frac{\pi}{4} \times (0.033)^2 \times 1.77 = 0.0015 \text{m}^3 \cdot \text{s}^{-1} = 5.45 \text{m}^3 \cdot \text{h}^{-1}$$

点评：此题重点是使读者在众多方程中（如伯努利方程、阻力计算方程、有效功率计算式、轴功率与有效功率的关系式），能清理出有多少个未知数和多少个方程。此题中有 4 个未知数，4 个方程。解题过程中介绍了试差法。试差法虽然烦琐，但在工程上很有用，要掌握它。

────────── 习 题 ──────────

2-1 某离心泵以 15℃ 水进行泵性能实验，体积流量为 540m^3·h^{-1}，泵出口压力表读数为 350kPa，泵入口真空表读数为 30kPa。若压力表和真空表测压截面间的垂直距离为 350mm，吸入管和压出管内径分别为 350mm 及 310mm，试求泵的扬程。

[答：38.4m]

2-2 在一化工生产车间，要求用离心泵将冷却水由储水池经换热器送到另一个高位槽。已知高位槽液

面比储水池液面高出 10m，管路总长（包括局部阻力的当量长度在内）为 400m，管内径为 75mm，换热器的压头损失为 $32\dfrac{u^2}{2g}$，在上述条件下摩擦因数可取为 0.03，离心泵在转速 $n=2900\text{r}\cdot\text{min}^{-1}$ 时的 H-q_V 特性曲线数据如表 2-3 所示。

表 2-3 习题 2-2 附表

$q_V/\text{m}^3\cdot\text{s}^{-1}$	0	0.001	0.002	0.003	0.004	0.005	0.006	0.007	0.008
H/m	26	25.5	24.5	23	21	18.5	15.5	12	8.5

试求：(1) 管路特性曲线；(2) 泵的工作点及其相应流量及压头。

[答：$q_V=0.0045\text{m}^3\cdot\text{s}^{-1}$，$H=20\text{m}$]

2-3 某离心泵的额定流量为 $16.8\text{m}^3\cdot\text{h}^{-1}$，扬程为 18m。试问此泵是否能将密度为 $1060\text{kg}\cdot\text{m}^{-3}$、流量为 $15\text{m}^3\cdot\text{h}^{-1}$ 的液体，从敞口储槽向上输送到表压为 30kPa 的设备中，敞口储槽与高位设备的液位的垂直距离为 8.5m。已知管路的管径为 $\phi75.5\text{mm}\times3.75\text{mm}$，管长为 124m（包括直管长度与所有管件的当量长度），摩擦因数为 $\lambda=0.03$。

[答：$q_V=16.8\text{m}^3/\text{h}^{-1}$，此泵合用]

2-4 由山上的湖泊中引水至某储水池，湖面比储水池面高出 45m，管路流量达到 $0.085\text{m}^3\cdot\text{s}^{-1}$，假定所选管路的摩擦因数为 $\lambda=0.02$。试选择管直径为多少？经长期使用，输水管内壁锈蚀，其摩擦因数增大至 $\lambda=0.03$。问此时水的流量减至多少？

[答：$d=0.235\text{m}$，$q_V=0.069\text{m}^3\cdot\text{s}^{-1}$]

2-5 某工艺装置的部分流程如图 2-29 所示。已知各段管路均为 $\phi57\text{mm}\times3.5\text{mm}$ 的无缝钢管，AB 段和 BD 段的总长度（包括直管与局部阻力当量长度）均为 200m，BC 段总长度为 120m。管中流体密度为 $800\text{kg}\cdot\text{m}^{-3}$，管内流动状况均处于阻力平方区，且 $\lambda=0.025$，其他条件如图 2-29 所示。试计算泵的流量和扬程。

[答：$H=34.0\text{m}$，$q_V=16.8\text{m}^3\cdot\text{h}^{-1}$]

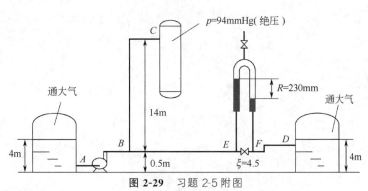

图 2-29 习题 2-5 附图

本章关键词中英文对照

离心泵/centrifugal pump　　　　　螺杆泵/screw pump
齿轮泵/gear pump　　　　　　　多级泵/multistage pump
正齿轮泵/spur-gear pump　　　　离心压缩机/centrifugal compressor
真空泵/vacuum pump　　　　　　往复式压缩机/reciprocating compressor
隔膜泵/diaphragm pump　　　　　往复活塞/reciprocating piston
凸轮泵/cam pump　　　　　　　离心鼓风机/centrifugal blower
正位移泵/positive-displacement pump　通风机/fan

正位移鼓风机/positive-displacement blower
泵的启动/pump priming
气缚/air bound
气蚀/cavitation
叶轮/impeller
半开式叶轮/semi-open impeller
闭式叶轮/enclosed impeller
蜗壳/volute
管件/fittings
公称直径/nominal diameter
吸入管/suction line
吸入管/suction connection
吸入和排出口/suction and discharge nozzle
轴向吸入/顶部排出/end suction/top discharge
排出管/discharge connection
排出口/discharge nozzle
径向流/radial flow
自动控制阀/automatic control valve
安装高度/suction lift
汽蚀余量/net positive suction head (NPSH)

压头/pressure head
理论压头/theoretical head
实际压头/actual head
扬程/developed head
流率/capacity
压头流量关系/head-capacity relation
动能/kinetic energy
体积流量/volumetric flow rate
输入功率/required input power
机械效率/mechanical efficiency
马达效率/efficiency of the electric motor
特性曲线/characteristic curve
管路特性曲线/system head curve
性能曲线/performance curve
操作曲线/operating curve
工作点/operating point
串联操作/operate in series
并联操作/operation in parallel
最佳效率点/best efficiency point
全关/fully close
全开/fully open

第 3 章

非均相分离

> 📖 **本章学习要求**
>
> 一、重点掌握
> - 网筛目数的基本概念；
> - 沉降原理，重力沉降速度及计算，沉降室的计算；
> - 过滤基本方程及应用，过滤常数及计算，恒压过滤方程及应用。
>
> 二、熟悉内容
> - 离心沉降过程、原理及分析；
> - 旋风分离器原理、结构及分离性能；
> - 过滤介质种类及选用。
>
> 三、了解内容
> - 其他过滤器、除尘器、沉降结构与原理；
> - 非均相混合物分离过程的强化技术；
> - 膜分离技术原理、结构与应用。

在日常生产中，水泥厂上空总是粉尘飞扬，焦化厂、钢铁厂也是空气污染大户，如何去除排放气体中的粉尘呢？造纸厂、印染厂是水污染大户，如何去除污水中的污染物呢？这就是本章要解决的非均相物系分离（非均相分离）的问题。

关于分离的操作有：均相物系的分离，即传质操作，如蒸馏、吸收、萃取、干燥等；非均相物系的分离，即机械操作，如沉降、过滤等。

在非均相物系中，又有气-固非均相和液-固非均相两种。当气体为连续相时，固体颗粒分散在气体中，此时固体为分散相，此即气-固非均相物系。水泥厂、钢铁厂上空的烟尘，就是气-固非均相物系。对于气-固相分离，较多地采用重力沉降和离心沉降来解决。静电除尘和气体的湿法洗涤也可以使气-固得到分离。当液体为连续相时，固体颗粒分散在液体中，此时固体为分散相，此即液-固非均相分离。造纸厂、印染厂的废水，就是液-固非均相物系。对于液-固相分离，既可以采用过滤方法也可以用重力沉降和离心沉降的办法解决。

常见的非均相分离操作介绍如下。

（1）沉降 利用两相具有密度差，将非均相物系置于力场中，两相沿受力方向产生相对运动而达到分离，即沉降。若颗粒在力场中，是自上而下运动，称做重力沉降。若颗粒在力场中，是从旋转中心向外沿运动，称做离心沉降。因为是利用两相密度大小不同，产生相对运动。所以,固体颗粒可以在气相中沉降,比如沉降室除尘、旋风分离器等。又可在液相中沉降,比如连续沉降槽和旋液分离器。

(2) 过滤 利用两相"尺寸"或"虚拟粒径"不同,将非均相物系置于多孔的介质上,使颗粒截留于多孔介质上方,从而达到液体与固体的分离,即过滤。是个类似筛分的过程,多孔介质即"筛子"。此外,还有液-液膜分离,也是类似筛分的过程,膜就是一个分子筛。

(3) 静电除尘 利用两相粒子电学性质不同,将非均相物系置于高压直流电场中,带电粒子定向运动,粒子聚集达到固-气分离,即静电除尘。这要看气-固物系中,固体颗粒是否能在电场中作定向运动,来决定静电除尘的有效性。

(4) 湿法净制 用水把气体从气-固混合物中分离出来,即用水洗涤气体。但又得到液-固非均相物系。这要考虑得到的液-固物系能否方便分离,再决定湿法净制是否可行。碳素厂即采用湿法来净化空气。

非均相物系分离的目的有:①回收分散相固体物质。在制糖工业中,从结晶器出来的晶浆中有糖的晶粒,可用旋液分离器,分离得到糖粒。干燥化肥、药品时,热废气中均含有分散相固体颗粒,干燥器出口废气,都要经过一个旋风分离器,分离得到有关的干燥产品。②净化气体或液体。在接触法制造硫酸过程中,从沸腾焙烧炉中出来的炉气,不仅有气体产品二氧化硫,而且还有大量的灰尘和杂质。必须对炉气进行一系列的净化处理,都是气-固非均相的分离过程。③治理保护环境。为了清除工业污染,保护生存环境,需要将工厂排出的废气、废液中的有害物质清除,达到排放标准。

本章讨论的重点是重力沉降、离心沉降、过滤三种操作。

3.1 重力沉降

3.1.1 重力沉降速度及计算举例

由颗粒本身的重力产生的颗粒沉降过程称为重力沉降。自由沉降是指,单一颗粒或充分分散的颗粒群(颗粒间不接触),在黏性流体中沉降。而重力沉降速度则是指自由沉降达匀速沉降时的速度。

颗粒大小称为颗粒粒度。由于颗粒形状很复杂,通常有筛分粒度、沉降粒度、等效体积粒度、等效表面积粒度等表示方法。其中,筛分粒度就是颗粒可以通过筛网的筛孔尺寸,以1英寸(25.4mm)宽度的筛网内的筛孔数表示,因而称之为"目数"。表3-1为我国通常使用的筛网目数与粒径(μm)对照表。

表3-1 我国通常使用的筛网目数与粒径(μm)对照表

目数	4	6	8	10	14	20	28	35
孔径/μm	4599	3327	2362	1651	1168	833	589	417
目数	48	65	100	150	200	270	400	
孔径/μm	295	208	147	104	74	53	38	

(1) 球形颗粒沉降速度计算式推导 球形颗粒在自由沉降中所受三力,如图3-1所示。

球形颗粒所受重力 $F_g = mg = \dfrac{\pi}{6}d^3\rho_s g$,单位是N;

球形颗粒所受浮力 $F_b = \dfrac{\pi}{6}d^3\rho g$,单位是N;

球形颗粒所受阻力可仿照管内流动阻力的计算式,即参考局部阻力计算式,得

$$h_f = \xi \frac{u_t^2}{2g} \Longrightarrow h_f = \frac{\Delta p}{\rho g} = \frac{F_d}{A\rho g} \Longrightarrow \xi \frac{u_t^2}{2g} = \frac{F_d}{A\rho g} \tag{3-1}$$

因为颗粒在沉降方向上的投影面积(m^2)为 $A = \frac{\pi}{4}d^2$,则

$$F_d = \xi A\rho \frac{u_t^2}{2} = \xi \frac{\pi}{4}d^2 \rho \frac{u_t^2}{2} \text{(单位是 N)} \tag{3-2}$$

由于是匀速运动,合力为零,即 $F_g = F_b + F_d$

$$\frac{\pi}{6}d^3\rho_s g - \frac{\pi}{6}d^3\rho g = \xi \frac{\pi}{4}d^2 \frac{\rho u_t^2}{2} \tag{3-3}$$

则

$$u_t = \sqrt{\frac{4d(\rho_s - \rho)g}{3\xi\rho}} \tag{3-4}$$

图 3-1 球形颗粒在流体中的受力情况

式中,d 为球形颗粒直径,m;ξ 为阻力系数;ρ_s,ρ 为颗粒与流体的密度,$kg \cdot m^{-3}$;u_t 为颗粒沉降速度,$m \cdot s^{-1}$。

下面的关键是求出阻力系数 ξ。

(2) 阻力系数 通过量纲分析可知,阻力系数 ξ 应是颗粒与流体相对运动时的雷诺数 Re_t 和颗粒球形度 φ_s 的函数,即

$$\xi = f(Re_t, \varphi_s)$$

$$Re_t = \frac{du_t\rho}{\mu} \tag{3-5}$$

式中,μ 为流体黏度,$Pa \cdot s$;ρ 为流体密度,$kg \cdot m^{-3}$;φ_s 为颗粒球形度,对球形颗粒 $\varphi_s = 1$。实验测取的结果如图 3-2 所示。

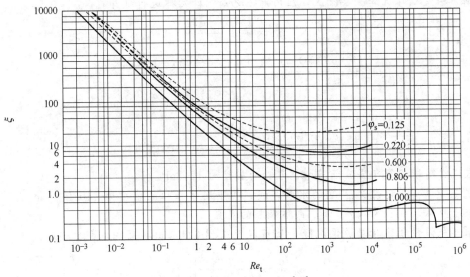

图 3-2 ξ-Re_t 关系曲线[12]

对于 $\varphi_s = 1$ 的球形颗粒,由图 3-2 可知:

层流区 $10^{-4} < Re_t \leqslant 1$,$\xi = \frac{24}{Re_t}$,代入式(3-4) 得

$$u_t = \frac{d^2(\rho_s - \rho)g}{18\mu} \tag{3-6}$$

式(3-6) 称为斯托克斯沉降定律。

过渡区 $1 < Re_t < 10^3$，$\xi = \dfrac{18.5}{Re_t^{0.6}}$，代入式(3-4) 得

$$u_t = 0.27\sqrt{\frac{d(\rho_s - \rho)g}{\rho} Re_t^{0.6}} \tag{3-7}$$

式(3-7) 称为阿仑公式。

湍流区 $1000 < Re_t < 2 \times 10^5$，$\xi = 0.44$，代入式(3-4) 得

$$u_t = 1.74\sqrt{\frac{d(\rho_s - \rho)g}{\rho}} \tag{3-8}$$

式(3-8) 称为牛顿公式。

由以上讨论知：物系操作条件一定时，沉降速度与颗粒直径 d 成正比，颗粒越小，沉降速度越小。

(3) 沉降速度计算 采用试差法，首先假设流型，是属于哪个区域；其次选择对应公式计算沉降速度；然后再将计算结果校核 Re_t 及流型。如果与原假设流型一致，则计算有效。否则，按算出的 Re_t 值另选区域，重新计算。

例 3-1 测定高黏度流体的黏度，可采用落球式黏度计。它由一钢球和玻璃筒组成。玻璃筒内充满待测液体，记录钢球下落一定距离的时间，即可测得液体黏度。黏度大的液体，自然使钢球下落速度减慢。为了测定一种浆料的黏度，经多次反复测定取平均值，下落 200mm 时，所需时间为 4.32s。求此浆料的黏度。已知钢球直径为 4mm，密度为 7900 kg·m^{-3}。浆料的密度为 1300kg·m^{-3}。

解 假定钢球沉降在层流区，应用斯托克斯沉降定律进行计算。

因

$$u_t = \frac{d^2(\rho_s - \rho)g}{18\mu}$$

$$\mu = \frac{d^2(\rho_s - \rho)g}{18u_t} = \frac{(0.004)^2 \times (7900 - 1300) \times 9.81}{18 \times \dfrac{0.2}{4.32}}$$

$$= 1.243(\text{kg} \cdot \text{m}^{-1} \cdot \text{s}^{-1}) = 1243 \text{cP}$$

检验：$Re_t = \dfrac{du_t\rho}{\mu} = \dfrac{0.004 \times 0.2 \times 1300}{4.32 \times 1.243} = 0.194 (<1)$

这说明钢球沉降在层流范围，该浆料的黏度为 1243cP。

例 3-2 有一温度为 25℃的水悬浮液，其中固体颗粒的密度为 1400kg·m^{-3}，现测得其沉降速度为 0.01m·s^{-1}。试求固体颗粒的直径。

解 先假设粒子在层流区沉降，故可以用式(3-6) 求出其直径，即

$$d = \left[\frac{18\mu u_t}{(\rho_s - \rho)g}\right]^{\frac{1}{2}}$$

已知 $u_t = 0.01$m·s^{-1}，$\rho_s = 1400$kg·m^{-3}。查出 25℃水的密度 $\rho = 997$kg·m^{-3}，黏度 $\mu = 0.8937 \times 10^{-3}$Pa·s。将各值代入上式得

$$d = \left[\frac{18 \times 0.8937 \times 10^{-3} \times 0.01}{(1400 - 997) \times 9.81}\right]^{\frac{1}{2}} = 2.02 \times 10^{-4}\text{m}$$

检验 Re_t 值　　　　$Re_t = \dfrac{du_t\rho}{\mu} = \dfrac{2.02\times10^{-4}\times0.01\times997}{0.8937\times10^{-3}} = 2.25(>1)$

从计算结果可知，与原假设不符，故重设固体颗粒在过渡区沉降，即应用式(3-7)求解

$$u_t = 0.27\sqrt{\dfrac{d(\rho_s-\rho)g}{\rho}Re_t^{0.6}}$$

将已知值代入得　　$0.01 = 0.27\sqrt{\dfrac{d(1400-997)\times9.81}{997}\times(2.25)^{0.6}}$

解出　　　　　　　　　　$d = 2.13\times10^{-4}\,\text{m}$

再检验 Re_t 值　　$Re_t = \dfrac{du_t\rho}{\mu} = \dfrac{2.13\times10^{-4}\times0.01\times997}{0.8937\times10^{-3}} = 2.38$

计算结果表明，重设正确（即属于过渡区沉降），故粒子直径为 $2.13\times10^{-4}\,\text{m}$。

● 科学家小传 ●

斯托克斯（George Gabriel Stokes，1819—1903）是英国力学家、数学家，1819年生于斯克林。1849年起在剑桥大学任卢卡斯讲座教授，1851年当选皇家学会会员，1854年起任皇家学会书记，30年后被选为皇家学会会长。斯托克斯是继牛顿之后，任卢卡斯讲座教授、皇家学会书记、皇家学会会长这三项职务的第二个人。1845年，斯托克斯从改用连续系统的力学模型和牛顿关于黏性流体的物理规律出发，在"论运动中流体的内摩擦理论和弹性体平衡和运动的理论"中，给出黏性流体运动的基本方程组，其中含有两个常数，这组方程后称纳维-斯托克斯方程，它是流体力学中最基本的方程组。1851年，斯托克斯在"流体内摩擦对运动的影响"的研究报告中提出，球体在黏性流体中做较慢运动时受到的阻力的计算公式，指明阻力与流速和黏性系数成比例，这是关于阻力的斯托克斯公式。

3.1.2 降尘室计算

常用的重力沉降设备有降尘室、沉降槽。降尘室主要用于分离气固悬浮物系，如图3-3所示。气体通过降尘室的停留时间 $\theta(\text{s})$

$$\theta = \dfrac{l}{u} \qquad (3-9)$$

颗粒在降尘室的沉降时间 $\theta_t(\text{s})$

$$\theta_t = \dfrac{H}{u_t} \qquad (3-10)$$

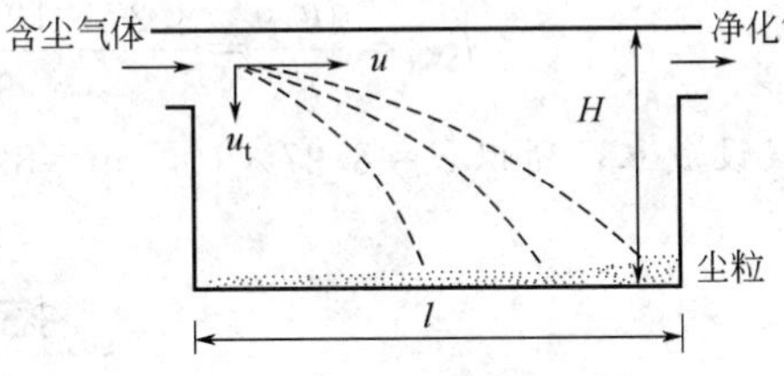

式中，u，u_t 为气体通过降尘室速度，及颗粒沉降速度，$\text{m}\cdot\text{s}^{-1}$；$l$，$H$ 分别是降尘室的长、高，m。

图3-3　降尘室示意图

当气流通过降尘室的时间 θ，大于颗粒的沉降时间 θ_t 时，颗粒被沉降下来。即 $\theta \geqslant \theta_t$ 时，或 $\dfrac{l}{u} \geqslant \dfrac{H}{u_t}$ 时，才可沉降。即 $u \leqslant \dfrac{l}{H}u_t$，因流体的体积流量除以管道截面积等于流体流速，$u = \dfrac{q_V}{Hb}$，所以

$$\dfrac{q_V}{Hb} = u \leqslant \dfrac{l}{H}u_t \qquad (3-11)$$

则
$$q_V \leq lbu_t \tag{3-12}$$

式中，q_V 为含尘气体通过降尘室的体积流量，$m^3 \cdot s^{-1}$；b 为降尘室的宽，m；lb 为沉降面积，m^2。

为了提高生产能力 q_V，只能通过增大降尘室的沉降面积 bl 来实现（因为 u_t 只与物性有关）。故可将降尘室做成多层，气流并联通过各区。

例 3-3 某降尘室高 2m、宽 2m、长 5m，用于矿石焙烧炉的炉气除尘。矿尘的密度为 $4500 kg \cdot m^{-3}$，其形状近于圆球。操作条件下气体流量为 $25000 m^3 \cdot h^{-1}$，气体密度为 $0.6 kg \cdot m^{-3}$、黏度为 $3 \times 10^{-5} Pa \cdot s$。试求理论上能完全除去的最小矿粒直径。

解 由式(3-12) 可知，降尘室能完全除去的最小颗粒的沉降速度为

$$u_t = \frac{q_V}{bl} = \frac{25000/3600}{2 \times 5} = 0.694 \, m \cdot s^{-1}$$

假定沉降在层流区，由式(3-6) 得

$$u_t = \frac{d^2(\rho_s - \rho)g}{18\mu}$$

则

$$d = \sqrt{\frac{18 \times 3 \times 10^{-5} \times 0.694}{4500 \times 9.81}} = 9.21 \times 10^{-5} \, m$$

而

$$Re_t = \frac{du_t\rho}{\mu} = \frac{9.21 \times 10^{-5} \times 0.694 \times 0.6}{3 \times 10^{-5}} = 1.28 (>1)$$

证明不在层流区，再假定在过渡区，由式(3-7) 得

$$u_t = 0.27 \sqrt{\frac{d(\rho_s - \rho)g}{\rho} Re_t^{0.6}}$$

则

$$(0.694)^2 = (0.27)^2 \times \frac{d \times 4500 \times 9.81}{0.6} \times \left(\frac{d \times 0.694 \times 0.6}{3 \times 10^{-5}}\right)^{0.6}$$

$$d^{1.6} = 2.94 \times 10^{-7}$$

$$d = 8.27 \times 10^{-5} \, m$$

而

$$Re_t = \frac{du_t\rho}{\mu} = \frac{8.27 \times 10^{-5} \times 0.694 \times 0.6}{3 \times 10^{-5}} = 1.15 (>1)$$

假设成立，所以 $d = 8.27 \times 10^{-5} m = 82.7 \mu m$。

拓展阅读

都江堰水利工程坐落在成都平原西部的岷江上，始建于秦昭王末年（约公元前256～前251），由分水鱼嘴、飞沙堰、宝瓶口等部分组成。这是全世界迄今为止，年代最久、唯一留存、仍在一直使用，以无坝引水为特征的宏大水利工程，凝聚着中国古代劳动人民勤劳、勇敢、智慧的结晶。都江堰水利工程不仅在四川在全国甚至整个水利历史地位中到占有举足轻重的位置，它的整个设计遵从的是道家因势利导的哲学思想，采用科学的方法按照河流动力学的基本原理发挥着防洪灌溉的作用，智慧地利用地势和弯道实现了河道在枯水期和丰水期的分流和泥沙沉积控制，成就了成都的天府之国的美誉。

3.2 离心沉降

3.2.1 离心沉降速度和分离因数

依靠惯性离心力的作用而实现的沉降过程叫做离心沉降。

如果颗粒呈球状,其密度为ρ_s、直径为d,流体的密度为ρ,颗粒与中心轴的距离,即旋转半径为R,切向速度为u_T,则颗粒在径向上受到的三个作用力分别为:

惯性离心力$= \dfrac{\pi}{6}d^3\rho_s \dfrac{u_T^2}{R}$ (力的方向为径向,并从旋转中心指向外)

向心力$= \dfrac{\pi}{6}d^3\rho \dfrac{u_T^2}{R}$ (力的方向为径向,但指向旋转中心)

阻力$= \xi \dfrac{\pi}{4}d^2 \dfrac{\rho u_r^2}{2}$ (力的方向为径向,但指向旋转中心)

上式中的u_r暂代表颗粒与流体在径向上的相对速度。因颗粒向外运动,故阻力沿半径指向中心。若此三力能够达到平衡,平衡时颗粒在径向上相对于流体的速度u_r,便是它在此位置上的离心沉降速度,对此u_r可写出下式

$$\frac{\pi}{6}d^3\rho_s \frac{u_T^2}{R} - \frac{\pi}{6}d^3\rho \frac{u_T^2}{R} - \xi \frac{\pi}{4}d^2 \frac{\rho u_r^2}{2} = 0 \tag{3-13}$$

解得离心沉降速度为

$$u_r = \sqrt{\frac{4d(\rho_s - \rho)}{3\xi\rho} \times \frac{u_T^2}{R}} \tag{3-14}$$

式中,u_r为颗粒与流体在径向上的相对速度,即离心沉降速度,m·s^{-1};u_T为颗粒的切向速度,m·s^{-1}。

在离心沉降时,如果颗粒与流体的相对运动属于层流,阻力系数也符合斯托克斯定律:即$10^{-4}<Re_t \leqslant 1$时,$\xi = \dfrac{24}{Re_r} = \dfrac{24\mu}{du_r\rho}$,将此式代入式(3-14) 得

$$u_r^2 = \frac{4d(\rho_s - \rho)du_r\rho}{3\rho \times 24\mu} \times \frac{u_T^2}{R}$$

$$u_r = \frac{d^2(\rho_s - \rho)}{18\mu} \times \frac{u_T^2}{R} \tag{3-15}$$

将式(3-15)与式(3-6)相比可得,同一颗粒在同种介质中的离心沉降速度与重力沉降速度的比值为K_c,称为分离因数。

$$\frac{u_r}{u_T} = \frac{u_T^2}{gR} = K_c \tag{3-16}$$

对于本节将要讨论的旋风分离器与旋液分离器来说,分离因数虽不如离心机的那么大,但其效果已远比重力沉降设备为高。譬如,当旋转半径$R=0.4$m、切向速度$u_T=20$m·s^{-1}时,分离因数为

$$K_c = \frac{(20)^2}{9.81 \times 0.4} = 102$$

计算表明,颗粒在上述条件下的离心沉降速度比重力沉降速度大百倍。

3.2.2 旋风分离器及计算举例

3.2.2.1 旋风分离器构造及作用原理

旋风分离器,如图 3-4 和图 3-7 所示。是由上部的圆筒和下部的圆锥构成,上部中心处有气管。含尘气体从圆筒上侧的进气管以切线方向进入,速度为 $12\sim25\mathrm{m\cdot s^{-1}}$ 的气流,按螺旋形路线向器底旋转,接近器底部之后,转而向上形成"气芯",然后从顶部中央气管排出。气流所夹带的尘粒在旋转过程中,逐渐趋向器壁,碰到器壁后落下,并由锥形底部落入灰斗中。直径很小的尘粒在未到达器壁前,就可能卷入向上的"气芯"中,而被气流带走。

由实验测定可知,旋风分离器内的压力,在器壁附近最高,往中心逐渐降低,到达"气芯"处常为负压。低压气芯一直延伸到器底的出灰口。所以在操作时,出灰口必须密封好,以免空气漏入旋风分离器中,而使收集于锥形底的尘粒重新卷起。由于器内气流运动复杂,一般以实践为基础进行设计,且各系列产品均以圆筒直径 D 为参数,其他各参数与 D 成比例。图 3-4 所示为标准型旋风分离器。

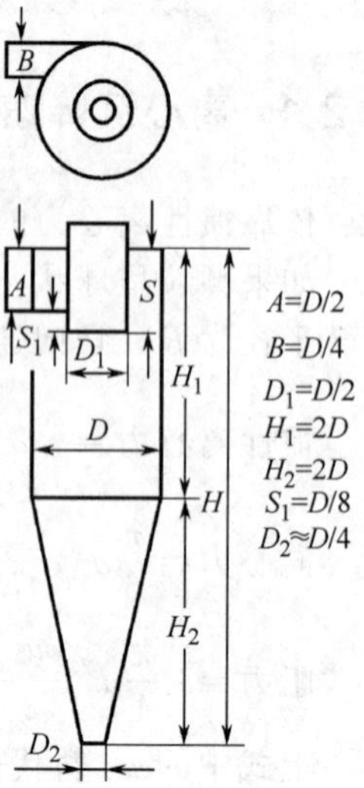

图 3-4 标准型旋风分离器

$A=D/2$
$B=D/4$
$D_1=D/2$
$H_1=2D$
$H_2=2D$
$S_1=D/8$
$D_2\approx D/4$

3.2.2.2 旋风分离器设计计算

(1) 临界粒径 d_c 理论上器内能完全分离下来的最小颗粒直径称为临界粒径。计算 d_c 关系式,由三个假设(即简化的物理模型)导出。三个假设是:①气流在器内的圆周切线速度 u_T 始终为一定值,且等于进口气速 u_i;②颗粒到达器壁穿过的气流厚度等于进气口宽度 B;③颗粒与气流的相对运动为层流。$u_T=u_i$,$\rho_s\gg\rho$,$\rho_s-\rho\approx\rho_s$,$R\approx R_m$。

将三个假设代入式(3-15)得

$$u_r=\frac{d_c^2\rho_s}{18\mu}\times\frac{u_i^2}{R_m} \tag{3-17}$$

式中,R_m 为颗粒旋转平均半径,m;u_i 为进口气速,$\mathrm{m\cdot s^{-1}}$。

颗粒到达器壁的时间

$$\theta_t=\frac{B}{u_r}=\frac{18\mu R_m B}{d_c^2\rho_s u_i^2} \tag{3-18}$$

令气流的有效旋转圈数为 N_e,气流走过的路程为圆周长乘以圈数,则气流在器内停留时间 $\theta=\dfrac{2\pi R_m N_e}{u_i}$。

当颗粒到达器壁所需时间 (θ_t) 小于或等于颗粒在器内的实际停留时间 (θ) 时,颗粒即会沉降下来。

即

$$\frac{18\mu R_m B}{d_c^2\rho_s u_i^2}\leqslant\frac{2\pi R_m N_e}{u_i}$$

得

$$d_c\geqslant\sqrt{\frac{9B\mu}{\pi N_e\rho_s u_i}}\ \mathrm{m} \tag{3-19}$$

式中,d_c 为临界粒径,m;N_e 为气流有效旋转圈数;B 为旋风分离器进口宽度,m。

由式(3-19)可见 B 降低(或 D 降低),则 d_c 也降低。当处理气量过大时,可采用旋风分离器并联组成旋风分离器组,达到高产高效的目的。

推导式(3-19)所做的假设①、②并无事实根据，但此式因为简单，被认为尚属可用。关键是如何定出气流有效旋转圈数 N_e。N_e 值与进口气速有关，对于常用形式的旋风分离器，流速在 $12\sim25\text{m}\cdot\text{s}^{-1}$ 的范围内，一般取 $N_e=5$，流速越大，N_e 也越大。这些都是以试验做基础的。

(2) 分离效率 总效率

$$\eta_0 = \frac{c_1-c_2}{c_1} \tag{3-20}$$

式中，c_1、c_2 为进、出旋风分离器的气体含尘浓度，$\text{kg}\cdot\text{m}^3$。η_0 通常为 70%～90%。

(3) 压力降 Δp 气流通过旋风分离器的阻力（压力降），Pa。

$$\Delta p = \xi\frac{\rho u_i^2}{2} \tag{3-21}$$

式中，ξ 为阻力系数，同一系列旋风分离器，不论其尺寸大小，阻力系数接近常数；标准型旋风分离器 $\xi=8$。

例 3-4 某含尘空气中微粒的密度为 $1500\text{kg}\cdot\text{m}^{-3}$，温度为 70℃，常压下流量为 $1200\text{m}^3\cdot\text{h}^{-1}$。现采用筒体直径为 400mm 的标准旋风分离器进行除尘。试求能分离出尘粒的最小直径。

解 应用式 (3-19) 求取 d_c，即 $d_c \geqslant \sqrt{\dfrac{9B\mu}{\pi N_e \rho_s u_i}}$，查图 3-4 得

$$B = \frac{D}{4} = \frac{0.4}{4} = 0.1\text{m}, \quad A = \frac{D}{2}$$

对于如图 3-4 所示的标准分离器，一般 N_e 取为 5。

因含尘气体物性与空气相近，故查温度 70℃ 的空气黏度 $\mu=20.6\times10^{-6}\text{Pa}\cdot\text{s}$，并已知 $\rho_s=1500\text{kg}\cdot\text{m}^{-3}$。

$$u_i = \frac{V}{AB} = \frac{V}{\dfrac{D}{2}\times\dfrac{D}{4}} = \frac{8V}{D^2} = \frac{8\times1200}{3600\times0.4^2} = 16.7\text{m}\cdot\text{s}^{-1}$$

将各值代入式 (3-19) 得

$$d_c \geqslant \sqrt{\frac{9\times20.6\times10^{-6}\times0.1}{\pi\times5\times16.7\times1500}} = 6.9\times10^{-6}\text{m} = 6.9\mu\text{m}$$

3.3 过滤

3.3.1 过滤操作与过滤基本方程式

在外力的作用下，悬浮液中的液体通过介质的孔道，而固体颗粒被截留下来，从而实现固-液分离，即过滤。如图 3-5 所示。原始的悬浮液称为滤浆，通过多孔介质后的液体称为滤液，被截留住的固体颗粒堆积层称为滤渣或滤饼（其空隙中充满液体）。

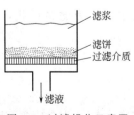

图 3-5 过滤操作示意图

(1) 过滤的几个概念

① 过滤介质 它是滤渣的支承物。它要求具有多孔性,阻力小,耐热耐腐蚀,有足够机械强度。常用介质有织物介质、堆积介质、多孔固体介质等。

② 过滤推动力 包括悬浮液自身重力产生的压强差;悬浮液的一侧加压产生的压强差;过滤介质的一侧抽真空产生的压强差。

③ 过滤阻力 包括介质阻力和滤饼阻力。大多数情况下,过滤阻力主要取决于滤饼阻力。

④ 过滤速率与过滤速度

过滤速率是单位时间内获得的滤液体积

$$\text{过滤速率} = \frac{dV}{d\theta} \quad (m^3 \cdot s^{-1}) \tag{3-22}$$

过滤速度是单位面积的过滤速率

$$\text{过滤速度} = \frac{dV}{A d\theta}(m \cdot s^{-1}) \tag{3-23}$$

式中,V 为滤液体积,m^3;θ 为过滤时间,s;A 为过滤面积,m^2。

⑤ 恒压过滤与恒速过滤 过滤速率大小取决于推动力与阻力的比值。由于过滤阻力随过滤进行而增大,故有两种操作方式。保持推动力(压力降)Δp 不变时,过滤速率 $\frac{dV}{d\theta}$ 下降,称恒压过滤;若欲维持过滤速率 $\frac{dV}{d\theta}$ 不变,则需要不断增大推动力(压力降)Δp,称恒速过滤。实际生产中,恒压过滤操作更加方便,所以常用恒压过滤操作。

(2) 过滤基本方程式 过滤视为滤液在滤饼的孔道中流动,滤饼孔道细而规则,阻力大,故流速较低,一般可视为层流。当层流时,根据第 1 章中的哈根-泊肃叶方程,式(1-18),得

$$u = \frac{\Delta p d^2}{32 \mu l}$$

仿照上式,用于过滤可以写出滤液通过滤饼床层的流速与压力降的关系为

$$u_1 = \frac{\Delta p_c d_e^2}{k \mu l'} \tag{3-24}$$

式中,d_e 为孔道当量直径,m;l' 为孔道当量长度,m;Δp_c 为滤饼两侧压降,Pa;u_1 为孔道中流速,$m \cdot s^{-1}$;k 为应用哈根-泊肃叶方程式(1-18)时的系数;μ 为滤液的黏度,Pa·s。

因为 d_e、l'、k 都难以求取,所以令 $\frac{d_e^2}{k l'} = \frac{1}{rL}$,上式改为

$$u_1 = \frac{dV}{A d\theta} = \frac{\Delta p_c}{\mu r L} \tag{3-25}$$

式中,A 为滤饼面积,m^2;L 为滤饼厚度,m;r 为滤饼的比阻,m^{-2};rL 为滤饼阻力,m^{-1}。

同理,对过滤介质得

$$\frac{dV}{A d\theta} = \frac{\Delta p_m}{\mu r L_e} \tag{3-26}$$

式中,Δp_m 为介质两侧压强降,Pa;L_e 为介质的当量滤饼厚度,m。

合并式(3-25)和式(3-26)得

$$\frac{dV}{Ad\theta}=\frac{\Delta p_c}{\mu rL}=\frac{\Delta p_m}{\mu rL_e}=\frac{\Delta p_c+\Delta p_m}{\mu r(L+L_e)}=\frac{\Delta p}{\mu r(L+L_e)} \tag{3-27}$$

若每获得 $1m^3$ 滤液所形成的滤饼体积为 vm^3，滤饼体积＝滤饼厚度 L×滤饼面积 A＝Vm^3 滤液×($1m^3$ 滤液所形成的滤饼体积 v)，则在任一瞬间的滤饼厚度 L 与已获得的滤液体积 V 之间的关系为（按滤饼体积计）

$$LA=vV$$

则

$$L=\frac{vV}{A} \tag{3-28}$$

同理，对于过滤介质的当量滤饼厚度为 $L_e=\frac{vV_e}{A}$ (V_e 为过滤介质的当量滤液体积，m^3)，所以 $L+L_e=\frac{v}{A}(V+V_e)$。代入式(3-27)得

$$\frac{dV}{Ad\theta}=\frac{\Delta pA}{\mu rv(V+V_e)} \tag{3-29}$$

式中，v 为单位滤液所形成的滤饼体积，$m^3 \cdot m^{-3}$ 滤液；V 为滤液体积，m^3；V_e 为过滤介质的当量滤液体积，m^3；A 为滤饼面积，m^2。

式(3-29)即为滤饼不可压缩的过滤基本方程式。式(3-29)表达了过滤过程中，任一瞬间的过滤速度和滤液体积之间的关系 $\left(\frac{dV}{d\theta}\text{-}V\right)$。

3.3.2 恒压过滤方程及计算举例

(1) 恒压过滤基本方程 一定物系及操作条件，μ、r、v 均为常数。

令 $k_1=\frac{1}{\mu rv}$，代入式(3-29)得

$$\frac{dV}{d\theta}=\frac{\Delta pA^2k_1}{V+V_e} \tag{3-30}$$

恒压过滤时，Δp 不变，k_1、A、V_e 又都是常数，式(3-30)积分为

$$\int(V+V_e)dV=k_1A^2\Delta p\int d\theta$$

或者

$$\int(V+V_e)d(V+V_e)=k_1A^2\Delta p\int d(\theta+\theta_e) \tag{3-31}$$

将 $\theta+\theta_e$ 和 $V+V_e$ 看成复合变量，当 $(\theta+\theta_e)$ 为 $0 \rightarrow \theta_e$，$(V+V_e)$ 为 $0 \rightarrow V_e$ 时，积分式(3-31)得

$$\int_0^{V_e}(V+V_e)d(V+V_e)=k_1A^2\Delta p\int_0^{\theta_e}d(\theta+\theta_e)$$

由数学积分表得知

$$\int xdx=\frac{1}{2}x^2$$

$$\left[\frac{1}{2}(V+V_e)^2\right]_0^{V_e}=\left[k_1A^2\Delta p(\theta+\theta_e)\right]_0^{\theta_e}$$

$$\frac{1}{2}V_e^2 = k_1 A^2 \Delta p(\theta_e - 0) = k_1 A^2 \Delta p \theta_e$$

$$V_e^2 = 2k_1 \Delta p A^2 \theta_e$$

令 $K = 2k_1 \Delta p$，则
$$V_e^2 = KA^2 \theta_e \tag{3-32}$$

当 $(\theta + \theta_e)$ 为 $\theta_e \to \theta + \theta_e$ 时，$(V + V_e)$ 为 $V_e \to V + V_e$ 积分式（3-31）得

$$\int_{V_e}^{V+V_e} (V+V_e) \mathrm{d}(V+V_e) = k_1 A^2 \Delta p \int_{\theta_e}^{\theta + \theta_e} \mathrm{d}(\theta + \theta_e)$$

$$\left[\frac{1}{2}(V+V_e)^2\right]_{V_e}^{V+V_e} = k_1 A^2 \Delta p \left[(\theta + \theta_e)\right]_{\theta_e}^{\theta + \theta_e}$$

$$\frac{1}{2}(V+V_e)^2 - \frac{1}{2}V_e^2 = k_1 A^2 \Delta p(\theta + \theta_e - \theta_e)$$

$$\frac{1}{2}V^2 + \frac{1}{2} \times 2VV_e + \frac{1}{2}V_e^2 - \frac{1}{2}V_e^2 = k_1 \Delta p A^2 \theta$$

则
$$V^2 + 2VV_e = 2k_1 \Delta p A^2 \theta$$

因为 $K = 2k_1 \Delta p$，则
$$V^2 + 2VV_e = KA^2 \theta \tag{3-33}$$

式（3-32）和式（3-33）相加得
$$V^2 + 2VV_e + V_e^2 = KA^2(\theta + \theta_e)$$

$$(V+V_e)^2 = KA^2(\theta + \theta_e) \tag{3-34}$$

式（3-32）、式（3-33）、式（3-34）即恒压过滤的基本方程，令 $q = \dfrac{V}{A}$，$q_e = \dfrac{V_e}{A}$；则可将此三式写作

$$q_e^2 = K\theta_e \tag{3-35}$$

$$q^2 + 2qq_e = K\theta \tag{3-36}$$

$$(q+q_e)^2 = K(\theta + \theta_e) \tag{3-37}$$

式中，V，V_e 分别为滤液体积和过滤介质的当量滤液体积，m^3；θ，θ_e 分别为获得 V 的时间和过滤介质获得 V_e 的时间，s；q，q_e 分别为单位面积的滤液体积和过滤介质单位面积的当量滤液体积，$m^3 \cdot m^{-2}$；A 为滤饼的面积，m^2；K 为恒压过滤常数。

式（3-35）、式（3-36）、式（3-37）也称为恒压过滤基本方程。

这里导出的一共是六个恒压过滤基本方程：式（3-32）、式（3-33）、式（3-34）、式（3-35）、式（3-36）、式（3-37）。有的教材只导出两个恒压过滤基本方程：式（3-33）和式（3-36）。所以本书的数学推导要多一些，耐心看下去，是可以看明白的。

（2）恒压过滤常数的测定 K、$q_e(V_e)$、θ_e 与物系的性质及介质状态等有关。实际操作中应根据具体操作情况，实验确定过滤常数后，才能应用恒压过滤方程式解决具体问题。

确定过滤常数的实验原理是，根据式（3-36）即 $q^2 + 2qq_e = K\theta$ 将其两边微分得

$$2q\,\mathrm{d}q + 2q_e\,\mathrm{d}q = K\,\mathrm{d}\theta$$

$$\frac{\mathrm{d}\theta}{\mathrm{d}q} = \frac{2}{K}q + \frac{2}{K}q_e \tag{3-38}$$

式（3-38）是以 q 为横坐标，以 $\dfrac{\mathrm{d}\theta}{\mathrm{d}q}$ 为纵坐标的一条直线。直线的斜率为 $\dfrac{2}{K}$，可求得 K

值。直线的截距为 $\dfrac{2}{K}q_e$，进而可以求得 q_e。在实验中求取 K 值的时候，一般用增量比 $\dfrac{\Delta\theta}{\Delta q}$ 代替 $\dfrac{d\theta}{dq}$。

例 3-5 在 100kPa 的恒压下过滤某悬浮液，温度为 30℃，过滤面积为 40m²，并已知滤渣的比阻为 $1\times10^{14}\mathrm{m}^{-2}$，$v$ 值为 $0.05\mathrm{m}^3\cdot\mathrm{m}^{-3}$。过滤介质的阻力忽略不计，滤渣为不可压缩。试求：(1) 要获得 10m³ 滤液需要多少过滤时间？(2) 若仅将过滤时间延长一倍，又可以再获得多少立方米滤液？(3) 若仅将过滤压力差增加一倍，同样获得 10m³ 滤液时又需要多少过滤时间？

解 (1) 求过滤时间。过滤介质阻力可以忽略不计，滤渣为不可压缩的恒压过滤方程为

$$(V+V_e)^2 = KA^2(\theta+\theta_e)$$

因介质阻力忽略，即 $V_e \sim 0$，$\theta_e \sim 0$

则
$$V^2 = KA^2\theta \tag{1}$$

已知 $V=10\mathrm{m}^3$，$A=40\mathrm{m}^2$，过滤常数

$$K = 2k_1\Delta p = \dfrac{2\Delta p}{\mu r v} \tag{2}$$

而题已知 $\Delta p=100\mathrm{kPa}$，$r=1\times10^{14}\mathrm{m}^{-2}$，$v=0.05\mathrm{m}^3\cdot\mathrm{m}^{-3}$，并查水（滤液）的温度为 30℃ 时，其 $\mu=0.8007\times10^{-3}\mathrm{Pa}\cdot\mathrm{s}$，则

$$K = \dfrac{2\times100\times10^3}{0.8007\times10^{-3}\times1\times10^{14}\times0.05} = 4.996\times10^{-5}\mathrm{m}^2\cdot\mathrm{s}^{-1}$$

所以
$$\theta = \dfrac{V^2}{KA^2} = \dfrac{10^2}{4.996\times10^{-5}\times40^2} = 1251\mathrm{s} = 20.85\mathrm{min}$$

(2) 求过滤时间延长一倍时增加的滤液量。

$$\theta' = 2\theta = 2\times1251 = 2502\mathrm{s}$$

由式 (1) 得 $V' = \sqrt{KA^2\theta'} = \sqrt{4.996\times10^{-5}\times40^2\times2502} = 14.14\mathrm{m}^3$

故增加的滤液量为 $\Delta V = V' - V = 14.14 - 10 = 4.14$（m³）

(3) 求过滤压力差增加一倍，获得 10m³ 滤液所需时间 θ''。

$$\theta'' = \dfrac{V^2}{K''A^2} \tag{3}$$

从公式可知，新的过滤常数 K'' 为

$$K'' = 2K = 2\times4.996\times10^{-5}\mathrm{m}^2\cdot\mathrm{s}^{-1}$$

代入上式 (3) 中得 $\theta'' = \dfrac{10^2}{2\times4.996\times10^{-5}\times40^2} = \dfrac{1251}{2} = 625.5\mathrm{s}$

即过滤时间为原来的一半。

3.4 膜分离

利用隔膜使溶剂同溶质或微粒分离的方法称为膜分离法。用隔膜分离溶液时，使溶质通过膜的方法称为渗析，使溶剂通过膜的方法称为渗透。根据溶质或溶剂透过膜的推动力不

同,膜分离法可分为3类:①以电动势为推动力的方法有电渗析和电渗透;②以压力差为推动力的方法有压渗析和反渗透、超滤、微孔过滤;③以浓度差为推动力的方法有扩散渗析和自然渗透。其中常用的是电渗析、反渗透和超滤,其次是扩散渗析和微孔过滤。

具有代表性的膜分离法如表3-2所示。

表3-2 具有代表性的膜分离法

方法	推动力	透过物质/截留物质	分离机理	应用例
气体分离	浓度差(分压差)	易透过气体分子/难透过气体分子	溶解扩散机理(Knudsen扩散)	氧气富集,氢气分离,氦元素的分离,铀浓缩(气体扩散法)
渗透汽化	浓度差(透过侧减压)	易溶解物质/难溶解物质	溶解扩散机理(特别是分配系数的差)	乙醇-水分离,纯水制造,食品浓缩
微孔过滤	压力差	水,溶解物质/悬浮粒子	分子筛	微粒分离,酵母细菌分离,油悬浮液分离
超滤	压力差	水,低分子物质/胶体大分子,细菌	分子筛	超纯水装置,无菌过滤,蛋白质的分子量划分
反渗透	压力差	水/离子,低分子物质	溶质和溶剂的选择性扩散	海水淡化,果汁浓缩,去除离子,废水处理
透析	浓度差	低分子/悬浮物质	溶解扩散机理(特别是扩散系数的差)	人工肾脏
电渗析	电位差	离子/非离子性物质	电解质离子在电场作用下的选择透过	制盐,软化水,重金属离子回收
液膜	浓度差	配位体物质/难形成配位体分子	载体输送机理(促进输送)	金属离子的分离、回收,酸回收

离子膜法烧碱技术的研究和试验始于20世纪50年代,于1974年实现工业化,之后技术进一步迅速发展,被世界公认为现代氯碱工业的最新成就。离子膜法的原理如图3-6所示。

电解槽的阴极室和阳极室由离子膜隔开,膜只允许阳离子(Na$^+$)穿过进入阴极室,而阴离子(Cl$^-$)不能通过膜进入阴极室。盐水(原料)加入阳极室,水加入阴极室。当通电时,Na$^+$迁移到阴极室,在此与水分解所生成的OH$^-$反应生成氢氧化钠,H$^+$在阴极表面放电产生氢气逸出,Cl$^-$则在阳极表面放电产生氯气逸出。这样,通过调节注入阴极室的水量,就可以得到一定浓度的烧碱溶液。

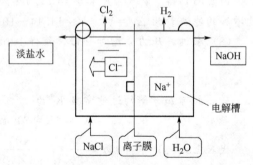

图3-6 离子膜法示意图

目前应用于食盐水溶液电解的是阳离子交换膜,根据其离子交换基团的不同,可分为全氟磺酸膜和全氟羧酸膜,之后又开发出复合膜。

离子膜法对原料(盐水)的质量要求很高,Ca+Mg<20ppb(10^{-9}),SS(悬浮固体)<1mg/L,所得产品的质量也很高。离子膜法电解直接获得的氢氧化钠产品,氢氧化钠含量32%,甚至更高,氯化钠含量通常小于40×10^{-6}。

一般隔膜法每吨烧碱成本1480元,离子膜法每吨烧碱成本1230元。

3.5 沉降过滤设备

沉降过滤及设备

(1) 降尘室 在引风机的抽提作用下，含尘烟道气经过降尘室。由于降尘室通道扩大，速度降低并与人字墙相撞，大颗粒首先沉降入水中。流过第二道挡墙，再沉降。如图 3-7 所示。

(2) 旋风分离器 含尘气流由切向进入筒体，沿内壁螺旋式向下旋转，粉尘在离心力的作用下甩向器壁，并在重力作用下落入灰斗。已净化气体从底部上升，由中心管排出。如图 3-8 所示。

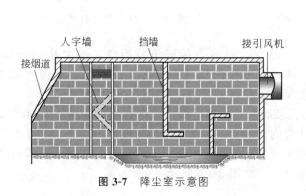

图 3-7 降尘室示意图　　　　图 3-8 旋风分离器示意图

(3) 带旁路分离的旋风分离器 分离器外壳带有一个回旋旁路分离室。含尘气体分为两股，较大的颗粒向下旋转至筒壁落下。另一股很细的颗粒由筒内上升气流带到筒顶部，形成细粉体，经聚结，由旁路分离室引到筒壁落下。

(4) 倾斜进口旋风分离器 与标准型分离器不同的是，采用倾斜的切线进口。由于这一改进，压强降变小，分离效率提高。

(5) 扩散式旋风分离器 圆筒以下是上小下大的倒锥形，底部装有挡灰盘，挡灰盘顶部中央有孔，下沿与器壁留有缝隙。沿壁落下的颗粒经缝隙落入集尘箱内，气体主体被挡灰盘反弹后上升。少量进入集尘箱的气体由中央孔上升。

(6) 袋式过滤器 滤袋上端紧扎，悬挂在横梁上，下端固定在花板上。含尘气体由花板进入若干滤袋中，粉尘被截留在袋中。经净化的气体自然外逸，隔一定时间滤袋中截留粉尘振动抖落在灰斗中。如图 3-9 所示。

(7) 湍球塔除尘器 塔内放有一定量的聚乙烯球形填料。气速达到一定值时，小球悬浮并剧烈翻腾旋转和相互碰撞，达到传质和除尘的效果。如图 3-10 所示。

(8) 静电除尘器 含尘气体通过变压直流静电

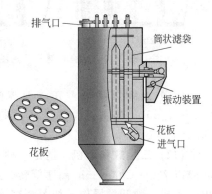

图 3-9 袋式过滤器示意图

场，气体发生电离，产生的离子与尘粒碰撞，使尘粒带电，并运动到吸尘电极，吸尘电极经振打，尘粒落入灰斗。如图3-11所示。

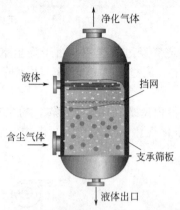

图3-10 湍球塔除尘器示意图

图3-11 静电除尘器示意图

（9）**板框过滤机** 板框两侧压紧滤布，由多个板框组装而成，滤浆从两板框之间进入，分别流过相邻滤板之滤布，得到的清液由板下方小管排出，滤渣截流在滤布上。经洗涤后，卸下板框和滤饼，即进入下一轮过滤操作。如图3-12所示。

（10）**管式过滤器** 过滤元件是烧结碳素管，管壁由无数微孔组成，在外表面预涂一层助滤剂，原液穿过助滤剂和碳素管从管内流到上部汇集。杂质被助滤剂层阻挡，留在外表面实现过滤。当阻力达到一定数值，使压差增加到一定水平，则进行反冲，将助滤剂和滤渣一并吹落，从底部排出。完成一个过滤周期。如图3-13所示。

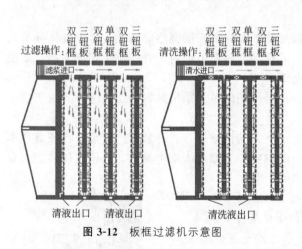

图3-12 板框过滤机示意图

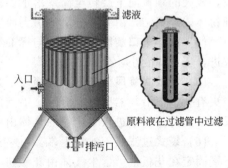

图3-13 管式过滤器示意图

（11）**连续沉降槽** 在浅池圆槽中，浆料重力沉降，中心处转耙缓缓转动，转速为0.1～1r/min。转耙将底部稠浆状物料耙至中心底部排出。清液从上方溢流。如图3-14所示。

（12）**三足式离心机** 这是一种间歇操作、人工卸料的离心机。将待过滤物料装进转鼓，转鼓以730～1900r/min高速旋转。滤液在离心力作用下被甩出。转鼓内滤渣颗粒由人工取出，完成一项间歇操作。如图3-15所示。

（13）**活塞推料离心机** 料液不断由进料管送入，沿锥形进料斗的内壁流至转鼓，经转

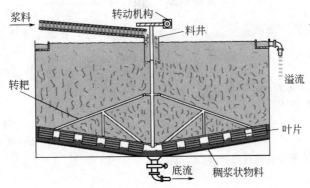

图 3-14 连续沉降槽示意图

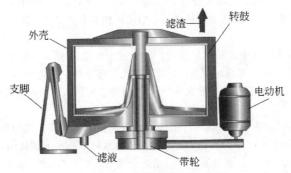

图 3-15 三足式离心机示意图

鼓高速旋转离心过滤，附着于转鼓内壁的滤渣，被往复运动的活塞推进器推出。滤渣推出的途中，用清水清洗。如图 3-16 所示。

(14) 卧式刮刀卸料离心机 料液连续加入转鼓，高速旋转的转鼓使液、固得到分离，附着于转鼓内壁的滤渣，通过可以上下移动的刮刀刮下。刮刀的平移是通过油压缸中的活塞杆带动。如图 3-17 所示。

沉降过滤设备，种类很多，操作原理及结构也有很大差异，详细可查阅相关材料进行比对。

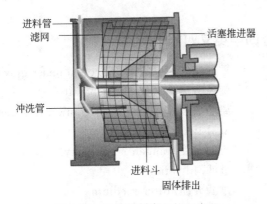

图 3-16 活塞推料离心机示意图

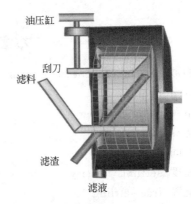

图 3-17 卧式刮刀卸料离心机示意图

第 3 章 非均相分离 | 79

习　题

3-1 试求直径为 $70\mu m$，密度为 $2650 kg \cdot m^{-3}$ 的球形石英粒子，在 20℃ 水中及在 20℃ 空气中的沉降速度。

[答：$4.38 \times 10^{-3} m \cdot s^{-1}$，$0.397 m \cdot s^{-1}$]

3-2 有一玉米淀粉水悬浮液，温度为 20℃，淀粉颗粒平均直径为 $15\mu m$，淀粉颗粒吸水后的密度为 $1020 kg \cdot m^{-3}$。试求颗粒的沉降速度。

[答：$2.66 \times 10^{-6} m \cdot s^{-1}$]

3-3 密度为 $2650 kg \cdot m^{-3}$ 的球形石英微粒在 20℃ 空气中自由沉降，计算服从斯托克斯公式的最大微粒直径及服从牛顿公式的最小微粒直径。

[答：$57.3\mu m$，$1510\mu m$]

3-4 气流中悬浮某种球形微粒，其中最小微粒为 $10\mu m$，沉降处于斯托克斯定律区。今用一多层隔板降尘室以分离此气体悬浮物。已知降尘室长度 10m，宽度 5m，共 21 层，每层高 100mm，气体密度为 $1.1 kg \cdot m^{-3}$，黏度 $\mu=0.0218 cP$，微粒密度为 $4000 kg \cdot m^{-3}$。试问：(1) 为保证最小微粒的完全沉降，可允许的最大气流速度为多少？(2) 此降尘室最多每小时能处理多少立方米气体？

[答：(1) $1 m \cdot s^{-1}$；(2) $37800 m^3 \cdot h^{-1}$]

3-5 一降尘室用以除去炉气中的硫铁矿尘粒。矿尘最小粒径为 $8\mu m$，密度为 $4000 kg \cdot m^{-3}$。降尘室内长 4.1m，宽 1.8m，高 4.2m。室内温度为 427℃，在此温度下炉气的黏度为 $3.4 \times 10^{-5} Pa \cdot s$，密度为 $0.5 kg \cdot m^{-3}$。若每小时需处理炉气 2160 标准 m^3，试计算降尘室隔板间的距离及降尘室的层数。

[答：0.084m，50]

3-6 用一个截面为矩形的沟槽，从炼油厂的废水中分离所含的油滴。拟回收直径为 $200\mu m$ 以上的油滴。槽的宽度为 4.5m，深度为 0.8m。在出口端，除油后的水可不断从下部排出，而汇聚成层的油则从顶部移去。油的密度为 $870 kg \cdot m^{-3}$，水温为 20℃。若每分钟处理废水 $20 m^3$，求所需槽的长度 L。

[答：$L \geqslant 26.6 m$]

3-7 过滤含 20%（质量分数）固相的水悬浮液，得到 $15 m^3$ 滤液。滤渣内含有 30% 水分。求所得干滤渣的量。

[答：4200kg]

3-8 用一台 BMS50/810-25 型板框压滤机过滤某悬浮液，悬浮液中固相质量分数为 0.139，固相密度为 $2200 kg \cdot m^{-3}$，液相为水。每一立方米滤饼中含 500kg 水，其余全为固相。已知操作条件下的过滤常数 $K=2.72 \times 10^{-5} m^2 \cdot s^{-1}$，$q_e = 3.45 \times 10^{-3} m^3 \cdot m^{-2}$。滤框尺寸为 810mm×25mm，共 38 个框。试求：(1) 过滤至滤框内全部充满滤渣所需的时间及所得滤液体积；(2) 过滤完毕用 $0.8 m^3$ 清水洗涤滤饼，求洗涤时间。洗水温度及表压与滤浆的相同。

[答：(1) 4.04min，$3.88 m^3$；(2) 6.38min]

本章关键词中英文对照

非均相混合物/heterogeneous mixture
沉降/sedimentation
沉降室/settling chamber
沉降槽/settling tank
沉降时间/settling time
沉降速度/settling velocity
自由沉降/free settling
重力沉降/gravitational settling

重力场作用下的运动/motion under gravity
旋风分离器/cyclone separator
离心力场作用下的运动/motion in a centrifugal field
切向速度/tangential velocity
过滤/filtration
过滤介质/filter medium
过滤介质阻力/filter medium resistance

滤浆/slurry
滤液/filtrate
滤饼/filter cake
滤饼阻力/cake resistance
过滤面积/filter area
过滤常数/filtration constant
过滤方程/filtration equation
恒压过滤/constant-pressure filtration
恒速过滤/constant-rate filtration
球形度/sphericity

孔道的当量直径/equivalent channel diameter
悬浮物/suspensions
空隙/void volume
洗涤/washing
停留时间/residence time
压滤机/pressure filter or presses filter
板框压滤机/plate-and-frame-press filter
转鼓/rotary drum
水平刮刀/horizontal knife

第 4 章
传 热

 本章学习要求

一、重点掌握
- 一维稳态导热的傅里叶定律、平板及圆筒壁的导热计算;
- 对流传热的牛顿冷却定律、对流传热系数关联式;
- Nu、Re、Pr 等特征数的物理意义及计算;
- 传热计算,总传热系数、对数平均温差、热阻、总传热面积等;
- 强化传热的原理与方法。

二、熟悉内容
- 对流传热系数经验式的实验确定方法;
- 液体沸腾、蒸汽冷凝传热原理及其计算;
- 辐射传热的斯蒂芬-玻尔兹曼定律及其计算;
- 列管换热器、板式换热器、热管的结构与设计。

三、了解内容
- 新型强化传热、绝热保温材料及技术;
- 各种常用换热器的结构特点及应用。

传热即热量传递。随便走进一家化工厂,厂区内都是热烘烘的,化学反应几乎没有在常温下进行的。反应物料需要加热,反应产物需要冷却储存起来,或送到下一工段再反应。炼油厂的某个精馏塔,一般原料液需要加热到沸点或加热成为饱和蒸气原料,塔釜也要加热。经过精馏所得产品,又需要冷却储存起来。化肥厂的化肥颗粒,需要用热空气来干燥。化工厂的热源主要来自于水蒸气。厂区纵横交错的红色蒸汽管道,涉及蒸汽管道的保温,这也是传热问题。

如果要加热某种原料液,希望传热速率快一点,那么传热设备的体积小一些。如果某设备需要保温,或蒸汽管道需要保温,就希望传热速率慢一点。传热速率又成为化工传热研究的重点。传热这一章,主要讨论传热速率。

从传热机理来讲,传热又有三种方式,即热传导、对流传热、热辐射。本章将对此三种传热方式展开论述。

4.1 换热器类型及传热平衡方程

传热基本定律

4.1.1 换热器类型

(1) 直接混合式 将热流体与冷流体直接混合的一种传热方式,如图4-1所示。

(2) 蓄热式 先将热流体的热量储存在热载体上,然后由热载体将热量传递给冷流体,即蓄热式换热器(蓄热室),如图4-2所示。炼焦炉中煤气燃烧系统就是采用蓄热式换热。

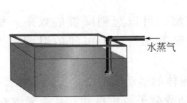

图4-1 直接混合式传热示意图

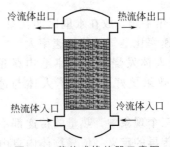

图4-2 蓄热式换热器示意图

(3) 间壁式 热流体通过间壁将热量传递给冷流体,化工中应用极为广泛。有夹套式换热器、蛇管式换热器、套管式换热器、列管式换热器及板式换热器,如图4-3所示。

4.1.2 传热平衡方程

以某换热器为衡算对象,列出稳定传热时的热量衡算方程,如图4-4所示。

$$q_{m,c}c_{p,c}(t_1-0)+q_{m,h}c_{p,h}(T_1-0)=q_{m,c}c_{p,c}(t_2-0)+q_{m,h}c_{p,h}(T_2-0)$$

$$q_{m,h}c_{p,h}(T_1-T_2)=q_{m,c}c_{p,c}(t_2-t_1) \tag{4-1}$$

式中,$q_{m,h}$、$q_{m,c}$ 分别为热、冷流体的质量流速,$kg \cdot s^{-1}$;$c_{p,h}$、$c_{p,c}$ 分别为热、冷流体的定压比热容,$J \cdot kg^{-1} \cdot K^{-1}$;$T_1$、$T_2$ 分别为热流体的进、出口温度,K;t_1、t_2 分别为冷流体的进、出口温度,K。

式(4-1)即贯穿传热过程始终的热平衡方程。

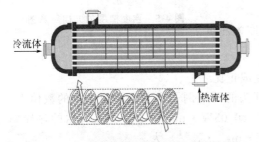

图4-3 间壁式换热器——列管式换热器

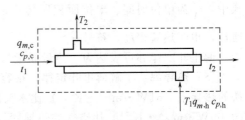

图4-4 传热平衡方程推导

4.2 热传导

4.2.1 傅里叶定律

(1) 背景问题 先讨论三个现象。

① 冬天,铁凳与木凳温度一样,但人们坐在铁凳上要比坐在木凳上感觉冷得多,这是为什么?因为,人体的热量向凳子传递,由于铁比木头传热速度快得多,使人体表面散热快,而体内向表面补充热量又跟不上,所以感觉凉。此题说明同样是固体,材质不同,传热速率是不同的。

② 一杯热牛奶,放在水里比摆在桌子上要冷得快,为什么?这也是传热速率问题。说明水的传热速率比空气的传热速率大。

③ 一般人体发烧时,用凉毛巾敷前额或腋窝,可以起到降温的效果。如果用冰袋敷,则降温效果更好。说明了人体与冰袋间的温差比与凉毛巾间的温度更大,传热速率更快。

在上述三个现象中,热量的传递都不是通过流体的运动实现的。实质是热传导问题。

(2) 热传导的定义 依靠物体内自由电子运动或分子原位振动,从而导致热量的传递,即热传导。

(3) 热传导遵循傅里叶定律 一个经验性定律。实践证明,单位时间内的传热量 Q 与垂直于热流方向的导热截面面积 A 和温度梯度 $\dfrac{\mathrm{d}t}{\mathrm{d}x}$ 成正比。即

$$Q = -\lambda A \frac{\mathrm{d}t}{\mathrm{d}x} \tag{4-2a}$$

式中,Q 为传热速率,W;A 为导热面积,m^2;λ 为比例系数,称为热导率,W·m^{-1}·K^{-1};$\dfrac{\mathrm{d}t}{\mathrm{d}x}$ 为温度梯度,它是个矢量,其方向是沿温度梯度增加的正方向。

式(4-2a)即为傅里叶定律表达式。

(4) 负号含义 如图 4-5 所示,热流方向与温度梯度 $\left(\dfrac{\mathrm{d}t}{\mathrm{d}x}\right)$ 的方向正好相反。Q 是正值,而 $\dfrac{\mathrm{d}t}{\mathrm{d}x}$ 是负值,加上负号,使式(4-2a)成立。改写式(4-2a)得

$$\frac{Q}{A} = -\lambda \frac{\mathrm{d}t}{\mathrm{d}x} \tag{4-2b}$$

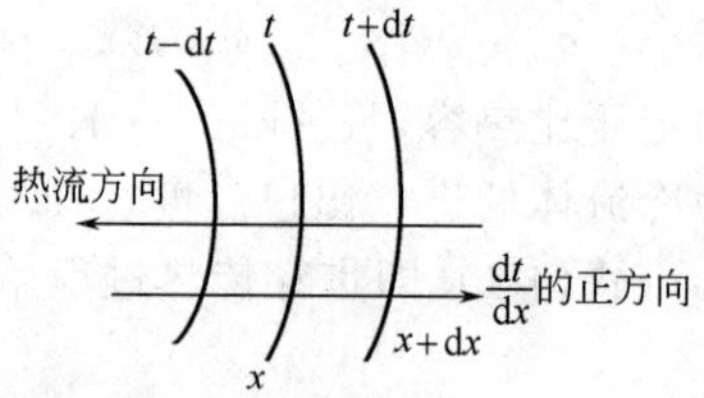

图 4-5 温度梯度的方向示意图

式中,$\dfrac{Q}{A}$ 为单位时间、单位面积所传递的热量,称为热量通量,也叫热流密度,符号 q。

傅里叶定律亦可表达为:热量通量与温度梯度成正比。

(5) 热导率 了解傅里叶定律,很容易解释开头的两个例子,主要差别在 λ 的数值上。铁的热导率(61W·m^{-1}·K^{-1})比木头的热导率(0.05W·m^{-1}·K^{-1})大。水的热导率(0.06W·m^{-1}·K^{-1})比空气的热导率(0.024W·m^{-1}·K^{-1})大。

热导率 λ 是物质的属性之一，可用实验方法测定。一般来讲，固体的 λ 大于液体的 λ，液体的 λ 大于气体的 λ（可用分子间距离来解释）。但绝热材料（如石棉等）的 λ 较小，则属例外。表 4-1 中列出了各类物质热导率的大致范围。

表 4-1　各类物质热导率的大致范围

物质种类	λ 数值范围/$W \cdot m^{-1} \cdot K^{-1}$	常用物质的 λ 值/$W \cdot m^{-1} \cdot K^{-1}$
纯金属	20~400	(20℃)银 427，铜 398，铝 236，铁 81
合金	10~130	(20℃)黄铜 110，碳钢 45，灰铸铁 40，不锈钢 15
建筑材料	0.2~2.0	(20~30℃)普通砖 0.7，耐火砖 1.0，水泥 0.30，混凝土 1.5
液体	0.1~0.7	(20℃)水 0.6，甘油 0.28，乙醇 0.172，60%甘油 0.38，60%乙醇 0.3
绝热材料	0.02~0.2	(20~30℃)保温砖 0.15，石棉粉（密度为 500kg $\cdot$ m^{-3}）0.16，矿渣棉 0.06
气体	0.01~0.6	(0℃，常压)氢 0.163，空气 0.0244，CO_2 0.0137，甲烷 0.03，乙烷 0.018

● 科学家小传 ●

傅里叶（Fourier Jean Baptiste Joseph，1768—1830）是法国数学家，物理学家，1768 年 3 月 21 日生于法国欧塞尔（Auxevre），因研究热传导理论闻名于世。

9 岁父母双亡，被当地教堂收养。12 岁由一主教送入地方军事学校读书。17 岁（1785）回乡教数学。1794 年到巴黎，成为高等师范学校的首批教员，次年到巴黎综合工科学校执教，1797 年他继任 Lagrange 任分析与力学教授。1798 年随拿破仑远征埃及时，任军中文书和埃及研究院秘书。1801 年回国，1817 年当选为科学院院士，1822 年任该院终身秘书。后又任法兰西学院终身秘书和理工科大学校务委员会主席。1807 年向巴黎科学院呈交"热的传播"论文，推导出著名的热传导方程。并在求解该方程时发现，解函数可以由三角函数构成的级数形式表示，从而提出任一函数都可以展成三角函数的无穷级数。1822 年在代表作"热的分析理论"中解决了热在非均匀加热的固体中分布传播的问题，成为分析学在物理中应用的最早例证之一，对 19 世纪数学和理论物理学的发展产生深远影响。傅里叶级数（即三角级数）、傅里叶分析等理论均由此创始。

4.2.2　平壁稳定热传导与热导率的测定

工业炉平壁保温层以及建筑围护结构内的传热过程都可视为平壁热传导。考虑如图 4-6 所示的平壁，其宽度、高度都远大于厚度 b，假设平壁两侧表面温度保持均匀，分别为 t_1 和 t_2。若 t_1 和 t_2 不再随时间变化，则达到了稳定传热。当 x 沿厚度方向由 $0 \to x_1$ 时，则 t 由 $t_1 \to t_2$，这时积分式(4-2a) 得：

$$Q \int_0^{x_1} dx = -\lambda_1 A \int_{t_1}^{t_2} dt \quad (A \text{ 是常数})$$

则

$$Q = \frac{t_1 - t_2}{\dfrac{b_1}{\lambda_1 A}} \quad (4\text{-}3a)$$

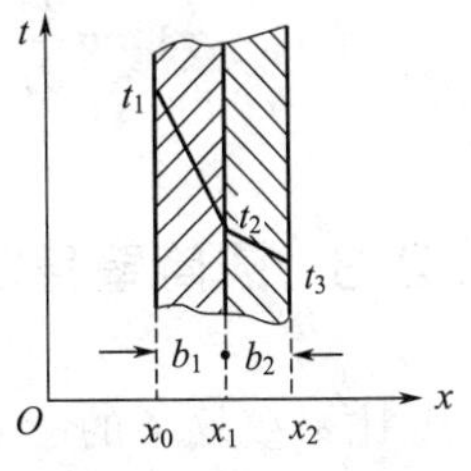

图 4-6　平壁导热示意图

同理得
$$Q = \frac{t_2 - t_3}{\dfrac{b_2}{\lambda_2 A}} \tag{4-3b}$$

式中，Q 为传热速率，W；$t_1 - t_2$，$t_2 - t_3$ 为热推动力，K；$\dfrac{b_1}{\lambda_1 A}$，$\dfrac{b_2}{\lambda_2 A}$ 为热阻力，$W^{-1} \cdot K$。

$$传热速率 = \frac{热推动力}{热阻力} \tag{4-4}$$

利用数学中的比例定律，若 $\dfrac{a}{b} = \dfrac{c}{d}$，则 $\dfrac{a}{b} = \dfrac{a+c}{b+d}$，由式(4-3a) 和式(4-3b) 得

$$Q = \frac{(t_1 - t_2) + (t_2 - t_3)}{\dfrac{b_1}{\lambda_1 A} + \dfrac{b_2}{\lambda_2 A}}$$

若为三层平壁热传导，如图 4-7 所示，则为

$$Q = \frac{(t_1 - t_2) + (t_2 - t_3) + (t_3 - t_4)}{\dfrac{1}{A}\left(\dfrac{b_1}{\lambda_1} + \dfrac{b_2}{\lambda_2} + \dfrac{b_3}{\lambda_3}\right)}$$

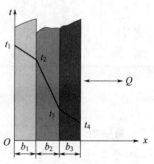

图 4-7 多层平壁的稳态热传导

所以 n 层平壁热传导的公式为

$$Q = \frac{\sum\limits_{i=1}^{n}(t_i - t_{i+1})}{\dfrac{1}{A}\sum\limits_{i=1}^{n}\dfrac{b_i}{\lambda_i}} \tag{4-5}$$

例 4-1 用比较法测定材料热导率的装置如图 4-8 所示。标准试件（石棉）厚 $\delta_1 = 16mm$，热导率为 $\lambda_1 = 0.151 W \cdot m^{-1} \cdot K^{-1}$。待测试件为厚度 $\delta_2 = 16mm$ 的玻璃板，试验达到稳定后，测得各壁面温度 $t_1 = 47.5℃$，$t_2 = 23℃$，$t_3 = 18℃$，求玻璃板的热导率。

解 热流强度为

$$Q = \frac{t_1 - t_2}{\dfrac{\delta_1}{\lambda_1 A}} = \frac{t_2 - t_3}{\dfrac{\delta_2}{\lambda_2 A}}$$

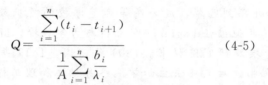

图 4-8 比较法测定材料热导率的装置

则玻璃板的热导率为

$$\lambda_2 = \frac{\delta_2}{\delta_1} \times \frac{t_1 - t_2}{t_2 - t_3} \lambda_1 = 1 \times \frac{47.5 - 23}{23 - 18} \times 0.151 = 0.74 W \cdot m^{-1} \cdot K^{-1}$$

4.2.3 圆筒壁稳定热传导计算

比平壁复杂的一点在于，传热面积 A 是个变量。

今有一长为 L，内径为 r_1，内壁温度为 t_1，外半径为 r_2，外壁温度为 t_2 的圆筒，导出

其传热速率（Q）的表达式。

如图 4-9 所示，在圆筒中取一半径为 r，长为 L 的等温度圆筒面。则根据傅里叶定律式(4-2)，其传热速率为

$$Q\int_{r_1}^{r_2}\frac{dr}{r}=-\lambda(2\pi L)\int_{t_1}^{t_2}dt$$

$$\ln\frac{r_2}{r_1}=\frac{-2\pi L\lambda}{Q}(t_2-t_1)$$

则

$$Q=\frac{2\pi L(t_1-t_2)}{\frac{1}{\lambda}\ln\frac{r_2}{r_1}} \quad (4\text{-}6a)$$

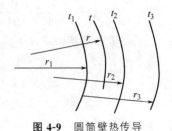

图 4-9　圆筒壁热传导示意图

同理，对第二层，可以得到

$$Q=\frac{2\pi L(t_2-t_3)}{\frac{1}{\lambda_2}\ln\frac{r_3}{r_2}}$$

则

$$Q=\frac{2\pi L(t_1-t_2)}{\frac{1}{\lambda_1}\ln\frac{r_2}{r_1}}=\frac{2\pi L(t_2-t_3)}{\frac{1}{\lambda_2}\ln\frac{r_3}{r_2}}$$

利用数学中的比例定律得

$$Q=\frac{2\pi L(t_1-t_2)+2\pi L(t_2-t_3)}{\frac{1}{\lambda_1}\ln\frac{r_2}{r_1}+\frac{1}{\lambda_2}\ln\frac{r_3}{r_2}} \quad (4\text{-}6b)$$

推广到 n 层圆筒的传热速率公式为

$$Q=\frac{2\pi L\sum_{i=1}^{n}(t_i-t_{i+1})}{\sum_{i=1}^{n}\frac{1}{\lambda_i}\ln\frac{r_{i+1}}{r_i}} \quad (4\text{-}6c)$$

例 4-2　在 $\phi 60mm\times 3.5mm$ 的钢管外包有两层绝热材料，里层为 40mm 的氧化镁粉，平均热导率 $\lambda=0.07 W\cdot m^{-1}\cdot K^{-1}$，外层为 20mm 的石棉层，其平均热导率 $\lambda=0.15 W\cdot m^{-1}\cdot K^{-1}$。现用热电偶测得管内壁的温度为 500℃，最外层表面温度为 80℃，管壁的热导率 $\lambda=45 W\cdot m^{-1}\cdot K^{-1}$。试求每米管长的热损失及保温层界面的温度。

解　(1) 每米管长的热损失

$$q_1=\frac{2\pi(t_1-t_4)}{\frac{1}{\lambda_1}\ln\frac{r_2}{r_1}+\frac{1}{\lambda_2}\ln\frac{r_3}{r_2}+\frac{1}{\lambda_3}\ln\frac{r_4}{r_3}}$$

此处

$$r_1=\frac{0.060-2\times 0.0035}{2}=0.0265m$$

$$r_2=0.0265+0.0035=0.03m$$

$$r_3=0.03+0.04=0.07m$$

$$r_4=0.07+0.02=0.09m$$

$$q_1 = \frac{2 \times 3.14 \times (500-80)}{\frac{1}{45}\ln\frac{0.03}{0.0265} + \frac{1}{0.07}\ln\frac{0.07}{0.03} + \frac{1}{0.15}\ln\frac{0.09}{0.07}} = 191 \text{W} \cdot \text{m}^{-1}$$

(2) 保温层界面温度 t_3

$$q_1 = \frac{2\pi(t_1 - t_3)}{\frac{1}{\lambda_1}\ln\frac{r_2}{r_1} + \frac{1}{\lambda_2}\ln\frac{r_3}{r_2}}$$

则

$$191 = \frac{2 \times 3.14 \times (500 - t_3)}{\frac{1}{45}\ln\frac{0.03}{0.0265} + \frac{1}{0.07}\ln\frac{0.07}{0.03}}$$

解得
$$t_3 = 132℃$$

4.3 对流传热

4.3.1 牛顿冷却定律

(1) 背景问题 人们坐在教室里，手脸都不感觉冷，如果开启电扇，扇起风来，就感觉冷了，这是为什么？因为室内空气流速加大，空气将人体表面的热量带走的速率加大，人体内部热量补充不上，所以感觉冷。一杯热牛奶，用均匀搅拌比不搅拌要凉得快，边搅拌边吹风，则凉得更快。前者利用牛奶对流，后者再加上空气对流。

(2) 对流传热的定义 空气的流速加大，可加快热量的传递，这是一种什么形式的热量传递呢？这里定义为对流传热。

对流传热的定义是，通过流体内质点的定向流动和混合而导致热量的传递。

对流传热服从牛顿冷却定律，也称牛顿传热定律。

(3) 牛顿冷却定律 先讨论一下对流传热的机理。如图 4-10 所示。固体壁面温度为 t_w（高温端），流体湍流主体的温度为 t。

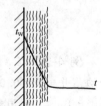

图 4-10 对流传热机理

在固体壁面存在层流层，然后是过渡层，再是湍流层。在层流层，热量靠热传导的方式传递，在过渡层和湍流层，热量靠分子的流动和混合来传递。直接按热传导的方式处理，显然不行，因为湍流层不能按导热处理。于是人们尝试，虚拟一个传热边界层 δ，使得层流、过渡流、湍流的全部传热阻力集中在 δ 内。于是可以按平壁导热处理得

$$Q = \frac{t_w - t}{\frac{\delta}{\lambda A}} \tag{4-7}$$

由于式(4-7)中的传热边界层 δ 是难以测定的，所以仍无法进行计算。于是令 $\frac{\lambda}{\delta_t} = \alpha$，则式(4-7)为

$$Q = \alpha A(t_w - t) \tag{4-8}$$

式中，α 为比例系数，亦称对流传热系数。

式(4-8)即为牛顿冷却定律的数学表达式。就是：固体壁面对流体的对流传热速率(Q)，与壁面积成正比，与壁面和流体间的温度差(t_w-t)成正比。

(4) α 的单位 因为

$$\alpha=\frac{Q}{A(t_w-t)} \tag{4-9}$$

所以 α 的单位为 $W\cdot m^{-2}\cdot K^{-1}$，而热导率 λ 的单位是 $W\cdot m^{-1}\cdot K^{-1}$。

(5) 对流传热系数 α 与流动阻力摩擦因数 λ 的比拟 下面的关键，就是如何求 α 了。回忆一下，此种处理方法，与求导管流动阻力的方法是完全类似的。当时导出流动阻力为

$$h_f=\frac{4l}{d\rho g}\tau \tag{4-10}$$

由于式中的剪应力(τ)无法求得，于是改写上式为

$$h_f=8\left(\frac{\tau}{\rho u^2}\right)\left(\frac{l}{d}\right)\left(\frac{u^2}{2g}\right) \tag{4-11}$$

令 $\lambda=\frac{8\tau}{\rho u^2}$ 得

$$h_f=\lambda\frac{l}{d}\times\frac{u^2}{2g} \tag{4-12}$$

然后把精力集中在求阻力的摩擦因数 λ 上。对流传热的计算，则集中在对流传热系数 α 的计算上。

4.3.2 流体无相变时对流传热系数计算

α 与许多因素有关，α 的求取十分复杂，目前主要通过量纲分析法，在大量实验的基础上，得到一些经验的、应用范围受限制的特征数关联式。在第1章中已经详细介绍过量纲分析法。下面列出的式子，也是实验数据归纳的。

(1) 圆管内湍流对流传热系数 α 用如下（Dittus-Boelter，迪图斯·贝尔特）公式表示。
低黏度流体（大约低于两倍常温下水的黏度 $\mu\leqslant 2\mu_{水}$）

$$\alpha=0.023\frac{\lambda}{d}\left(\frac{du\rho}{\mu}\right)^{0.8}\left(\frac{c_p\mu}{\lambda}\right)^n \tag{4-13a}$$

当流体被加热时，$n=0.4$；流体被冷却时，$n=0.3$。
高黏度流体

$$\alpha=0.027\frac{\lambda}{d}\left(\frac{du\rho}{\mu}\right)^{0.8}\left(\frac{c_p\mu}{\lambda}\right)^{0.33}\left(\frac{\mu}{\mu_w}\right)^{0.14} \tag{4-13b}$$

其中，若流体为气体，则 $\left(\frac{\mu}{\mu_w}\right)^{0.14}=1.0$

流体被加热，则 $\left(\frac{\mu}{\mu_w}\right)^{0.14}=1.05$

流体被冷却，则 $\left(\frac{\mu}{\mu_w}\right)^{0.14}=0.95$

式中，λ 为流体的热导率，$W\cdot m^{-1}\cdot K^{-1}$；$\mu$ 为流体的黏度，$Pa\cdot s$；c_p 为流体的比热容，$J\cdot kg^{-1}\cdot K^{-1}$；$\rho$ 为流体的密度，$kg\cdot m^{-3}$；u 为流体在管内的流速，$m\cdot s^{-1}$；d 为定形

尺寸,此处为管径,m;α为对流传热系数,W·m^{-2}·K^{-1};μ_w为取管壁温度时的流体黏度,Pa·s。

以上得出的无量纲特征数:$du\rho/\mu$即为雷诺数Re,表示惯性力与黏性力之比的一种度量,是判断流体流动型态的指标;$c_p\mu/\lambda$为普朗特数Pr,表示动量扩散厚度与热量扩散厚度之比的一种度量;$\alpha d/\lambda$为努赛尔数Nu,表示对流换热强烈程度,又表示流体层流底层的导热阻力与对流传热阻力的比例。

圆形直管内强制湍流对流传热系数计算关联式(4-13a)的应用条件是:①流体与壁面具有中等以下温度差的场合(对于气体不超过50℃,对水不超过20～30℃,对油类不超过10℃);②Nu、Re数中特性尺寸l取管内径d;③式中定性温度取流体进、出口温度的算术平均值;④$Re=10^4\sim 1.2\times 10^5$,$Pr=0.7\sim 120$,$l/d\geqslant 60$,表示平均表面传热系数不受入口段的影响。

(2) 圆管内过渡流时的对流传热系数 先利用湍流时的公式(4-13a)和式(4-13b)计算出α之后,再乘以校正系数f。

$$f=\left(1-\frac{6\times 10^5}{Re^{1.8}}\right) \tag{4-13c}$$

4.3.3 流体有相变时对流传热系数的计算

(1) 蒸气冷凝时的对流传热

蒸气在低于其饱和温度的壁面上变成液体同时放出相变热(潜热),并把相变热传递给壁面的热交换过程,称为冷凝传热过程。从宏观上讲,冷凝过程分为膜状冷凝和滴状冷凝两类。

当冷凝液能润湿壁面时,在壁面上形成一层连续的液膜;蒸气在液膜表面冷凝,即所谓的膜状冷凝。此时,冷凝放出的潜热必须通过这层液膜才能传给壁面,因此液膜是冷凝传热的热阻所在。若冷凝液借重力沿壁下流,则液膜越往下越厚,给热系数随之越小。是否形成膜状冷凝主要取决于表面张力和对壁面的附着力这两者的关系。若附着力大于表面张力,则会形成膜状冷凝,否则会形成滴状冷凝。

若冷凝液不能润湿壁面,冷凝液以液滴形态附着在壁面上。当液滴增长到一定尺寸后,沿壁面滚落或滴下,露出无液滴的壁面,供继续冷凝。这就是滴状冷凝。

通常滴状冷凝时蒸气不必通过液膜传热,可直接在传热面上冷凝,其对流传热系数比膜状冷凝的对流传热系数大5～10倍。但滴状冷凝难于控制,因此工业上冷凝器的设计大多是按膜状冷凝考虑。

当蒸气在水平管外冷凝时,其对流传热系数可用下式计算:

$$\alpha=0.725\left(\frac{\rho^2 g\lambda^3 r}{n^{2/3}\mu d_o \Delta t}\right)^{1/4} \tag{4-14a}$$

式中,r为比汽化热,取饱和温度t_s下的数值,J·kg^{-1};ρ为冷凝液的密度,kg·m^{-3};λ为冷凝液的热导率,W·m^{-1}·K^{-1};μ为冷凝液的黏度,Pa·s;Δt为饱和温度t_s与壁面温度t_w之差;n为水平管束在垂直列上的管子数,若为单根水平管,则$n=1$;定性温度取膜温,即$t=(t_s+t_w)/2$,特征尺寸取管外径d_o。

如蒸汽在垂直管外(或板上)冷凝,液膜从层流状态从顶端向下流,逐渐变厚,局部对流传热系数减小。若壁面足够高且冷凝量足够大,则壁面的下部冷凝液膜会变为湍流流动,此时局部对流传热系数反而会增大。具体的对流传热系数计算式为

$$\alpha = \begin{cases} 1.13\left(\dfrac{\rho^2 g \lambda^3 r}{\mu l \Delta t}\right)^{1/4}, & Re < 1800(\text{层流}) \\ 0.0077\left(\dfrac{\rho^2 g \lambda^3 r}{\mu^2}\right)^{1/3}, & Re > 1800(\text{湍流}) \end{cases} \quad (4\text{-}14\text{b})$$

$$Re = \frac{4\alpha l \Delta t}{r \mu} \quad (4\text{-}14\text{c})$$

式中，特征尺寸 l 取垂直管长或板高。定性温度及其余各量同式（4-14a）。在计算 α 时，应该先假设液膜的流型，求出 α 值后用式（4-14c）计算冷凝液的液膜沿壁面流动的 Re，看是否在所假设的流型范围内。需要注意的是，湍流时的 α 值是包括层流区域在内的沿整个高度的平均 α 值。

(2) 液体沸腾时的对流传热

根据不同的分类方法，沸腾可以分为如表 4-2 所示的几种情况。

表 4-2　沸腾的分类

分类方法	沸腾名称	定义	举例
按流动动力分	大容器(或池内)沸腾	加热壁面沉浸在有自由表面液体中所发生的沸腾。	铝锅烧水、反应釜内沸腾
	强制对流沸腾	液体在外力的作用下，以一定的流速流过壁面时所发生的沸腾换热。	冰箱的蒸发器、自然循环锅炉蒸发受热面传热管路
从主体温度分	过冷沸腾	液体的主体温度低于相应压力下饱和温度时的沸腾换热。	液氮、液氧等低温流体在输送过程中一类易发生
	饱和沸腾	液体的主体温度等于相应压力下饱和温度时的沸腾换热。	烧开水

本书主要讨论大容器内的饱和沸腾。它的主要特征是在加热壁面的液体内部不断有气泡生成、长大、脱离和浮到表面。图 4-11 显示了常压下水饱和池沸腾时壁面热流密度 q 随壁面过热度 $\Delta T(t_w - t_s)$ 的变化曲线，该曲线称为沸腾曲线。

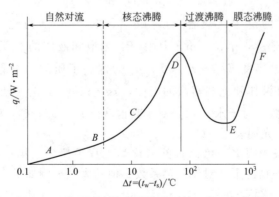

图 4-11　常压下水饱和池沸腾时的 q 与 ΔT 关系

随着 ΔT 的增大，可将沸腾过程分为四个部分。

自然对流区（A-B 段）：在 A 点之前，沸腾处于自然对流阶段。此时的 ΔT 较小，还未产生气泡（或是只有少量气泡，且这些气泡不能脱离壁面）。此时的换热主要是由加热壁面附近的液体工质与工质主体之间的温差引起的自然对流，表面汽化是相变的主要存在形式。

核态沸腾区（Nucleate Boiling）（B-D 段）：随着过热度的不断增大，液体工质的主体温度不断升高，在 B 点时，加热面上开始产生气泡，并脱离壁面。在 B-C 段，气泡刚开始形成，且气泡数量较少。由汽化核心产生的是离散气泡，互相之间没有影响。随着过热度的继续增大，汽化核心的数量不断增多，形成的气泡也越来越多。在 C-D 段，气泡之间互相影响，部分相邻的气泡之间开始合并长大，形成气柱或气块。B-D 段统称为核态沸腾区。在这个阶段，存在的浮力使气泡上升，最后上升至液体工质的自由表面。生成的大量气泡会剧烈的扰动液体工质，并且气泡的脱离过程也使得周围的液体回流至加热壁面，这些影响都增强了沸腾换热。

过渡沸腾区（D-E 段）：随着过热度的进一步增加，汽化核心越来越多，气泡的生成和脱离速度也越来越快。此过程中，气泡的生成速度比其脱离速度更快。加热面上会因为气泡的聚集而形成一层汽膜，且此时的液体工质无法迅速的润湿加热壁面。因为气体的传热性能差，且形成的汽膜很不稳定，加热表面会出现液体和蒸汽交替覆盖的情况。因此，此阶段（D-E 段）可视为核态沸腾和膜态沸腾共存的过渡态。由核态沸腾转变为过渡沸腾的转变点称为**临界点**（D 点），与该点对应的热流密度称为**临界热流密度**（critical heat flux，CHF）。

膜态沸腾区（Film Boiling）（**E-F 段**）：随过热度的持续升高，气泡的生成和脱离速度趋向于平衡，生成的气泡聚结在一起，热壁面上会形成一层稳定的蒸汽膜。主要通过汽膜内部的内部辐射来传热。位于过渡沸腾和稳定膜态沸腾区之间的热流密度最低点（E 点）称为莱登佛罗斯特（Leidenfrost）点。

在核态沸腾区时，过热度小，热流密度大，沸腾换热效果好，因此成为工业设计中常应用的区间。但由于影响核态沸腾的因素很多，虽然有很多关联式，但计算结果相差较大，至今仍无可靠的通用关系式。

对于水，当压强 p 在 $10^5 \sim 4 \times 10^6$ Pa 的区间时，可以使用的大容器饱和沸腾计算式为：

$$\alpha = 0.1224 \Delta t^{2.33} p^{0.5} \tag{4-15a}$$

基于核态沸腾换热主要是汽泡高度扰动的强制对流换热的设想，Rohsenow 还推荐以下适用性广的关联式：

$$\frac{c_{pl} \Delta t}{r Pr_l^s} = C_{wl} \left[\frac{q}{\mu_l r} \sqrt{\frac{\sigma}{g(\rho_l - \rho_v)}} \right]^{0.33} \tag{4-15b}$$

式中，c_{pl} 为饱和液体的定压比热容，$J \cdot kg^{-1} \cdot K^{-1}$；$h_{fg}$ 为池沸腾工质的汽化潜热，$J \cdot kg^{-1}$；g 为重力加速度，单位：$m \cdot s^{-2}$；P_{rl} 为饱和液体的普朗特数；q 为热流密度，$W \cdot m^{-2}$；Δt 为壁面过热度（$t_w - t_s$），℃；μ_l 为饱和工质的动力黏度，$kg \cdot m^{-1} \cdot s^{-1}$；$\rho_l$，$\rho_v$ 分别相应于饱和液体和饱和蒸汽的密度，$kg \cdot m^{-3}$；σ 为工质气液界面的表面张力，$N \cdot m^{-1}$；s 为经验指数，对于水 $s=1$，对于其他液体 $s=1.7$；C_{sf} 为加热表面-液体组合情况的经验常数，对于抛光铜表面，$C_{sf}=0.0130$。

计算 α 的经验关联式很多。可以查阅《化学工程手册》（第三版，化学工业出版社，2019 年）第 2 卷。一般情况下，对流传热系数 α 值的大致范围如下：

空气自然对流，$5 \sim 25 W \cdot m^{-2} \cdot K^{-1}$；
空气强制对流，$30 \sim 300 W \cdot m^{-2} \cdot K^{-1}$；
水蒸气冷凝，$1000 \sim 8000 W \cdot m^{-2} \cdot K^{-1}$；
水沸腾，$1500 \sim 30000 W \cdot m^{-2} \cdot K^{-1}$。

例 4-3 一套管换热器，管套为 $\phi 89mm \times 3.5mm$ 钢管，内管为 $\phi 25mm \times 2.5mm$ 钢管，管长为 $2m$，环隙中为 $p=100kPa$ 的饱和水蒸气冷凝，冷却水在内管中流过，进口温度为 15℃，出口温度为 35℃。冷却水流速为 $0.4\text{m}\cdot\text{s}^{-1}$，试求管壁对水的对流传热系数。

解 此题为水在圆形直管内流动，定性温度 $t=\dfrac{15+35}{2}=25℃$

查得 25℃时水的物性数据（见附录）：$c_p=4179\text{J}\cdot\text{kg}^{-1}\cdot\text{K}^{-1}$，$\rho=997\text{kg}\cdot\text{m}^{-3}$，$\lambda=60.8\times10^{-2}\text{W}\cdot\text{m}^{-1}\cdot\text{K}^{-1}$，$\mu=90.27\times10^{-5}\text{Pa}\cdot\text{s}$

$$Re=\frac{du\rho}{\mu}=\frac{0.02\times0.4\times997}{90.27\times10^{-5}}=8836 \quad \text{过渡流区}$$

$$Pr=\frac{c_p\mu}{\lambda}=\frac{4179\times90.27\times10^{-5}}{60.8\times10^{-2}}=6.2, \quad \frac{l}{d}=\frac{2}{0.02}=100$$

α 可按式(4-13)计算，水被加热，$n=0.4$

校正系数 $$f=1-\frac{6\times10^5}{Re^{1.8}}=1-\frac{6\times10^5}{8836^{1.8}}=0.953$$

$$\alpha=0.023\frac{\lambda}{d}Re^{0.8}Pr^{0.4}f$$
$$=0.023\times\frac{0.608}{0.02}\times(8836)^{0.8}\times(6.2)^{0.4}\times0.953=1981\text{W}\cdot\text{m}^{-2}\cdot\text{K}^{-1}$$

例 4-4 空气以 $4\text{m}\cdot\text{s}^{-1}$ 的流速通过一 $\phi75.5\text{mm}\times3.75\text{mm}$ 的钢管，管长 20m。空气入口温度为 305K，出口温度为 341K，试计算：(1) 空气与管壁间的对流传热系数；(2) 如空气流速增加一倍，其他的条件均不变，对流传热系数又为多少？

解 此题为无相变时流体在管内作强制流动时对流传热系数，故首先判断流动类型，再选用对应关联式计算。

(1) 定性温度 $t_m=\dfrac{1}{2}\times(341+305)=323(\text{K})=50℃$

查定性温度下的空气物性：$\rho=1.093\text{kg}\cdot\text{m}^{-3}$，$c_p=1.005\text{kJ}\cdot\text{kg}^{-1}\cdot\text{K}^{-1}$，$\lambda=2.826\times10^{-2}\text{W}\cdot\text{m}^{-1}\cdot\text{K}^{-1}$，$\mu=1.96\times10^{-5}\text{Pa}\cdot\text{s}$，$Pr=0.698$，$d=(75.5-3.75\times2)\text{mm}=68\text{mm}=0.068\text{m}$，$u=4\text{m}\cdot\text{s}^{-1}$，则

$$Re=\frac{du\rho}{\mu}=\frac{0.068\times4\times1.093}{1.96\times10^{-5}}=1.517\times10^4\;(>10^4)$$

空气为低黏度流体，对流传热系数为

$$\alpha=0.023\frac{\lambda}{d}Re^{0.8}Pr^n=0.023\frac{\lambda}{d}\left(\frac{du\rho}{\mu}\right)^{0.8}Pr^{0.4}$$
$$=0.023\times\frac{2.826\times10^{-2}}{0.068}\times(1.517\times10^4)^{0.8}\times(0.698)^{0.4}=18.31\text{W}\cdot\text{m}^{-2}\cdot\text{K}^{-1}$$

校核 $$\frac{l}{d}=\frac{20}{0.068}=294\;(>60)$$

故 $$\alpha=18.31\text{W}\cdot\text{m}^{-2}\cdot\text{K}^{-1}$$

(2) 当物性及设备不改变，仅改变流速，根据上述计算式知

$$\alpha\propto u^{0.8}$$
$$u'=2u=2\times4=8\;(\text{m}\cdot\text{s}^{-1})$$

则 $$\alpha'=\alpha\left(\frac{u'}{u}\right)^{0.8}=2^{0.8}\times18.31=31.88\;(\text{W}\cdot\text{m}^{-2}\cdot\text{K}^{-1})$$

4.4 综合传热计算

4.4.1 导热与对流联合传热公式推导

工业上处理的物料多为易于输送的流体,当流体被加热或被冷却时,一般用另一种流体来供给热量或取走热量。这另一种流体称做加热剂或冷却剂。在大多数情况下,被加热的流体和加热剂是不允许混合的,要用间壁将它们隔开。热流体通过对流传热将热量传递给间壁。间壁之间有导热。然后间壁将热量通过对流传热传递给冷流体,这就不是单一的导热和对流传热了。这种传热设备称为换热器。如图 4-4 所示,是一个逆流套管式换热器。

下面以简单的并流套管式换热器为例,导出综合传热速率方程。确切地讲,是导出导热与对流传热的联合传热速率方程。

如图 4-12 所示,热流体走管内,冷流体走环隙通道。热、冷流体的质量流速分别为 $q_{m,h}$、$q_{m,c}$,单位是 $kg \cdot s^{-1}$,热、冷流体的定压比热容分别为 $c_{p,h}$、$c_{p,c}$,单位是 $J \cdot kg^{-1} \cdot K^{-1}$。热流体的进、出口温度分别为 T_i、T_o,冷流体的进、出口温度分别为 t_i、t_o。

在此种间壁式换热器中,热量传递要经历下列三个阶段:热流体对管内壁对流传热;管壁面间的导热;管外壁对冷流体的对流传热。单一的导热定律与对流传热定律,无法解决这个问题。另外,冷、热流体的温度差,沿轴向

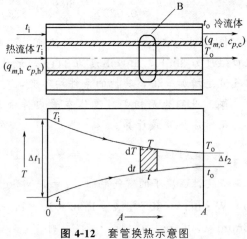

图 4-12 套管换热示意图

变化着,但对任一管截面,冷、热流体的温度差不随时间而变,所以仍然是稳定传热过程,称为稳定的变温传热。此时,传热推动力(温度差)和传热系数如何表达呢?

取内管一微元管段 B,其传热过程如图 4-13 所示。管段 B 传热面积为 $dA \, m^2$;此截面处热、冷流体的温度为 T 和 t,单位是 K;管壁温度分别为 t_{w1} 和 t_{w2},单位是 K;通过该微元段的传热速率为 dQ,单位是 W;下面列出该微元管段的传热速率方程。管壁内外的对流传热系数分别为 α_1 和 α_2,单位是 $W \cdot m^{-2} \cdot K^{-1}$;管内径、平均管径及外径分别为 d_1、d_m、d_2,单位是 m;管壁厚度为 b,单位是 m。

在管长为 dl 的微元管段,列传热速率方程如下。

热流体对内管壁的对流传热速率为

$$dQ_1 = \alpha_1 dA_1 (T - t_{w1}) = \frac{T - t_{w1}}{\dfrac{1}{\alpha_1 dA_1}} \quad (4-16)$$

管壁面间的导热速率为

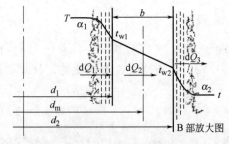

图 4-13 微元管段 B 传热示意图

$$dQ_2 = \frac{t_{w1}-t_{w2}}{\dfrac{b}{\lambda dA_m}} \tag{4-17}$$

管外壁对冷流体的对流传热速率为

$$dQ_3 = \frac{t_{w2}-t}{\dfrac{1}{\alpha_2 dA_2}} \tag{4-18}$$

因为是稳定传热，即 $dQ_1=dQ_2=dQ_3=dQ$，根据比例定律，若 $\dfrac{a}{b}=\dfrac{c}{d}$，则 $\dfrac{a}{b}=\dfrac{a+c}{b+d}$ 得

$$dQ = \frac{(T-t_{w1})+(t_{w1}-t_{w2})+(t_{w2}-t)}{\dfrac{1}{\alpha_1 dA_1}+\dfrac{b}{\lambda dA_m}+\dfrac{1}{\alpha_2 dA_2}} = \frac{T-t}{\dfrac{1}{\alpha_1 dA_1}+\dfrac{b}{\lambda dA_m}+\dfrac{1}{\alpha_2 dA_2}} \tag{4-19a}$$

则

$$\frac{dQ}{dA_1} = \frac{T-t}{\dfrac{1}{\alpha_1}+\dfrac{b}{\lambda}\times\dfrac{dA_1}{dA_m}+\dfrac{1}{\alpha_2}\times\dfrac{dA_1}{dA_2}}$$

$$\frac{dQ}{dA_2} = \frac{T-t}{\dfrac{1}{\alpha_1}\times\dfrac{dA_2}{dA_1}+\dfrac{b}{\lambda}\times\dfrac{dA_2}{dA_m}+\dfrac{1}{\alpha_2}}$$

$$\frac{dQ}{dA_m} = \frac{T-t}{\dfrac{1}{\alpha_1}\times\dfrac{dA_m}{dA_1}+\dfrac{b}{\lambda}+\dfrac{1}{\alpha_2}\times\dfrac{dA_m}{dA_2}}$$

因 $dA_1=\pi d_1(dL), dA_2=\pi d_2(dL), dA_m=\pi d_m(dL)$

则

$$\frac{dA_1}{dA_m}=\frac{d_1}{d_m}, \quad \frac{dA_1}{dA_2}=\frac{d_1}{d_2}, \quad \frac{dA_2}{dA_m}=\frac{d_2}{d_m}$$

代入上式得

$$\frac{dQ}{dA_1} = \frac{T-t}{\dfrac{1}{\alpha_1}+\dfrac{b}{\lambda}\times\dfrac{d_1}{d_m}+\dfrac{1}{\alpha_2}\times\dfrac{d_1}{d_2}} \tag{4-19b}$$

$$\frac{dQ}{dA_2} = \frac{T-t}{\dfrac{1}{\alpha_1}\times\dfrac{d_2}{d_1}+\dfrac{b}{\lambda}\times\dfrac{d_2}{d_m}+\dfrac{1}{\alpha_2}} \tag{4-19c}$$

$$\frac{dQ}{dA_m} = \frac{T-t}{\dfrac{1}{\alpha_1}\times\dfrac{d_m}{d_1}+\dfrac{b}{\lambda}+\dfrac{1}{\alpha_2}\times\dfrac{d_m}{d_2}} \tag{4-19d}$$

令

$$\frac{1}{K_1} = \frac{1}{\alpha_1}+\frac{b}{\lambda}\times\frac{d_1}{d_m}+\frac{1}{\alpha_2}\times\frac{d_1}{d_2} \tag{4-19e}$$

则式(4-19b)为

$$dQ = K_1(T-t)dA_1 \tag{4-20}$$

K_1 称为基于内表面的总传热系数，它是表示热导率与对流传热系数的综合传热指标，是以内表面为传热面积的总传热系数。

从上面推导中，K_1 只在微分管段为常数。但工程计算中，常由某定性温度的物性来确定 α_1、α_2，即将 α 看作常数，因而此处亦可将 K 看成常数。

如图 4-13 所示，对微元管段总传热系数 K 的热、冷流体列热量衡算方程如下。

热流体的放热速率为
$$dQ_1 = -q_{m,h}c_{p,h}dT$$

则
$$dT = \frac{-dQ_1}{q_{m,h}c_{p,h}} \tag{4-21}$$

式中负号表示热交换时，热流体温度 T 随换热面积 dA 增加而减少，微元管段终截面温度减去初截面温度，即 dT 为负值。

冷流体的吸热速率为
$$dQ_2 = q_{m,c}c_{p,c}dt$$

$$dt = \frac{dQ_2}{q_{m,c}c_{p,c}}$$

由于是稳定传热，所以 $dQ_1 = dQ_2 = dQ$。上面两式相减得

$$d(T-t) = -dQ\left(\frac{1}{q_{m,h}c_{p,h}} + \frac{1}{q_{m,c}c_{p,c}}\right) \tag{4-22}$$

在图 4-12 中，对热、冷流体作总的热量衡算得

$$Q = q_{m,h}c_{p,h}(T_i - T_o)$$

则
$$\frac{1}{q_{m,h}c_{p,h}} = \frac{T_i - T_o}{Q} \tag{4-23a}$$

由
$$Q = q_{m,c}c_{p,c}(t_o - t_i)$$

则
$$\frac{1}{q_{m,c}c_{p,c}} = \frac{t_o - t_i}{Q} \tag{4-23b}$$

将式(4-23a)、式(4-23b) 和式(4-20) 代入式(4-22) 得

$$d(T-t) = -K_1(T-t)dA_1\left(\frac{T_i - T_o}{Q} + \frac{t_o - t_i}{Q}\right)$$

则
$$\frac{-d(T-t)}{T-t} = K_1\left(\frac{T_i - T_o}{Q} + \frac{t_o - t_i}{Q}\right)dA_1 = \frac{K_1}{Q}[(T_i - t_i) - (T_o - t_o)]dA_1$$

积分上式，积分限为：
当 $A_1 = 0$ 时 $\quad T - t = T_i - t_i$
当 $A_1 = A_1$ 时 $\quad T - t = T_o - t_o$

则
$$-\int_{T_i - t_i}^{T_o - t_o} \frac{d(T-t)}{T-t} = \frac{K_1}{Q}[(T_i - t_i) - (T_o - t_o)]\int_0^{A_1} dA_1$$

由数学积分表知 $\int \frac{dx}{x} = \ln x$，所以

$$\ln\frac{T_i - t_i}{T_o - t_o} = \frac{K_1 A_1}{Q}[(T_i - t_i) - (T_o - t_o)]$$

则
$$Q = K_1 A_1 \frac{(T_i - t_i) - (T_o - t_o)}{\ln\dfrac{T_i - t_i}{T_o - t_o}} = K_1 A_1 \Delta t_m \tag{4-24}$$

其中
$$\Delta t_m = \frac{(T_i - t_i) - (T_o - t_o)}{\ln\dfrac{T_i - t_i}{T_o - t_o}} = \frac{\Delta t_1 - \Delta t_2}{\ln\dfrac{\Delta t_1}{\Delta t_2}} \tag{4-25}$$

Δt_m 称为对数平均温度差，是综合传热的热推动力。虽然这是由逆流推导出来的结果，但也适用于并流。无论哪种流型，一般将两端温差较大的记为 Δt_1，较小者的记为 Δt_2。当

$\Delta t_1/\Delta t_2 < 2$ 时，可以用算术平均温差代表对数平均温差。

式(4-24)是基于内表面的传热速率方程式。同理，可以导出基于外表面的传热速率方程式，即

$$Q = K_2 A_2 \Delta t_m$$

其中

$$\frac{1}{K_2} = \frac{1}{\alpha_1} \times \frac{d_2}{d_1} + \frac{b}{\lambda} \times \frac{d_2}{d_m} + \frac{1}{\alpha_2}$$

同理，还可以导出基于管壁中心表面的传热速率方程式，即

$$Q = K_m A_m \Delta t_m$$

其中

$$\frac{1}{K_m} = \frac{1}{\alpha_1} \times \frac{d_m}{d_1} + \frac{b}{\lambda} + \frac{1}{\alpha_2} \times \frac{d_m}{d_2}$$

若为平壁，即 $A_1 = A_m = A_2 = A$，则

$$Q = KA\Delta t_m$$

其中

$$\frac{1}{K} = \frac{1}{\alpha_1} + \frac{b}{\lambda} + \frac{1}{\alpha_2}$$

传热速率方程通式可写为（同样适用于逆流时的传热）

$$Q = K_i A_i \Delta t_m \quad (i = 1, 2, \cdots, m) \tag{4-26}$$

其中

$$\frac{1}{K_i} = \frac{d_i}{\alpha_1 d_1} + \frac{b}{\lambda} \times \frac{d_i}{d_m} + \frac{d_i}{\alpha_2 d_2}$$

在以上的推导过程中，并未考虑传热面污垢的影响。实践证明，污垢层虽不厚，但热阻相当大，在传热过程计算时，一般不可忽略。但污垢层的厚度及其导热系数不易估计，工程计算时，通常是采用经验数据来确定污垢热阻 R_d。污垢热阻的倒数称为污垢系数，$\alpha_d = 1/R_d$。表4-3给出了常用流体的污垢热阻。

表 4-3 常用流体的污垢热阻

流体	污垢热阻/$m^2 \cdot K \cdot kW^{-1}$	流体	污垢热阻/$m^2 \cdot K \cdot kW^{-1}$
水(速度<1m/s,$t<47℃$)		不含油(劣质)	0.09
蒸馏水	0.09	往复机排出	0.176
海水	0.09	液体	
清净的河水	0.21	处理过的盐水	0.264
未处理的凉水塔用水	0.58	有机物	0.176
已处理的凉水塔用水	0.26	燃料油	1.056
已处理的锅炉用水	0.26	焦油	1.76
硬水、井水	0.58	气体	
水蒸气		空气	0.26~0.53
不含油(优质)	0.052	溶剂蒸汽	0.14

如果传热管壁两侧流体的污垢热阻分别用 R_{d_1} 和 R_{d_2} 表示，则总传热系数可由下式计算

$$\frac{1}{K_i} = \frac{d_i}{\alpha_1 d_1} + R_{d1}\frac{d_i}{d_1} + \frac{b}{\lambda}\frac{d_i}{d_m} + R_{d2}\frac{d_i}{d_2} + \frac{d_i}{\alpha_2 d_2} \tag{4-27}$$

4.4.2 导热与对流联合传热计算举例

例 4-5 在内管为 $\phi 105mm \times 2.5mm$ 的套管换热器中，流量为 $0.14 kg \cdot s^{-1}$ 的盐水从293K加热到333K，采用常压蒸汽在管外加热，蒸汽温度为373K，内管的热导率为 $47 W \cdot m^{-1} \cdot K^{-1}$，

25%盐水的对流传热系数为417W·m^{-2}·K^{-1},蒸汽在管外的对流传热系数为1111W·m^{-2}·K^{-1},求加热套管的长度应为多少米?盐水的比热容c_p=2100J·kg^{-1}·K^{-1}。

解

$$Q = q_{m,c} c_{p,c} (t_2 - t_1) = 0.14 \times 2100 \times (333 - 293) = 11760 \text{W}$$

$$\Delta t_m = \frac{(373-293)-(373-333)}{\ln\dfrac{373-293}{373-333}} = 57.7 \text{K}$$

基于管内表面 A_1：

则
$$\frac{1}{K_1} = \frac{1}{\alpha_1} + \frac{d_1}{\alpha_2 d_2} + \frac{b}{\lambda} \times \frac{d_1}{d_m} = \frac{1}{417} + \frac{1}{1111} \times \frac{0.1}{0.105} + \frac{0.0025}{47} \times \frac{0.1}{0.1025} = 3.31 \times 10^{-3}$$

$$K_1 = 302 \text{W} \cdot \text{m}^{-2} \cdot \text{K}^{-1}$$

$$A_1 = \frac{Q}{K_1 \Delta t_m} = \frac{11760}{302 \times 57.7} = 0.675 \text{m}^2$$

$$L = \frac{A_1}{\pi d_1} = \frac{0.675}{3.14 \times 0.1} = 2.15 \text{m}$$

基于外壳表面 A_2：

则
$$\frac{1}{K_2} = \frac{d_2}{\alpha_1 d_1} + \frac{1}{\alpha_2} + \frac{b}{\lambda} \times \frac{d_2}{d_m} = \frac{0.105}{417 \times 0.1} + \frac{1}{1111} + \frac{0.0025}{47} \times \frac{0.105}{0.1025} = 3.47 \times 10^{-3}$$

$$K_2 = 288 \text{W} \cdot \text{m}^{-2} \cdot \text{K}^{-1}$$

$$A_2 = \frac{Q}{K_2 \Delta t_m} = \frac{11760}{288 \times 57.7} = 0.708 \text{m}^2$$

$$L = \frac{A_2}{\pi d_2} = \frac{0.708}{3.14 \times 0.105} = 2.15 \text{m}$$

结果完全一致。

例 4-6 某工业酒精精馏塔顶的全凝器,塔顶为工业酒精的饱和蒸气,温度为78℃,汽化潜热为$\Delta H = 850$kJ·kg^{-1},蒸气流率为3340kg·h^{-1}。全凝器用ϕ30mm×2.5mm钢管,管内通以冷却水。现测得冷却水在管内的流率$u=0.5$m·s^{-1},冷却水的进、出口温度分别为20℃和40℃。在定性温度下水的物理数据如下:$\rho=995.7$kg·m^{-3},$\mu=0.817$cP,$\lambda=0.618$W·m^{-1}·K^{-1},比热容$c_p=4174$J·kg^{-1}·K^{-1}。已知酒精蒸气对管壁的冷凝传热系数$\alpha=2268$W·m^{-2}·K^{-1},钢管的热导率$\lambda=45$W·m^{-1}·K^{-1},试求该换热器的传热面积和冷却水消耗量。

解

$$Q = \frac{3340}{3600} \times 850 = 788.6 (\text{kJ} \cdot \text{s}^{-1}) = 7.886 \times 10^5 \text{W}$$

$$\Delta t_m = \frac{(78-20)-(78-40)}{\ln\dfrac{78-20}{78-40}} = \frac{20}{0.4230} = 47.3 \text{℃}$$

$$\alpha_1 = 0.023 \frac{\lambda}{d} \left(\frac{du\rho}{\mu}\right)^{0.8} \left(\frac{\mu c_p}{\lambda}\right)^{0.4}$$

$$= 0.023 \times \frac{0.618}{0.025} \times \left(\frac{0.025 \times 0.5 \times 995.7}{0.817 \times 10^{-3}}\right)^{0.8} \left(\frac{0.817 \times 10^{-3} \times 4174}{0.618}\right)^{0.4}$$

$$= 0.569 \times 2219 \times 1.98 = 2500 \text{W} \cdot \text{m}^{-2} \cdot \text{K}^{-1}$$

$$\frac{1}{K_2} = \frac{1}{\alpha_2} + \frac{b}{\lambda} \times \frac{d_2}{d_m} + \frac{d_2}{\alpha_1 d_1}$$

则
$$K_2 = \frac{1}{\frac{1}{2268} + \frac{0.0025 \times 0.030}{45 \times 0.0275} + \frac{1 \times 0.030}{2500 \times 0.025}} = 1019 \text{W} \cdot \text{m}^{-2} \cdot \text{K}^{-1}$$

$$A_2 = \frac{Q}{K \Delta t_m} = \frac{788600}{1019 \times 47.3} = 16.36 \text{m}^2$$

$$Q = q_{m,c} c_{p,c} (t_1 - t_2)$$

则
$$q_{m,c} = \frac{Q}{c_{p,c}(t_1-t_2)} = \frac{788600}{4174 \times (40-20)} = 9.45 \text{kg} \cdot \text{s}^{-1}$$

4.4.3 强化传热的途径

所谓强化传热的途径，就是要想法提高式(4-26)中的传热速率 Q。提高 K、A、Δt_m 中的任何一个，都可以强化传热。

(1) 增大传热面积 A 意味着提高设备费。但是换热器内部结构的改革，增大 A，亦不失为强化传热途径之一。老一辈的传热专家邓颂九等，做了大量卓有成效的工作。

(2) 增大传热温差 Δt_m 一般是改变流体流向，逆流操作比并流操作的 Δt_m 大。

(3) 提高总传热系数 K 主要是提高 α_1、α_2、λ 等，若忽略导热项，且不考虑基于内、外表面，则 $K = \dfrac{1}{\dfrac{1}{\alpha_1} + \dfrac{1}{\alpha_2}}$。

当 $\alpha_1 \gg \alpha_2$ 时，则 $K = \dfrac{1}{\dfrac{\alpha_2 + \alpha_1}{\alpha_1 \alpha_2}} = \dfrac{\alpha_1 \alpha_2}{\alpha_1 + \alpha_2} = \dfrac{\alpha_1 \alpha_2}{\alpha_1} = \alpha_2$。这说明为了提高 K，就要提高 α_2，也就是提高对流传热系数较小一侧的 α。由于搅拌器中污垢的热导率较小，使 $\dfrac{b d_i}{\lambda d_m}$ 增大，就降低了 K 值。所以清理污垢，也能大大提高 K 值。

4.4.4 热管设计原理与计算

(1) 热管工作原理 热管是 20 世纪 60 年代发展起来的一种高效传热组件，它可将大量热量通过其很小的截面积远距离地传输，而无需外加动力。热管的基本工作原理如图 4-14 所示，典型的热管由管壳、吸液芯和端盖组成，将管内抽成一定负压后充以适量的工作液体，使紧贴管内壁的吸液芯毛细多孔材料中充满液体后加以密封。管的一端为蒸发段（加热段），另一端为冷凝段（冷段），中间可布置绝热段。当热的一端受热时毛细芯中的液体蒸发汽化，蒸气在微小的压差下流向另一端放出热量凝结成液体，液体再沿多孔材料靠毛细力的作用流回蒸发段。如此循环不已，热量由热管的一端传至另一端。由于热管内部被抽为负压，故工质可以在比常压沸点低的温度下沸腾。真空度是热管制造过程的一个关键工艺。

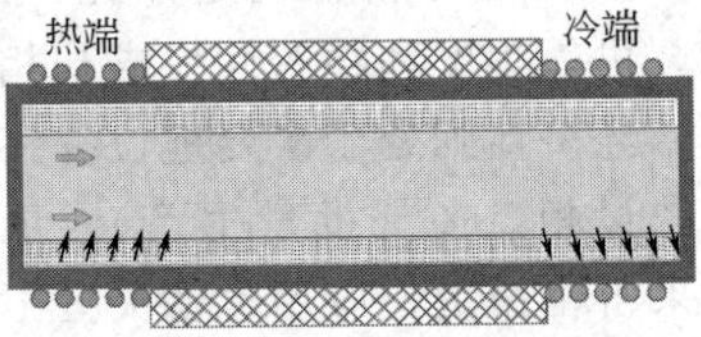

图 4-14 热管结构与工作原理

(2) 热管特性　　热管是依靠自身内部工作液体相变来实现传热的组件，具有以下基本特性。

① 很高的导热性。热管内部主要靠工作液体的汽、液相变传热，热阻很小，因此具有很高的导热能力。与银、铜、铝等金属相比，单位质量的热管可多传递几个数量级的热量。

② 优良的等温性。热管内腔的蒸气是处于饱和状态，饱和蒸气的压力决定于饱和温度，饱和蒸气从蒸发段流向冷凝段所产生的压降很小，据热力学中的 Clausius-Clapeyron 方程式可知，温降亦很小，因而热管具有优良的等温性。

③ 热流密度可变性。热管可以独立改变蒸发段或冷却段的加热面积，即以较小的加热面积输入热量，而以较大的冷却面积输出热量，或者热管可以较大的传热面积输入热量，而以较小的冷却面积输出热量，这样可以改变热流密度。

④ 热流方向的可逆性。一根水平放置的有芯热管，由于其内部循环动力是毛细力，因此任意一端受热就可作为蒸发段，而另一端向外散热就成为冷凝段。此特点可用于宇宙飞船和人造卫星在空间的温度展平，也可用于先放热后吸热的化学反应器及其他装置。

⑤ 热二极管与热开关性能。热管可做成热二极管或热开关，所谓热二极管就是只允许热流向一个方向流动，而不允许向相反的方向流动；热开关则是当热源温度高于某一温度时，热管开始工作，当热源温度低于这一温度时，热管就不传热。

⑥ 环境的适应性。热管的形状可随热源和冷源的条件而变化，热管可做成电机的转轴，燃气轮机的叶片、钻头、手术刀等，也可做成分离式的以适应长距离或冷、热流体不能混合的情况下的换热，热管既可以用于地面（重力场），也可用于空间（无重力场）。

热管的传热能力虽然很大，但也不可能无限地加大热负荷。事实上有许多因素制约着热管的工作能力。换而言之，热管的传热存在着一系列的传热极限，限制热管传热的物理现象为毛细力、声速、携带、沸腾、冷冻启动、连续蒸气、蒸气压力及冷凝等，这些传热极限与热管尺寸、形状、工作介质、吸液芯结构、工作温度等有关，限制热管传热量的类型是由该热管在某工作温度下各传热极限的最小值所决定的。Cotter 在 1965 年首次提出了较完整的热管理论，从此奠定了热管研究的理论基础，也成为热管性能分析和热管设计的根据，故也称为 Cotter 理论。详细的了解请参见参考文献 [20]。

(3) 热管设计　　热管在设计时应当考虑的因素主要包括热管管内工作液体的选择、热管管内吸液芯结构形式、热管的工作温度，亦即工作情况下热管内部工作液体的饱和蒸气温度以及热管管壳材料的选择等。热管的用途相当广泛，不同的用途对热管的要求也不尽一致，如图 4-15 所示为计算机 CPU 冷却用热管散热器。在某些场合下要求相当苛刻，如在宇航、军工中应用的热管就是如此，此时热管的数量可能较少，可靠程度和精密性要求却相当严格，可靠性占第一位，经济性则处于次要地位。在民用和一般工业中，热管数量相当多（批量生产），这时经济性占突出地位，如果价格昂贵，应用也就失去了意义。故此时的热管设计更应注意经济性，应尽量采用价廉易得且传输性能好的工作液体，吸液芯尽可能采用简单的结构，或不用吸液芯（热虹吸管），对管壳则尽可能采用价廉的金属——碳素钢管。

图 4-15　计算机 CPU 冷却用热管散热器

例 4-7　　一根用于计算机 CPU 冷却用的铜-水热管，热管外径 $d_o = 6mm$，内径 $d_i = 5mm$，总长度为 $l = 200mm$，蒸发段及冷凝段长度均为 $40mm$，铜的热导率为

$398\text{W}\cdot\text{m}^{-1}\cdot\text{K}^{-1}$。试估算此热管的热阻为同样大小的实芯铜棒的多少倍？

解 从热管传热过程对管内部的传热速率进行分析。

(1) 热量通过热管外壁到蒸发段内壁液-气分界面，热阻为

$$Re_1 = \frac{1}{2\pi\lambda l_e}\ln\frac{d_o}{d_i} = \frac{1}{2\pi\times 398\times 0.04}\ln\frac{6}{5} = 1.8\times 10^{-3}\text{K}\cdot\text{W}^{-1}$$

(2) 液体在蒸发段内的换热热阻。

设蒸发换热表面传热系数为 $10000\text{W}\cdot\text{m}^{-2}\cdot\text{K}^{-1}$，则

$$Re_2 = \frac{1}{\pi d_i l_e \alpha_e} = \frac{1}{\pi\times 0.005\times 0.04\times 10000} = 0.16\text{K}\cdot\text{W}^{-1}$$

(3) 蒸气腔内的蒸气从蒸发段流到冷凝段的热阻。

在绝热段热管的温差很小，此段热阻 Re_3 近似为 0。

(4) 蒸气在冷凝段内的汽-液分界面上凝结换热热阻。

设冷凝换热表面传热系数为 $12000\text{W}\cdot\text{m}^{-2}\cdot\text{K}^{-1}$，则

$$Re_4 = \frac{1}{\pi d_i l_c \alpha_c} = \frac{1}{\pi\times 0.005\times 0.04\times 12000} = 0.133\text{K}\cdot\text{W}^{-1}$$

(5) 热量从汽-液分界面通过管壁的导热热阻。

$$Re_5 = Re_1 = 1.8\times 10^{-3}\text{K}\cdot\text{W}^{-1}$$

总的热阻为

$$Re = Re_1 + Re_2 + Re_3 + Re_4 + Re_5 = 0.30\text{K}\cdot\text{W}^{-1}$$

同样大小的实心铜棒的热阻为

$$Re_{\text{Cu}} = \frac{l}{\dfrac{\pi d_o^2}{4}\lambda_{\text{Cu}}} = \frac{0.2}{\dfrac{\pi\times 0.006^2}{4}\times 398} = 17.8\text{K}\cdot\text{W}^{-1}$$

$$\frac{Re}{Re_{\text{Cu}}} = \frac{0.30}{17.8} = 0.017$$

由此可见，此热管的热阻只有同样大小铜棒的 0.017 倍，导热能力非常好。

4.4.5 绝热保温技术

对于传热的工程应用而言，强化传热和绝热保温是两个同样重要的方向。绝热技术在地面上主要应用于高温、低温等容器的保温工程以达到使系统节能的目的，而在航空航天技术中绝热更有着非常重要的作用。

拓展阅读

2003 年 2 月 1 日晚 22：00，美国航天飞机哥伦比亚号在结束为期 16 天的太空任务之后返回地球时，在着陆前发生意外，航天飞机在得克萨斯州上空解体坠毁。机上 7 名宇航员全部遇难。

哥伦比亚号航天飞机出事之后，人们对出事原因谈论得最多的是航天飞机上绝热瓦的损坏。根据 NASA 用高速摄像机拍下的升空实况，哥伦比亚航天飞机在升空 80s 时，燃料箱上一块绝热材料脱落（燃料箱内装的是液氢，液氧，需要在低温下保存），打到了航

天飞机左翼。当时 NASA 的工程师们进行了估算，结果认为航天飞机上的绝热瓦不至于受到损坏，在重返地球时不会被烧穿。而正是左翼上的温度传感器在失事之前，显示了不寻常的温度升高。随后就是航天飞机的爆炸解体。

航天飞机所要承受的环境很恶劣，温度变化在零下一百多度到零上一千两百多度。随着材料科学的进步，机体表面上要用的绝热瓦的制造在不断改进，现在的航天飞机70%的部分是由大约两万四千块绝热瓦来覆盖。

关于绝热技术中的设计计算、测试技术和材料选择等问题可参考相关文献。

4.5 辐射传热

4.5.1 辐射传热概述

辐射传热是指以电磁波的形式进行热量传递。

黑度（ε）是指某物体吸收辐射能的能力与黑体吸收辐射能的能力之比。如图 4-16 所示。

某物体的吸收率为 $A = \dfrac{Q_A}{Q}$

黑体的吸收率为 $A = \dfrac{Q_A}{Q} = 1$，则 $Q_A = Q$

灰体的黑度 $\varepsilon = \dfrac{AQ}{Q} = A$

这说明，物体的黑度在数值上等于物体的吸收率。

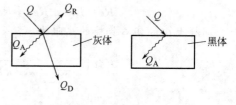

图 4-16 辐射示意图

关于黑度及辐射的概念，日常生活中有许多智力测验题。例如，有形状、外观、质量完全相同的黑、白大缸子各五个，让一个瞎子来辨认，哪个是黑？哪个是白？聪明的盲人如何分辨呢？再例如，为什么在夏天没多少人穿黑色衬衫等。

斯蒂芬-玻尔兹曼定律：黑体的辐射能力 E_0 与热力学温度的四次方成正比。

$$E_0 = C_0 \left(\dfrac{T}{100}\right)^4 \tag{4-28}$$

式中，C_0 为黑体的辐射系数，其数值为 $5.669\mathrm{W \cdot m^{-2} \cdot K^{-4}}$。

灰体的辐射能力 E（实质为热量通量）为

$$E = \varepsilon E_0 = \varepsilon C_0 \left(\dfrac{T}{100}\right)^4 \tag{4-29}$$

辐射传热的传热速率由式(4-30)计算，即

$$Q = C_{1-2} A \phi \left[\left(\dfrac{T_1}{100}\right)^4 - \left(\dfrac{T_2}{100}\right)^4\right] \tag{4-30}$$

式中，C_{1-2} 为辐射系数，与相对位置有关，$\mathrm{W \cdot m^{-2} \cdot K^{-4}}$；$\phi$ 为角系数，与投影角度有关；A 为基准传热面积，亦与相对位置有关，$\mathrm{m^2}$；T_1，T_2 为热、冷物体的温度，K；Q 为辐射传热速率（下同），W。

对于不同形状和不同位置的热、冷流体,其辐射传热速率,按下列公式计算。

(1) 一热表面(下标 1)被另一更大冷表面(下标 2)所包围,其辐射传热速率为:

$$Q = \frac{5.669}{\dfrac{1}{\varepsilon_1} + \dfrac{A_1}{A_2}\left(\dfrac{1}{\varepsilon_2} - 1\right)} A_1 \left[\left(\frac{T_1}{100}\right)^4 - \left(\frac{T_2}{100}\right)^4\right] \tag{4-31a}$$

(2) 对于两个大而近的平面,即 $A_2 = A_1$,简化式(4-31a),其辐射传热速率为

$$Q = \frac{5.669}{\dfrac{1}{\varepsilon_1} + \dfrac{1}{\varepsilon_2} - 1} A_1 \left[\left(\frac{T_1}{100}\right)^4 - \left(\frac{T_2}{100}\right)^4\right] \tag{4-31b}$$

(3) 一热表面被另一无限大冷表面所包围,即 $A_2 \gg A_1$,简化式(4-31a),则

$$Q = 5.669 \varepsilon_1 A_1 \left[\left(\frac{T_1}{100}\right)^4 - \left(\frac{T_2}{100}\right)^4\right] \tag{4-31c}$$

式中,ε_1,ε_2 分别为热表面 1 和冷表面 2 的黑度系数;A_1,A_2 分别为热表面 1 和冷表面 2 的面积,m^2;

由此看出,式(4-31a)是基本的,而式(4-31b)、式(4-31c)则是式(4-31a)的两种特殊情况。

强调一下,一般物体温度低于 400℃(673K)时,可忽略辐射传热的影响。所以在化工热交换计算中,一般都不考虑辐射传热。

4.5.2 辐射传热计算举例

例 4-8 车间内有一高和宽各为 3m 的铸铁炉门,温度为 227℃。室内温度为 27℃。为了减少损失,在炉门前 50mm 处放置一块尺寸和炉门相同而黑度为 0.11 的铝板,试求放置铝板前、后因辐射而损失的热量。已知铸铁黑度为 0.78。

解 (1) 放置铝板前因辐射损失的能量。本题属于很大的物体 2 包住物体 1 的情况,由式(4-31c)得

$$Q_{1-2} = 5.669 \varepsilon_1 A_1 \left[\left(\frac{T_1}{100}\right)^4 - \left(\frac{T_2}{100}\right)^4\right]$$

$$= 5.669 \times 0.78 \times 9 \times \left[\left(\frac{227+273}{100}\right)^4 - \left(\frac{27+273}{100}\right)^4\right] = 2.165 \times 10^4 \text{ (W)}$$

(2) 放置铝板后因辐射损失的热量。以下标 1、2 和 i 分别表示炉门、房间和铝板。假定铝板温度为 T_i,则铝板向房间辐射的热量为

$$Q_{i-2} = 5.669 \varepsilon_1 A_1 \left[\left(\frac{T_i}{100}\right)^4 - \left(\frac{T_2}{100}\right)^4\right]$$

$$= 5.669 \times 0.11 \times 9 \times \left[\left(\frac{T_i}{100}\right)^4 - \left(\frac{27+273}{100}\right)^4\right]$$

$$= 5.61 \left[\left(\frac{T_i}{100}\right)^4 - 81\right] \tag{1}$$

炉门对铝板的辐射传热可视为两无限大平板之间的传热,故放置铝板后因辐射损失的热量,由式(4-31b)得

$$Q_{1\text{-}i} = \frac{5.669}{\frac{1}{\varepsilon_1} + \frac{1}{\varepsilon_2} - 1} A_1 \left[\left(\frac{T_1}{100}\right)^4 - \left(\frac{T_i}{100}\right)^4 \right]$$

$$= \frac{5.669}{\frac{1}{0.78} + \frac{1}{0.11} - 1} \times 9 \times \left[\left(\frac{227+273}{100}\right)^4 - \left(\frac{T_i}{100}\right)^4 \right]$$

$$= 5.44 \times \left[625 - \left(\frac{T_i}{100}\right)^4 \right] \qquad (2)$$

当传热达到稳定时，$Q_{1\text{-}i} = Q_{i\text{-}2}$，即

$$5.44 \times \left[625 - \left(\frac{T_i}{100}\right)^4 \right] = 5.61 \times \left[\left(\frac{T_i}{100}\right)^4 - 81 \right]$$

解得
$$T_i = 432 \text{K}$$

将 T_i 值代入式(2) 得 $Q_{1\text{-}i} = 5.44 \times \left[625 - \left(\frac{432}{100}\right)^4 \right] = 1505 \text{ (W)}$

放置铝板后因辐射的热损失减少百分率为

$$\frac{Q_{1\text{-}2} - Q_{1\text{-}i}}{Q_{1\text{-}2}} = \frac{21650 - 1505}{21650} = 93\%$$

由以上计算结果可见，设置隔热挡板是减少辐射散热的有效办法。

4.5.3　对流与辐射联合传热计算

例 4-9　如图 4-17 所示。热空气在 $\phi 426\text{mm} \times 9\text{mm}$ 的钢管中流过，在管路中安装有热电偶以测量空气的温度。为了减少读数误差，用遮热管掩蔽热电偶。遮热管黑度为 0.3，面积是热电偶接点面积的 90 倍。现测得管壁温度为 110℃，热电偶读数为 220℃。假设空气对遮热管的对流传热系数为 $10\text{W} \cdot \text{m}^{-2} \cdot \text{K}^{-1}$，空气对热电偶的对流传热系数为 $45\text{W} \cdot \text{m}^{-2} \cdot \text{K}^{-1}$，热电偶接头黑度为 0.8。试求：(1) 空气的真实温度 T_a；(2) 遮热管温度 T_i；(3) 热电偶的读数误差。

解　设下标 "1" 为热电偶，"2" 为管壁，"i" 为遮热管，"a" 为空气。空气对热电偶的对流传热速率为

$$Q_{a\text{-}1} = \alpha_{a\text{-}1} A_1 (T_a - T_1) = 45 A_1 (T_a - 493) \qquad (1)$$

空气对遮热管的对流传热速率为

$$Q_{a\text{-}i} = \alpha_{a\text{-}i} A_1 (T_a - T_i) = 10 \times 90 A_1 (T_a - T_i) \qquad (2)$$

热电偶接头对遮热管的辐射传热速率，根据式(4-31a) 计算为

$$Q_{1\text{-}i} = \frac{5.669}{\frac{1}{\varepsilon_1} + \frac{A_1}{A_i}\left(\frac{1}{\varepsilon_i} - 1\right)} A_1 \left[\left(\frac{T_1}{100}\right)^4 - \left(\frac{T_i}{100}\right)^4 \right]$$

$$= \frac{5.669}{\frac{1}{0.8} + \frac{A_1}{90 A_1}\left(\frac{1}{0.3} - 1\right)} A_1 \left[\left(\frac{220+273}{100}\right)^4 - \left(\frac{T_i}{100}\right)^4 \right]$$

$$Q_{1\text{-}i} = 4.44 A_1 \left[591 - \left(\frac{T_i}{100}\right)^4 \right] \qquad (3)$$

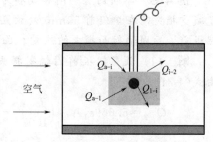

图 4-17　例 4-9 附图

遮热管向管壁的辐射传热速率，根据式(4-31c) 有

$$Q_{\text{i-2}}=5.669\varepsilon_{\text{i}}A_{\text{i}}\left[\left(\frac{T_{\text{i}}}{100}\right)^4-\left(\frac{T_2}{100}\right)^4\right]$$

$$=5.669\times0.3\times90A_1\left[\left(\frac{T_{\text{i}}}{100}\right)^4-\left(\frac{110+273}{100}\right)^4\right]$$

$$Q_{\text{i-2}}=153A_1\left[\left(\frac{T_{\text{i}}}{100}\right)^4-215\right] \tag{4}$$

当传热达到稳定时，对热电偶接点范围作热量衡算得，$Q_{\text{a-1}}=Q_{\text{1-i}}$，由式(1)、式(3) 得

$$45A_1(T_{\text{a}}-493)=4.44A_1\left[591-\left(\frac{T_{\text{i}}}{100}\right)^4\right]$$

$$45T_{\text{a}}-22185=2624-4.44\left(\frac{T_{\text{i}}}{100}\right)^4$$

则

$$T_{\text{a}}=551-0.0987\left(\frac{T_{\text{i}}}{100}\right)^4 \tag{5}$$

当传热达到稳定时，对遮热管范围作热量衡算。

遮热管由空气获得热量为 $Q_{\text{a-i}}$，由热电偶接头获得热量为 $Q_{\text{1-i}}$，遮热管辐射放出的热量为 $Q_{\text{i-2}}$。

$$Q_{\text{i-2}}=Q_{\text{a-i}}+Q_{\text{1-i}}$$

而 $Q_{\text{1-i}}=Q_{\text{a-1}}$（对热电偶接点范围作热量衡算），则

$$Q_{\text{i-2}}=Q_{\text{a-i}}+Q_{\text{a-1}}$$

将式(4)、式(2)、式(1) 代入得

$$153A_1\left[\left(\frac{T_{\text{i}}}{100}\right)^4-215\right]=900A_1(T_{\text{a}}-T_{\text{i}})+45A_1(T_{\text{a}}-493)$$

$$153\left(\frac{T_{\text{i}}}{100}\right)^4-32895=900T_{\text{a}}-900T_{\text{i}}+45T_{\text{a}}-22185$$

则

$$945T_{\text{a}}-900T_{\text{i}}-153\left(\frac{T_{\text{i}}}{100}\right)^4+10710=0 \tag{6}$$

联立式(5)、式(6) 得

$$945\times\left[551-0.0987\left(\frac{T_{\text{i}}}{100}\right)^4\right]-900T_{\text{i}}-153\left(\frac{T_{\text{i}}}{100}\right)^4+10710=0$$

$$520695-93.3\left(\frac{T_{\text{i}}}{100}\right)^4-900T_{\text{i}}-153\left(\frac{T_{\text{i}}}{100}\right)^4+10710=0$$

$$2.463\times10^{-6}T_{\text{i}}^4+900T_{\text{i}}-531405=0 \tag{7}$$

式(7) 可用图解法或试差法求解。可以分析出，遮热管的温度 T_{i} 一定小于热电偶接头温度 220℃，一定大于管壁温度 110℃。当然，应该更接近于热电偶温度。计算结果列表，如表 4-4 所示。

表 4-4　例 4-9 附表

T_{i}/K	483(210℃)	473(200℃)	463(190℃)	464(191℃)
式(7)左边	37341	17580	−1520	361
式(7)右边	0	0	0	0

可见遮热管温度在 190~191℃ 之间,所以 $T_i = 191℃ = 464K$。
由式(5)得空气温度

$$T_a = 551 - 0.0987 \left(\frac{T_i}{100}\right)^4 = 551 - 0.0987 \times \left(\frac{464}{100}\right)^4 = 505K = 232℃$$

热电偶误差为 $\dfrac{232-220}{232} \times 100\% = 5.2\%$

4.6 传热设备与习题课

传热设备

4.6.1 传热设备的种类与原理

(1) 气体冷却塔 对于不溶于水的热气体,可以通过气体冷却塔,用冷却水来使热气体降温冷却。如图 4-18 所示。冷却塔内部结构可以是筛板式,也可以是木格或者是填料,这些不同结构,是为了使冷却水与热气体能充分接触,提高传热速率。热气体由塔底部送入,与向下喷淋的冷却水接触换热,塔顶出口是被冷却了的气体,塔底出口是被加热了的水。气体冷却塔是一种直接混合式换热器。

化工厂中还有许多称做"凉水架"的水冷却装置。凉水架就是往热水中鼓风,空气带走热水中的水蒸气,使热水得到初步冷却。也是直接混合式换热。

电厂的凉水塔,也是往热水中通入空气,热水中的热是以放出水蒸气潜热的形式,使热水冷却的。

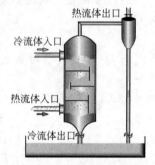

图 4-18 气体冷却塔示意图

以上是直接混合式换热的设备,具有结构简单,操作稳定,操作费用低廉的优点,所以得到广泛应用。

(2) 夹套式换热器 顾名思义,就是在某容器壁面上安装一个夹套,比如日常生活中的保温瓶、保温杯等。常见的化学反应器,容器外壁都安装了一个夹套,夹套与器壁之间形成封闭空间,此封闭空间成为载热体(或载冷体)的通道。如果在夹套中通以载热体,就是使器内的液体被加热。一般夹套的高度要高于器内液面高度。这种夹套传热,传热系数较小。有时为了强化传热,在容器内加搅拌,在夹套中加挡板。这属于间壁式换热,以下介绍的都是间壁式换热器。

(3) 沉浸蛇管换热器 将盘成的蛇管放到某容器中,蛇管中通入热(冷)载体,加热(或冷却)容器中的液体。比如实验室中的恒温槽,其中的蛇管通热水或水蒸气,用来加热恒温槽中的水。又比如冰箱背后的冷却蛇管,是用自然通风的空气,来冷却蛇管中的制冷工质(过去用氟利昂,现在改用无氟的制冷剂了)。它是沉浸在空气中,也是一个典型的沉浸蛇管换热器。

(4) 喷淋式换热器 是蛇管换热器的一种。将蛇管成排地固定在钢架上,被冷却的流体在管内流动,冷却水由管上方的水槽,经分布装置均匀淋下。小型焦化厂的回收车间,就采用这种喷淋式换热器。

由于喷淋冷却水的部分汽化，冷却水用量较小，管外的给热系数也比沉浸式的大。其优点是结构简单、造价便宜、能承受高压。但缺点是冷却水喷淋不易均匀。

(5) 套管式换热器　　将两种直径大小不同的直管，装成同心套管，称做单元套管。然后由多个单元套管连接，内管与内管连接，外管与外管连接，即套管换热器，如图 4-19 所示，冷、热流体分别在内管和套管环隙中流动，通过内管壁换热。单元套管的长度为 4～6m，若太长则管子向下弯曲，使环隙中流体分布不均匀。

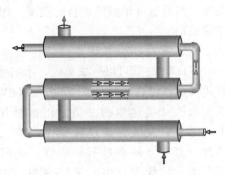

图 4-19　套管式换热器示意图

套管式换热器的优点是，构造简单、耐高压。传热面积可根据需要，通过增减单元套管的个数来实现。冷、热流体可作严格的逆流运动，传热效果较好。缺点是管间接头较多，易发生泄漏，并且提供单位传热面积的设备体积较大。由于制造简单，北方家庭取暖用的土制暖气就是采用套管式换热器。

(6) 列管式换热器　　它又称做管壳式换热器，主要由壳体、管束、管板（又称花板）、折流挡板和封头组成。如图 4-3 和图 4-20 所示。传热过程是，一种流体走管内或走管束，另一种流体走管间或走壳体，两种流体通过管子间壁进行换热。花板是为了固定管束之间距离的。折流挡板是增加管间流体的流道长度的，也提高了管间流体的流速。

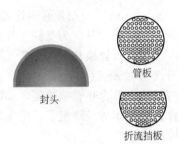

图 4-20　列管式换热器附件

列管式换热器与前面介绍的夹套、蛇管、套管等换热器相比，它单位体积提供的传热面积大，并且传热效果好，制造简单，材料要求也不高。所以在化工厂应用十分广泛，几乎统治化工传热设备达一个世纪。

图 4-3 所示为普通型列管式换热器，由于冷、热两流体温度不同，致使壳体和管束的温度也不同。因此它们的热膨胀也有差别。若两流体温度相差 50℃ 以上时，其热应力可导致壳体变形断裂，管子从花板上松脱等，于是有了如下几种列管式换热器的衍生产品。

① 浮头式换热器　　基本结构和列管式换热器相同，只是两端的管板，有一端不与壳体相连，可以在管长方向自由浮动，当壳体与管束因温度不同而引起不同的热膨胀时，可以消除热应力。

② U 形管式换热器　　是一种改进型列管式换热器。只是每根管子都弯成 U 形，固定在同一侧管板上，每根管可以自由伸缩，也是为了消除热应力。

③ 具有补偿圈的换热器　　是一种改进型列管式换热器。当流体为高温换热时，由于壳体与管束因温度相差太大，引起不同的热膨胀率，壳体上的补偿圈就是为了消除这种热应力。

(7) 螺旋板式换热器　　如图 4-21 所示，螺旋板式换热器由两张相互平行的钢板、卷制成相互隔开的螺旋形流道。通俗地讲，是板与板相套，可以叫"套板"换热器。板与板之间有定距柱，用以保持其间的

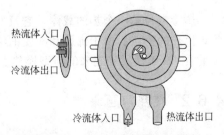

图 4-21　螺旋板式换热器示意图

距离，同时也可增强螺旋板的刚度。螺旋板的两端焊有钢板，冷、热流体分别在两流道内作逆流流动。

螺旋板式换热器优点：① 传热系数高，因为是环形流动，流向随时在改变，Re 在 1400～1800 时就可以形成湍流，水与水的传热系数高达 $2000～3000 W \cdot m^{-2} \cdot K^{-1}$，而列管式换热器传热系数只有 $1000～2000 W \cdot m^{-2} \cdot K^{-1}$。② 结构紧凑。单位体积的传热面积约为管壳式换热器的 3 倍。用板材代替管材，成本又有节省。③ 能利用低温热源。由于流道长，又能保证逆流操作，可在较小温度差时进行换热，能充分利用温度较低的热源。其主要缺点是不易检修。一旦操作中发生泄漏或其他故障，就只好整体更换。正因为它的优点更多，工厂中如压力不大，温度不高的换热情况，越来越多地采用螺旋板式换热器。新建化工厂，更有采用螺旋板式换热器趋势。

（8）**板式换热器** 由一组长方形的薄金属板平行排列构成（图中示意为 5 块板片）。板片结构分 A、B 两种，A、B 相邻板片的边缘衬以垫片，起到密封作用。由于 A、B 两板片导流槽方向不同，导致冷、热流体相间流过。如图 4-22 所示。

板式换热器是比螺旋板式换热器更为先进的换热器。其优点是传热系数更大，水对水的传热系数可达 $1500～4700 W \cdot m^{-2} \cdot K^{-1}$。结构更紧凑，单位体积的传热面积可达 $250～1000 m^2 \cdot m^{-3}$，而普通列管式换热管只有 $40～150 m^2 \cdot m^{-3}$。但板式换热器的操作压力和温度比较低，是因为受到垫片材料的耐热性限制。

（9）**热管换热器** 热管元件换热原理如图 4-13 所示。它是依靠热管元件中，载热工质的汽化-冷凝-汽化-冷凝的循环过程，进行换热的。如果将热管元件组装成管束、壳体、隔板的箱体，即为热管换热器，如图 4-23 所示。热流体通过热管的蒸发端时，将热量传递给热管、热流体本身降温了。冷流体通过热管的冷凝端时，使冷凝端的蒸气被冷却，冷流体本身被加热了。

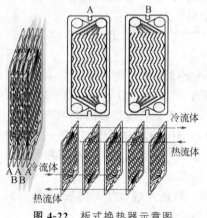

图 4-22 板式换热器示意图

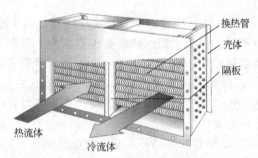

图 4-23 热管换热器示意图

热管本身是一个热的载体，它反复地进行着多次蓄热-放热的过程。它兼有蓄热式和间壁式换热的特点。由于沸腾和冷凝的给热系数都很大，所以热管换热器的传热能力很强，是 20 世纪 60 年代发展起来的新型换热器，有着广阔的发展前景。

4.6.2 传热习题课

图 4-24 所示为传热线索方框图。

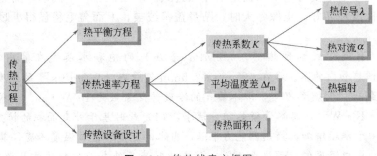

图 4-24 传热线索方框图

例 4-10 蒸汽管路 $\phi 104\text{mm} \times 4\text{mm}$ 外包扎有两层隔热材料，内层为保温砖（$\lambda_1 = 0.15\text{W} \cdot \text{m}^{-1} \cdot \text{K}^{-1}$），外层为建筑砖（$\lambda_2 = 0.69\text{W} \cdot \text{m}^{-1} \cdot \text{K}^{-1}$），设两隔热层厚度均为 50mm，且管壁热阻可忽略。若将两层材料互换位置，而其他条件不变，试问每米管长的热损失的改变为多少？说明在本题条件下，哪种材料包扎在内层较为合适。若为平壁，隔热材料互换对热损失有影响吗？

解题思路 这是一个较为简单的圆筒壁导热问题，用下列公式计算两次并比较即可。

$$Q = \frac{2\pi L \Delta t}{\frac{1}{\lambda_1}\ln\left(\frac{r_2}{r_1}\right) + \frac{1}{\lambda_2}\ln\left(\frac{r_3}{r_2}\right)}$$

$$Q' = \frac{2\pi L \Delta t}{\frac{1}{\lambda_2}\ln\left(\frac{r_2}{r_1}\right) + \frac{1}{\lambda_1}\ln\left(\frac{r_3}{r_2}\right)}$$

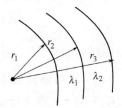

图 4-25 例 4-10 附图

解 如图 4-25 所示，$r_1 = 0.052\text{m}$，$r_2 = 0.102\text{m}$，$r_3 = 0.152\text{m}$，当内层为保温砖，外层为建筑砖时

$$Q = \frac{2\pi L \Delta t}{\frac{1}{\lambda_1}\ln\left(\frac{r_2}{r_1}\right) + \frac{1}{\lambda_2}\ln\left(\frac{r_3}{r_2}\right)} = \frac{2\pi L \Delta t}{\frac{1}{0.15}\ln\left(\frac{0.102}{0.052}\right) + \frac{1}{0.69}\ln\left(\frac{0.152}{0.102}\right)} = \frac{2\pi L \Delta t}{5.07}$$

当内层为建筑砖，外层为保温砖时

$$Q' = \frac{2\pi L \Delta t}{\frac{1}{\lambda_2}\ln\left(\frac{r_2}{r_1}\right) + \frac{1}{\lambda_1}\ln\left(\frac{r_3}{r_2}\right)} = \frac{2\pi L \Delta t}{\frac{1}{0.69}\ln\left(\frac{0.102}{0.052}\right) + \frac{1}{0.15}\ln\left(\frac{0.152}{0.102}\right)} = \frac{2\pi L \Delta t}{3.636}$$

$$\frac{Q'}{Q} = \frac{2\pi L \Delta t}{3.636} \times \frac{5.07}{2\pi L \Delta t} = 1.394$$

隔热性能差的（即热导率大的）建筑砖在内层时，其热损失 Q' 更大。所以，将隔热性能好的保温砖包扎在内层更好。

若为平壁（或 r 较大，近似平壁）假定 $r = 100\text{m}$，计算如下

$$\ln\left(\frac{r_2}{r_1}\right) = \ln\left(\frac{100.05}{100}\right) = 4.9988 \times 10^{-4}$$

$$\ln\left(\frac{r_3}{r_2}\right) = \ln\left(\frac{100.10}{100.05}\right) = 4.9963 \times 10^{-4}$$

即 $\ln\left(\frac{r_2}{r_1}\right) \approx \ln\left(\frac{r_3}{r_2}\right)$，则 $Q \approx Q'$

说明平壁热传导中，隔热材料互换位置对导热速率没有影响。

点评：此题主要是复习一下圆筒壁的导热公式。顺便说明一个问题，隔热效果好的材料包扎在内层，保温性能好。正像冬天时，贴身盖鸭绒被，上面盖毛毯显得更暖和。反之，会感到很冷。

例 4-11 有列管式水预热器，0.2MPa（表压）的饱和水蒸气在管内冷凝（温度为 134℃），用以预热管内的水。水在 $\phi 25\text{mm} \times 2.5\text{mm}$ 钢管内以 $0.6\text{m} \cdot \text{s}^{-1}$ 的速度流过，其进口温度为 20℃，到出口预热至 80℃。取水蒸气的冷凝传热系数为 $10^4 \text{W} \cdot \text{m}^{-2} \cdot \text{K}^{-1}$，污垢热阻为 $6 \times 10^{-4} \text{m}^2 \cdot \text{K} \cdot \text{W}^{-1}$，忽略管壁热阻。试求：(1) 此时基于外表面积的传热系数 K；(2) 操作一年后，由于水垢增加，换热器能力下降，当水的流量和进口温度不变，其他条件也没有变化，此时水的出口温度仅能预热至 70℃，试求此时基于外表面积的传热系数 K' 及污垢层热阻 R'。

已知水在定性温度 50℃ 时的物性数据如下：$\rho = 988.1 \text{kg} \cdot \text{m}^{-3}$；$c_{p,c} = 4175 \text{J} \cdot \text{kg}^{-1} \cdot \text{K}^{-1}$；$\mu = 0.549 \text{cP}$；$\lambda = 0.648 \text{W} \cdot \text{m}^{-1} \cdot \text{K}^{-1}$。

解题思路

(1) 先弄清条件，如图 4-26 所示。d_1、d_2、α_2 为已知，求基于外表面积的 K，即 K_2

$$\frac{1}{K_2} = \frac{d_2}{\alpha_1 d_1} + \frac{1}{\alpha_2} + R \frac{d_2}{d_1}$$

其中

$$\alpha_1 = 0.023 \frac{\lambda}{d} \left(\frac{du\rho}{\mu}\right)^{0.8} \left(\frac{c_p \mu}{\lambda}\right)^{0.4}$$

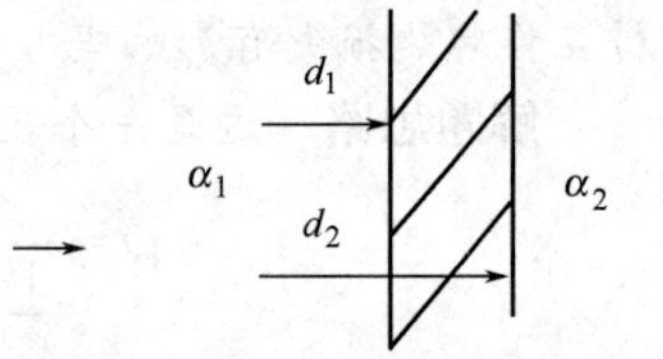

图 4-26 例 4-11 附图

(2) 水的预热温度下降→传热速率 q 下降→只能是传热系数 K_2' 下降→是因为污垢层热阻 R' 升高，利用操作前后的传热速率方程，用比较法求得新的 K_2'，再求 R'。

$$q_{m,c} c_{p,c} (t_2 - t_1) = K_2 A \Delta t_m$$
$$q_{m,c} c_{p,c} (t_2' - t_1) = K_2' A \Delta t_m'$$

解 (1) $\alpha_1 = 0.023 \dfrac{\lambda}{d_1} \left(\dfrac{du\rho}{\mu}\right)^{0.8} \left(\dfrac{c_p \mu}{\lambda}\right)^{0.4}$

$$= 0.023 \times \frac{0.648}{0.020} \times \left(\frac{0.020 \times 0.6 \times 988.1}{0.549 \times 10^{-3}}\right)^{0.8} \left(\frac{4175 \times 0.549 \times 10^{-3}}{0.648}\right)^{0.4}$$

$$= 0.7452 \times 2934 \times 1.658 = 3625 \text{W} \cdot \text{m}^{-2} \cdot \text{K}^{-1}$$

$$\frac{1}{K_2} = \frac{d_2}{\alpha_1 d_1} + \frac{1}{\alpha_2} + R \frac{d_2}{d_1} = \frac{25}{3625 \times 20} + \frac{1}{10^4} + 6 \times 10^{-4} \times \frac{25}{20} = 1.195 \times 10^{-3} \text{W}^{-1} \cdot \text{m}^2 \cdot \text{K}$$

则 $K_2 = 837 \text{W} \cdot \text{m}^{-2} \cdot \text{K}^{-1}$

(2) 刚操作时（一年前）：

$$q_{m,c} c_{p,c} (t_2 - t_1) = K_2 A \Delta t_m = 837 A \frac{(134-20)-(134-80)}{\ln\left(\frac{114}{54}\right)}$$

$$q_{m,c} c_{p,c} \times (80 - 20) = 837 A \times 80.3 \tag{1}$$

操作一年后：

$$q_{m,c}c_{p,c}(t_2'-t_1) = K_2'A\Delta t_m' = K_2'A \frac{(134-20)-(134-70)}{\ln\left(\frac{114}{64}\right)}$$

则
$$q_{m,c}c_{p,c} \times (70-20) = K_2'A \times 86.61 \tag{2}$$

式(2)/式(1) 得
$$\frac{70-20}{80-20} = \frac{K_2' \times 86.61}{837 \times 80.3}$$

则
$$K_2' = 647 \text{W} \cdot \text{m}^{-2} \cdot \text{K}^{-1}$$

操作一年后，水的定性温度略有变化（45℃），物性数据会略有变化，α_1 也会略有变化，下面的计算忽略此种变化。

因
$$\frac{1}{K_2'} = \frac{d_2}{\alpha_1 d_1} + \frac{1}{\alpha_2} + R'\frac{d_2}{d_1}$$

$$\frac{1}{647} = \frac{20}{3625 \times 25} + \frac{1}{10^4} + R' \times \frac{25}{20}$$

则
$$R' = 9.8 \times 10^{-4} \text{m}^2 \cdot \text{K} \cdot \text{W}^{-1}$$

点评：此题复习了①计算对流传热系数 α 的最重要的公式；②基于外表面积的传热系数 K 和污垢层热阻与传热系数之间的关系；③用比较法解传热问题。

习 题

4-1 燃烧炉的平壁由下列三种材料构成：耐火砖的热导率为 $\lambda = 1.05 \text{W} \cdot \text{m}^{-1} \cdot \text{K}^{-1}$，厚度为 $b = 230\text{mm}$；绝热砖的热导率为 $\lambda = 0.151 \text{W} \cdot \text{m}^{-1} \cdot \text{K}^{-1}$；普通砖的热导率为 $\lambda = 0.93 \text{W} \cdot \text{m}^{-1} \cdot \text{K}^{-1}$。若耐火砖内侧温度为 1000℃，耐火砖与绝热砖接触面最高温度为 940℃，绝热砖与普通砖间的最高温度不超过 130℃（假设每两种砖之间接触良好界面上的温度相等）。试求：（1）绝热砖的厚度，绝热砖的尺寸为 230mm(长)×113mm(宽)×65mm(高)；（2）普通砖外侧的温度，普通砖的尺寸为 240mm(长)×120mm(宽)×50mm(高)。

[答：(1) $b_2 = 0.446\text{m}$，圆整为 0.46m；(2) $t_4 = 34.6$℃]

4-2 某工厂用 $\phi 170\text{mm} \times 5\text{mm}$ 的无缝钢管输送水蒸气。为了减少沿途的热损失，在管外包两层绝热材料：第一层为厚 30mm 的矿渣棉，其热导率为 $0.065 \text{W} \cdot \text{m}^{-1} \cdot \text{K}^{-1}$；第二层为厚 30mm 的石棉灰，其热导率为 $0.21 \text{W} \cdot \text{m}^{-1} \cdot \text{K}^{-1}$。管内壁温度为 300℃，保温层外表面温度为 40℃，管路长 50m。试求该管路的散热量。无缝钢管热导率为 $45 \text{W} \cdot \text{m}^{-1} \cdot \text{K}^{-1}$。

[答：$Q = 14.2\text{kW}$]

4-3 冷却水在 $\phi 19\text{mm} \times 1\text{mm}$，长为 2.0m 的钢管中以 $1\text{m} \cdot \text{s}^{-1}$ 的流速通过。水温由 288K 升至 298K。求管壁对水的对流传热系数。

[答：$4260 \text{W} \cdot \text{m}^{-2} \cdot \text{K}^{-1}$]

4-4 空气流过 $\phi 75.5\text{mm} \times 3.75\text{mm}$、长 25m 的钢管。空气流速为 $5\text{m} \cdot \text{s}^{-1}$。空气入口温度为 30℃，出口温度为 70℃。试计算空气与管壁间的对流传热系数。如空气流速增加为原来的一倍，其他条件不变，对流传热系数又为多少？

[答：$21.79 \text{W} \cdot \text{m}^{-2} \cdot \text{K}^{-1}$，$37.93 \text{W} \cdot \text{m}^{-2} \cdot \text{K}^{-1}$]

4-5 有一套管式换热器，外管尺寸为 $\phi 38\text{mm} \times 2.5\text{mm}$，内管为 $\phi 25\text{mm} \times 2.5\text{mm}$ 的钢管，冷水在管内以 $0.3\text{m} \cdot \text{s}^{-1}$ 的流速流动。水进口温度为 20℃，出口温度为 40℃。试求管壁对水的对流传热系数。

〔答：1640W·m^{-2}·K^{-1}〕

4-6 常压蒸气在单根圆管外冷凝，管外径 $d=100$mm，管长 $L=1.50$m，壁温恒定在98℃。试求：(1) 管子水平放置时的平均传热系数；(2) 管子垂直放置时整个圆管的平均传热系数。

〔答：1.06×10^4W·m^{-2}·K^{-1}；1.26×10^4W·m^{-2}·K^{-1}〕

4-7 请推导在其他条件相同时，水平管外冷凝的传热系数与垂直管外冷凝的传热系数之比。若 $L=2$m，$d=20$mm，水平放置时的传热系数是垂直放置时的几倍？

〔答：$\dfrac{\alpha_{水平}}{\alpha_{垂直}}=0.64\left(\dfrac{L}{d}\right)^{1/4}$；1.88〕

4-8 在常压下，水在 $t_w=113.9$℃的铂质加热表面上作大容器内沸腾，试求单位加热面积的汽化率。已知水-铂组合情况下的 $C_{sf}=0.0130$。

〔答：0.168kg·m^{-2}·s^{-1}〕

4-9 现测定套管式换热器的总传热系数，数据如下：甲苯在内管中流动，质量流量为5000kg·h^{-1}，进口温度为80℃，出口温度为50℃；水在环隙中流动，进口温度为15℃，出口温度为30℃，逆流流动，冷却面积为2.5m^2。问所测得的总传热系数为多少？

〔答：737W·m^{-2}·K^{-1}〕

4-10 在一套管式换热器中，内管为 $\phi180$mm$\times10$mm 的钢管，内管中热水被冷却，热水流量为3000kg·h^{-1}，进口温度为90℃，出口温度为60℃。环隙中冷却水进口温度为20℃，出口温度为50℃，总传热系数 $K=2000$W·m^{-2}·K^{-1}。试求：(1) 冷却水用量；(2) 并流流动时的平均温度差及所需的管子长度；(3) 逆流流动时的平均温度差及所需的管子长度。

〔答：(1) 3000kg·h^{-1}；(2) 30.6K，3.4m；(3) 40K，2.6m〕

4-11 一套管式换热器内流体的对流传热系数 $\alpha_1=200$W·m^{-2}·K^{-1}，管外流体的对流传热系数 $\alpha_2=350$W·m^{-2}·K^{-1}。已知两种流体均在湍流情况下进行换热。(1) 假设管内流体流动增加一倍；(2) 假设管外流体流速增加二倍。其他条件不变，试问总传热系数是原来的多少倍？管壁热阻及污垢热阻可不计。

〔答：(1) 1.37倍；(2) 1.27倍〕

4-12 有一套管式换热器，内管为 $\phi54$mm$\times2$mm 的钢管，外管为 $\phi116$mm$\times4$mm 的钢管。内管中苯被加热，苯进口温度为50℃，出口为80℃。流量为4000kg·h^{-1}。套管中为 $p=196.1$kPa 的饱和水蒸气冷凝，冷凝的对流传热系数为10000W·m^{-2}·K^{-1}。已知管内壁的污垢热阻为0.0004m^2·K·W^{-1}，管壁及管外侧热阻均可不计。苯的密度为880kg·m^{-3}。试求：(1) 加热水蒸气用量；(2) 管壁对苯的对流传热系数；(3) 完成上述处理所需套管的有效长度。

〔答：(1) 100kg·h^{-1}；(2) 985W·m^{-2}·K^{-1}；(3) 10.6m〕

4-13 空气在预热器内从20℃加热至80℃，116℃的饱和蒸汽在管外冷凝，若保持空气进、出口温度不变，而将预热器内的空气流量增加20%，而预热器不更换。试通过定量计算来说明采取什么措施来完成新的生产任务？假定空气在管内做湍流流动，且总传热系数 K 约等于空气一侧的对流传热系数。

〔答：管径缩小为原来管径的0.955倍；管长增加为原来的1.037倍；提高加热水蒸气温度至118.1℃〕

4-14 在列管式换热器中，用饱和蒸汽加热原料油，温度为160℃的饱和蒸汽在壳程冷凝，原料油在管程流动并由20℃加热到106℃。操作温度下油的密度为920kg·m^{-3}，油在管中的平均流速为0.75m·s^{-1}，换热器热负荷为125kW。列管式换热器共有25根 $\phi19$mm$\times2$mm 的管子，管长为4m。若已知蒸汽冷凝系数为7000W·m^{-2}·K^{-1}，油侧污垢热阻为0.0005m^2·K·W^{-1}，管壁和蒸汽侧污垢热阻可忽略。试求管内油侧对流传热系数为多少？若油侧流速增加一倍，此时总传热系数为原来的1.75倍，试求油的出口温度。设油的物性常数不变。

〔答：360W·m^{-2}·K^{-1}，99.5℃〕

本章关键词中英文对照

传热/heat transfer
导热/conduction
对流/convection
辐射/radiation
强制对流/forced convection
自然对流/natural (free) convection
傅里叶定律/Fourier's law
牛顿冷却定律/Newton's law of cooling
斯蒂芬-玻尔兹曼常数/Stefan-Boltzmann constant
导热系数/thermal conductivity
传热系数/heat-transfer coefficient
无量纲分析/dimensional analysis
努赛尔数/Nusselt number
普朗特数/Prandtl number
温度梯度/temperature gradient
热边界层/thermal boundary layer
热阻/thermal resistance
反射率/reflectivity
透射率/transmissivity
沸腾/boiling
沸点/boiling point
核沸腾/nucleate boiling
膜沸腾/film boiling
池沸腾/pool boiling
蒸发器/evaporator
冷凝/condensation
冷凝液/condensate
膜状冷凝/film-type condensation
滴状冷凝/dropwise condensation
冷凝器/condenser
汽化潜热/latent heat of vaporization
黑体/black body

灰体/gray body
吸收率/absorptivity
饱和液体/saturated liquid
过冷液体/subcooled liquid
过热液体/subheated liquid
不凝性气体/noncondensed gas
热交换器/heat-exchanger
套管换热器/double-pipe heat exchanger
列管换热器/shell-and-tube exchanger
翅片管换热器/fin tube exchanger
固定板式换热器/fixed-plate heat exchanger
浮头式换热器/floating-head exchanger
板式换热器/plate heat exchanger
热膨胀补偿/provision for thermal expansion
对数平均温度差/logarithmic mean temperature difference (LMTD)
总传热系数/overall heat-transfer coefficient
污垢因子/fouling factor
热损失/heat loss
热效率/heating effectiveness
算术平均/arithmetic means
并流/concurrent flow
并流/parallel flow
逆流/countercurrent flow
错流/crossflow
管间距/tube pitch
管板/tube sheet
挡板/baffle
挡板间距/baffle pitch
单程/single-pass
多程/multipass

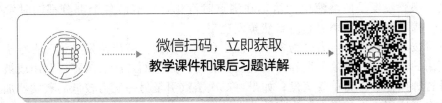

第 5 章

蒸 发

> **本章学习要求**
>
> 一、重点掌握
> - 单效蒸发过程及其计算；
> - 蒸发器内溶液沸点升高、导致传热温差减小的主要因素；
> - 蒸发器的生产能力与多效蒸发器的选择。
>
> 二、熟悉内容
> - 多效蒸发的流程及其特点；
> - 蒸发过程的强化与节能措施。
>
> 三、了解内容
> - 蒸发操作的特点及其工业应用；
> - 蒸发器的选型；
> - 新型蒸发器的技术特点与进展。

在日常生活中，熬中药、煲猪骨汤，许多人都操作过。抓中药时，医生会嘱咐，三碗水煎成一碗汤药。熬中药的过程，既是一个中药有效成分的溶解过程，又是一个蒸发过程。

什么叫蒸发？将溶液加热，使其中部分溶剂汽化并不断去除，以提高溶液中的溶质浓度的过程即蒸发。熬中药时，如果始终保持三碗水的量，而不是三碗水煎成一碗水，则三碗水中的药物浓度不高，药效就不够。如图 5-1 所示。

在化工生产中，NaOH 溶液增浓、稀糖液的浓缩、由海水蒸发并冷凝制备淡水等都是采用蒸发操作来实现的。

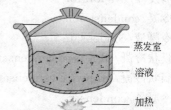

图 5-1 蒸发示意图

蒸发的方式有自然蒸发和沸腾蒸发。自然蒸发是溶液中的溶剂在低于沸点下汽化，如海盐的晒制。沸腾蒸发是使溶液中的溶剂在沸点时汽化，在溶液各个部分都同时发生汽化现象。因此，沸腾蒸发的速率远超过自然蒸发速率。

蒸发可按蒸发器内的压力分为常压、加压和减压蒸发。减压蒸发又称为真空蒸发。按二次蒸汽利用的情况分为单效蒸发和多效蒸发。若将所产生的二次蒸汽不再利用或被利用于蒸发器以外这种操作，称为单效蒸发；如果将二次蒸汽引至另一压力较低的蒸发器加热室，作为加热蒸汽来使用，这种操作称为多效蒸发操作。

5.1 单效蒸发

5.1.1 单效蒸发衡算方程

(1) 蒸发器的物料衡算 在蒸发操作中，单位时间内从溶液蒸发出来的水量，可通过物料衡算确定。现对图 5-2 所示的单效蒸发作溶质的物料衡算。在稳定连续操作中，单位时间进入和离开蒸发器的溶质数量应相等，即

$$Fx_0 = (F-W)x_1 \tag{5-1a}$$

由此可求得水分蒸发量为

$$W = F\left(1 - \frac{x_0}{x_1}\right) \tag{5-1b}$$

完成液的浓度

$$x_1 = \frac{Fx_0}{F-W} \tag{5-1c}$$

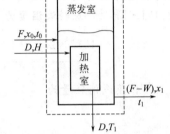

图 5-2 单效蒸发衡算示意图

式中，F 为溶液的进料量，$kg \cdot h^{-1}$；W 为水分蒸发量，$kg \cdot h^{-1}$；x_0 为原料液中溶质的浓度，质量分数；x_1 为完成液中溶质的浓度，质量分数。

(2) 蒸发器的热量衡算 对图 5-2 所示的虚线范围作热量衡算得

$$DH + Fc_F t_0 = WH' + (Fc_F - Wc_W)t_1 + Dc_W T_1 + Q_L$$

或

$$D(H - c_W T_1) = W(H' - c_W t_1) + Fc_F(t_1 - t_0) + Q_L \tag{5-2a}$$

式中，D 为加热蒸汽流率，$kg \cdot s^{-1}$；H，H' 分别是加热蒸汽和二次蒸汽的焓，$J \cdot kg^{-1}$；c_F，c_W 分别是原料液和水的比热容，$J \cdot kg^{-1} \cdot K^{-1}$；$t_0$，$t_1$ 分别是原料温度和溶液的沸点，K；T_1 为冷凝液的饱和温度，K；Q_L 为蒸发器的热损失，W。

$$H - c_W T_1 = \gamma, \quad H' - c_W t_1 = \gamma'$$

则

$$D\gamma = W\gamma' + Fc_F(t_1 - t_0) + Q_L$$

$$D = \frac{W\gamma' + Fc_F(t_1 - t_0) + Q_L}{\gamma} \tag{5-2b}$$

式中，γ，γ' 分别为加热蒸汽与二次蒸汽的汽化潜热，$J \cdot kg^{-1}$。

若原料液在沸点下进入蒸发器，即 $t_0 = t_1$，再忽略热损失，即 $Q_L = 0$，则式(5-2b) 得

$$\frac{D}{W} = \frac{\gamma'}{\gamma} \tag{5-2c}$$

式中，D/W 为单位蒸汽消耗量，即蒸发 1kg 水所需蒸汽量，kg 蒸汽 $\cdot kg^{-1}$ 水。

由于二次蒸汽的汽化潜热 γ' 与加热蒸汽的汽化潜热 γ 随压力变化不大，即 $\gamma' \approx \gamma$，则 $\frac{D}{W} = 1$，即原料液为沸点进料并忽略热损失时，加热蒸汽消耗量与二次蒸汽生成量相等。

一般情况下，c_F 可以使用下式进行计算

$$x_F = c_W(1 - x_0) + c_b x_0 \tag{5-2d}$$

其中，c_b 为溶质的比热容。若 x_0 很小（<0.2）时，c_F 可以近似按下式计算

$$x_F = c_W(1 - x_0) \tag{5-2e}$$

例 5-1　在单效蒸发中,每小时将 2000kg 的某种水溶液从 10% 连续浓缩到 30%,蒸发操作的平均压力为 39.3kPa,相应的溶液的沸点为 80℃。加热蒸汽绝压为 196kPa,原料液的比热容为 3.77kJ·kg^{-1}·K^{-1}。蒸发器的热损失为 12000W。试求:(1) 蒸发量;(2) 原料液温度分别为 30℃、80℃ 和 120℃ 时的加热蒸汽消耗量及单位蒸汽消耗量。

解　(1) 蒸发量:由式(5-1b)知

$$W = F\left(1 - \frac{x_0}{x_1}\right) = 2000 \times \left(1 - \frac{0.1}{0.3}\right) = 1333 \text{kg} \cdot \text{h}^{-1}$$

(2) 加热蒸汽消耗量:由式(5-2b)知

$$D = \frac{W\gamma' + Fc_F(t_1 - t_0) + Q_L}{\gamma}$$

由附录查得压力为 39.3kPa 和 196kPa 时的饱和蒸汽的汽化潜热分别为 2320kJ·kg^{-1} 和 2204kJ·kg^{-1},原料液温度为 30℃ 时的蒸汽消耗量为

$$D = \frac{1333 \times 2320 + 2000 \times 3.77 \times (80-30) + \frac{12000}{1000} \times 3600}{2204} = 1594 \text{kg} \cdot \text{h}^{-1}$$

单位蒸汽消耗量为

$$\frac{D}{W} = \frac{1594}{1333} = 1.2$$

原料液温度为 80℃ 时的蒸汽消耗量为

$$D = \frac{1333 \times 2320 + 12000 \times 3.6}{2204} = 1423 \text{kg} \cdot \text{h}^{-1}$$

单位蒸汽消耗量为

$$\frac{D}{W} = \frac{1423}{1333} = 1.1$$

原料液温度为 120℃ 时的蒸汽消耗量为

$$D = \frac{1333 \times 2320 + 2000 \times 3.77 \times (80-120) + 12000 \times 3.6}{2204} = 1286 \text{kg} \cdot \text{h}^{-1}$$

单位蒸汽消耗量为

$$\frac{D}{W} = \frac{1286}{1333} = 0.96$$

由以上计算结果得知,原料液的温度越高,蒸发 1kg 水所消耗的加热蒸汽量越少。

5.1.2　蒸发器传热面积

蒸发器的传热面积可依传热基本方程式求得,即

$$A = \frac{Q}{K\Delta t_m} \tag{5-3}$$

式中,A 为蒸发器的传热面积,m^2;K 为蒸发器的传热系数,W·m^{-2}·K^{-1};Δt_m 为传热的平均温度差,K;Q 为蒸发器的传热速率,W。

式(5-3)中的热负荷依热量衡算求取,显然 $Q = D\gamma$。其中传热系数 K 亦可按蒸汽冷凝和液体沸腾对流传热求出间壁两侧的对流传热系数,及按经验估计的垢层热阻进行计算。对于蒸发器的传热平均温度差,因为蒸发过程是间壁两侧的蒸汽冷凝和溶液沸腾之间的恒温传热,所以 $\Delta t_m = T_1 - t_1$,但是水溶液的沸点 t_1 的确定方法还有待于在 5.1.3 节和 5.1.4 节中进行讨论。

例 5-2 在单效蒸发器中，将 15% 的 $CaCl_2$ 水溶液连续浓缩到 25%，原料液流量为 $20000 kg \cdot h^{-1}$，温度为 75℃。蒸发操作的平均压力为 49kPa，溶液的沸点为 87.5℃。加热蒸汽绝压为 196kPa。若蒸发器的总传热系数 $K=1000 W \cdot m^{-2} \cdot K^{-1}$，热损失为蒸发器传热量的 5%。试求蒸发器的传热面积和加热蒸汽消耗量。

解 蒸发量为

$$W = F\left(1 - \frac{x_0}{x_1}\right) = \frac{20000}{3600} \times \left(1 - \frac{0.15}{0.25}\right) = 2.22 kg \cdot s^{-1}$$

蒸发器的热负荷为

$$Q = [W\gamma' + Fc_F(t_1 - t_0)] \times (1 + 5\%)$$

而其中原料液比热容为

$$c_F = c_W(1 - x_0) = 4.187 \times (1 - 0.15) = 3.56 kJ \cdot kg^{-1} \cdot K^{-1}$$

由附录查得 49kPa 下饱和蒸汽的汽化潜热 γ' 为 $2305 kJ \cdot kg^{-1}$。所以

$$Q = 1.05 \times \left[2.22 \times 2305 \times 10^3 + \frac{20000}{3600} \times 3.56 \times 10^3 \times (87.5 - 75)\right] = 5.63 \times 10^6 W$$

又由附录查得 196kPa 下饱和蒸汽温度为 119.6℃，汽化潜热为 $2203 kJ \cdot kg^{-1}$，所以蒸发器的传热面积为

$$A = \frac{Q}{K(T_1 - t_1)} = \frac{5.63 \times 10^6}{1000 \times (119.6 - 87.5)} = 175 m^2$$

加热蒸汽消耗量为

$$D = \frac{Q}{\gamma} = \frac{5.63 \times 10^6}{2203 \times 10^3} = 2.56 kg \cdot s^{-1}$$

5.1.3 蒸气压下降引起沸点升高

所谓传热温度差，即加热蒸汽温度 T 与溶液沸点温度 t 之差，即 $\Delta t_m = T - t$。而由于有了溶质 A 的加入，使蒸气压下降，导致溶液的沸点升高，即高于纯水在相同压力下的沸点 (t_0)，即 $t > t_0$。这个沸点升高引起的温度差 Δt_m 下降，即温度差损失 (Δ)。一般教材中讲有三种温度差损失，分别为 Δ'、Δ''、Δ'''。如图 5-3 所示。

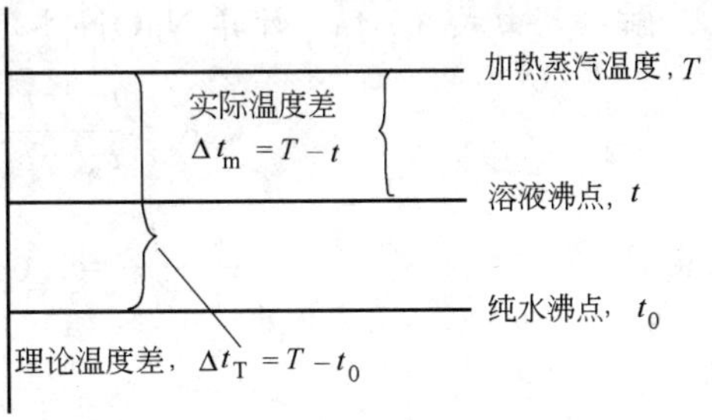

温度差损失 $\Delta = \Delta t_T - \Delta t_m$
$= (T - t_0) - (T - t) = t - t_0$

本书换一个证法，重点研究溶液沸点升高值。某些无机物溶液在常压下的沸点可查有关化工手册。

图 5-3 温度差损失示意图

非常压下计算无机物溶液的沸点，常采用杜林规则。杜林规则为：某溶液在两种不同压力下，两沸点之差 $(t_A - t_A')$ 与另一标准液体在相应压力下两沸点之差 $(t_w - t_w')$，其比值为常数，即

$$\frac{t_A - t_A'}{t_w - t_w'} = K \tag{5-4a}$$

$$t_A = K(t_w - t'_w) + t'_A \tag{5-4b}$$

式中，t_A，t'_A 为在 p_1 和 p_2 压力下无机物溶液的沸点，K；t_w，t'_w 为在 p_1 和 p_2 压力下标准溶液的沸点，K；K 为杜林常数。

杜林规则是经验规则，图 5-4 是以水为标准液体时，不同浓度（质量）的 NaOH 水溶液的杜林线图。可以利用杜林线求取不同浓度的溶液在任一压力下的沸点 t_A。

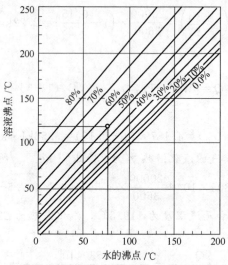

图 5-4 NaOH 水溶液杜林线图

例 5-3 若质量分数为 18.32% 的 NaOH 水溶液，在压力为 29.4kPa 时的沸点为 74.4℃，试用杜林规则求在 49kPa 时，该溶液的沸点 t_A。各种压力下水、NaOH 溶液的沸点如表 5-1 所列。

表 5-1 例 5-3 附表

压力/kPa	101.3	29.4	49
NaOH 溶液的沸点/℃	107	74.4	
水的沸点/℃	100	68.7	80.9

解 由式（5-4a）计算 NaOH 水溶液在浓度为 18.32%（质量）时的 K 值，即

$$K = \frac{t_A - t'_A}{t_w - t'_w} = \frac{107 - 74.4}{100 - 68.7} = 1.042$$

又由

$$\frac{t_A - t''_A}{t_w - t''_w} = 1.042, \quad \frac{t_A - 107}{80.9 - 100} = 1.042$$

则

$$t_A = 87.1℃$$

5.1.4 溶液静压力引起沸点升高

蒸发器在操作时，器内需维持一定的液面高度（L），因而蒸发器内溶液的压力要高于表面的压力。致使溶液内部的沸点高于液面处的沸点。此沸点之差，即因静压力引起的沸点升高值。

如图 5-5 所示，设溶液的平均压强为 p_m，操作压强（或二次蒸汽压强）为 p，溶液

内部的压强按液面和底部间的平均压强计算，即

$$p_m = \frac{p+(p+\rho g L)}{2} = p + \frac{\rho g L}{2} \tag{5-5}$$

式中，ρ 为溶液平均密度，$kg \cdot m^{-3}$；p 为二次蒸汽压强，Pa；L 为液层高度，m。

溶液平均压强对应的沸点，比操作压强对应的沸点要高。

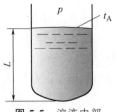

图 5-5 溶液内部压力推导

例 5-4 蒸发浓度为 50%（质量）的 NaOH 水溶液时，若蒸气压为 40kPa，蒸发器内溶液高度为 $L=2m$，溶液密度为 $\rho=1450kg \cdot m^{-3}$，试求此时溶液的沸点。

解 查饱和水蒸气压表得，压力为 40kPa 的水蒸气，沸点为 75℃，以水的沸点 75℃，查图 5-4 的杜林线图，得 117℃（此为溶液表面的沸点温度）。

若考虑蒸发器内溶液高度 $L=2m$，蒸发器内部压力为

$$p_m = p + \frac{\rho g L}{2} = 40 + \frac{1450 \times 9.81 \times 2 \times 10^{-3}}{2} = 54.22 kPa$$

压力为 54.22kPa 时，查得水蒸气沸点为 83.06℃，因静压力的沸点升高为

$$83.06 - 75 = 8.06℃$$

则此时溶液沸点为 $117 + 8.06 = 125℃$

根据经验，因管路阻力引起的溶液沸点升高值可取 1~1.5℃。此处不再详述。

综上所述，蒸发溶液温度的计算，影响着蒸发传热的温度差 Δt_m，进而影响传热速率 Q。对于连续加料的稳定蒸发器而言，传热速率也是稳定的。如果是间歇加料蒸发器，如煎中药、煲汤，却是不稳定的，溶液温度随蒸发的进行而升高，传热温度差在变小。

5.2 多效蒸发

5.2.1 多效蒸发概述

为了减少蒸汽消耗量，人们考虑利用前一个蒸发器生成的二次蒸汽，来作为后一个蒸发器的加热介质。后一个蒸发器的蒸发室是前一个蒸发器的冷凝器，此即多效蒸发。因为二次蒸汽的压力较前一个加热蒸汽的压力为低，所以后一个蒸发器应在更低的压力下操作，即需有抽真空的装置。

两个蒸发器串联操作，前一个称做一效，后一个称做二效。效数越多，单位蒸汽消耗量越小，如表 5-2 所示。

表 5-2 单位蒸汽消耗量

效　　数	单　效	双　效	三　效	四　效	五　效
$(D/W)_{最小}$	1.1	0.57	0.4	0.3	0.27

5.2.2 多效蒸发流程

(1) 并流法三效蒸发流程 如图 5-6 所示。

加热蒸汽的温度 T 越来越低，即 $T_1>T_2>T_3$。

蒸发室操作压力 p 越来越低，即 $p_1>p_2>p_3$。

由于蒸发室压力越来越低，则待蒸发溶液的沸点温度 t，也会越来越低，即 $t_1>t_2>t_3$。

那么加热蒸发的温度差 (T_i-t_i) 才可以维持一定的差值。如果不是抽真空装置，这个加热推动力 (T_i-t_i)，不可以维持一定值。

待蒸发的溶液浓度 c 会越来越高，即 $c_1<c_2<c_3$。

待蒸发的溶液黏度 μ 会越来越大，即 $\mu_1<\mu_2<\mu_3$。

传热系数 K 会越来越小，即 $K_1>K_2>K_3$。传热系数降低是人们不希望的。

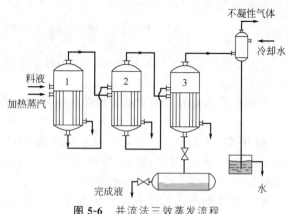

图 5-6　并流法三效蒸发流程

并流法加料的优点如下。

① 由于后一效蒸发室的压力较前一效为低，故溶液在效间的输送勿需用泵，就能自动从前效进入后效。

② 由于后一效溶液的沸点较前一效为低，故前一效的溶液进入后一效时，会因过热自行蒸发。因而可产生较多的二次蒸汽。

③ 由末效引出完成液，因其沸点最低，故带走的热量最少，减少了热量损失。

并流法加料的缺点是：由于后一效溶液的浓度较前一效为大，且温度又较低，所以料液黏度沿流动方向逐效增大，致使后效的传热系数降低。

(2) 逆流法三效蒸发流程　如图 5-7 所示。

待蒸发的溶液浓度 c 是越来越低的，即 $c_1>c_2>c_3$。

待蒸发的溶液黏度 μ 会越来越小，即 $\mu_1>\mu_2>\mu_3$。

黏度大的一效，加热蒸汽温度高，所以各效的黏度值较为接近，传热系数也大致相同，这样蒸发速率大致相同。这正是逆流法的优点。当然，效与效之间需要有泵来输送，增加了动力消耗。

(3) 错流法三效蒸发流程　相当于错流萃取中的错流。各效分别加料和分别出料，蒸汽与二次蒸汽串联流过，如图 5-8 所示。也可称为平流法。

此法适用于在蒸发过程中同时有结晶析出的场合，因其可避去结晶体在效间输送时堵塞管路，或用于对稀溶液稍加浓缩的场合。此法的缺点是每效皆处于最大浓度下进行蒸发，所以溶液黏度大，致使传热损失较大；同时各效的温度差损失较大，故降低了蒸发设备的生产能力。

(4) 多效蒸发的效数　蒸发装置中效数越多，温度损失越大。若效数过多还可能发生总温度差损失大于或等于有效总温度差，而使蒸发操作无法进行。基于上述理由，工业上使用的多效蒸发装置，其效数并不是很多的。一般对于电解质溶液，如 NaOH 等水溶液的蒸发，由于其沸点升高较大，故采用 2～3 效；对于非电解质溶液，如糖的水溶液或其他有机溶液的蒸发，由于其沸点升高较小，所用的效数可取 4～6 效；而在海水淡化的蒸发装置中，效数可多达 20～30 效。

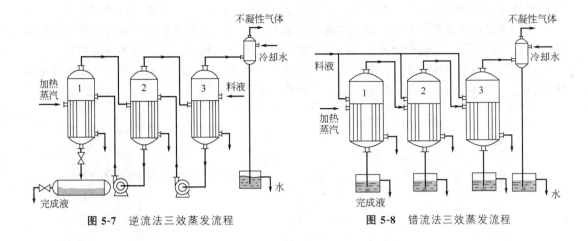

图 5-7 逆流法三效蒸发流程　　　　　图 5-8 错流法三效蒸发流程

5.3 蒸发设备

(1) 中央循环管蒸发器　加热室由加热管束和中央循环管组成，中央循环管的截面积是加热管束总截面积的 40%～100%。在加热管中溶液沸腾向上升，而在中央循环管，由于截面积大，溶液达不到加热管中的温度，于是溶液向下降，即构成液体在内部的循环。如图 5-9 所示。

(2) 强制循环蒸发器　溶液的循环借用泵的推动，将循环管下降的溶液和部分原料液用泵送到加热室，大大加快了循环速度（可达 $1.5 \sim 3.5 \mathrm{m \cdot s^{-1}}$），强化了蒸发过程。如图 5-10 所示。

(3) 外加热式蒸发器　加热室安装在蒸发室外面，便于清洗。由于循环管不被加热，溶液较快下降，自然循环速度较大。

(4) 列文蒸发器　在加热室的上部增设了直管，作为沸腾室。加热管中的溶液由于这段直管的压力，使溶液不在加热管中沸腾，这就减少了溶液在加热管壁上的结晶和结垢的机会。

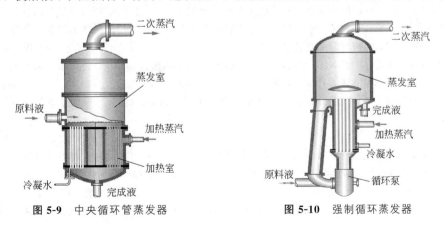

图 5-9 中央循环管蒸发器　　　　　图 5-10 强制循环蒸发器

(5) 升膜式蒸发器　料液由底部进入加热管，受热沸腾后迅速汽化，在管中央出现蒸气柱，蒸气柱带动料液上升，沿管壁形成膜状，加快蒸发汽化。为了形成膜状流上升，一般料液要预热到接近沸点时加入。管长与管径之比为 $150>l/d>100$。如图 5-11 所示。

(6) 降膜式蒸发器 料液由顶部经液体分配器,均匀流入加热管,在重力作用下,料液沿管内壁成膜状下降,进行蒸发。为了形成膜状流下降,加料时需设计液体分配装置。

(7) 沉浸燃烧式蒸发器 将高温燃烧气直接喷入溶液,喷气产生剧烈搅拌,使溶液迅速沸腾汽化,热利用率高。是一种直接混合式传热。如图 5-12 所示。

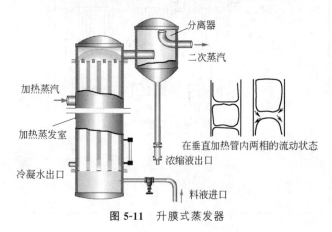
图 5-11 升膜式蒸发器

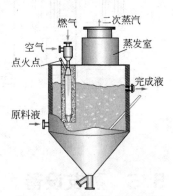
图 5-12 沉浸燃烧式蒸发器

习 题

5-1 在葡萄糖水溶液浓缩过程中,每小时的加料量为 3000kg,浓度由 15%(质量)浓缩到 70%(质量)。试求每小时蒸发水量和完成液量。

[答:2357kg·h^{-1},643kg·h^{-1}]

5-2 固体 NaOH 的比热容为 1.31kJ·kg^{-1}·K^{-1},试分别估算 NaOH 水溶液浓度为 10%和 25%时的比热容。

[答:3.77kJ·kg^{-1}·K^{-1},3.47kJ·kg^{-1}·K^{-1}]

5-3 已知单效常压蒸发器每小时处理 2000kg NaOH 水溶液,溶液浓度由 15%(质量)浓缩到 25%(质量)。加热蒸汽压力为 392kPa(绝压),冷凝温度下排出。分别按 20℃加料和沸点加料(溶液的沸点为 113℃)。求此两种情况下的加热蒸汽消耗量和单位蒸汽消耗量。假设蒸发器的热损失可以忽略不计。

[答:1160kg·h^{-1},1.45;850.9kg·h^{-1},1.06]

5-4 传热面积为 52m^2 的蒸发器,在常压下每小时蒸发 2500kg 浓度为 7%(质量)的某种水溶液。原料液的温度为 95℃,常压下的沸点为 103℃。完成液的浓度为 45%(质量)。加热蒸汽表压力为 196kPa。热损失为 110000W。试估算蒸发器的总传热系数。

[答:936W·m^{-2}·K^{-1}]

5-5 已知 25%(质量)的 NaCl 水溶液在 101.3kPa 压力下的沸点为 107℃,在 19.6kPa 绝对压力下的沸点为 65.8℃。试利用杜林规则计算此溶液在 49kPa 绝对压力下的沸点。

[答:87.48℃]

5-6 试计算浓度为 30%(质量)的 NaOH 水溶液,在 450mmHg(绝压)下由于溶液的蒸气压降低所引起的温度差损失。

[答:19.5℃]

5-7 某单效蒸发器的液面高度为 2m,溶液的密度为 1250kg·m^{-3}。试通过计算比较在下列操作条件下,因液层静压力所引起的温度差损失:(1) 操作压力为常压;(2) 操作压力为 330mmHg(绝压)。

[答:(1) 2.8℃;(2) 5.9℃]

5-8 用单效蒸发器浓缩 CaCl$_2$ 水溶液,操作压力为 101.3kN·m^{-2},已知蒸发器中 CaCl$_2$ 溶液的浓度为 40.83%(质量),其密度为 1340kg·m^{-3}。若蒸发时的液面高度为 1m。试求此时溶液的沸点。

[答:122℃]

5-9 单效蒸发器中,每小时将 5000kg 的 NaOH 水溶液从 10%(质量)浓缩到 30%(质量),原料液温度50℃。蒸发室的真空度为 500mmHg，加热蒸汽的表压为 39.23kPa。蒸发器的传热系数为 2000 $W\cdot m^{-2}\cdot K^{-1}$。热损失为加热蒸汽放热量的5%。不计液柱静压力引起的温度差损失。试求蒸发器的传热面积及加热蒸汽消耗量。当地大气压力为 101.3kPa。

[答：71.25m^2，3960$kg\cdot h^{-1}$]

5-10 用单效蒸发器处理 $NaNO_3$ 溶液。溶液浓度为5%（质量）浓缩到25%（质量）。蒸发室压力为 300mmHg（绝压），加热蒸汽压力为 39.2kPa（表压）。总传热系数为 2170$W\cdot m^{-2}\cdot K^{-1}$，加料温度为40℃，原料液比热容为 3.77$kJ\cdot kg^{-1}\cdot K^{-1}$，热损失为蒸发器传热量的5%。不计液柱静压力影响，求每小时得浓溶液 2t 所需蒸发器的传热面积及加热蒸汽消耗量。

[答：88.8m^2，9390$kg\cdot h^{-1}$]

5-11 在一单效蒸发器中与大气压下蒸发某种水溶液。原料液在沸点105℃下加入蒸发器中。若加热蒸汽压力为 245kPa（绝压）时，蒸发器的生产能力为 1200$kg\cdot h^{-1}$（以原料计）。当加热蒸汽压力改为 343.2kPa（绝压）时，试求其生产能力。假设总传热系数和完成液浓度均不变化，热损失可以忽略。

[答：1860$kg\cdot h^{-1}$]

本章关键词中英文对照

蒸发/evaporation
单效蒸发/single-effect evaporation
多效蒸发/multiple-effect evaporation
真空蒸发/vacuum evaporation
杜林规则/Dühring's rule
温度差损失/temperature drop
溶液沸点升高/boiling-point elevation
液柱静压强/liquid head
闪蒸发/flash evaporation
溶液稀释热/heat of dilution
循环形蒸发器/circulation evaporator

中央循环管式蒸发器/vertical type evaporator
强制循环蒸发器/forced-circulation evaporator
顺流加料法多效蒸发器/forward feed multiple-effect evaporator
逆流加料法多效蒸发器/backward-feed multiple-effect evaporator
升膜蒸发器/climbing-film evaporator
降膜蒸发器/falling-film evaporator

微信扫码，立即获取
教学课件和课后习题详解

第 6 章

精 馏

本章学习要求

一、重点掌握
- 双组分理想溶液的拉乌尔定律，汽液平衡图与相对挥发度；
- 蒸馏原理与精馏原理的区别；
- 精馏塔的物料衡算、操作线方程、q线方程的物理意义及应用；
- 最小回流比、图解法求精馏塔的理论塔板数；
- 塔效率、整塔回收率。

二、熟悉内容
- 平衡蒸馏与简单蒸馏；
- 精馏塔与提馏塔等非常规二元连续精馏塔计算；
- 精馏塔理论板数的吉利兰图求法。

三、了解内容
- 非理想物系的汽液平衡关系；
- 板式精馏塔的设计、塔板负荷性能图与操作弹性；
- 其他精馏塔分离技术特点与进展。

6.1 传质过程概述

6.1.1 传质过程的引出

在第 3 章非均相分离中，用沉降器分离气-固相混合物，用过滤器、离心机分离液-固相混合物。在化工厂中，有许多混合气体、混合液体。如何将混合气体中的 A 气体分离出来？比如焦炉气中含有氨、苯、甲苯等重要化工产品，它们都是以气态存在于混合气体中。如何从均相混合物中分离物质呢？这是传质过程要研究的问题。

先介绍什么是扩散。流体内某组分存在浓度差时，由于分子的运动，使该组分从浓度高处传递至浓度低处，这种现象称为分子扩散。例如汽车尾气中的 CO_2 等气体排放到空气中，造成大城市的阴霾天气，这就是气体分子的扩散。一滴血滴到水盆中，水盆中的水变红了，这是液体分子的扩散。

什么是传质过程呢？物质以扩散的方式，从一相转移到另一相的相界面的转移过程，称为物质的传递过程，简称传质过程。

日常生活中的冰糖溶解于水，樟脑球挥发到空气中，前者存在固-液相界面，糖分子从固相扩散到液相；后者存在固-气相界面，樟脑球分子从固相扩散到气相。这两个例子中，都有相界面上物质的转移过程，称做传质过程。

工业生产中的实例，如某焦化厂，用水吸收焦炉气中的氨，$NH_3 + H_2O \longrightarrow NH_4OH$。如图 6-1 所示。

再如，某酒精厂，酒精的增浓与提纯。即利用乙醇与水的沸点不同，或挥发度不同，使乙醇与水分离的过程。如图 6-2 所示。

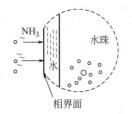
图 6-1　吸收传质示意图

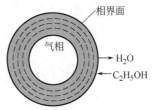
图 6-2　精馏传质示意图

以上两个例子说明，有物质（NH_3，C_2H_5OH，H_2O）在相界面的转移过程，都称为传质过程。

6.1.2　传质过程举例

（1）吸收操作　焦化厂的例子，即利用组成混合气体的各组分在溶剂中溶解度不同来分离气体混合物的操作，称为吸收操作。

焦炉气中不仅含有 NH_3，还有 CO、CO_2、CH_4、H_2 等气体，利用 NH_3 易溶于水，以水为吸收剂，使 NH_3 从焦炉气中分离出来。吸收主要用来分离气体混合物，所以有的教材称吸收为气体吸收。如图 6-3 所示。水称为溶剂，NH_3 称为溶质，焦炉气中其他气体统称为惰性组分。此外，用水吸收氯化氢气体（HCl）制备盐酸，也是一种吸收操作。

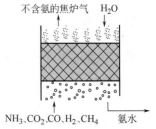
图 6-3　吸收塔局部示意图

（2）精馏操作　酒精厂的例子，即利用液体混合物各组分沸点（或挥发度）的不同，将物质多次部分汽化与部分冷凝，从而使液体混合物分离与提纯的过程，称为精馏操作。

粗酒本来是乙醇和水的均相混合液体，是没有相界面的。通过加热并使乙醇水溶液达到沸腾，造成汽-液相界面，从而达到有传质过程发生。

精馏主要用来分离液体混合物，所以有的教材称精馏为液体精馏。

（3）萃取操作　利用混合物液体各组分对某溶剂具有不同的溶解度，从而使混合物各组分得到分离与提纯的操作过程。

例如，用乙酸乙酯萃取乙酸水溶液中的乙酸。乙酸乙酯称为萃取剂（S），乙酸称为溶质（A），水称为稀释剂（B）。萃取操作能够进行的必要条件是：溶质在萃取剂中有较大的溶解度，萃取剂与稀释剂要有密度差。

稀乙酸本来是乙酸和水的均相混合液体，是没有界面的。通过加入萃取剂乙酸乙酯，因为乙酸乙酯能溶解于乙酸而不溶解于水，造成液-液相界面，从而达到有传质过程发生。

(4) 干燥操作 利用热能使湿物料的湿分汽化，水汽或蒸汽经气流带走，从而获得固体产品的操作。

化工原料工业，聚氯乙烯的含水量不能高于 0.3%，否则影响制品的质量。制药工业，抗生素的水分含量太高，会影响使用期限。所以化工、轻工、造纸、制革、木材、食品等工业均利用到多种类型的干燥操作。

还有固-液萃取、结晶、吸附等操作。

传质过程主要从三个方面进行研究，即相平衡关系（汽-液溶解度，液-液溶解度，干燥中的水蒸气分压）、物料衡算关系和传质速率关系。

浓度表示法有三种，当为二元混合物时，可表达如下。

质量分数：某组分 A 的质量占总质量的分数，称为 A 的质量分数。数学表达式为

$$W_A = \frac{m_A}{m_A + m_B} \tag{6-1}$$

摩尔分数：某组分 A 的物质的量占总的物质的量的分数，称为 A 组分的摩尔分数。数学表达式为

$$x_A = \frac{A \text{ 的物质的量}}{A \text{ 的物质的量} + B \text{ 的物质的量}} \tag{6-2}$$

摩尔比：某组分 A 的物质的量，与总的物质的量减去 A 物质的量之差的比值，称为 A 组分的摩尔比。数学表达式为

$$X_A = \frac{A \text{ 的物质的量}}{B \text{ 的物质的量}} \tag{6-3}$$

所以，质量分数与摩尔分数的换算关系为

$$W_A = \frac{x_A M_A}{x_A M_A + (1 - x_A) M_B}, \quad x_A = \frac{\dfrac{W_A}{M_A}}{\dfrac{W_A}{M_A} + \dfrac{1 - W_A}{M_B}} \tag{6-4}$$

摩尔分数与摩尔比的换算关系为

$$X_A = \frac{x_A}{1 - x_A}, \quad x_A = \frac{X_A}{1 + X_A} \tag{6-5}$$

式中，W_A 为 A 的质量分数；x_A 为 A 的摩尔分数；X_A 为 A 的摩尔比；m_A、m_B 为 A 和 B 的质量，kg；M_A、M_B 为 A 和 B 的摩尔质量，kg·kmol^{-1}。

6.2 理想溶液的汽-液平衡

6.2.1 相平衡的引出

油田开采出来的是原油，原油是乌黑色的黏稠液体。由于油价高涨，又称为流动的黑金。如何将原油加工成汽油、煤油、柴油、重油呢？酿酒厂酿制出了原酒，如何将原酒加工

成60°的白酒呢？

如图6-4所示。锅为汽化器，顶盖为冷凝器。这是一种简单蒸馏的操作过程。也许人们还不知道"对酒当歌"源于哪个朝代，但可以肯定，从那个时候起，劳动人民已经掌握了简单蒸馏的操作过程。

为什么能使乙醇增浓呢？主要因为乙醇比水的沸点低（或说乙醇比水的挥发度高）。这样蒸气中乙醇（A）的含量 y_A 高于原酒中乙醇的含量 x_A，即 $y_A > x_A$。蒸气冷凝之后，就得到乙醇含量高的酒。

其中，y_A 为蒸气中乙醇的摩尔分数，即

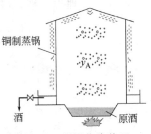

图 6-4 制酒作坊装置

$$y_A = \frac{蒸气中乙醇的物质的量}{蒸气中乙醇的物质的量 + 水蒸气的物质的量}$$

x_A 为液相中乙醇的摩尔分数。

在本章中，y 均代表气相（蒸气中）的组成（摩尔分数），x 均代表液相的组成（摩尔分数）。

有人要问，y_A 与 x_A 服从什么规律呢？即 $y_A = f(x_A)$ 的函数关系如何呢？本节即回答这个问题。

6.2.2 理想溶液及拉乌尔定律

如图6-5所示，在一定的温度下，溶液上方任意组分的蒸气分压，等于该纯组分在同温度下的蒸气压与该组分在溶液中的摩尔分数的乘积。上述关系称为拉乌尔定律。对于二元混合溶液，则

$$p_A = p_A^* x_A \tag{6-6}$$

因为 $x_A + x_B = 1$

$$p_B = p_B^* x_B = p_B^* (1 - x_A) \tag{6-7}$$

p_A^* 的意思是 $x_A = 1$ 时的蒸气分压，即纯组分 A 的饱和蒸气压；p_B^* 为组分 B 的饱和蒸气压。

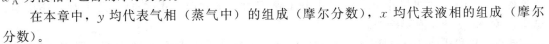

图 6-5 拉乌尔定律示意图

蒸气分压服从道尔顿分压定律，它的表达式为

$$p_A = y_A p, \quad p_B = y_B p \tag{6-8}$$

式中，p_A、p_B 分别为组分 A 和 B 的蒸气分压，Pa；p 为大气总压力，Pa。

6.2.3 t-x-y 图与 x-y 图

在一定外压条件下（p），沸点 t 与汽-液相组成 y_A 与 x_A 的关系，可以用汽-液平衡测定仪来测定。制备 n 种不同浓度的待测溶液。将其中一种加到平衡釜中，可测得溶液平衡时的 t_1、y_{A1}、x_{A1}，如此反复，测定 n 次，测得 n 组数据 t_n、y_{An}、x_{An} 等。以温度 t 为纵坐标，以 y_A（或 x_A）为横坐标，可以绘制出 t-x-y 图，或称做温度-组成图，如图6-6所示。t-y 线和 t-x 线将整个图形分为三个区，t-y 线以上为汽相区，t-x 线以下为液相区，两线之间的部分为汽-液共存区。t-y 线和 t-x 线相距越远则表示越易分离。t-y 线和 t-x 线相距越近，则表示越难分离。若 t-x 线与 t-y 线重合，则表示该溶液不能用一般精馏方法分离。

如图6-6所示，对于一定组成的溶液（x_1）加热到与 t-x 线相交的点，即出现第一个气

泡，所以 t-x 线亦称泡点线。

对于组成为 y_1 的蒸气，冷却至与 t-y 线相交，出现第一个露珠，所以称 t-y 线为露点线。

若为二元理想溶液，t-x-y 图可利用计算方法求得

$$p_A = p_A^* x_A$$

$$p_B = p_B^* x_B = p_B^*(1-x_A)$$

$$p_A + p_B = p = p_A^* x_A + p_B^*(1-x_A)$$

$$x_A = \frac{p - p_B^*}{p_A^* - p_B^*} \tag{6-9}$$

$$y_A = \frac{p_A}{p} = \frac{p_A^* x_A}{p} \tag{6-10}$$

式(6-9)、式(6-10)说明，只要知道某温度下的 p_A^* 和 p_B^*（饱和蒸气压数据），就可以计算得到 x 与 y，就可以作出在指定外压（p）下的 t-x-y 图。式(6-9)、式(6-10)还说明，总压 p 对 t-x-y 图是有影响的。

式(6-9) 和式(6-10) 只限于二元理想溶液，一般物系的温度-组成数据，要查《物化数据手册》才可以得到。

取 t-x-y 图中的 x、y 数据，以 x 为横坐标，y 为纵坐标，绘成的图为 x-y 图。

如图 6-7 所示，用一条曲线表达汽-液相平衡，图面清晰，数据易查。

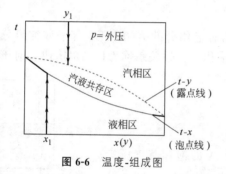

图 6-6 温度-组成图

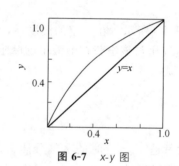

图 6-7 x-y 图

对于易挥发组分，因为 $y_A > x_A$，所以 x-y 线均在对角线上方。

在图 6-7 的 x-y 图中，x-y 线与对角线偏离越远，表示越易分离；x-y 线与对角线离得越近，表示越难分离；若 x-y 线与对角线重合，则不能用精馏方法分离。

对于二元理想溶液，x-y 图可由式(6-9)、式(6-10) 计算得到。

6.2.4 汽-液平衡解析表达式及计算举例

为便于计算，汽-液相平衡关系可用解析式来表达。

(1) 挥发度　达到相平衡时，某组分在蒸气中的分压（p_A）和它在平衡液相中的摩尔分数（x_A）之比，称做该组分的挥发度。

$$\nu_A = \frac{p_A}{x_A}, \quad \nu_B = \frac{p_B}{x_B} \tag{6-11}$$

(2) 相对挥发度 α_{AB}　各组分的挥发度之比，称为组分间的相对挥发度。

$$\alpha_{AB} = \frac{\nu_A}{\nu_B}$$

$$\alpha_{AB} = \frac{\dfrac{p_A}{x_A}}{\dfrac{p_B}{x_B}} = \frac{\dfrac{p_A^* x_A}{x_A}}{\dfrac{p_B^* x_B}{x_B}} = \frac{p_A^*}{p_B^*} \tag{6-12}$$

通常定义易挥发组分挥发度与难挥发组分挥发度之比为相对挥发度。根据这样的定义，则 $\alpha > 1$。

对于二元理想溶液

$$y_A = \frac{p_A}{p_A + p_B} = \frac{p_A^* x_A}{p_A^* x_A + p_B^*(1-x_A)} = \frac{\dfrac{p_A^*}{p_B^*} x_A}{\dfrac{p_A^*}{p_B^*} x_A + (1-x_A)}$$

即

$$y_A = \frac{\alpha x_A}{1 + (\alpha - 1)x_A} \tag{6-13}$$

式(6-13)为汽-液平衡的解析表达式。

由式(6-13)得知，当 $\alpha = 1$ 时，$y_A = x_A$，则表示该二元溶液不能用精馏的方法分离。

α 大于 1 时，表示 A、B 组分可以分离，比 1 大得越多，表示越容易分离。如果 α 小于 1，是不是不能分离呢？由于 $\alpha = p_A^*/p_B^*$ 是假定 A 组分为易挥发组分，所以 α 是一定大于 1 的。当 α 小于 1 时，说明 B 组分是易挥发组分，A 组分成为难挥发组分。但是 A、B 组分还是可以分离的。

注意：以后所见的 x、y 均为易挥发组分浓度，就是表示 x_A、y_A 的意思。

例 6-1 正庚烷和正辛烷的饱和蒸气压和温度的关系数据如表 6-1 所示。试求出该体系的平均相对挥发度。

解 例如第二组数据，计算如下。计算结果列在表 6-1 中。

$$x_A = \frac{101.3 - 55.6}{125.3 - 55.6} = 0.656, \quad y_A = \frac{125.3 \times 0.656}{101.3} = 0.811$$

$$\alpha = \frac{125.3}{55.6} = 2.254$$

$$\bar{\alpha} = \frac{\sum \alpha}{6} = \frac{12.949}{6} = 2.158$$

表 6-1 例 6-1 计算数据

项　目	t/K					
	371.4	378	383	388	393	398.6
正庚烷 p_A^*/kPa	101.3	125.3	140.0	160.0	180.0	205.0
正辛烷 p_B^*/kPa	44.4	55.6	64.5	74.8	86.6	101.3
$x_A = \dfrac{p - p_B^*}{p_A^* - p_B^*}$	1.0	0.656	0.487	0.311	0.157	0
$y_A = \dfrac{p_A^* x_A}{p}$	1.0	0.811	0.673	0.491	0.279	0
$\alpha = \dfrac{p_A^*}{p_B^*}$	2.282	2.254	2.171	2.139	2.079	2.024

6.3 简单蒸馏及其计算

蒸馏平衡方程

6.3.1 简单蒸馏的装置及原理

在实验室或工业生产中,采用如图 6-8 所示的装置,包括一个汽化器,一个冷凝器和一些容器。

在简单蒸馏的过程中,液相组成逐渐变小,由 $x_1 \to x_2 \to x_3 \to \cdots \to x_n$;汽相组成(馏出液组成)逐渐变小,由 $y_1 \to y_2 \to y_3 \to \cdots \to y_n$;釜液量逐渐变小,由 $F \to F - dn \to \cdots \to W$。

若全部汽化,又全部冷凝,即最终釜液量 $W = 0$,则达不到分离的目的。只有部分汽化,部分冷凝,才可得到易挥发组分较高的馏出液。

由图 6-9 看出,当料液组成为 x_1 时,所得馏出液最高组成为 y_1。所以用简单蒸馏的方法,得不到纯度高的产品。

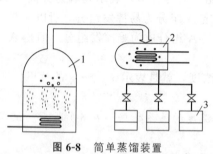

图 6-8 简单蒸馏装置
1—蒸馏釜;2—冷凝-冷却器;3—容器

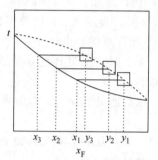

图 6-9 蒸馏原理示意图

6.3.2 简单蒸馏计算公式及举例

在图 6-10 中,蒸馏釜在 τ 时刻,蒸馏釜中的釜液量为 W,釜液组成为 x,蒸气组成为 y。经 $d\tau$ 时间后,溶液汽化量是 dW,釜液的组成变化是 dx,在 $\tau \to \tau + d\tau$ 的时间间隔,对易挥发组分作衡算得

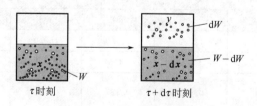

图 6-10 蒸馏计算原理推导

$$Wx = (W - dW)(x - dx) + y dW \tag{6-14}$$

τ 时刻蒸馏釜中易挥发组分量　　$\tau + d\tau$ 时刻易挥发组分量　　$\tau + d\tau$ 时刻蒸出的易挥发组分量

整理式(6-14)得
$$Wx = Wx - W\mathrm{d}x - x\mathrm{d}W + \mathrm{d}W\mathrm{d}x + y\mathrm{d}W$$

忽略高阶无穷小,即 $\mathrm{d}W\mathrm{d}x \to 0$,即得

$$\frac{\mathrm{d}W}{W} = \frac{\mathrm{d}x}{y-x} \tag{6-14a}$$

式中,W 为任一瞬间蒸馏釜中的釜液量,kmol;x 为任一瞬间釜液组成,摩尔分数;y 为任一瞬间蒸气组成,摩尔分数。

当 $\mathrm{d}W$ 由最初釜液量 F,变化至最终釜液量 W 时,$\mathrm{d}x$ 由最初釜液组成 x_F,变化至最终釜液组成 x_W。积分式(6-14a)得

$$\int_W^F \frac{\mathrm{d}W}{W} = \int_{x_W}^{x_F} \frac{\mathrm{d}x}{y-x}$$

$$\ln\frac{F}{W} = \int_{x_W}^{x_F} \frac{\mathrm{d}x}{y-x} \tag{6-15}$$

式(6-15)可用图解积分求解。

若将 $y = \dfrac{\alpha x}{1+(\alpha-1)x}$,代入式(6-15)积分得

$$\ln\frac{F}{W} = \frac{1}{\alpha-1}\left[\ln\frac{x_F}{x_W} + \alpha\ln\frac{1-x_W}{1-x_F}\right] \tag{6-16}$$

若对最初与最终易挥发组分作衡算,则得

$$x_F F = x_W W + x_D(F-W) \tag{6-17}$$

式中,F 为最初釜液量,kmol;x_F 为最初釜液组成,摩尔分数;W 为最终釜液量,kmol;x_W 为最终釜液组成,摩尔分数;x_D 为馏出液的平均组成,摩尔分数;α 为溶液的相对挥发度。

式(6-15)、式(6-16)、式(6-17)是简单蒸馏的计算公式。共有六个物理量(F、W、x_F、x_W、x_D、α),两个方程[式(6-15)、式(6-17)],必须直接或间接地已知四个量,才可计算其他两个量。

例 6-2 在常压下用简单蒸馏方法处理含苯为 0.5 的苯与甲苯混合液。当釜液中苯的浓度降至 0.37(以上均为摩尔分数)时,操作停止。试计算:(1)馏出液的平均组成;(2)从每 100kmol 的原料中所获得的馏出液量。操作条件下,该物系的平均相对挥发度为 2.47。

解 已知 $\alpha = 2.47$,$x_F = 0.5$,$x_W = 0.37$,$F = 100$kmol。求 $W = ?$ $x_D = ?$

由于

$$\ln\frac{F}{W} = \frac{1}{\alpha-1}\left[\ln\frac{x_F}{x_W} + \alpha\ln\frac{1-x_W}{1-x_F}\right]$$

$$\ln\frac{100}{W} = \frac{1}{2.47-1}\times\left[\ln\frac{0.5}{0.37} + 2.47\ln\frac{1-0.37}{1-0.5}\right] = 0.593$$

则 $W = 55.3$ kmol

故馏出液量为 $F - W = 100 - 55.3 = 44.7$ kmol

由于 $x_F F = x_W W + x_D(F-W)$,则

$$x_D = \frac{Fx_F - Wx_W}{F-W} = \frac{100\times0.5 - 55.3\times0.37}{100-55.3} = 0.661 \text{(馏出液平均组成)}$$

6.4 精馏原理

6.4.1 多次简单精馏

如何由简单蒸馏放大为大型精馏塔？为什么塔顶要引入回流？为什么必须在塔中部加料？这是进行精馏计算之前必须解决的问题。

为获得纯度高的产品，人们首先想到应用多次简单蒸馏的办法。例如，从 10%vol 左右的发酵原酒液，经一次蒸馏可得到 50%vol 的烧酒。再将 50%vol 的烧酒经过一次蒸馏，就可得到 60%vol～65%vol 的烧酒。

原则上讲经过几次的简单蒸馏，可以得到一种纯度高的产品。但是，需要几个加热器和几个冷凝器，要消耗大量水蒸气和冷却水；最终产品的产量小；操作是间歇的。

利用前段工序水蒸气冷凝时放出的冷凝潜热，来加热汽化后段工序的液体，就可以省去 $(n-1)$ 个加热器和 $(n-1)$ 个全凝器，进而节省了大量的蒸汽与冷却水，如图 6-11 所示，但此时的操作是不稳定的。

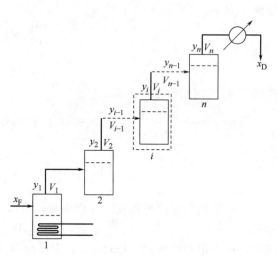

图 6-11 无回流多次简单蒸馏

在图 6-11 中，对第 i 釜作物料衡算：
由总物料流衡算得

$$V_{i-1}=V_i \tag{6-18}$$

由易挥发组分衡算得

$$V_{i-1}y_{i-1}=V_i y_i \tag{6-19}$$

众所周知，只有同时满足式(6-18) 和式(6-19)，才可称为稳定操作。下面分两种情况进行分析。

① 若式 (6-18) 成立，即 $V_{i-1}=V_i$。由于 $y_i > y_{i-1}$，所以 $y_i V_i > y_{i-1} V_{i-1}$，即式(6-19) 不能成立。

② 若式 (6-19) 成立，即 $y_i V_i = y_{i-1} V_{i-1}$。亦由于 $y_i > y_{i-1}$，所以得 $V_i < V_{i-1}$，即式(1) 不能成立。

据此分析，由于实际中 $y_i > y_{i-1}$，式(6-18) 和式(6-19) 不能同时成立，所以，图 6-11 的流程是不稳定操作。

6.4.2 有回流的多次简单蒸馏

倘若在图 6-11 流程中增加回流，如图 6-12 所示，则可使操作成为稳定操作。
在图 6-12 中，对 i 釜作物料衡算。
总物料流衡算

$$V_{i-1}+L_{i+1}=V_i+L_i \tag{6-20}$$

由易挥发组分衡算得

$$V_{i-1}y_{i-1}+L_{i+1}x_{i+1}=V_iy_i+L_ix_i \quad (6\text{-}21)$$

只有同时满足式(6-20)和式(6-21)，才称为稳定操作。

① 若 $V_{i-1}=V_i=V$；$L_{i+1}=L_i=L$；则式(6-20)成立。将 L、V 代入式(6-21)得

$$V(y_i-y_{i-1})=L(x_{i+1}-x_i) \quad (6\text{-}22)$$

在式(6-22)中，V 和 L 是常量，有四个变量：y_i、y_{i-1}、x_{i+1}、x_i，只有一个等式约束，则对于方程式(6-22)有无穷多组解。所以若式(6-20)成立，则式(6-21)亦成立。

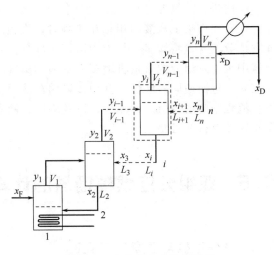

图 6-12　有回流多次简单蒸馏

② 若 $V_{i-1} \neq V_i$，$L_{i+1} \neq L_i$，则式(6-20)与式(6-21)同时成立更是明显的。因为在此方程组中，共有八个变量，即 V_{i-1}、V_i、L_{i+1}、L_i、y_i、y_{i-1}、x_i、x_{i+1}，却只有两个等式约束，所以方程组［式(6-20)、式(6-21)］有无穷多组解。

6.4.3　提馏塔与中间进料现代化精馏塔

将图 6-12 中的一系列蒸馏釜叠加成一个整体，则成为精馏塔，每块塔板相当于一个釜，如图 6-13 所示。

此塔若为间歇加料，操作不稳定，但可以从塔顶和塔底得到两种纯组分，若为连续加料，操作是稳定的，却只能从塔顶获得一种纯产品，所以这种塔称为没有提馏段的精馏塔。若在图 6-13 中，改为塔顶加料，则称为提馏塔。

若将图 6-13 中的精馏塔与提馏塔叠加，即为中间进料的现代化的精馏塔。进料位置上部，称为精馏段，下部称为提馏段。这样，既可连续稳定操作，又可以从塔顶与塔底获得两种纯组分。如图 6-14 所示。

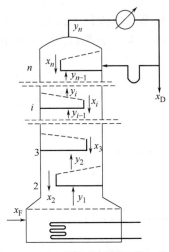

图 6-13　没有提馏段的精馏塔示意图

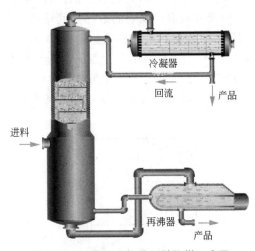

图 6-14　现代化（板式）精馏塔示意图

塔内进行的精馏过程可以概括如下：蒸气从塔底向塔顶上升，液体则从塔顶向塔底下降。在每层塔板上汽液两相相互接触时，汽相产生部分冷凝，液相产生部分汽化。蒸气中易挥发组分的含量将增多，是因为液体的部分汽化，使液相中易挥发组分向汽相扩散的结果。液体中难挥发组分的含量将增多，是因为蒸气的部分冷凝，使蒸气中难挥发组分向液相扩散的结果。进而使同一层板上互相接触的汽液两相趋向平衡。

流程中向塔顶引入回流液，以及塔底再沸器产生蒸气返回塔中，是精馏过程得以稳定操作并连续进行的必要条件。

6.5 双组分连续精馏塔的计算

6.5.1 理论板与恒摩尔流假设

为了实现精馏，需要多次部分汽化与部分冷凝，而"多次"是多少次？
为了使操作稳定，要引入塔顶回流，回流量对"次数"有什么影响？
为了得到两种纯度高的产品，需要中间加料，则"中间"是在什么位置？
本章的重点，就是要解答这些问题。

(1) 理论板 如图 6-15 所示，假设离开该板（第 n 块板）的上升蒸气组成（y_n）和板上（第 n 块板）下流液体组成（x_n）互成平衡，该板称为理论板。

即 y_n 与 x_n 服从汽-液平衡关系

$$y_n = f(x_n) \tag{6-23}$$

(2) 恒摩尔流假设

① **恒摩尔汽化** 精馏段内每层塔板上升蒸气的摩尔流率（$kmol \cdot s^{-1}$）相等，即 $V_1 = V_2 = \cdots = V_n$；同理，在提馏段内，$V_1' = V_2' = \cdots = V_n'$。一般情况下，$V_n \neq V_n'$。

② **恒摩尔溢流** 精馏段内每层塔板溢流液体的摩尔流率（$kmol \cdot s^{-1}$）相等，即 $L_1 = L_2 = \cdots = L_n$；同理，在提馏段内，$L_1' = L_2' = \cdots = L_n'$。一般情况下，$L_n \neq L_n'$。

恒摩尔汽化与恒摩尔溢流，总称恒摩尔流假设。

③ **恒摩尔流假设成立的条件及其证明** 有三个条件，恒摩尔流假设才成立，第一，各组分的摩尔汽化潜热近似相等，即 $\gamma_A \approx \gamma_B$，单位是 $kJ \cdot kmol$；第二，忽略汽相和液相传递的显热，即 $t_{n-1} \approx t_n$；第三，忽略塔的热损失，即 $Q = 0$。

下面给出恒摩尔流假设成立的数学证明。

如图 6-16 所示，对第 n 块板作总的物料衡算

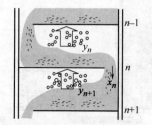 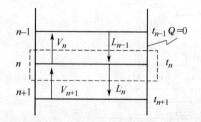

图 6-15 理论板示意图　　　　图 6-16 恒摩尔流假设证明

即
$$L_{n-1}+V_{n+1}=V_n+L_n$$
$$V_{n+1}-V_n=L_n-L_{n-1} \tag{6-24}$$

对第 n 块板作总的热量衡算：

$$L_{n-1}x_{n-1}c_{pA}(t_{n-1}-0)+L_{n-1}(1-x_{n-1})c_{pB}(t_{n-1}-0)+V_{n+1}y_{n+1}c_{pA}(t_{n+1}-0)$$
$$+V_{n+1}(1-y_{n+1})c_{pB}(t_{n+1}-0)+V_{n+1}y_{n+1}\gamma_A+V_{n+1}(1-y_{n+1})\gamma_B$$
$$=L_nx_nc_{pA}(t_n-0)+L_n(1-x_n)c_{pB}(t_n-0)+V_ny_nc_{pA}(t_n-0)+$$
$$V_n(1-y_n)c_{pB}(t_n-0)+V_ny_n\gamma_A+V_n(1-y_n)\gamma_B+Q$$

因 $c_{pA}=c_{pB}=c_p$；$\gamma_A=\gamma_B=\gamma$；$t_{n-1}=t_n=t_{n+1}=t$；$Q=0$，代入上式得

$$L_{n-1}c_pt\,(x_{n-1}+1-x_{n-1})+V_{n+1}c_pt\,(y_{n+1}+1-y_{n+1})+V_{n+1}\gamma\,(y_{n+1}+1-y_{n+1})$$
$$=L_nc_pt\,(x_n+1-x_n)+V_nc_pt\,(y_n+1-y_n)+V_n\gamma\,(y_n+1-y_n)$$

则
$$c_pt\,(L_{n-1}+V_{n+1}-L_n-V_n)+(V_{n+1}-V_n)\gamma=0 \tag{6-25}$$

将式(6-24)代入式(6-25)得 $(V_{n+1}-V_n)\gamma=0$

因 $\gamma\neq0$，则
$$V_{n+1}-V_n=0$$
$$V_{n+1}=V_n$$

将 $V_{n+1}=V_n$ 代入式(6-24)得 $L_n=L_{n-1}$，即恒摩尔流假设成立。

式中，x_{n-1}、x_n、x_{n+1} 分别为第 $n-1$、n、$n+1$ 块板上的液相组成，摩尔分数；y_n、y_{n+1} 分别为第 n、$n+1$ 块板的上升蒸气组成，摩尔分数；L_{n-1}、L_n 分别为第 $n-1$、n 块板上液体的摩尔流量，$kmol\cdot s^{-1}$；V_n、V_{n+1} 分别为第 n、$n+1$ 块板上蒸气的摩尔流量，$kmol\cdot s^{-1}$；t_{n-1}、t_n、t_{n+1} 分别为第 $n-1$、n、$n+1$ 块板上的温度，K；c_{pA}、c_{pB} 分别为 A、B 组分的比热容，$kJ\cdot kg^{-1}\cdot K^{-1}$；$\gamma_A$、$\gamma_B$ 分别为 A、B 组分的汽化潜热，$kJ\cdot kg^{-1}$。

6.5.2 全塔物料衡算方程

通过全塔物料衡算，可以求出精馏产品的流量、组成和进料之间的关系。

如图 6-17(a) 所示，对全塔总的物料作衡算，即
$$F=D+W \tag{6-26}$$

对全塔易挥发组分物料作衡算，即
$$Fx_F=Dx_D+Wx_W \tag{6-27}$$

式中，F、D、W 分别为进料、塔顶产品、塔底产品的流量，$kmol\cdot s^{-1}$；x_F、x_D、x_W 分别为进料、塔顶产品、塔底产品的组成，摩尔分数。

式(6-26) 和式(6-27)，尽管简单，却十分有用。

6.5.3 精馏段操作线方程

精馏段物料衡算方程，是解决第 $n+1$ 块板上升蒸气组成 y_{n+1} 与第 n 块板上液体组成 x_n 的关系问题。

如图 6-17(b) 所示，根据恒摩尔流假设，上升蒸气流量为 V，单位是 $kmol\cdot s^{-1}$；回流液体流量为 L，单位是 $kmol\cdot s^{-1}$；产品流量为 D，单位是 $kmol\cdot s^{-1}$；产品组成为 x_D。按虚线范围作总物料衡算与易挥发组分物料衡算得

$$V=L+D \tag{6-28}$$

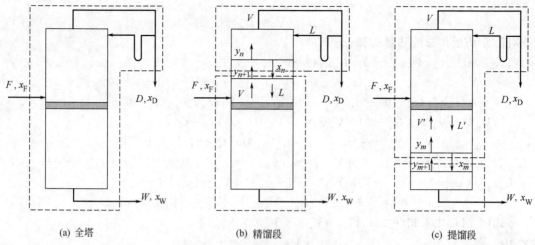

图 6-17 精馏塔物料衡算图

$$Vy_{n+1} = Lx_n + Dx_D \tag{6-29}$$

合并二式得

$$y_{n+1} = \frac{L}{L+D}x_n + \frac{D}{L+D}x_D \tag{6-30}$$

若从塔底画衡算范围，可以得到与式(6-30)相同的结果。方法如下。

从塔底画衡算范围，得

$$V = L + F - W \tag{6-31}$$

$$Vy_{n+1} = Lx_n + Fx_F - Wx_W \tag{6-32}$$

将全塔物料衡算式 $F=D+W$、$Fx_F=Dx_D+Wx_W$ 代入式(6-31)、式(6-32) 得

$$V = L + D \tag{6-33}$$

$$Vy_{n+1} = Lx_n + Dx_D \tag{6-34}$$

合并式(6-33)、式(6-34) 得式(6-30)。

令 $\dfrac{L}{D}=R$，称为回流比，回流比就是回流液体流量 L，与产品流量 D 之比。则式(6-30) 为

$$y_{n+1} = \frac{R}{R+1}x_n + \frac{x_D}{R+1} \tag{6-35}$$

式(6-35) 即为经常用到的精馏段操作线方程。

由式(6-30)、式(6-35) 看出，若给出 L、$D\left(\text{或 }R=\dfrac{L}{D}\right)$，则 y_{n+1} 与 x_n 成简单直线关系，且是斜率为 $\dfrac{R}{R+1}$，截距为 $\dfrac{x_D}{R+1}$ 的直线。

当 $x_n = x_D$ 时，$y_{n+1} = x_D\left(\dfrac{R}{R+1}+\dfrac{1}{R+1}\right) = x_D$，此线过点 (x_D, x_D)。

当 $x_n = 0$ 时，$y_{n+1} = \dfrac{x_D}{R+1}$，此线过点 $\left(0, \dfrac{x_D}{R+1}\right)$。

6.5.4 提馏段操作线方程

提馏段物料衡算方程，是解决提馏段中下一块板上升蒸气组成 y_{m+1} 与提馏段中上一块板液体组成 x_m 的关系问题。

如图 6-17(c) 所示，根据恒摩尔流假设，提馏段上升蒸气流量为 V'，单位 kmol·s^{-1}；回流液体流量为 L'，单位 kmol·s^{-1}。按虚线范围作总物料衡算与易挥发组分物料衡算，得

$$L' = V' + W$$
$$L' x_m = V' y_{m+1} + W x_W$$

合并二式得
$$y_{m+1} = \frac{L'}{L'-W} x_m - \frac{W}{L'-W} x_W \tag{6-36}$$

若从塔顶画衡算范围，可以得到与式(6-36)相同的结果，方法如下。
从塔顶画衡算范围，得

$$V' = L' + D - F \tag{6-37}$$
$$V' y_{m+1} = L' x_m + D x_D - F x_F \tag{6-38}$$

将全塔物料衡算式 $F = D + W$、$F x_F = D x_D + W x_W$ 代入式(6-37)、式(6-38) 得

$$V' = L' - W \tag{6-39}$$
$$V' y_{m+1} = L' x_m - W x_W \tag{6-40}$$

合并式(6-39)、式(6-40) 得式(6-36)

式(6-36) 为提馏段操作线方程，说明当 L' 和 W 一定时，y_{m+1} 与 x_m 成直线关系。

当 $x_m = x_W$ 时，$y_{m+1} = x_W \left(\frac{L'}{L'-W} - \frac{W}{L'-W} \right) = x_W$，此线过点 (x_W, x_W)。

由于 L' 与进料的状况有关，一般不易确定，下面讨论进料状况的影响。

6.5.5 进料状况参数及计算

如图 6-18 所示，进料状况可能有如下五种：
A 状况——低于泡点以下的过冷液进料；
B 状况——泡点液体进料，或者叫饱和液体进料；
C 状况——汽-液混合物进料；
D 状况——露点蒸气进料，或者叫饱和蒸气进料；
E 状况——高于露点的过热蒸气进料。
如何表达这五种进料状况呢？L' 与 L，V' 与 V 的关系如何随进料状况而变呢？
人为定义

$$q = \frac{L' - L}{F} \tag{6-41}$$

如图 6-19 所示，按虚线范围对加料板作总物料衡算
$$F + L + V' = V + L' \Longrightarrow L' - L = F + V' - V$$
$$\frac{L' - L}{F} = \frac{F + V' - V}{F} = 1 + \frac{V' - V}{F}$$

则
$$q = 1 + \frac{V' - V}{F}$$

$$1-q = \frac{V-V'}{F} \tag{6-42}$$

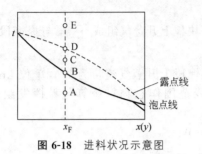

图 6-18 进料状况示意图

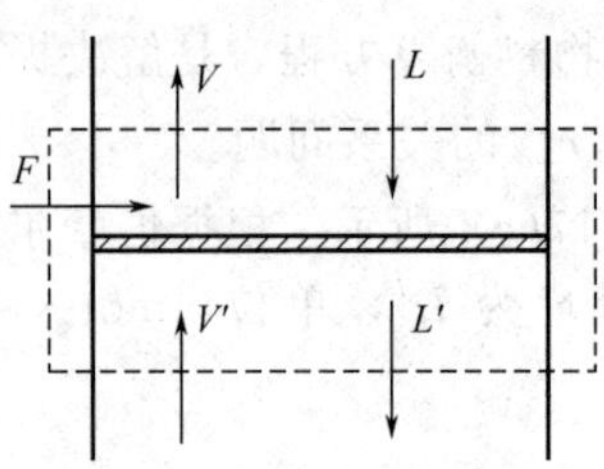

图 6-19 进料板物料衡算图

上列式(6-41)、式(6-42)给出了 L' 与 L，V' 与 V 的关系，下面的关键是如何求五种进料状况时的 q 值。

如图 6-20 所示，对进料板作热量衡算
$$FH_F + V'H_g + Lh_1 = VH_g + L'h_1$$
$$FH_F = (V-V')H_g + (L'-L)h_1$$

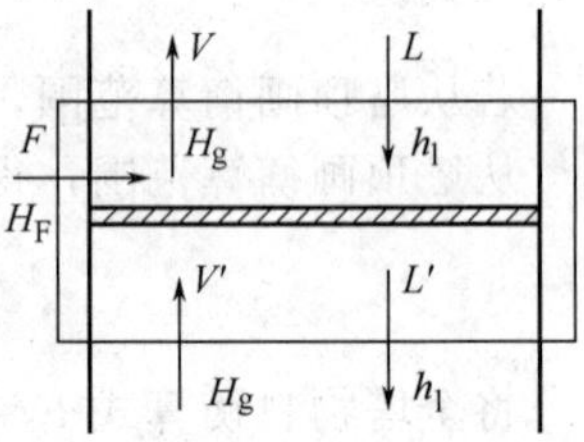

则
$$H_F = \frac{L'-L}{F}h_1 + \frac{V-V'}{F}H_g \tag{6-43}$$

将式(6-41)、式(6-42)代入式(6-43)得

图 6-20 进料板热量衡算图

$$H_F = qh_1 + (1-q)H_g$$
$$q = \frac{H_g - H_F}{H_g - h_1} = \frac{H_g - H_F}{\Delta H_g} \tag{6-44}$$

式中，H_F 为原料的摩尔焓，$kJ \cdot kmol^{-1}$；H_g 为进料板上、下的饱和蒸气的摩尔焓，$kJ \cdot kmol^{-1}$；h_1 为进料板上、下的饱和液体的摩尔焓，$kJ \cdot kmol^{-1}$；ΔH_g 为原料的摩尔汽化潜热，$kJ \cdot kmol^{-1}$；$H_g - H_F$ 为饱和蒸气的焓与进料状态下进料的焓之差，即每摩尔进料变成饱和蒸气所需的热量；$H_g - h_1$ 为每摩尔饱和液体变成饱和蒸气所需热量，即摩尔汽化潜热 γ_c。

$$q = \frac{每摩尔进料变成饱和蒸气所需热量}{原料的摩尔汽化潜热} \tag{6-45}$$

式(6-45)是式(6-44)的文字表达式。q 是热量之比，无量纲。q 的定义式为

$$q = \frac{L'-L}{F} \tag{6-41}$$

分析此式，可见 q 是无量纲的。$L'-L$ 是原料中液相量，$\frac{L'-L}{F}$ 可看成是原料中液相的量在原料总量 F 中所占的比例。但对于低于泡点的过冷液进料和高于露点的过热蒸气进料这两种进料状况，q 又失去了这种直观的概念。

尽管 q 没有确切的物理意义，但由于 q 的引入，使 L' 与 L，V' 与 V 定量地联系在一起，解决了计算问题，所以 q 是表征进料状况很重要的量值。

6.5.6 进料线方程

进料线方程就是精馏段操作线与提馏段操作线的交点轨迹方程。

由精馏段操作线方程得

$$y=\frac{L}{L+D}x+\frac{Dx_D}{L+D}\Longrightarrow Ly+Dy=Lx+Dx_D$$

则
$$L(y-x)=D(x_D-y) \tag{6-46}$$

将 $q=\dfrac{L'-L}{F}$ 代入提馏段操作线方程得

$$y=\frac{L+qF}{L+qF-W}x-\frac{Wx_W}{L+qF-W}$$

$$Ly+qFy-Wy=Lx+qFx-Wx_W$$

则
$$L(y-x)=qF(x-y)+W(y-x_W) \tag{6-47}$$

联立式(6-46)与式(6-47)得 $\quad D(x_D-y)=qF(x-y)+W(y-x_W)$

将 $D=F-W$ 代入上式得

$$(F-W)(x_D-y)=qF(x-y)+W(y-x_W)$$

$$Fx_D-yF-Wx_D+Wy=qFx-qFy+Wy-Wx_W$$

将 $Wx_W=Fx_F-Dx_D$ 代入上式得

$$Fx_D-yF-Wx_D=qFx-qFy+Dx_D-Fx_F$$

$$(q-1)Fy=qFx-Fx_F+(D+W-F)x_D$$

$$y=\frac{q}{q-1}x-\frac{x_F}{q-1} \tag{6-48}$$

式(6-48)即为进料线方程。是联立精馏段操作线式(6-46)和提馏段操作线式(6-47)的结果。精馏段操作线方程与进料线的交点，当然亦是提馏段操作线上的点。

6.5.7 进料方式对进料线方程的影响

进料方式有五种，其对进料线方程的影响如表6-2和图6-21所示。过冷液体的进料线在第一象限，汽-液混合物的进料线在第二象限，过热蒸气的进料线在第三象限。

表 6-2 五种进料对进料线方程的影响

进料状况	q 值	斜率 $q/(q-1)$	进料线位置
A，过冷液体	>1	+	↗
B，泡点液体	=1	∞	↑
C，汽-液混合物	0~1	−	↖
D，露点蒸气	=0	0	←
E，过热蒸气	<0	+	↙

精馏段操作线不变时，提馏段操作线与进料线位置有关。如图6-21所示。

6.5.8 精馏计算举例

例 6-3 某液体混合物含易挥发组分 0.65（摩尔分数，下同），以饱和蒸气加入连续精馏塔中，加料量为 $50\text{kmol} \cdot \text{h}^{-1}$，残液组成为 0.04，塔顶产品的回收率为 99%，回流比为 3。塔顶产品回收率定义为 $\phi = \dfrac{Dx_D}{Fx_F}$。试求：(1) 塔顶、塔底的产品流量；(2) 精馏段和提馏段内上升蒸气及下降液体的流量；(3) 写出精馏段和提馏段的操作线方程。

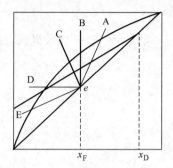

图 6-21 进料线示意图

解 (1) 根据回收率的定义有
$$Dx_D + Wx_W = Fx_F$$
$$\frac{Wx_W}{Fx_F} = \frac{Fx_F - Dx_D}{Fx_F} = 1 - \phi$$

则
$$W = \frac{Fx_F(1-\phi)}{x_W} = \frac{50 \times 0.65 \times (1-0.99)}{0.04} = 8.125 \text{ (kmol} \cdot \text{h}^{-1}\text{)}$$
$$D = F - W = 50 - 8.125 = 41.88 \text{ (kmol} \cdot \text{h}^{-1}\text{)}$$

(2) 根据回流比的定义 $R = L/D$ 有
$$L = RD = 3 \times 41.88 = 125.6 \text{ (kmol} \cdot \text{h}^{-1}\text{)}$$

又因
$$V = L + D = (R+1)D = (3+1) \times 41.88 = 167.5 \text{ (kmol} \cdot \text{h}^{-1}\text{)}$$

因为进料为饱和蒸气 $q=0$，所以提馏段上升蒸气和下降的流量如下：
$$V' = V - (1-q)F = 167.5 - (1-0) \times 50 = 117.5 \text{ (kmol} \cdot \text{h}^{-1}\text{)}$$
$$L' = L + qF = 125.6 + 0 \times 50 = 125.6 \text{ (kmol} \cdot \text{h}^{-1}\text{)}$$
$$x_D = \frac{Fx_F\phi}{D} = \frac{50 \times 0.65 \times 0.99}{41.88} = 0.77$$

(3) 精馏段操作线方程为
$$y = \frac{R}{R+1}x + \frac{x_D}{R+1} = \frac{3}{3+1}x + \frac{0.77}{3+1} = 0.75x + 0.193$$

即
$$y = 0.75x + 0.193$$

提馏段操作线方程为
$$y = \frac{L'}{L'-W}x - \frac{Wx_W}{L'-W} = \frac{125.6}{125.6 - 8.125}x - \frac{8.125 \times 0.04}{125.6 - 8.125}$$

即
$$y = 1.07x - 0.0028$$

6.5.9 理论塔板数的求法

所谓求理论塔板数，就是利用前面讨论的平衡关系，$y_n = f(x_n)$ 和操作关系，$y_{n+1} = f'(x_n)$ 或 $y_{m+1} = f''(x_m)$ 计算达到指定分离要求所需的汽化-冷凝次数。

(1) 逐板计算法 假定塔顶上升蒸气组成为 y_1，经全凝器冷凝后成为产品，即产品组成 $x_D = y_1$。逐板计算法是：在塔顶第一块板时的上升蒸气为 $y_1 = x_D$，由平衡线方程

$y = \dfrac{\alpha x}{1+(\alpha-1)x}$,可求得 $x_1 = \dfrac{y_1}{\alpha-(\alpha-1)y_1}$。第二块板上升蒸气组成为 y_2,y_2 与 x_1 服从精馏段操作线方程,所以 $y_2 = \dfrac{R}{R+1}x_1 + \dfrac{x_D}{R+1}$。同理,已知 y_2 由平衡线方程可求得 x_2。依此类推,已知 x_2 可通过操作线方程求得 y_3……每利用一次平衡关系和一次操作关系,即为一块理论塔板。提馏段也是一样。

(2) 图解法 通常采用直角梯级图解法,其实质仍然是以平衡关系与操作关系为依据,将两者绘在 x-y 图上,便可用图解法得出达到指定分离任务所需的理论塔板数及进料板位置。图解步骤如下。

① 作平衡线与对角线。

② 作精馏段操作线 $y_{n+1} = \dfrac{R}{R+1}x_n + \dfrac{x_D}{R+1}$,即连 $C\left(0, \dfrac{x_D}{R+1}\right)$ 与 $A(x_D, x_D)$ 的直线。

③ 作进料线 $y = \dfrac{q}{q-1}x - \dfrac{x_F}{q-1}$,过 $e(x_F, x_F)$ 点,作斜率为 $\dfrac{q}{q-1}$ 的直线交 AC 于 d。

④ 作提馏段操作线 $y_{m+1} = \dfrac{L'}{L'-W}x_m - \dfrac{Wx_W}{L'-W}$,即连 $B(x_W, x_W)$ 与 d 点所得直线即是。

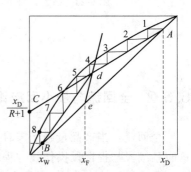

图 6-22 图解法示意图

⑤ 从 A 点开始,在平衡线与操作线之间作直角梯级,直到超过 B 点。有多少直角梯级,就有多少块理论板数。跨越 d 点的阶梯为进料板。

如图 6-22 所示,共有 8 块理论板,第 4 块板为进料板。

6.6 回流比与吉利兰图

6.6.1 回流比的影响因素

(1) 回流比 R 对理论板数 N_T 的影响 如图 6-23 所示。

回流比 R 减少,操作线截距 $\dfrac{x_D}{R+1}$ 增加,操作线靠近平衡线,理论板数 N_T 增加。反之,回流比 R 增加,操作线截距 $\dfrac{x_D}{R+1}$ 减少,操作线远离平衡线,理论板数 N_T 减少。

(2) 回流比对设备费与操作费的影响 对冷凝器作物料衡算得

$$V = L + D = (R+1)D \tag{6-49}$$

回流比 R 增加,上升蒸气量 V 增加,塔直径增加,冷凝器和蒸馏釜增大,设备费增加。回流比 R 增加,理论板数 N_T 减少,塔高下降,设备费减少。回流比 R 增加,上升蒸气量 V 增加,冷却水量和加热蒸汽量增加,操作费增加。需选一个合适回流比 R,使总费用最省，如图 6-24 所示。

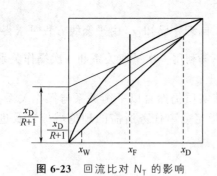

图 6-23　回流比对 N_T 的影响

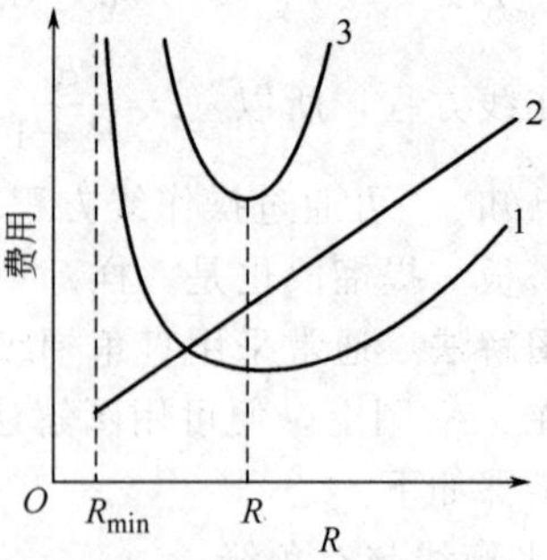

图 6-24　费用示意图
1—"设备费-R"的关系；2—"操作费-R"的关系；
3—"总费用-R"的关系

6.6.2　全回流与最小回流比

全回流：当产品量趋于零时 $D \to 0$，则回流比 R 趋于无穷大 $R \to \infty$，此时称为全回流。这时精馏段与提馏段操作线方程均与对角线（$y=x$）重合，此时理论板数最少（N_{min}）。

最小回流比：当 R 减小时，操作线斜率 $R/(R+1)$ 减小，当 R 减至两操作线交点逼近平衡线时，此时理论板数 N_T 趋于无穷大，此时回流比 R 称为最小回流比 R_{min}。

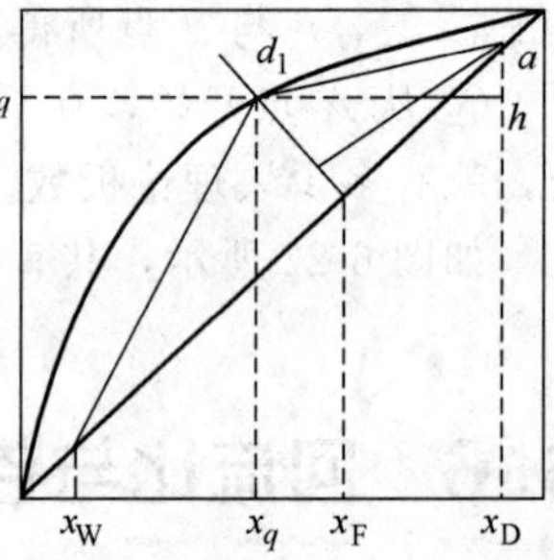

如图 6-25 所示，$\dfrac{R}{R+1} = \dfrac{\overline{ah}}{\overline{d_1 h}}$ 时，R 即为 R_{min}

则
$$\frac{R_{min}}{R_{min}+1} = \frac{\overline{ah}}{\overline{d_1 h}} = \frac{x_D - y_q}{x_D - x_q}$$
$$(x_D - x_q)R_{min} = R_{min}(x_D - y_q) + x_D - y_q$$
$$R_{min}(x_D - x_q - x_D + y_q) = x_D - y_q$$

解得
$$R_{min} = \frac{x_D - y_q}{y_q - x_q} \qquad (6\text{-}50)$$

图 6-25　最小回流比推导

x_q 与 y_q 是平衡线与进料线的交点。最小回流比是指对于一定分离要求的最小回流比。分离要求变动了（如 x_D 变了），对应的最小回流比 R_{min} 亦要改变。

6.6.3　芬斯克公式推导

全回流时，最少理论板数的计算式，如图 6-26 所示。
对于二元理想溶液，则有

$$\alpha = \frac{\dfrac{p_A}{x_A}}{\dfrac{p_B}{x_B}} = \frac{p_A}{p_B} \times \frac{x_B}{x_A}$$

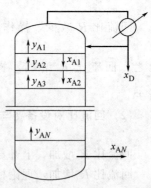

图 6-26　芬斯克公式推导

而
$$\frac{y_A}{y_B} = \frac{\frac{p_A}{p}}{\frac{p_B}{p}} = \alpha \frac{x_A}{x_B}$$

对于第一块理论板
$$\frac{y_{A1}}{y_{B1}} = \alpha \frac{x_{A1}}{x_{B1}} \tag{1}$$

对于第二块理论板
$$\frac{y_{A2}}{y_{B2}} = \alpha \frac{x_{A2}}{x_{B2}} \tag{2}$$

而全回流时
$$y_{A2} = x_{A1}, \quad y_{B2} = x_{B1} \tag{3}$$

将式(3)、式(2)代入式(1)得

$$\frac{y_{A1}}{y_{B1}} = \alpha \frac{x_{A1}}{x_{B1}} = \alpha \frac{y_{A2}}{y_{B2}} = \alpha \left(\alpha \frac{x_{A2}}{x_{B2}} \right) = \alpha^2 \frac{x_{A2}}{x_{B2}}$$

同理，对于第一块板的 y_{A1} 与第三块板的 x_{A3}

$$\frac{y_{A1}}{y_{B1}} = \alpha^2 \frac{x_{A2}}{x_{B2}} = \alpha^2 \frac{y_{A3}}{y_{B3}} = \alpha^3 \frac{x_{A3}}{x_{B3}}$$

继续下去，对于第一块板的 y_{A1} 与第 N 块板的 x_{AN}

$$\frac{y_{A1}}{y_{B1}} = \alpha^N \frac{x_{AN}}{x_{BN}} \Longrightarrow \alpha^N = \frac{y_{A1}}{y_{B1}} \times \frac{x_{BN}}{x_{AN}}$$

则
$$N \lg \alpha = \lg \left[\left(\frac{y_{A1}}{y_{B1}} \right) \left(\frac{x_{BN}}{x_{AN}} \right) \right]$$

全回流时
$$y_{A1} = x_D, \quad y_{B1} = 1 - x_D$$
$$x_{AN} = x_W, \quad x_{BN} = 1 - x_W$$

则
$$N_{\min} = \frac{\lg \left[\left(\frac{x_D}{1-x_D} \right) \left(\frac{1-x_W}{x_W} \right) \right]}{\lg \bar{\alpha}} \tag{6-51}$$

式(6-51)中的 $N_{\min}$ 是包括再沸器的最小理论板数。$\bar{\alpha}$ 为塔顶与塔底的 α 的几何平均值 $\bar{\alpha} = \sqrt{\alpha_D \alpha_W}$。

若只计算精馏段的理论板数 N_J，则将式(6-51)中的 x_W 改为 x_F。

$$N_J = \frac{\lg \left[\left(\frac{x_D}{1-x_D} \right) \left(\frac{1-x_F}{x_F} \right) \right]}{\lg \bar{\alpha}} \tag{6-52}$$

6.6.4 吉利兰图法求理论板数

吉利兰图（图 6-27）是一种经验关联图，它总结了八种不同的物系，2～11 个组分，操作压力由真空到 40atm(1atm＝101325Pa)，进料由过冷液体到过热蒸气。它如何归纳得到，本章不作介绍，重点是如何应用它。下面是吉利兰图法应用举例。

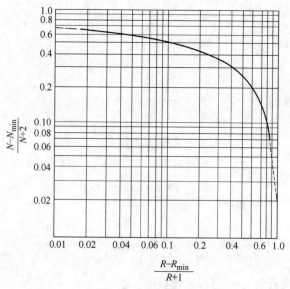

图 6-27 吉利兰图

N—所要求的理论板数；N_{min}—全回流时的最小理论
板数；R, R_{min}—回流比与最小回流比

例 6-4 某二元理想混合液其平均相对挥发度为 $\alpha=1.3$。若进料组成 $x_F=0.5$，要求馏出液组成为 $x_D=0.9$，釜液组成 $x_W=0.1$，泡点进料，回流比 R 取为 8.0。试求所需理论板数。

解 （1）求全回流时的最小理论板数 N_{min}。N_{min} 用芬斯克公式求得

$$N_{min}=\frac{\lg\left[\dfrac{\dfrac{x_D}{1-x_D}}{\dfrac{x_W}{1-x_W}}\right]}{\lg\alpha}-1=\frac{\lg\left[\dfrac{\dfrac{0.9}{0.1}}{\dfrac{0.1}{0.9}}\right]}{\lg 1.3}-1=15.75 \text{（不包括再沸器）}$$

（2）求最小回流比 R_{min}。因为是泡点进料，所以平衡线与进料线的交点 x_q 与 y_q 为

$$x_q=x_F=0.5$$

$$y_q=\frac{\alpha x_q}{1+(\alpha-1)x_q}=\frac{1.3\times 0.5}{1+0.3\times 0.5}=0.565$$

$$R_{min}=\frac{x_D-y_q}{y_q-x_q}=\frac{0.9-0.565}{0.565-0.5}=5.154$$

则

$$\frac{R-R_{min}}{R+1}=\frac{8-5.154}{8+1}=0.316$$

由吉利兰图查得 $\dfrac{N-N_{min}}{N+2}=0.32$，如图 6-27 所示。解得 $N=24$。

利用吉利兰图求算理论板数，实际是估算理论板数，初步设计时才用此法。这个图中涉及四个参数：回流比 R，最小回流比 R_{min}，最小理论板数 N_{min} 和理论板数 N。最小回流比

R_{min} 是与给定工艺参数 x_D、x_f、q 有关的。回流比 R 是可以人为选定的，原则是使所选 R，达到总费用最省。最小理论板数 N_{min}，用芬斯克公式计算，又是假定平衡曲线可以用一个平均的相对挥发度 α 来替代，也是有不小的误差。而查吉利兰图，又要引进人为读图的偏差。所以，吉利兰图求算理论板数，误差较大，只在初步设计时用到。

如果要做一个精馏塔工艺设计，首先委托方要给出下列工艺参数：原料液处理量 F，原料液组成 x_f 和进料状况参数 q，原料物系的汽-液平衡关系数据，要求达到的分离要求 x_D、x_W。掌握这些已知条件就可以着手设计了。先选定一个回流比 R，再根据物系的汽-液平衡数据求出一个平均相对挥发度 α，再求出最小回液比 R_{min}，再求出最小理论板数 N_{min}，再查吉利兰图，计算得到理论板数 N。根据处理量 F，进行设备费与操作费估算，得到一个总费用。第二次选回流比 R，重复上述步骤，可求得第二个总费用，经过 n 次 R 的选定，得到 n 个总费用数据，选取总费用最省的回流比 R，为工艺设计的适宜回流比。

有了适宜回流比，再利用汽-液平衡数据，利用图解法，较准确地求得理论板数和总费用。以上给出的是精馏工艺设计的基本思路。

6.7 实际板数与板效率

6.7.1 塔效率

先看看如图 6-28 所示精馏的传质过程。

上升蒸气（y_{n+1}）中的难挥发组分 B，以分子扩散的形式，穿过气膜，扩散至液膜。易挥发组分 A 由液膜以分子扩散的形式，穿过气膜，进入上升蒸气中。当蒸气离开液相时，蒸气中易挥发组分 A 增高，即 $y_n > y_{n+1}$，此即精馏的传质过程机理。由于精馏过程十分复杂，此处并不推导精馏的传质速率，传质速率仅用板效率表示。

理论板数，是假定板上流体与上升蒸气成平衡。但实际上，由于接触面积有限，接触时间也有限，汽相与液相不可能达到平衡。因此达到指定的分离要求，实际板数（N_P）要大于计算的理论板数（N_T），如图 6-29 所示。

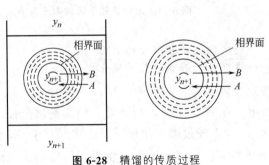

图 6-28 精馏的传质过程

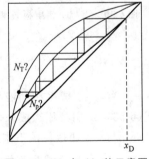

图 6-29 N_P 与 N_T 的示意图

通常定义全塔效率（或称总板效率）为

$$E_0 = \frac{N_T}{N_P} \tag{6-53}$$

$$N_P = \frac{N_T}{E_0} \tag{6-54}$$

式中，E_0 为全塔效率；N_P 为实际塔板数；N_T 为理论塔板数。

6.7.2 莫弗里板效率

塔效率是全塔的平均效率。由于塔内各实际板上的传质情况并不相同，各实际板上的传质效率是不相等的。于是提出单板效率的概念。单板效率可通过实验测定。

(1) 汽相莫弗里板效率（E_{MG}） 如图 6-30 所示。

$$E_{MG} = \frac{y_n - y_{n+1}}{y_n^* - y_{n+1}} = \frac{\text{一块实际板汽相浓度的变化}}{\text{一块理论板汽相浓度的变化}} \tag{6-55}$$

式中，y_n^* 为与 x_n 成平衡的汽相组成，摩尔分数。

在图 6-30 中，如果第 n 块板是理论板，下一块板，即第 $n+1$ 块板，上升蒸气组成 y_{n+1}，经过第 n 块板时，应达到与 x_n 成平衡的 y_n^*。所以 $y_n^* - y_{n+1}$ 是理论板时，汽相组成的变化。正是由于第 n 块板不是理论板，而是实际板，所以组成为 y_{n+1} 的汽相经过实际板时，达不到与 x_n 成平衡的 y_n^*，只能达到 y_n。$y_n - y_{n+1}$ 正是经过实际板时，汽相组成的变化。于是，经过实际板组成变化与经过理论板组成变化之比，就定义为这块实际板的板效率。这就是式（6-55）的文字解释。

(2) 液相莫弗里板效率（E_{ML}） 如图 6-31 所示。

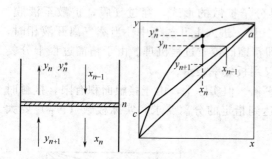

图 6-30　汽相莫弗里板效率示意图

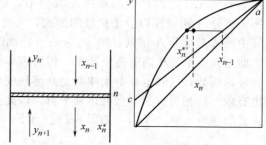

图 6-31　液相莫弗里板效率示意图

$$E_{ML} = \frac{x_{n-1} - x_n}{x_{n-1} - x_n^*} = \frac{\text{一块实际板液相浓度的变化}}{\text{一块理论板液相浓度的变化}} \tag{6-56}$$

式中，x_n^* 为与 y_n 成平衡的液相组成，摩尔分数。

式（6-56）是用液相组成来表达的板效率。在图 6-31 中，如果第 n 块板是理论板，上一块板，即第 $n-1$ 块板，流下来的液相组成 x_{n-1}，经过第 n 块板后，应达到与 y_n 成平衡的 x_n^*。所以 $x_{n-1} - x_n^*$ 是理论板时，液相组成的变化。正由于第 n 块板不是理论板，而是实际板，所以组成为 x_{n-1} 的液相，经过实际板时，达不到与 y_n 成平衡的 x_n^*，只能达到 x_n。$x_{n-1} - x_n$ 正是经过实际板时，液相组成的变化。于是，经过实际板液相组成变化，与经过理论板液相组成变化之比，就定义为液相莫弗里板效率。为什么不是 $x_n - x_{n-1}$？这是因为精馏塔上方塔板易挥发组分的组成，总是大于下方塔板的组成的。

6.8 精馏设备及习题课

精馏设备

6.8.1 精馏设备

板式精馏塔主要由塔体、塔板、再沸器、冷凝器组成。塔内蒸气自下而上逐级上升，饱和液体由于有溢流堰，自上而下呈之字形下降，汽-液在板上鼓泡、混合接触传质。一般原料液在塔的中部某个位置加入。在塔顶和塔底获得两种产品。如图 6-14 所示。

塔内由多层塔板部件构成。塔板部件又由溢流堰、降液管、塔板组成。如图 6-32 所示。

不同的分离物系，可采用不同的塔板类型。应用比较广泛的是筛板，其次是浮阀塔板，还有泡罩塔板、浮舌塔板等。如图 6-33 所示。筛板的优点是结构简单，造价低，便于清洗。但操作弹性小，容易产生液泛和漏液现象。浮阀塔的优点是操作弹性大，气体流量增大时，浮阀向上浮动，增加了出气口，不至于因气流大而液泛。气体流量减少时，出口变小，也不至于产生漏液。当然结构复杂一些，造价也贵些。

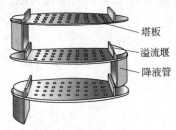

图 6-32 塔板部件示意图

浮阀塔板　　泡罩塔板　　筛板　　浮舌塔板

图 6-33 塔板类型示意图

6.8.2 精馏习题课

习题课是培养学生综合能力的重要手段。图 6-34 是精馏线索方框图。

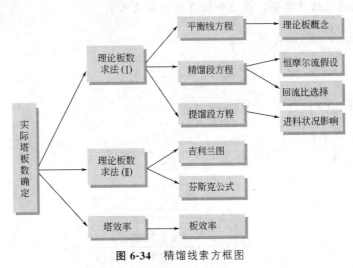

图 6-34 精馏线索方框图

例 6-5 在连续精馏塔中，分离某二元理想溶液。进料为汽-液混合物进料，进料中汽相组成为 0.428，液相组成为 0.272，进料平均组成 $x_F=0.35$，假定进料中汽、液相达到平衡。要求塔顶组成为 0.93（以上均为摩尔分数），料液中易挥发组分的 96% 进入馏出液中。取回流比为最小回流比的 1.242 倍。试计算：(1) 塔底产品组成；(2) 写出精馏段方程；(3) 写出提馏段方程；(4) 假定各板效率为 0.5，从塔底数起的第一块板上，上升蒸气的组成为多少？

解题思路

(1) 涉及 x_W 的公式有两个：一是全塔物料衡算；二是提馏段操作线方程。提馏段方程是本题第 (3) 问所求的问题。只有借助全塔物料衡算方程和回收率的数据求 x_W。

$$\begin{cases} Fx_F = Dx_D + Wx_W \\ y_{m+1} = \dfrac{L'}{L'-W}x_m - \dfrac{Wx_W}{L'-W} \text{（第三问要求的，此法不通）} \end{cases}$$

$$\begin{cases} Fx_F = Dx_D + Wx_W \\ F = D + W \\ \dfrac{Dx_D}{Fx_F} = 0.96 \end{cases}$$

(2) 精馏段操作线，只要求出回流比 R 就行了。要求 R 就先求 $R_{\min}$。

$$R_{\min} = \frac{x_D - y_q}{y_q - x_q}$$

$R_{\min}$ 计算式中的 x_q、y_q 又是平衡线和进料线方程的交点。那么应分两路求平衡线方程与进料线方程。

$y_n = \dfrac{\alpha x_n}{1+(\alpha-1)x_n}$ 和 $y = \dfrac{q}{q-1}x - \dfrac{x_F}{q-1}$ 平衡线方程中未知平均相对挥发度 α，α 可通过进料气中汽、液相的平衡组成 (y_F^*, x_F^*) 求出。进料线方程中未知 q 值，q 可通过进料板的物料衡算求出。

(3) 提馏段方程可以简化或代入提馏段方程本身求得，也可以用两点式方程求得，即点 (x_W, x_W) 和进料线与精馏线交点。

(4) y_2 是通过逐板计算法，并结合板效率公式来求出。

解 (1) 由 $\dfrac{Dx_D}{Fx_F} = 0.96$，则

$$\frac{D}{F} = \frac{0.96 \times 0.35}{0.93} = 0.361$$

由 $F = D + W$，$Fx_F = Dx_D + Wx_W$，得

$$x_W = \frac{Fx_F - Dx_D}{W} = \frac{Fx_F - Dx_D}{F - D} = \frac{x_F - \dfrac{D}{F}x_D}{1 - \dfrac{D}{F}} = \frac{0.35 - 0.361 \times 0.93}{1 - 0.361} = 0.0223$$

(2)

$$y_n = \frac{\alpha x_n}{1+(\alpha-1)x_n}$$

$$0.428 = \frac{\alpha \times 0.272}{1+(\alpha-1) \times 0.272}$$

则
$$\alpha = 2$$

平衡线方程是
$$y = \frac{\alpha x}{1+(\alpha-1)x} = \frac{2x}{1+x}$$

在汽、液混合进料中，q 可视为进料中液相所占分数，则汽相所占分数为 $1-q$。

因 $q = \dfrac{L'-L}{F}$，则
$$Fx_F = Fqx_F^* + F(1-q)y_F^*$$
$$0.35 = q \times 0.272 + (1-q) \times 0.428$$
$$q = 0.5$$

进料线方程是
$$y = \frac{q}{q-1}x - \frac{x_F}{q-1} = \frac{0.5}{0.5-1}x - \frac{0.35}{0.5-1} = -x + 0.7$$

联立求解平衡线方程 $\left(y = \dfrac{2x}{1-x}\right)$ 和进料线方程（$y=-x+0.7$）得
$$x_q = 0.272, \quad y_q = 0.428$$
$$R_{\min} = \frac{x_D - y_q}{y_q - x_q} = \frac{0.93 - 0.428}{0.428 - 0.272} = 3.22$$
$$R = 1.242 R_{\min} = 1.242 \times 3.22 = 4.0$$

精馏段操作线为
$$y_n = \frac{R}{R+1}x_n + \frac{x_D}{R+1} = \frac{4}{4+1}x_n + \frac{0.93}{4+1}$$

即
$$y_n = 0.8x_n + 0.186$$

(3)
$$y_{m+1} = \frac{L'}{L'-W}x_m - \frac{Wx_W}{L'-W} = \frac{L+qF}{L+qF-W}x_m - \frac{Wx_W}{L+qF-W}$$
$$= \frac{RD+qF}{RD+qF+D-F}x_m + \frac{(D-F)x_W}{RD+qF+D-F}$$
$$= \frac{R\dfrac{D}{F}+q}{R\dfrac{D}{F}+q+\dfrac{D}{F}-1}x_m + \frac{\left(\dfrac{D}{F}-1\right)x_W}{R\dfrac{D}{F}+q+\dfrac{D}{F}-1}$$
$$= \frac{4\times 0.361 + 0.5}{4\times 0.361 + 0.5 + 0.361 - 1}x_m + \frac{(0.361-1)\times 0.0223}{4\times 0.361 + 0.5 + 0.361 - 1}$$
$$y_{m+1} = 1.49x_m - 0.0109$$

(4) 如图 6-35 所示
$$y_1 = \frac{2x_W}{1+x_W} = \frac{2\times 0.0223}{1+0.0223} = 0.0436$$

x_2 与 y_1 服从提馏段操作线关系 $y_1 = 1.49x_2 - 0.0109$，则
$$x_2 = \frac{y_1 + 0.0109}{1.49} = \frac{0.0436 + 0.0109}{1.49} = 0.0366$$

y_2^* 与 x_2 成平衡关系
$$y_2^* = \frac{2x_2}{1+x_2} = \frac{2\times 0.0366}{1+0.0366} = 0.0706$$

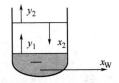

图 6-35　【例 6-5】附图

根据莫弗里板效率公式

$$E_{MG} = \frac{y_2 - y_1}{y_2^* - y_1} = \frac{y_2 - 0.0436}{0.0706 - 0.0436} = 0.5$$

则
$$y_2 = 0.0571$$

点评：此题对精馏这一章的几乎所有主要知识点都复习到了，包括以下方面：①全塔物料衡算方程和塔顶产品收率$\left(\dfrac{Dx_D}{Fx_F}\right)$的概念；②平衡线方程；③进料状况参数$q$的意义及$L'$与$L$的定量关系；④进料线方程；⑤最小回流比及其计算式；⑥精馏段方程和提馏段方程；⑦逐板计算法；⑧莫弗里板效率的概念及计算。

例 6-6 如图 6-36 所示的精馏塔具有一块实际板，原料预热至泡点，由塔顶连续加入，原料组成 $x_F = 0.2$（摩尔分数，下同），塔顶易挥发组分回收率为 80%，且塔顶组成 $x_D = 0.28$，系统的平均相对挥发度 $\alpha = 2.5$。假定塔内汽、液摩尔流率恒定，塔釜可视为一块理论板。试求该实际板的板效率。

解题思路 假定此实际板为第 1 块板，如图 6-37 所示，首先列出板效率计算公式，其中 y_1、y_2、y_1^* 均为未知，所以此题分三路分别求出 y_1、y_2、y_1^*。

第一路，y_1 全凝得 x_D，所以 $y_1 = x_D$。

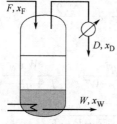
图 6-36 例 6-6 附图 1

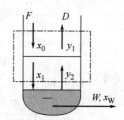
图 6-37 例 6-6 附图 2

第二路，通过平衡关系可求 y_2，但未知 x_W，要求 x_W，就要动用回收率的公式和全塔物料衡算方程。

第三路，通过平衡关系可求 y_1^*，但未知 x_1，x_1 的求取就要利用恒摩尔流假定和第一块板的物料衡算方程求得。

从目标找到线索，再一步线索一步线索地找到已知条件，即是解题的思路。

$$E_{MG} = \frac{y_1 - y_2}{y_1^* - y_2} \begin{cases} y_1 = x_D \\ y_2 = \dfrac{\alpha x_W}{1 + (\alpha - 1)x_W} \longrightarrow \dfrac{D}{F} = \phi \dfrac{x_F}{x_D}, F = D + W \\ \longrightarrow Fx_F = Dx_D + Wx_W \\ y_1^* = \dfrac{\alpha x_1}{1 + (\alpha - 1)x_1} \longrightarrow \text{对第一板作物料衡算，可求 } x_1 \\ Fx_0 + Dy_2 = Dy_1 + Fx_1 \end{cases}$$

解
$$\frac{Dx_D}{Fx_F} = \phi \Longrightarrow \frac{D}{F} = \phi \frac{x_F}{x_D} = 0.8 \times \frac{0.2}{0.28} = 0.571$$

由 $F=D+W$，$Fx_F=Dx_D+Wx_W$ 得到

$$x_W = \frac{Fx_F - Dx_D}{F-D} = \frac{x_F - \dfrac{D}{F}x_D}{1 - \dfrac{D}{F}} = \frac{0.2 - 0.571 \times 0.28}{1 - 0.571} = 0.0935$$

$$y_2 = \frac{\alpha x_W}{1+(\alpha-1)x_W} = \frac{2.5 \times 0.0935}{1+1.5 \times 0.0935} = 0.205$$

假定是恒摩尔流假设，才有

$$Fx_0 + Dy_2 = Dy_1 + Fx_1$$

$$x_1 = \frac{D(y_2 - y_1)}{F} + x_0 = \frac{D(y_2 - x_D)}{F} + x_F$$

$$= 0.571(0.205 - 0.28) + 0.20 = 0.157$$

$$y_1^* = \frac{\alpha x_1}{1+(\alpha-1)x_1} = \frac{2.5 \times 0.157}{1+1.5 \times 0.157} = 0.3177$$

$$E_{MG} = \frac{y_1 - y_2}{y_1^* - y_2} = \frac{0.28 - 0.205}{0.3177 - 0.205} = 0.665$$

点评：此题复习了平衡线方程、回收率概念、全塔物料衡算、板效率的计算公式等。但关键之处，也是本题的难点，即如何求 x_1 并再求 y_1^*。

习 题

6-1 苯（A）和甲苯（B）的饱和蒸气压数据见表 6-3。

表 6-3 习题 6-1 数据

t/℃	苯的饱和蒸气压 p_A^*/kPa	甲苯的饱和蒸气压 p_B^*/kPa	t/℃	苯的饱和蒸气压 p_A^*/kPa	甲苯的饱和蒸气压 p_B^*/kPa
80.2	101.33	39.99	100	179.19	74.53
84.1	113.59	44.4	104	199.32	83.33
88.0	127.59	50.6	108	221.19	93.93
92.0	143.72	57.6	110.4	233.05	101.33
96.0	160.52	65.66			

根据表 6-3 所示数据作 101.33kPa 下苯和甲苯溶液的 t-y-x 图及 y-x 图。此溶液服从拉乌尔定律。

6-2 利用表 6-3 的数据：（1）计算相对挥发度 α；（2）写出平衡方程式；（3）算出 y-x 的一系列平衡数据与习题 6-1 作比较。

$$\left[\text{答：(1) } \alpha = 2.44；(2) y = \frac{2.44x}{1+1.44x}\right]$$

6-3 将含 24%（摩尔分数，下同）易挥发组分的某液体混合物送入连续精馏塔中。要求馏出液含 95% 易挥发组分，釜液含 3% 易挥发组分。送至冷凝器的蒸气量为 850kmol·h^{-1}，流入精馏塔的回流液量为 670kmol·h^{-1}。试求：（1）每小时能获得多少（kmol）馏出液？多少（kmol）釜液？（2）回流比 $R = \dfrac{L}{D}$ 为多少？

[答：(1) $D = 180$kmol·h^{-1}，$W = 608.6$kmol·h^{-1}；(2) $R = 3.72$]

6-4 有 10000kg·h^{-1} 含物质 A (摩尔质量为 78kg·kmol^{-1}) 0.3 (质量分数,下同) 和含物质 B(摩尔质量为 90kg·kmol^{-1}) 0.7 的混合蒸气自一连续精馏塔底送入。若要求塔顶产品中物质 A 的组成为 0.95,釜液中物质 A 的组成为 0.01。试求:(1) 进入冷凝器底蒸气流量为多少(以摩尔流量表示)?(2) 回流比 R 为多少?

[答:(1) $V=116$kmol·h^{-1};(2) $R=1.96$]

6-5 某连续精馏塔,泡点进料,已知操作线方程如下:
精馏段　$y=0.8x+0.172$,提馏段　$y=1.3x-0.018$,试求:原料液、馏出液、釜液组成及回流比。

[答:$x_F=0.38$;$x_D=0.86$;$x_W=0.06$;$R=4$]

6-6 要在常压操作的连续精馏塔中把含 0.4 苯及 0.6 甲苯的溶液加以分离,以便得到含 0.95 苯的馏出液和 0.04 苯(以上均为摩尔分数)的釜液。回流比为 3,泡点进料,进料量为 100mol·h^{-1}。求从冷凝器回流入塔顶的回流液的流量及自釜升入塔底的蒸气的流量。

[答:$L=118$kmol·h^{-1};$V=158$kmol·h^{-1}]

6-7 在连续精馏塔中将甲醇 30% (摩尔分数,下同)的水溶液进行分离,以便得到含甲醇 95% 的馏出液及 3% 的釜液。操作压力为常压,回流比为 1.0,进料为泡点液体,试求理论板数及进料位置。常压下甲醇和水的平衡数据如表 6-4 所示。

[答:$N_T=8$;第 6 块板进料]

6-8 用一连续精馏塔分离苯-甲苯混合液,原料中含苯 0.4,要求塔顶馏出液中含苯 0.97,釜液中含苯 0.02 (以上均为摩尔分数),若原料液温度为 25℃,求进料热状态参数 q 为多少?若原料为汽、液混合物,汽、液比为 3/4,q 值为多少?

[答:$q=1.35$;$q=0.57$]

表 6-4　常压下甲醇和水的平衡数据

t/℃	液相中甲醇的摩尔分数/%	汽相中甲醇的摩尔分数/%	t/℃	液相中甲醇的摩尔分数/%	汽相中甲醇的摩尔分数/%
100	0.0	0.0	75.3	40.0	72.9
96.4	2.0	13.4	73.1	50.0	77.9
93.5	4.0	23.4	71.2	60.0	82.5
91.2	6.0	30.4	69.3	70.0	87.0
89.3	8.0	36.5	67.6	80.0	91.5
87.7	10.0	41.8	66.0	90.0	95.8
84.4	15.0	51.7	65.0	95.0	97.9
81.7	20.0	57.9	64.5	100.0	100.0
78.0	30.0	66.5			

6-9 一常压操作的精馏塔用来分离苯和甲苯的混合物。已知进料中含苯 0.5 (摩尔分数,下同),且为饱和蒸气进料。塔顶产品组成为 0.9,塔底产品组成为 0.03,塔顶为全凝器,泡点回流。原料处理量为 10kmol·h^{-1},系统的平均相对挥发度为 2.5,回流比是最小回流比的 1.166 倍。试求:(1) 塔顶、塔底产品的流量;(2) 塔釜中的上升蒸气流量;(3) 塔顶第二块理论板上升蒸气的组成。

[答:(1) $D=5.4$kmol·h^{-1},$W=4.6$kmol·h^{-1};(2) $V'=7.15$kmol·h^{-1};(3) $y_2=0.82$]

6-10 某二元混合物含易挥发组分 0.4 (摩尔分数,下同),用精馏方法加以分离,所用精馏塔具有 7 块理论板(不包括釜)。塔顶装有全凝器,泡点进料与回流。在操作条件下该物系平均相对挥发度为 2.47,要求塔顶组成为 0.9,轻组分回收率为 90%。试求:(1) 为达到分离要求所需的回流比为多少?(2) 若料液易挥发组分组成因故障降为 0.3,馏出率 D/F 及回流比与 (1) 相同,塔顶产品组成及回收率有何变化?(3) 若料液易挥发组分组成降为 0.3,但要求塔顶产品组成及回收率不变,回流比应为多少?

[答:(1) $R=3.3$;(2) $x_D=0.72$,$\eta=96\%$;(3) $R=6.4$]

本章关键词中英文对照

蒸馏/distillation
微分蒸馏/differential distillation
连续蒸馏/continuous distillation
普通精馏/ordinary distillation
简单间歇蒸馏/simple batch distillation
多组分精馏/multicomponent distillation
多级平衡操作/equilibrium-stage cascade
易挥发组分/more volatile component
摩尔分数/molar fraction
摩尔比热容/molar heat capacity
溶质的摩尔分数/molar fraction of solute
摩尔比/molar ratio
理想液体/ideal liquid
理想溶液定律/ideal-solution law
拉乌尔定律/Raoult's law
分压/partial pressure
气液界面/gas-liquid interface
平衡关系/equilibrium relate
相对挥发度/relative volatility
沸点图/boiling-point diagram
泡点线/bubble-point line
露点线/dew-point line
过热蒸汽/superheated vapor
两相区/two-phase region
精馏段/rectifying section
精馏段操作线/rectifying line
提馏段/stripping or enriching section
提馏段操作线/stripping line
提馏塔/stripping column distillation
冷凝液/condensate
冷凝器/condenser
分凝器/partial condenser

全凝器/total condenser
部分冷凝/partial condensation
塔顶产品/overhead product
部分汽化/partial vaporization
再沸器/reboiler
釜/still
加热釜/heated kettle
塔底产品/bottom product or bottoms
回流/reflux
回流比/reflux ratio
最少回流比/minimum reflux ratio
最佳回流比/optimum reflux ratio
回流分配器/reflux splitter
操作线/operating line
进料线/feed line
进料板/feed plate
进料状态/thermal condition of the feed
理论板/perfect plate/ideal plate
理论级/ideal stage
恒摩尔流/constant molar overflow
逐板计算法/plate-to-plate calculation
图解法/graphical method
逐级图解/graphical step-by-step
点效率/local efficiency
板效率/stage efficiency or plate efficiency
莫弗里效率/Murphree efficiency
总板效率/overall efficiency
难挥发组分/less volatile component
降液管/down-comer
向下/downhill
夹带剂/entrainer

微信扫码，立即获取
教学课件和课后习题详解

第 7 章

吸 收

> **本章学习要求**
>
> 一、重点掌握
> - 相组成的表达方法，稀溶液相平衡的亨利定律；
> - 分子扩散与菲克定律，单向扩散与双膜理论；
> - 传质速率方程及其不同表达时系数的关系；
> - 吸收过程物料衡算、操作线方程、最小液气比；
> - 填料层的高度、传质单元高度与传质单元数的物理意义与计算。
>
> 二、熟悉内容
> - 多种形式的单相传质速率方程、传质推动力、传质系数间关系；
> - 气膜控制与液膜控制；
> - 传质单元数的图解法；
> - 解吸的特点与计算；
> - 吸收过程的强化方法；
> - 吸附分离、吸附平衡、固定床的传质区与透过曲线。
>
> 三、了解内容
> - 常用填料塔的结构、填料特性与选择；
> - 填料塔的气速、压降、塔高计算方程的推导；
> - 最新填料塔分离技术特点与进展。

7.1 吸收过程概述

7.1.1 吸收定义与工业背景

在合成氨工厂，合成氨的原料气中含有 30% CO_2，如何将 CO_2 从原料气中分离？

在焦化厂，焦炉气中含有多种气体，如 CO、H_2、NH_3、苯类等，如何将 NH_3 从焦炉气中分离？

在硫酸厂，硫铁矿经焙烧氧化，可以得到 SO_3，如何由 SO_3 制造硫酸？

为了解决上述问题,化学工程师提出了一种化工单元操作,即吸收。利用混合气体各组分在溶剂中溶解度不同的性质,来分离气体混合物的操作,称为吸收操作。

如图 7-1 所示,这就是从合成氨原料气中回收 CO_2 的工艺流程。乙醇胺对 CO_2 有较大溶解度,选乙醇胺作溶剂。溶剂要回收循环使用,又有了 CO_2 解吸塔。吸收塔、解吸塔、锅炉就构成了 CO_2 回收的工段或车间。如图 7-1 所示,将这个工段当成一个系统,那么进工段的是合成氨原料气,出工段的是 CO_2 和低浓度 CO_2 的合成氨气。其他物料流都在工段系统内部循环。

在图 7-1 左边的吸收塔中,吸收剂乙醇胺自塔顶上部喷淋而下,塔底部排出含 CO_2 的乙醇胺。含高浓度 CO_2 的合成氨气,由塔底部进入,在塔顶部排出低浓度 CO_2 的合成氨气。这种流程称做逆流吸收塔。在图 7-1 右边的解吸塔中,有的也叫脱吸塔。就是用新鲜水蒸气,去吹掉含 CO_2 的乙醇胺液体中的 CO_2。结果是,在塔顶获得含 CO_2 的水蒸气,经过冷凝冷却器,得到液态水和纯的 CO_2。在塔底获得低浓度 CO_2 的乙醇胺液体,经过冷却器,使吸收剂乙醇胺再生并循环使用。

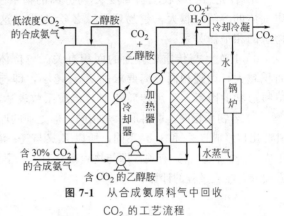

图 7-1 从合成氨原料气中回收 CO_2 的工艺流程

7.1.2 吸收的用途与分类

(1) 吸收的工业应用分类

① 分离混合气体以获得一个或几个有用的组分。例如用洗油处理焦炉气以回收其中的苯、甲苯、二甲苯。用液态烃处理石油裂解气以回收其中的乙烯、丙烯等。

② 气体净化。例如,某厂放空的气体中含有毒有害气体 A,不符合环境保护的排放标准,则选用合适溶剂将有害气体吸收,使该厂放空的气体达到排放标准。

③ 制备液体产品。例如,用水吸收氯化氢气体制备盐酸,用 93% 硫酸吸收 SO_3 气体制备硫酸等。

(2) 吸收操作工业分类 按有无化学反应,分为物理吸收和化学吸收。在吸收过程中,如果吸收质与吸收剂之间不发生显著的化学反应,可当作气体吸收质溶解于吸收剂的物理过程,称为物理吸收。如果吸收质与吸收剂之间发生显著的化学反应,称为化学吸收。如,用 NaOH 吸收 CO_2 就是化学吸收。

按溶质气体的数目,分为单组分吸收和多组分吸收。在吸收过程中,若混合气体中只有一个组分进入吸收剂,其余组分皆可认为不溶解于吸收剂,这种吸收称为单组分吸收。如果混合气体中有两个或更多个组分进入吸收剂,则称为多组分吸收。

按有无明显热效应,分为等温吸收与非等温吸收。

本章重点讨论的是单组分等温的物理吸收。吸收过程是一个传质过程,如何使气体和液体具有更多的气-液相界面,达到更好的传质效率?一般吸收塔内,要么是设有各式各样的板,如筛板、浮阀塔板、泡罩塔板、浮舌塔板等,称做板式吸收塔;要么是在塔内充以有特定形状的填料,如拉西环、鲍尔环、阶梯环等,这样装着填料的塔,称做填料吸收塔。本章重点介绍填料吸收塔的设计计算。实际上用于吸收的,也有不少采用板式吸收塔。在第 6 章精馏中重点介绍板式精馏塔。其实化工行业中，使用填料精馏塔的也很多。如图 7-2 所示，填料层高度 Z 与什么有关？

① 首先想到吸收填料高度 Z 与分离的物系性质有关。某溶剂对某溶质气体的溶解度越大，越易吸收，Z 会越小。这与分子间的力有关，即物系的相平衡关系。

② 其次，与传质相界面的面积有关。单位体积填料提供的有效传质面积越大，达到相同分离要求的 Z 会越小，即与填料的形状有关。衡量填料形状的因素，可用传质速率与传质系数表达。

③ 若物系相同，填料形状亦相同，但处理的原料气量（V）和原料气的进、出口组成（y_1 和 y_2）不同，所以 Z 又与气、液流量（V、L）和气、液组成（y_1、y_2、x_1）有关，即与物料衡算有关。下面将分相平衡关系、传质速率、物料衡算三个方面展开吸收过程的计算。

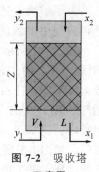

图 7-2 吸收塔示意图

7.2 吸收相平衡关系

7.2.1 气体的溶解度曲线

气体吸收的平衡关系，是指气体在液体中的溶解度。

(1) 溶解度 在一定温度与压力下，溶质气体最大限度溶解于溶剂中的量，即溶解度。如图 7-3 所示，NH_3 溶于水的速率等于 NH_3 逸出水的速率，此时达到动平衡。动平衡时，溶液上方氨的分压与水中溶解的氨的量，称为在该温度、压力下的氨在水中的溶解度。

(2) 溶解度曲线 即平衡曲线。

若固定温度、压力不变，测得某动平衡下，溶液上方氨的分压为 p_1，此时溶于水的氨的浓度为 x_1；再改变浓度为 x_2，测得上方氨分压为 p_2；……依此类推，改变氨的浓度为 x_n，测得溶液上方氨的分压为 p_n，如图 7-4 所示。将这 n 个点，标绘在图上，即得到在一定温度、压力下的溶解度曲线。

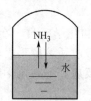

图 7-3 气体溶解示意图

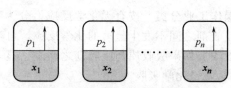

图 7-4 实测 p-x 曲线示意图

例 7-1 已知 20℃时，在 1atm 下氨气溶解于水的溶解度数据如表 7-1 所示，据此画出溶解度曲线，横坐标用 x（摩尔分数），纵坐标用 p^*（kPa）表示。

表 7-1 溶解度数据

项 目	组 号							
	1	2	3	4	5	6	7	8
氨水浓度/kgNH₃·100kg⁻¹水	2	2.5	3	4	5	7.5	10	15
NH₃ 的平衡分压/mmHg	12	15	18.2	24.9	31.7	50	69.6	114

解 以第六组数据为例计算如下：

$$x = \frac{\text{氨的物质的量}}{\text{氨的物质的量}+\text{水的物质的量}} = \frac{\frac{7.5}{17}}{\frac{7.5}{17}+\frac{100}{18}} = 0.0736$$

$$p^* = \frac{50}{760} \times 101.3 = 6.66 \text{ (kPa)}$$

将计算结果列在表 7-2 中。

表 7-2 计算结果

项目	组号							
	1	2	3	4	5	6	7	8
氨水摩尔分数 x	0.0207	0.0258	0.0308	0.0407	0.0503	0.0736	0.0958	0.137
NH_3 的平衡分压 p^*/kPa	1.6	2	2.42	3.32	4.22	6.66	9.28	15.2

画出溶解度曲线 p^*-x，如图 7-5 所示。

7.2.2 亨利定律

通过实验的方法，可以得到平衡曲线，平衡曲线能否用一简单的解析式表达呢？

对于非理想溶液，在低浓度下，平衡关系服从亨利定律。

由图 7-6 看出，OD 是平衡曲线，但在 $x=0\sim 0.10$ 的这一段，可以写成亨利定律的表达式。

$$p^* = Ex \tag{7-1}$$

式中，E 为亨利系数，Pa；x 为溶质在溶液中所占的摩尔分数；p^* 为溶液上方溶质气体的分压，Pa。

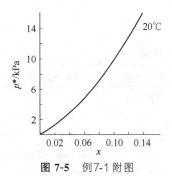
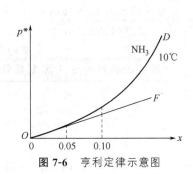

图 7-5 例 7-1 附图   图 7-6 亨利定律示意图

亨利系数 E，即图 7-6 中 OF 直线的斜率。当 E 值较大时，平衡线斜率也较大，表示在较大分压下，溶液中溶质的浓度并不大。这说明 E 值越大，表示溶解度越小。E 值与溶解度成负的相关。

亨利定律还可写成

$$p^* = \frac{c}{H} \tag{7-2}$$

式中，H 为溶解度系数，$kmol \cdot m^{-3} \cdot Pa^{-1}$；$c$ 为单位体积溶液中溶质气体的物质的量，

$kmol \cdot m^{-3}$。

溶解度系数 H 越大,表明同样分压 p^* 下,溶质在溶液中的物质的量 c 越大。H 越大,表明气体溶解度越大。H 越小,表明气体溶解度越小。所以称 H 为溶解度系数。

亨利定律最常用的是下列形式:

$$y^* = mx \tag{7-3}$$

式中,y^* 为气相中溶质的摩尔分数;x 为液相中溶质的摩尔分数;m 为相平衡常数(亦称亨利常数),量纲为1。

在吸收的设计计算中,用得最多的相平衡关系是式(7-3),用得最多的亨利系数是相平衡常数 m。由于历史的原因,现行的平衡数据,多是给出 H 或 E。列出式(7-1)、式(7-2),最终是为了将 H 或 E 换算为 m。

7.2.3 亨利定律中系数之间的关系

(1) E 与 m 的换算 用式(7-1)除以式(7-3)得

$$\frac{p^*}{y^*} = \frac{Ex}{mx}$$

则

$$\frac{p^*}{y^*} = \frac{E}{m} \tag{7-4}$$

由道尔顿分压定律 $p^* = py^*$,代入式(7-4)

$$\frac{py^*}{y^*} = \frac{E}{m}$$

则

$$m = \frac{E}{p} \tag{7-5}$$

式中,p 为当地大气压,Pa。

(2) E 与 H 的换算 联立式(7-1)和式(7-2)得

$$Ex = \frac{c}{H} \tag{7-6}$$

$$c = \frac{\text{溶质的物质的量(kmol)}}{\text{溶液的体积}(m^3)}$$

$$= \frac{\text{溶质的物质的量(kmol)}}{\frac{(\text{溶质的物质的量}+\text{溶剂的物质的量})(kmol) \times M_m(kg \cdot kmol^{-1})}{\rho_L(kg \cdot m^{-3})}}$$

则

$$c = \frac{x}{\dfrac{M_m}{\rho_L}}$$

因而

$$M_m = M_s(1-x) + Mx \approx M_s \text{(低浓度时,} x \to 0)$$

$$\rho_L = \rho_s$$

则

$$c = \frac{x\rho_s}{M_s}$$

代入式(7-6)得

$$Ex = \frac{c}{H} = \frac{x\rho_s}{HM_s}$$

$$H = \frac{\rho_s}{EM_s} \tag{7-7}$$

式中，M_m，M_s 分别为溶液和溶剂的摩尔质量，$kg \cdot kmol^{-1}$；ρ_L，ρ_s 分别为溶液和溶剂的密度，$kg \cdot m^{-3}$。

例 7-2 在例 7-1 中，分别计算前 5 个数据（表 7-2）的亨利系数 E、m、H。能否说明在此浓度下，可用亨利定律表达（1atm 条件下）。

解 以第一组数据为例计算如下。

$$x = \frac{\frac{2}{17}}{\frac{2}{17}+\frac{100}{18}} = 0.0207, \quad p^* = \frac{12}{760} \times 101.3 = 1.6 \text{kPa}$$

$$E = \frac{p^*}{x} = \frac{1.6}{0.0207} = 77.3 \text{kPa}$$

$$m = \frac{E}{p} = \frac{77.3}{101.3} = 0.763$$

$$H = \frac{\rho_s}{EM_s} = \frac{1000 \text{kg} \cdot \text{m}^{-3}}{77.3 \text{kPa} \times 18 \text{kg} \cdot \text{kmol}^{-1}} = 0.719 \text{kmol} \cdot \text{m}^{-3} \cdot \text{kPa}^{-1}$$

依次计算，列表见表 7-3。

表 7-3 计算结果

项 目	组 号					平均值
	1	2	3	4	5	
氨水浓度/$kgNH_3 \cdot 100kg^{-1}$ 水	2	2.5	3	4	5	
NH_3 的平衡分压/mmHg	12	15	18.2	24.9	31.7	
氨水摩尔分数 x	0.0207	0.0258	0.0308	0.0407	0.0503	
NH_3 的平衡分压 p^*/kPa	1.6	2	2.42	3.32	4.22	
E/kPa	77.3	77.5	78.6	81.6	83.9	79.8
m	0.763	0.765	0.776	0.806	0.828	0.788
H/$kmol \cdot m^{-3} \cdot kPa^{-1}$	0.719	0.717	0.707	0.681	0.662	0.697

计算说明，氨水浓度在 5% 以内时 E、m、H 均趋于常数，可用亨利定律表达，$m = 0.788$。

7.3 传质系数与速率方程

7.3.1 分子扩散与费克定律

(1) 分子扩散 流体内某一组分存在浓度差时，则由于分子运动使组分从浓度高处传递至浓度低处，这种现象称为分子扩散。1855 年德国物理学家阿道夫·菲克（Adolf Fick）在研究大量扩散现象的基础之上，首先对这种质点扩散过程作出了定量描述，得出了著名的菲克定律，建立了浓度场下物质扩散的动力学方程。

(2) 菲克定律 单位时间通过单位面积物质的扩散量与浓度梯度成正比。

$$J_A \propto \frac{dc_A}{dZ}$$

写成等式
$$J_A = -D_{AB}\frac{dc_A}{dZ} \tag{7-8}$$

式中，J_A 为质量通量，$kmol \cdot m^{-2} \cdot s^{-1}$；$\frac{dc_A}{dZ}$ 为浓度梯度，$kmol \cdot m^{-4}$；D_{AB} 为组分 A 在组分 B 中的扩散系数，$m^2 \cdot s^{-1}$。

若扩散在气相中进行，且气相为理想气体混合物

$$N_A = J_A = -D\frac{dc_A}{dZ}$$

对气相因 $c_A = \frac{n_A}{V} = \frac{p_A}{RT}$，则
$$N_A = -\frac{D}{RT} \times \frac{dp_A}{dZ}$$

$$N_A \int_0^Z dZ = -\frac{D}{RT}\int_{p_A}^{p_i} dp_A$$

则
$$N_A Z = \frac{D}{RT}(p_A - p_i)$$

$$N_A = \frac{D}{RTZ}(p_A - p_i)$$

令 $\frac{D}{RTZ} = k_G$，则

$$N_A = k_G(p_A - p_i) \tag{7-9}$$

式中，k_G 为以分压差为推动力表示的气相传质分系数，$kmol \cdot m^{-2} \cdot s^{-1} \cdot kPa^{-1}$；$p_A$、$p_i$ 分别为气相湍流主体和气液界面上的溶质气体分压，kPa。

同理，对于液相扩散有

$$N_A = k_L(c_i - c_A) \tag{7-10}$$

式中，k_L 为以浓度差为推动力表示的液相传质分系数，$m \cdot s^{-1}$，$k_L = \frac{D}{Z}$；c_A、c_i 分别为液相湍流主体和气液界面上溶质的液相浓度，$kmol \cdot m^{-3}$。

7.3.2 单相传质的层流"膜模型"

湍流流体经过固体壁面时，壁面附近有一个层流底层，即层流膜，若有物质从固体表面扩散出来（例如萘升华到空气中），由于物质通过层流膜只能靠分子扩散，且浓度梯度在稳定状态下为常数，假定在界面上 A 的浓度为 p_{A1}。在层流膜内 A 的浓度 p_A 随距离增大而变小，其关系为一向下倾斜的直线，如图 7-7 所示。离开层流膜以后到达过渡区，涡流扩散开始起作用，A 的浓度变小的速度减缓，p_A 与 Z 的关系成曲线，其斜率（绝对值）逐渐变小。到达湍流主体时，因涡流扩散起主导作用，A 的浓度趋于一定，p_{A2} 代表湍流主体内 A 的浓度。图中 Z'_G 为有效层流膜的厚度。

图 7-7 中，传质界面对流体的传质，与对流传热颇为相似。由于人们对过渡流、湍流的认识还不全面，从理论上讲很难推导出传质速率方程。于是仿照处理对流传热的方法，来解决对流传质问题。即将界面以外的对流传质，视为通过一虚拟的厚

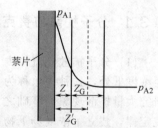

图 7-7 单相传质示意图

度为 Z'_G 的层流层的分子扩散。Z'_G 是一个虚拟膜。假定传质阻力均集中在虚拟膜内。所以

$$N_A = \frac{D}{RTZ'_G}(p_{A1} - p_{A2})$$

令

$$\frac{D}{RTZ'_G} = k'_G$$

如图 7-7 所示，萘片的扩散传质，即气相传质，可写成

$$N_A = k_G(p_{A1} - p_{A2}) = \frac{p_{A1} - p_{A2}}{\frac{1}{k_G}} = \frac{传质推动力}{传质阻力}$$

同理，液相传质可写成 $$N_A = k_L(c_{A1} - c_{A2}) = \frac{c_{A1} - c_{A2}}{\frac{1}{k_L}}$$

这样采用虚拟层流膜来处理传质速率的方法，即"膜模型"。

7.3.3 两相间传质的"双膜模型"

20 世纪 20 年代，为了解决多相传质问题，路易斯-惠特曼（Lewis-Whitman）将固体溶解理论引入传质过程，提出了双膜模型，其要点如下。

① 两相间有物质传递时，相界面两侧各有一层极薄的静止膜，传递阻力都集中在这里。这实际上是继承了"层流膜"模型的观点。例如，气液相间的传质，如图 7-8 所示，气相侧和液相侧的传质通量分别为

$$N_{AG} = k_G(p_A - p_i) = \frac{p_A - p_i}{\frac{1}{k_G}} \quad (7\text{-}11)$$

$$N_{AL} = k_L(c_i - c_A) = \frac{c_i - c_A}{\frac{1}{k_L}} \quad (7\text{-}12)$$

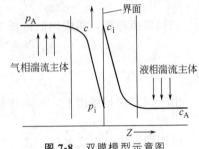

图 7-8 双膜模型示意图

② 物质通过双膜的传递过程为稳态过程，没有物质的积累，即 $N_{AG} = N_{AL}$，写作

$$N_A = k_G(p_A - p_i) = k_L(c_i - c_A) \quad (7\text{-}13)$$

③ 假定气液界面处无传质阻力，且界面处的气液组成达到平衡，即 p_i 和 c_i 在气液相平衡线上，写作

$$p_i = f(c_i) \quad (7\text{-}14)$$

若气液相平衡关系服从亨利定律，则式(7-14)可写作

$$p_i = \frac{c_i}{H} \quad 或 \quad y = mx$$

原则上讲，若已知气、液相传质分系数 k_G 和 k_L，便可通过双膜模型导出的式(7-13)和式(7-14)，联立求解得到未知的气、液界面组成 p_i 和 c_i，再利用式(7-11)或式(7-12)求得传质通量 N_A。

例 7-3 用水吸收空气中的甲醇蒸气，温度为 300K 时的 $H = 2\text{kmol} \cdot \text{m}^{-3} \cdot \text{kPa}^{-1}$，气相传质分系数和液相传质分系数为 $k_G = 0.056 \text{kmol} \cdot \text{m}^{-2} \cdot \text{h}^{-1} \cdot \text{kPa}^{-1}$，$k_L =$

$0.075\text{m}\cdot\text{h}^{-1}$。在吸收设备的某截面上,气相主体分压 $p_A=2.026\text{kPa}$,液相主体浓度 $c_A=1.2\text{kmol}\cdot\text{m}^{-3}$,求此时该截面上的传质通量。

解
$$N_A = k_G(p_A - p_i) = k_L(c_i - c_A)$$

$$N_A = \frac{p_A - p_i}{\dfrac{1}{k_G}} = \frac{c_i - c_A}{\dfrac{1}{k_L}}$$

而
$$p_i = \frac{c_i}{H}$$

则
$$N_A = \frac{Hp_A - Hp_i}{\dfrac{H}{k_G}} = \frac{Hp_i - c_A}{\dfrac{1}{k_L}}$$

由合比定律得
$$N_A = \frac{Hp_A - c_A}{\dfrac{H}{k_G}+\dfrac{1}{k_L}} = \frac{2\times 2.026 - 1.2}{\dfrac{2}{0.056}+\dfrac{1}{0.075}} = 0.058\ (\text{kmol}\cdot\text{m}^{-2}\cdot\text{h}^{-1})$$

以上计算是基于"双膜模型"得到的传质通量。

7.3.4 传质速率方程与传质系数之间的换算

根据双膜理论,两膜内的传质为稳态过程,则有
$$N_A = k_G(p_A - p_i) = k_L(c_i - c_A)$$

则
$$p_i = -\frac{k_L}{k_G}c_i + \frac{k_L}{k_G}c_A + p_A \tag{1}$$

由于假定在相界面上,气液达到平衡得
$$p_i = f(c_i) \tag{2}$$

可用图解法,由式(1)、式(2)求得 p_i 和 c_i,如图 7-9 所示。图解步骤如下:以液相浓度 c 为横坐标,以气相分压 p 为纵坐标,利用平衡数据,得到图 7-9 中的(2)线,式(1)是过点 (c_A, p_A),斜率为 $-\dfrac{k_L}{k_G}$ 的直线,如图 7-9 中的(1)线。两线之交点,即相界面浓度 c_i,分压 p_i。

若求出与气相主体分压 p_A 达到平衡的液相浓度 c_A^*,再求出与液相主体浓度 c_A 达到平衡的气相分压 p_A^*,如图 7-10 所示。则可写出以气相总推动力和液相总推动力的传质速率方程分别为

$$N_A = K_G(p_A - p_A^*) \tag{7-15}$$

$$N_A = K_L(c_A^* - c_A) \tag{7-16}$$

由于 p_A、p_A^*、c_A、c_A^* 均为已知,用此求 N_A 时就避开了求界面浓度 c_i 和 p_i。

同理,若在图 7-10 中,横坐标以液相摩尔分数 x 表示,纵坐标以气相摩尔分数 y 表示。重新表达的双膜模型的 y-x 图,如图 7-11 所示。重新改写的传质速率方程为

$$N_A = k_y(y - y_i) \tag{7-17}$$

$$N_A = k_x(x_i - x) \tag{7-18}$$

$$N_A = K_y(y - y^*) \tag{7-19}$$

$$N_A = K_x(x^* - x) \tag{7-20}$$

式中，k_y 为以 y 表达的气相传质分系数，$kmol \cdot m^{-2} \cdot s^{-1}$；$k_x$ 为以 x 表达的液相传质分系数，$kmol \cdot m^{-2} \cdot s^{-1}$；$K_y$ 为以 y 表达的气相总传质系数，$kmol \cdot m^{-2} \cdot s^{-1}$；$K_x$ 为以 x 表达的液相总传质系数，$kmol \cdot m^{-2} \cdot s^{-1}$。

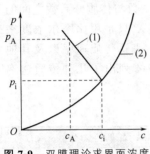
图 7-9　双膜理论求界面浓度

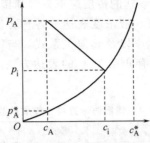
图 7-10　双膜理论的 p-c 图

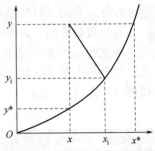
图 7-11　双膜理论的 y-x 图

一般数据手册，都只给出气相传质分系数 k_G 和液相传质分系数 k_L，如何通过分系数来求传质总系数呢？

下面先解决总传质系数与分传质系数的关系。

(1) K_y、K_x 与 k_y、k_x 的关系　由图 7-11 看出

$$y - y^* = (y - y_i) + (y_i - y^*) = (y - y_i) + \frac{y_i - y^*}{x_i - x}(x_i - x)$$

假定平衡线为直线，则 $y - y^* = (y - y_i) + m_1(x_i - x)$

将式(7-19)、式(7-17)、式(7-18) 代入得

$$\frac{N_A}{K_y} = \frac{N_A}{k_y} + \frac{m_1 N_A}{k_x}$$

得

$$\frac{1}{K_y} = \frac{1}{k_y} + \frac{m_1}{k_x} \tag{7-21}$$

同理

$$x^* - x = (x^* - x_i) + (x_i - x)$$

$$= \frac{x^* - x_i}{y - y_i}(y - y_i) + (x_i - x)$$

假定平衡线为直线，则 $x^* - x = \frac{1}{m_2}(y - y_i) + (x_i - x)$

将式(7-20)、式(7-17)、式(7-18) 代入得

$$\frac{N_A}{K_x} = \frac{1}{m_2} \times \frac{N_A}{k_y} + \frac{N_A}{k_x}$$

得

$$\frac{1}{K_x} = \frac{1}{m_2 k_y} + \frac{1}{k_x} \tag{7-22}$$

(2) K_y、K_x 与 K_G、K_L 的关系

$$N_A = K_G(p - p^*) = K_G p(y - y^*) = K_y(y - y^*)$$

则
$$K_y = K_G p \tag{7-23}$$

$$N_A = K_L(c^* - c) = K_L c_0 (x^* - x) = K_x (x^* - x)$$

则
$$K_x = K_L c_0 \tag{7-24}$$

式中，p 为总压，kPa；c_0 为液相总浓度，$kmol \cdot m^{-3}$。

以上用 y-x 和 p-c 两种气液浓度的表示方式，介绍了平衡关系和以传质分系数表达的传质速率方程，介绍了以传质总系数表达的传质速率方程和传质总系数与传质分系数之间的关系等。有些教材介绍了以 Y-X 为气、液浓度表达的各种方法。Y-X 只是用比摩尔浓度来表达气、液浓度。用 Y-X 表达传质速率以及其他关系式，与用 y-x 表达传质速率以及其他关系式形式上并无多少区别，本书没有介绍 Y-X 的表达方法。表 7-4 列出了几种传质速率方程和传质系数。

表 7-4 传质速率方程和传质系数

平衡线	传质速率方程	传质系数关系	平衡线	传质速率方程	传质系数关系
$p^* = Ex$ $p^* = \dfrac{c}{H}$	$N_A = k_G(p - p_i)$ $N_A = k_L(c_i - c)$ $N_A = K_G(p_A - p_A^*)$ $N_A = K_L(c_A^* - c_A)$	$\dfrac{1}{K_G} = \dfrac{1}{k_G} + \dfrac{1}{H_1 k_L}$ $\dfrac{1}{K_L} = \dfrac{H_2}{k_G} + \dfrac{1}{k_L}$	$y^* = mx$	$N_A = k_y(y - y_i)$ $N_A = k_x(x_i - x)$ $N_A = K_y(y - y^*)$ $N_A = K_x(x^* - x)$	$\dfrac{1}{K_y} = \dfrac{1}{k_y} + \dfrac{m_1}{k_x}$ $\dfrac{1}{K_x} = \dfrac{1}{m_2 k_y} + \dfrac{1}{k_x}$ $K_y = K_G p$ $K_x = K_L c_0$

7.3.5 气膜控制与液膜控制

对于溶解度很大时的易溶气体，如水吸收氨或 HCl 气体，此时 $\dfrac{1}{k_G} \gg \dfrac{1}{H k_L}$，则 $\dfrac{1}{K_G} = \dfrac{1}{k_G} + \dfrac{1}{H k_L}$ 可以化简为 $\dfrac{1}{K_G} \approx \dfrac{1}{k_G}$，即 $K_G \approx k_G$，此时称为气膜控制，如图 7-12(a) 所示。

对于溶解度很小时的难溶气体，如水吸收氧、CO_2，此时 $\dfrac{H}{k_G} \ll \dfrac{1}{k_L}$，则 $\dfrac{1}{K_L} = \dfrac{H}{k_G} + \dfrac{1}{k_L}$ 可以化简为 $\dfrac{1}{K_L} \approx \dfrac{1}{k_L}$，即 $K_L \approx k_L$，此时称为液膜控制，如图 7-12(b) 所示。

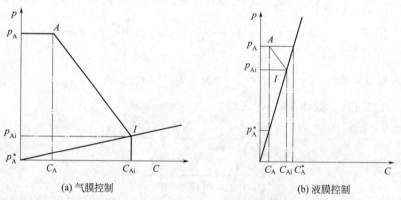

图 7-12 气膜控制与液膜控制示意图

7.3.6 三传比拟

三传过程可以进行比拟，如表 7-5 所示。

表 7-5 三传比拟

项目	动量传递	热量传递	质量传递
动力	速度梯度	梯度温度	浓度梯度
传递方向	高速度到低速度	高温到低温	高浓度到低浓度
数学模型的描述(定律)	牛顿黏性定律 $\tau=-\mu\dfrac{du}{dy}=-v\dfrac{d(\rho u)}{dy}$	傅里叶定律 $q=-\lambda\dfrac{dt}{dy}=-a\dfrac{d(\rho c_P t)}{dy}$	菲克定律 $J_A=-D\dfrac{dc_A}{dy}$
传递的物理量与梯度的关系	两流体层的剪应力与速度梯度成正比	热量通量与温度梯度成正比	扩散通量与浓度梯度成正比
基本定律的系数	运动黏度 μ	热导率 a	扩散系数 D
物性系数单位	$m^2 \cdot s^{-1}$	$m^2 \cdot s^{-1}$	$m^2 \cdot s^{-1}$

传递过程（或称传递现象）包括动量传递（黏性流动）、热量传递（热传导、对流和辐射）和质量传递（扩散），一般将发生传递过程的介质视为连续流。传递过程理论研究的基础是实验定律，即动量传递的牛顿黏性定律、热量传递的傅里叶定律和质量传递的菲克定律；三种传递过程和三个实验定律有其相似之处（辐射除外，辐射能量传递的本质要用电磁理论来描述）。

传递过程是由场的不均匀性引起的，标量场的不均匀性可用梯度衡量。一般物理量可分为三类：标量、矢量和张量。标量如温度、浓度、能量、体积和时间等，只用一个数量即可表示；矢量如速度、动量、加速度和力等，是既有方向又有长度的量，在坐标系中要用 3 个分量表示；二阶张量如剪应力张量、变形速度张量等，在坐标系中要用 9 个分量来表示。

在一维情况下，所有物理量均以标量的形式出现。正是由于三个基本传递公式的类似性，才导致了这三种传递过程具有一系列类似的性质，但这种类似性不能推广到二维或三维流动。层流中一维传递机理的通式为：

$$\begin{bmatrix}动量\\热量\\质量\end{bmatrix}通量 = -物性系数 \times \begin{bmatrix}速度\\温度\\浓度\end{bmatrix}梯度$$

三传中三个物性参数 v、a 和 D 的量纲一致，均为 $L^2 \cdot T^{-1}$，在 SI 制中的单位为 $m^2 \cdot s^{-1}$；层流时流体的黏性、热传导性和扩散性统称为流体的分子传递性质，它们都是由分子的不规则运动引起的（湍流时的传递性质不同）；按照由刚性球体分子组成的低密度气体运动理论，有

$$v \approx a \approx D_{AB} \approx \frac{1}{3}\bar{u}\bar{l} \tag{7-25}$$

从定性上是正确的，式中 $\bar{u}$ 是分子速度的平均值，$\bar{l}$ 是分子平均自由程。在通常的压强和温度下，气体的 v、a 和 D 的数量级为 $(0.5\sim2)\times10^{-5} m^2 \cdot s^{-1}$。

三维的热量和质量传递机理均表达为矢量公式，所以传热问题和传质问题的相似性更强，而三维的动量传递机理表达为张量公式。

7.4 吸收填料层高度计算

7.4.1 吸收塔物料衡算

前面介绍了7.2节吸收相平衡关系和7.3节传质系数与传质速率方程。下面介绍吸收塔的物料衡算和操作线方程，并利用7.2节和7.3节的知识，求取填料层高度。设计计算填料层高度，是本章的核心。

如图7-13所示，对吸收塔作物料衡算。从塔顶画衡算范围得

$$Lx + Vy_2 = Lx_2 + Vy$$

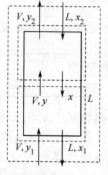

图 7-13 逆流吸收衡算

则

$$y = \frac{L}{V}x + \left(y_2 - \frac{L}{V}x_2\right) \tag{7-26}$$

从塔底画衡算范围得

$$Lx + Vy_1 = Lx_1 + Vy$$

$$y = \frac{L}{V}x + \left(y_1 - \frac{L}{V}x_1\right) \tag{7-27}$$

对全塔画衡算范围得

$$\frac{L}{V} = \frac{y_1 - y_2}{x_1 - x_2} \tag{7-28}$$

式中，y_2、x_2 为塔顶的气相与液相组成，摩尔分数；y_1、x_1 为塔底的气相与液相组成，摩尔分数；y、x 为塔任一截面处的气、液相组成，摩尔分数；V、L 为气相与液相的摩尔流量，$kmol \cdot s^{-1}$。

实际上，在吸收过程中，V、L 是变化的，由于此处讨论的是低浓度吸收，为了简化计算，此处假定 V、L 不变。

式(7-26)、式(7-27)、式(7-28)均可看作吸收塔的物料衡算方程，或称为吸收塔操作线方程。

7.4.2 最小液气比

在一般的吸收计算中，y_1、y_2、x_2、V 是给定的。下面分析式(7-27)，即 $\frac{L}{V} = \frac{y_1 - y_2}{x_1 - x_2}$，当 L 下降，$\left(\frac{L}{V}\right)$ 亦下降，表示塔底出口浓度 x_1 上升。

如图7-14所示，当 $\left(\frac{L}{V}\right)$ 下降至塔底出口浓度 x_1 与塔底进气组成 y_1 相平衡时，塔底气相不能被吸收时，$\left(\frac{L}{V}\right)$ 不能再下降了，此时的液气比称为最小

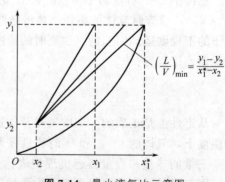

图 7-14 最小液气比示意图

液气比 $\left(\dfrac{L}{V}\right)_{\min}$。由式（7-27）得，最小液气比的表达式为

$$\left(\dfrac{L}{V}\right)_{\min}=\dfrac{y_1-y_2}{x_1^*-x_2} \tag{7-29}$$

若平衡线是直线，则 $x_1^*=y_1/m$

$$\left(\dfrac{L}{V}\right)_{\min}=\dfrac{y_1-y_2}{y_1/m-x_2} \tag{7-30}$$

一般来讲 $\quad\left(\dfrac{L}{V}\right)=(1.1\sim 2.0)\left(\dfrac{L}{V}\right)_{\min}$

7.4.3 物料衡算计算举例

例 7-4 用清水吸收氨-空气混合气中的氨，混合气中 $y_{1(NH_3)}=0.05$，要求出塔 $y_{2(NH_3)}=0.01$。物系的平衡关系如例 7-2 所示，$y^*=0.788x$。求此种分离要求的最小液气比。若取实际液气比是最小液气比的 1.6 倍，此时出塔溶液的浓度为多少？

解 已知：$m=0.788\quad x_2=0$

$$\left(\dfrac{L}{V}\right)_{\min}=\dfrac{y_1-y_2}{y_1/m-x_2}=\dfrac{0.05-0.01}{0.05/0.788-0}=0.63$$

而 $\quad\left(\dfrac{L}{V}\right)=1.6\left(\dfrac{L}{V}\right)_{\min}=\dfrac{y_1-y_2}{x_1-x_2}$

则 $\quad x_1=\dfrac{y_1-y_2}{1.6\left(\dfrac{L}{V}\right)_{\min}}+x_2=\dfrac{0.05-0.01}{1.6\times 0.63}+0=0.0397$

7.4.4 填料层高度基本计算式

如图 7-15 所示，对塔截面积为 $\Omega(\mathrm{m}^2)$，高为 $\mathrm{d}Z(\mathrm{m})$ 的微元填料层作物料衡算得
$$Lx+V(y+\mathrm{d}y)=Vy+L(x+\mathrm{d}x)\Longrightarrow V\mathrm{d}y=L\mathrm{d}x$$
从传质速率考虑
$$单位时间传质量=N_A(\Omega\mathrm{d}Z\cdot a) \tag{7-31}$$
式中，a 为 $1\mathrm{m}^3$ 填料的有效气液传质面积，$\mathrm{m}^2\cdot\mathrm{m}^{-3}$。

从气体浓度变化，气体中 A 的传质量：
$$单位时间气相传质量=V\mathrm{d}y\text{（单位是 }\mathrm{kmol}\cdot\mathrm{s}^{-1}\text{）}$$
从这两方面考虑的单位时间传质量应相等，即
$$N_A(\Omega\mathrm{d}Z\cdot a)=V\mathrm{d}y$$

则 $\quad\mathrm{d}Z=\dfrac{V}{N_A\Omega a}\mathrm{d}y \tag{7-32}$

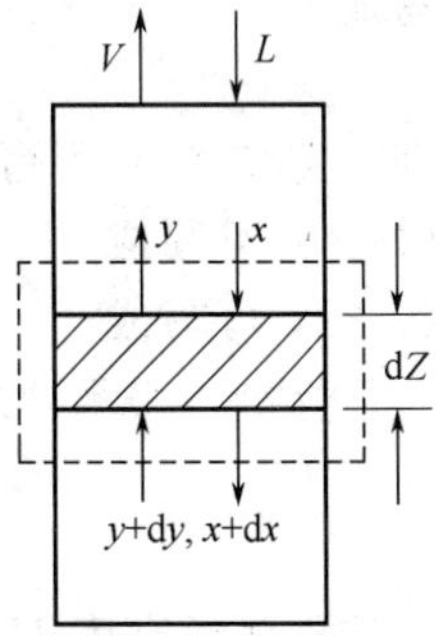

图 7-15 计算填料层高度推导

因 $\quad N_A=k_y(y-y_i)\Longrightarrow \mathrm{d}Z=\dfrac{V}{k_y a\Omega}\times\dfrac{\mathrm{d}y}{y-y_i}$

则 $\quad Z=\dfrac{V}{k_y a\Omega}\displaystyle\int_{y_2}^{y_1}\dfrac{\mathrm{d}y}{y-y_i} \tag{7-33}$

因
$$N_A = K_y(y - y^*) \Longrightarrow dZ = \frac{V}{K_y a\Omega} \times \frac{dy}{y - y^*}$$

则
$$Z = \frac{V}{K_y a\Omega} \int_{y_2}^{y_1} \frac{dy}{y - y^*} \tag{7-34}$$

同理
$$N_A(\Omega dZ \cdot a) = L dx$$

即 单位时间液相传质量 $= L dx (\text{kmol} \cdot \text{s}^{-1})$

则
$$dZ = \frac{L}{N_A \Omega a} dx \tag{7-35}$$

因
$$N_A = k_x(x_i - x) \Longrightarrow dZ = \frac{L}{k_x a\Omega} \times \frac{dx}{x_i - x}$$

则
$$Z = \frac{L}{k_x a\Omega} \int_{x_2}^{x_1} \frac{dx}{x_i - x} \tag{7-36}$$

因
$$N_A = K_x(x^* - x) \Longrightarrow dZ = \frac{L}{K_x a\Omega} \times \frac{dx}{x^* - x}$$

则
$$Z = \frac{L}{K_x a\Omega} \int_{x_2}^{x_1} \frac{dx}{x^* - x} \tag{7-37}$$

式(7-33)、式(7-34)、式(7-36)、式(7-37)都是计算填料层高度的重要公式，相对来讲，式(7-34)最重要，式(7-37)次重要。这四个公式中，浓度积分项还没有解决。下面三节的重点是求算这些积分项。

7.4.5 传质单元高度与传质单元数

分析式(7-33)、式(7-34)、式(7-36)、式(7-37)。

例如，式(7-34)中 $\dfrac{V}{K_y a\Omega}$ 的单位是 $\left[\dfrac{\text{kmol} \cdot \text{s}^{-1}}{\text{kmol} \cdot \text{m}^{-2} \cdot \text{s}^{-1} \cdot \text{m}^2 \cdot \text{m}^{-3} \cdot \text{m}^2}\right] \Longrightarrow [\text{m}]$，称为传质单元高度，用 H_{OG} 表示。

$\displaystyle\int_{y_2}^{y_1} \frac{dy}{y - y^*}$ 的单位是无量纲的纯数，称为传质单元数，用 N_{OG} 表示。所以，式(7-34)可写成

$$Z = H_{OG} N_{OG} \tag{7-38}$$

同理，式(7-33)可写成 $Z = H_G N_G$ (7-39)

式(7-36)可写成 $Z = H_L N_L$ (7-40)

式(7-37)可写成 $Z = H_{OL} N_{OL}$ (7-41)

下标 O，表示"总"传质单元数；下标 G，表示气相；下标 L 表示液相。于是写成通式为

$$\text{填料层高度} = \text{传质单元高度} \times \text{传质单元数}$$

传质单元高度 H_{OG}、H_G、H_{OL}、H_L 之间的关系如何呢？

因
$$\frac{1}{K_y} = \frac{1}{k_y} + \frac{m}{k_x}$$

同乘 $V/(a\Omega)$ 得
$$\frac{V}{K_y a\Omega} = \frac{V}{k_y a\Omega} + \frac{mV}{L} \times \frac{L}{k_x a\Omega}$$

则
$$H_{OG} = H_G + \frac{mV}{L} H_L \tag{7-42}$$

同理，因
$$\frac{1}{K_x} = \frac{1}{mk_y} + \frac{1}{k_x}$$

同乘 $L/(a\Omega)$ 得
$$\frac{L}{K_x a\Omega} = \frac{L}{mV} \times \frac{V}{k_y a\Omega} + \frac{L}{k_x a\Omega}$$

则
$$H_{OL} = \frac{L}{mV}H_G + H_L \tag{7-43}$$

将式(7-43)同乘 mV/L 得
$$\frac{mV}{L}H_{OL} = H_G + \frac{mV}{L}H_L \tag{7-44}$$

比较式(7-42)和式(7-44)得
$$H_{OG} = \frac{mV}{L}H_{OL} \tag{7-45}$$

由于
$$Z = H_{OG}N_{OG} = H_{OL}N_{OL}$$

则
$$N_{OG} = \frac{H_{OL}N_{OL}}{H_{OG}} = \frac{L}{mV}N_{OL} \tag{7-46}$$

一般地，将 $A = \dfrac{L}{mV}$ 定义为吸收因子，$S = \dfrac{mV}{L}$ 定义为解吸因子。

下面的关键是求传质单元数（N_{OG}、N_G、N_L、N_{OL}）。

7.4.6 平均推动力法计算传质单元数

由物料衡算方程
$$y = \frac{L}{V}x + \left(y_2 - \frac{L}{V}x_2\right)$$

平衡线若为不通过原点的直线，即
$$y^* = mx + b \tag{7-47}$$

变换式(7-26)得
$$x = \frac{V}{L}(y - y_2) + x_2$$

代入式(7-47)得
$$y^* = \frac{mV}{L}(y - y_2) + mx_2 + b$$

$$y - y^* = y - \frac{mV}{L}(y - y_2) - mx_2 - b$$

则
$$y - y^* = \left(1 - \frac{mV}{L}\right)y + \frac{mV}{L}y_2 - mx_2 - b \tag{7-48}$$

以 $y - y^*$ 为变量，微分上式得
$$\frac{d(y - y^*)}{dy} = 1 - \frac{mV}{L} \tag{7-49}$$

如图 7-16 所示，由式(7-48)在边界点 1 及边界点 2 处分别得
$$y_1 - y_1^* = \left(1 - \frac{mV}{L}\right)y_1 + \frac{mV}{L}y_2 - mx_2 - b$$

$$y_2 - y_2^* = \left(1 - \frac{mV}{L}\right)y_2 + \frac{mV}{L}y_2 - mx_2 - b$$

两式相减得
$$(y_1 - y_1^*) - (y_2 - y_2^*) = \left(1 - \frac{mV}{L}\right)(y_1 - y_2)$$

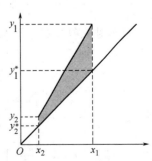

图 7-16 传质推动力示意图

则
$$\frac{(y_1-y_1^*)-(y_2-y_2^*)}{y_1-y_2}=1-\frac{mV}{L} \tag{7-50}$$

比较式(7-49)与式(7-50)得
$$\frac{\mathrm{d}(y-y^*)}{\mathrm{d}y}=\frac{(y_1-y_1^*)-(y_2-y_2^*)}{y_1-y_2}$$

则
$$\mathrm{d}y=\frac{(y_1-y_2)\mathrm{d}(y-y^*)}{(y_1-y_1^*)-(y_2-y_2^*)}$$

$$N_{OG}=\int_{y_2}^{y_1}\frac{\mathrm{d}y}{y-y^*}=\frac{y_1-y_2}{(y_1-y_1^*)-(y_2-y_2^*)}\int_{y_2-y_2^*}^{y_1-y_1^*}\frac{\mathrm{d}(y-y^*)}{y-y^*}$$

$$=\frac{y_1-y_2}{(y_1-y_1^*)-(y_2-y_2^*)}\ln\frac{y_1-y_1^*}{y_2-y_2^*}$$

令
$$\Delta y_m=\frac{(y_1-y_1^*)-(y_2-y_2^*)}{\ln\dfrac{y_1-y_1^*}{y_2-y_2^*}}$$

$$N_{OG}=\int_{y_2}^{y_1}\frac{\mathrm{d}y}{y-y^*}=\frac{y_1-y_2}{\Delta y_m} \tag{7-51}$$

式(7-51)就是平均推动力法计算的传质单元数。

7.4.7 吸收因数法计算传质单元数

吸收因数法计算传质单元数其实质是一种解析积分法，将 7.4.6 节中的式(7-48)代入式(7-51)得

$$N_{OG}=\int_{y_2}^{y_1}\frac{\mathrm{d}y}{y-y^*}=\int_{y_2}^{y_1}\frac{\mathrm{d}y}{\left(1-\dfrac{mV}{L}\right)y+\dfrac{mV}{L}y_2-mx_2-b}$$

$$=\frac{1}{1-\dfrac{mV}{L}}\int_{y_2}^{y_1}\frac{\mathrm{d}\left[\left(1-\dfrac{mV}{L}\right)y+\dfrac{mV}{L}y_2-mx_2-b\right]}{\left(1-\dfrac{mV}{L}\right)y+\dfrac{mV}{L}y_2-mx_2-b}$$

$$=\frac{1}{1-\dfrac{mV}{L}}\ln\left[\frac{\left(1-\dfrac{mV}{L}\right)y_1+\dfrac{mV}{L}y_2-mx_2-b}{\left(1-\dfrac{mV}{L}\right)y_2+\dfrac{mV}{L}y_2-mx_2-b}\right]$$

整理对数项中的分子与分母，将分子中加入如下四项：
$$\frac{m^2V}{L}x_2-\frac{m^2V}{L}x_2+\frac{mV}{L}b-\frac{mV}{L}b$$

则
$$\frac{\left(1-\dfrac{mV}{L}\right)y_1+\dfrac{mV}{L}y_2-mx_2+\dfrac{m^2V}{L}x_2-\dfrac{m^2V}{L}x_2+\dfrac{mV}{L}b-\dfrac{mV}{L}b-b}{y_2-mx_2-b}$$

$$=\frac{\left(1-\dfrac{mV}{L}\right)y_1-mx_2\left(1-\dfrac{mV}{L}\right)+\dfrac{mV}{L}(y_2-mx_2-b)-b\left(1-\dfrac{mV}{L}\right)}{y_2-mx_2-b}$$

$$= \frac{\left(1-\frac{mV}{L}\right)(y_1-mx_2-b)+\frac{mV}{L}(y_2-mx_2-b)}{y_2-mx_2-b}$$

$$=\left(1-\frac{mV}{L}\right)\left(\frac{y_1-mx_2-b}{y_2-mx_2-b}\right)+\frac{mV}{L}$$

则

$$N_{OG}=\frac{1}{1-\frac{mV}{L}}\ln\left[\left(1-\frac{mV}{L}\right)\left(\frac{y_1-mx_2-b}{y_2-mx_2-b}\right)+\frac{mV}{L}\right] \quad (7\text{-}52)$$

同理得

$$N_{OL}=\int_{x_2}^{x_1}\frac{\mathrm{d}x}{x^*-x}=\frac{1}{\frac{L}{mV}-1}\ln\left[\left(1-\frac{L}{mV}\right)\left(\frac{x_1-\frac{y_2}{m}-b}{x_2-\frac{y_2}{m}-b}\right)+\frac{L}{mV}\right] \quad (7\text{-}53)$$

式(7-52)、式(7-53)是吸收因数法计算的传质单元数。

至此,已经导出了计算填料层高度 Z 的公式,将式(7-52)代入式(7-34),得

$$Z=\frac{V}{K_y a\Omega}\times\frac{1}{1-\frac{mV}{L}}\ln\left[\left(1-\frac{mV}{L}\right)\left(\frac{y_1-mx_2-b}{y_2-mx_2-b}\right)+\frac{mV}{L}\right] \quad (7\text{-}54)$$

由此式看出,平衡常数 m,涉及吸收系统的溶解度关系,即 7.2 节相平衡关系。气相传质总系数 $K_y a$,涉及传质速率问题,涉及填料的性质,即 7.3 节传质系数与传质速率方程。V,L,y_1,y_2,x_2 涉及吸收塔的物料平衡,通常称物料衡算或吸收操作线方程。即 7.4 节吸收填料层高度计算。

读者学习这一部分时,会觉得公式多、头绪乱,没有精馏一章简练易学。主要因为吸收平衡关系中,亨利定律出现三种表达形式,而精馏平衡仅 $y\text{-}x$ 这一种形式。在推导传质速率方程时,吸收平衡线又是三种形式:$p\text{-}c$,$y\text{-}x$,$Y\text{-}X$,结果导致传质速率方程多达 12 个(本书介绍了 8 个),传质系数也多达 12 个。而在精馏中,传质速率只用塔效率、板效率来表达,又要简化多了。物料衡算方面,吸收与精馏的繁简程度相当。

本章应重点掌握用 $y\text{-}x$ 表达的平衡方程;在传质速率与传质系数中,应重点掌握总传质系数;对传质单元数要掌握吸收因数法。这样就可抓住实质,简化求解。

7.4.8 吸收塔设计计算举例

例 7-5 今有连续逆流操作的填料吸收塔,用清水吸收原料气中的甲醇。已知处理气量为 1000 $m^3 \cdot h^{-1}$(操作状态),原料中含甲醇 100 $g \cdot m^{-3}$,吸收后水中含甲醇量等于与进料气体中相平衡时浓度的 67%。设在常压、25℃下操作,吸收的平衡关系取为 $y=1.15x$,甲醇回收率要求为 98%,$K_y=0.5 \text{kmol} \cdot m^{-2} \cdot h^{-1}$,塔内填料的比表面积为 $a=200 m^2 \cdot m^{-3}$,塔内气体的空塔气速为 0.5 $m \cdot s^{-1}$。试求:(1)水的用量为多少?(2)塔径;(3)传质单元高度 H_{OG};(4)传质单元数 N_{OG};(5)填料层高度。

解 (1)

$$y_1=\frac{100\times 10^{-3}/32}{100\times 10^{-3}/32+1/22.4}=0.0654$$

$$y_2=y_1(1-\phi)=0.0654\times(1-0.98)=0.00131$$

$$x_1 = 0.67 \frac{y_1}{m} = 0.67 \times \frac{0.0654}{1.15} = 0.0381$$

$$V = \frac{1000}{22.4} \times \frac{273}{273+25} = 40.9 \text{kmol} \cdot \text{h}^{-1}$$

$$L = \frac{y_1 - y_2}{x_1 - x_2} V = \frac{0.0654 - 0.00131}{0.0381} \times 40.9$$

$$= 68.8 \ (\text{kmol} \cdot \text{h}^{-1}) = 1238 \text{kg} \cdot \text{h}^{-1}$$

(2) 因 $V_s = \frac{1000}{3600} (\text{m}^3 \cdot \text{s}^{-1})$，$u = 0.5 \text{m} \cdot \text{s}^{-1}$

则
$$D = \sqrt{\frac{4V_s}{\pi u}} = \sqrt{\frac{4 \times 1000}{3600 \times 3.14 \times 0.5}} = 0.84 \text{m}$$

(3)
$$H_{OG} = \frac{V}{K_y a \Omega} = \frac{40.9}{0.5 \times 200 \times \frac{\pi}{4} \times (0.84)^2} = 0.738 \text{m}$$

(4) 因 $y_1 = 0.0654$, $y_2 = 0.00131$, $x_1 = 0.0381$, $x_2 = 0$, $y_1^* = 1.15 x_1 = 0.0438$, $y_2^* = 0$

$$\Delta y_m = \frac{(y_1 - y_1^*) - (y_2 - y_2^*)}{\ln \frac{y_1 - y_1^*}{y_2 - y_2^*}} = \frac{(0.0654 - 0.0438) - 0.00131}{\ln \frac{0.0216}{0.00131}} = 0.00724$$

则
$$N_{OG} = \frac{y_1 - y_2}{\Delta y_m} = \frac{0.0654 - 0.00131}{0.00724} = 8.85$$

因
$$\frac{mV}{L} = \frac{1.15 \times 40.9}{68.8} = 0.684$$

用解析法（吸收因数法）求 N_{OG}

$$N_{OG} = \frac{1}{1 - \frac{mV}{L}} \ln \left[\left(1 - \frac{mV}{L}\right) \left(\frac{y_1 - mx_2}{y_2 - mx_2}\right) + \frac{mV}{L} \right]$$

$$= \frac{1}{1 - 0.684} \ln \left[(1 - 0.684) \times \frac{0.0654}{0.00131} + 0.684 \right] = 8.86$$

(5) $\quad Z = N_{OG} H_{OG} = 8.86 \times 0.738 = 6.54 \text{m}$

7.4.9 平衡线为曲线时填料层高度计算

当平衡线为曲线时，一般用下列二式求算填料层高度 Z

$$Z = \frac{V}{k_y a \Omega} \int_{y_2}^{y_1} \frac{\text{d}y}{y - y_i} \tag{7-55}$$

$$Z = \frac{L}{k_x a \Omega} \int_{x_2}^{x_1} \frac{\text{d}x}{x_i - x} \tag{7-56}$$

传质单元数 N_G 和 N_L 只能用图解积分法求解。

下面重点介绍一种解析算法，即曲线拟合法。

在 7.4.4 节中，得到式(7-32)，即 $\text{d}Z = \frac{V}{N_A \Omega a} \text{d}y$，当 $N_A = K_y(y - y^*)$ 时，得

$$dZ = \frac{V}{K_y a \Omega (y - y^*)} dy \tag{7-57}$$

由于平衡线为曲线，$K_y a$ 也不是常数，所以

$$Z = \int_{y_2}^{y_1} \frac{V}{K_y a \Omega (y - y^*)} dy \tag{7-58}$$

考虑到平衡线的弯曲情况，总可以找出一个合适的 n 次多项式来拟合该曲线。拟合后的平衡线方程可表达为

$$y^* = a_n x^n + a_{n-1} x^{n-1} + \cdots + a_1 x + a_0 \tag{2}$$

操作线方程仍为

$$y = \frac{L}{V} x + \left(y_2 - \frac{L}{V} x_2 \right) \tag{3}$$

微分式(3) 得

$$dy = \frac{L}{V} dx \tag{4}$$

相平衡常数 m 可视为平衡线的斜率，即

$$m = \frac{dy^*}{dx} = n a_n x^{n-1} + (n-1) a_{n-1} x^{n-2} + \cdots + 2 a_2 x + a_1 \tag{5}$$

在传质速率方程一节中，有

$$\frac{1}{K_y a} = \frac{1}{k_y a} + \frac{m}{k_x a} \tag{6}$$

将式(2)～式(6) 代入式(7-58) 得

$$Z = \int_{x_2}^{x_1} \left[\frac{V}{k_y a \Omega} + \frac{V}{k_x a \Omega} \left(\frac{dy^*}{dx} \right) \right] \frac{\frac{L}{V} dx}{\frac{L}{V} x + \left(y_2 - \frac{L}{V} x_2 \right) - y^*}$$

则

$$Z = \int_{x_2}^{x_1} \left[\frac{\frac{L}{k_y a \Omega} + \frac{L}{k_x a \Omega} (n a_n x^{n-1} + \cdots + 2 a_2 x + a_1)}{\frac{L}{V} x + y_2 - \frac{L}{V} x_2 - (a_n x^n + a_{n-1} x^{n-1} + \cdots + a_0)} \right] dx \tag{7-59}$$

式(7-59) 中，a_n 为 n 次多项式系数，式(7-59) 即为曲线拟合法导出的 Z 的计算式。

若用二次多项式拟合平衡曲线，$n = 2$，代入式(7-59) 得

$$Z = \int_{x_2}^{x_1} \left[\frac{\frac{L}{k_y a \Omega} + \frac{(2 a_2 x + a_1) L}{k_x a \Omega}}{\frac{L}{V} x + y_2 - \frac{L}{V} x_2 - a_2 x^2 - a_1 x - a_0} \right] dx$$

即

$$Z = \int_{x_2}^{x_1} \frac{Mx + N}{x^2 + px + q} dx \tag{7-60}$$

其中

$$M = -\frac{2L}{k_x a \Omega}, \quad N = -\frac{1}{a_2} \left(\frac{L a_1}{k_x a \Omega} + \frac{L}{k_y a \Omega} \right)$$

$$p = -\frac{1}{a_2} \left(\frac{L}{V} - a_1 \right), \quad q = -\frac{1}{a_2} \left(y_2 - \frac{L}{V} x_2 - a_0 \right)$$

其解析积分结果如下。

(1) $p^2-4q>0$ 时

$$Z=\frac{M}{2}\ln\left|\frac{x_1^2+px_1+q}{x_2^2+px_2+q}\right|+\frac{N-\frac{Mp}{2}}{\sqrt{p^2-4q}}\left(\ln\left|\frac{2x_1+p-\sqrt{p^2-4q}}{2x_2+p-\sqrt{p^2-4q}}\right|-\ln\left|\frac{2x_1+p+\sqrt{p^2-4q}}{2x_2+p+\sqrt{p^2-4q}}\right|\right)$$
(7-61)

(2) $p^2-4q<0$ 时

$$Z=\frac{M}{2}\ln\left|\frac{x_1^2+px_1+q}{x_2^2+px_2+q}\right|+\frac{2N-Mp}{\sqrt{4q-p^2}}\left(\arctan\frac{2x_1+p}{\sqrt{4q-p^2}}-\arctan\frac{2x_2+p}{\sqrt{4q-p^2}}\right)$$
(7-62)

7.4.10　曲线拟合法计算举例

例 7-6　从矿石焙烧炉中送出的气体含 SO_2 为 9%，其余可视为空气。冷却后送入吸收塔用清水吸收，以回收所含 SO_2 的 95%。混合气体通过塔截面的摩尔流速为 $V/\Omega=0.022\text{kmol}\cdot\text{m}^{-2}\cdot\text{s}^{-1}$，若清水用量为 $L/\Omega=0.89\text{kmol}\cdot\text{m}^{-2}\cdot\text{s}^{-1}$，所需填料层高度为多少米？已知：$k_ya=0.05\text{kmol}\cdot\text{m}^{-3}\cdot\text{s}^{-1}$，$k_xa=2.78\text{kmol}\cdot\text{m}^{-3}\cdot\text{s}^{-1}$。平衡数据可用二次多项式表达：$y^*=2540x^2+30.9x-0.00202$。

解　已知：$V/\Omega=0.022$，$L/\Omega=0.89$，$x_1=0.00211$，$x_2=0$，$y_2=0.0045$，$k_ya=0.05$，$k_xa=2.78$，$a_2=2540$，$a_1=30.9$，$a_0=-0.00202$。

代入式(7-60) 得

$$M=-\frac{2L}{k_xa\Omega}=-\frac{2\times0.89}{2.78}=-0.64$$

$$N=-\frac{1}{a_2}\left(\frac{La_1}{k_xa\Omega}+\frac{L}{k_ya\Omega}\right)=\frac{-1}{2540}\left(\frac{0.89\times30.9}{2.78}+\frac{0.89}{0.05}\right)=-0.0109$$

$$p=-\frac{1}{a_2}\left(\frac{L}{V}-a_1\right)=-\frac{1}{2540}\left(\frac{0.89}{0.022}-30.9\right)=-0.00377$$

$$q=-\frac{1}{a_2}\left(y_2-\frac{L}{V}x_2-a_0\right)=-\frac{1}{2540}(0.0045+0.00202)=-2.57\times10^{-6}$$

则　$p^2-4q=(-0.00377)^2-4\times(-2.57\times10^{-6})=2.45\times10^{-5}>0$

因

$$\ln\left|\frac{x_1^2+px_1+q}{x_2^2+px_2+q}\right|=\ln\left|\frac{(0.00211)^2-0.00377\times0.00211-2.57\times10^{-6}}{-2.57\times10^{-6}}\right|=0.86$$

$$\frac{N-\frac{Mp}{2}}{\sqrt{p^2-4q}}=\frac{-0.0109-\frac{0.64\times0.00377}{2}}{\sqrt{2.45\times10^{-5}}}=-2.45$$

$$\ln\left|\frac{2x_1+p-\sqrt{p^2-4q}}{2x_2+p-\sqrt{p^2-4q}}\right|=\ln\left|\frac{2\times0.00211-0.00377-\sqrt{2.45\times10^{-5}}}{-0.00377-\sqrt{2.45\times10^{-5}}}\right|=-0.662$$

$$\ln\left|\frac{2x_1+p+\sqrt{p^2-4q}}{2x_2+p+\sqrt{p^2-4q}}\right|=\ln\left|\frac{2\times0.00211-0.00377+\sqrt{2.45\times10^{-5}}}{-0.00377+\sqrt{2.45\times10^{-5}}}\right|=1.52$$

将数据代入式(7-61) 得

$$Z=\frac{-0.64}{2}\times0.86+(-2.45)\times(-0.662-1.52)=5.07\text{m}$$

此法用计算机计算，更为方便快捷。

7.5 吸收与解吸概要

7.5.1 吸收塔操作计算举例

例 7-7 用清水吸收混合气中的丙酮,塔高不变,使回收率由 95% 提高到 98%,过程为气膜控制,原操作条件下的解析因子 $mV/L=0.562$,若气体处理量不变,试问吸收剂用量增加多少倍才能满足上述要求?

解 原操作情况下

$$N_{OG} = \frac{1}{1-\frac{mV}{L}} \ln\left[\left(1-\frac{mV}{L}\right)\left(\frac{y_1-mx_2}{y_2-mx_2}\right)+\frac{mV}{L}\right]$$

因 $x_2=0$,则

$$\frac{y_1-mx_2}{y_2-mx_2} = \frac{y_1}{y_2} = \frac{1}{1-\phi}$$

则

$$N_{OG} = \frac{1}{1-0.562}\ln\left[(1-0.562)\times\frac{1}{1-0.95}+0.562\right] = 5.1$$

在新的操作条件下因为是气膜控制,$H_{OG}=\dfrac{V}{K_y a\Omega}$,与 L 无关,所以 L 增加,H_{OG} 不变。

$$Z = N_{OG} H_{OG} = N'_{OG} H_{OG}$$

则

$$N'_{OG} = N_{OG} = 5.1$$

$$N'_{OG} = \frac{1}{1-\frac{mV}{L'}} \ln\left[\left(1-\frac{mV}{L'}\right)\frac{1}{1-\phi'}+\frac{mV}{L'}\right] = 5.1$$

试差法求得 $\dfrac{mV}{L'}=0.31$。

$$\frac{\frac{mV}{L}}{\frac{mV}{L'}} = \frac{0.562}{0.31} = 1.81,\quad 即 \frac{L'}{L} = 1.81$$

7.5.2 吸收与解吸的比较

如图 7-17(a)、(b) 所示,塔任一截面,气体 A 的浓度 (y) 大于该截面上与气、液浓度达成平衡的 y^*,即吸收塔,吸收塔操作线在平衡线上方。即 $y>y^*$ 为吸收。

如图 7-18(a)、(b) 所示,塔任一截面,气体中 A 的浓度 (y) 小于该截面上与液体浓度达成平衡的 y^*,即解吸塔,解吸塔操作线在平衡线下方。即 $y<y^*$ 为解吸。

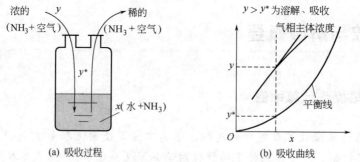

图 7-17 吸收示意及吸收曲线

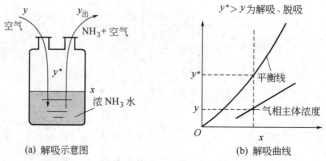

图 7-18 解吸过程及解吸曲线

7.5.3 解吸操作线与最小气液比

如图 7-19(a)、(b) 所示，吸收塔浓端在塔底，求的是最小液气比。

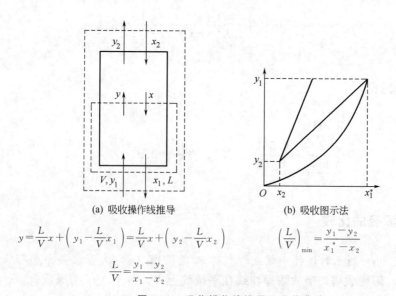

(a) 吸收操作线推导 (b) 吸收图示法

$$y = \frac{L}{V}x + \left(y_1 - \frac{L}{V}x_1\right) = \frac{L}{V}x + \left(y_2 - \frac{L}{V}x_2\right) \qquad \left(\frac{L}{V}\right)_{\min} = \frac{y_1 - y_2}{x_1^* - x_2}$$

$$\frac{L}{V} = \frac{y_1 - y_2}{x_1 - x_2}$$

图 7-19 吸收操作线推导及吸收曲线

如图 7-20(a)、(b) 所示，解吸塔浓端在塔顶，求的是最小气液比。

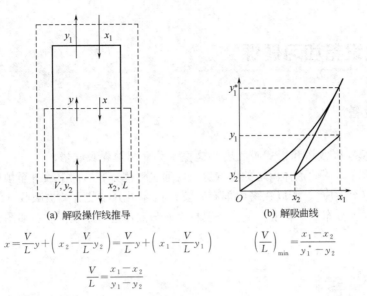

(a) 解吸操作线推导　　　　(b) 解吸曲线

$$x = \frac{V}{L}y + \left(x_2 - \frac{V}{L}y_2\right) = \frac{V}{L}y + \left(x_1 - \frac{V}{L}y_1\right) \qquad \left(\frac{V}{L}\right)_{\min} = \frac{x_1 - x_2}{y_1^* - y_2}$$

$$\frac{V}{L} = \frac{x_1 - x_2}{y_1 - y_2}$$

图 7-20 解吸操作线推导及解吸曲线

7.5.4　解吸塔填料层高度计算

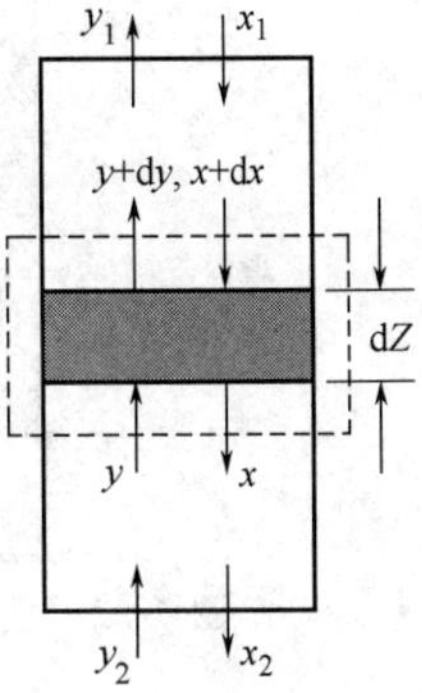

如图 7-21 所示，对截面积为 Ω、高为 dZ 的微元填料作衡算，得

$$V dy = L dx$$

从传质速率考虑，组分 A 在单位时间的传质量 $= N_A(\Omega dZ \cdot a)$。

从液体浓度变化考虑，组分 A 被解吸的速率为，单位时间的传质量 $= L dx$。

从这两方面考虑时，单位时间传质量应相等。

$$N_A(\Omega dZ \cdot a) = L dx$$

$$dZ = \frac{L}{N_A a \Omega} dx$$

因

$$N_A = K_x(x - x^*) \Longrightarrow dZ = \frac{L}{K_x a \Omega} \times \frac{dx}{x - x^*}$$

则

$$Z = \frac{L}{K_x a \Omega} \int_{x_2}^{x_1} \frac{dx}{x - x^*}$$

图 7-21 解吸塔填料层高度推导

按平均推动力法得

$$N_{OL} = \int_{x_2}^{x_1} \frac{dx}{x - x^*} = \frac{x_1 - x_2}{\Delta x_m}$$

其中

$$\Delta x_m = \frac{(x_1 - x_1^*) - (x_2 - x_2^*)}{\ln \frac{x_1 - x_1^*}{x_2 - x_2^*}}$$

按吸收因数法得

$$N_{OL} = \frac{1}{1 - \frac{L}{mV}} \ln \left[\left(1 - \frac{L}{mV}\right)\left(\frac{x_1 - \frac{y_2 - b}{m}}{x_2 - \frac{y_2 - b}{m}}\right) + \frac{L}{mV}\right] \tag{7-63}$$

解吸与吸收具有十分类似的算法，所以，一般教科书只重点讲吸收的计算。

7.6 吸收设备和习题课

吸收设备

7.6.1 吸收设备

吸收设备有填料吸收塔和板式吸收塔，这里主要介绍填料吸收塔。

在填料吸收塔中，吸收液体由塔的上方送入，通过液体分布器向下喷淋至填料中。由于塔中部容易产生"壁流效应"，所以在塔中部有时安装液体再分布装置。被吸收气体由塔下部通过气体分布器，向上分布到填料上。气体在填料表面与液体进行吸收传质。如图7-22所示。

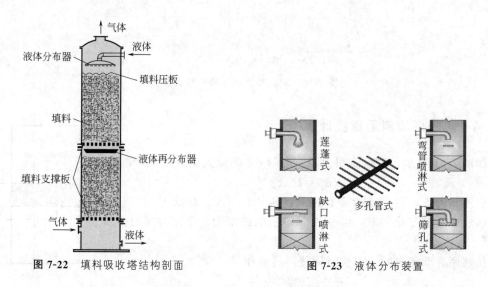

图7-22 填料吸收塔结构剖面　　图7-23 液体分布装置

液体向下喷淋需要有液体分布装置，液体分布装置的形式有莲蓬式、缺口喷淋式、弯管喷淋式、筛孔式和多孔管式等多种。如图7-23所示。

壁流效应是指，液体不再流向填料，而是沿塔壁不经传质就流走了。为了防止塔中部容易产生的"壁流效应"，所以塔中部会安装液体再分布器。液体再分布器有三种，即锥体形再分布器、槽形再分布器、升气管再分布器。如图7-24所示。

为了使气体均匀上升至填料中，需要有气体分布装置。气体分布装置一般采用向下切口和45°斜口的气体进气管。如图7-25所示。

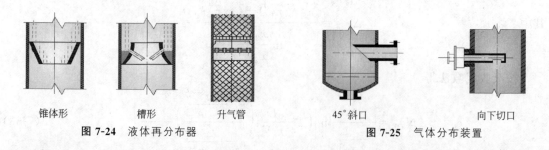

图7-24 液体再分布器　　图7-25 气体分布装置

填料在塔中需要有支撑，这个支撑装置，既要承受填料的质量，又要使气体和液体穿过。所以设计了栅板式、升气管式等多种填料支撑装置。如图 7-26 所示。

填料塔的传质效率主要取决于填料的形状。单位体积填料提供的汽液传质面积大，就是好的填料。这里仅列出拉西环、鲍尔环、阶梯环、矩鞍环、丝网规整填料五种。如图 7-27 所示。其实填料有几十种之多。真正好的填料，主要来自于工厂使用的实践。如表 7-6 所示，一些常见填料的特性参数。

栅板式　　升气管式

图 7-26　填料支撑装置示意图

拉西环　　鲍尔环　　阶梯环　　矩鞍形　　丝网规整填料

图 7-27　填料类型

7.6.2 吸收习题课

习题课是培养学生综合能力的重要手段。图 7-28 是吸收线索方框图。

表 7-6　常见填料的特性参数

填料名称	规格(直径×高×厚)/mm	材质及堆积方式	比表面积 /$m^2 \cdot m^{-3}$	空隙率 /(m^3/m^3)	干填料因子 /m^{-1}	湿填料因子 /m^{-1}
拉西环	50×50×4.5	陶瓷,乱堆	93	0.81	177	205
	80×80×9.5	陶瓷,乱堆	76	0.68	243	280
	50×50×1	金属,乱堆	110	0.95	130	175
	76×76×1.6	金属,乱堆	68	0.95	80	105
	25×25×2.5	陶瓷,乱堆	190	0.78	400	450
	25×25×0.8	金属,乱堆	220	0.92	290	260
	10×10×1.5	陶瓷,乱堆	400	0.70	1280	1500
鲍尔环	50×50×4.5	陶瓷,乱堆	110	0.81		130
	50×50×0.9	金属,乱堆	103	0.95		66
	25×25×0.6	金属,乱堆	209	0.94		160
	25×25	陶瓷,乱堆	220	0.76		300
阶梯环	25×12.5×1.4	塑料,乱堆	223	0.90		172
	38.5×19×1.0	塑料,乱堆	132.5	0.91		115
弧鞍形	25	陶瓷	252	0.69		360
	25	金属	280	0.83		
	50	金属	106	0.72		148
矩鞍形	50×7	陶瓷	120	0.79		130
	25×3.3	陶瓷	258	0.775		320
θ网环鞍形网	8×8	金属	1030	0.936	40目,丝径 0.23~0.25mm	
	10		1100	0.91	60目,丝径 0.125mm	
	6×6		1300	0.96		

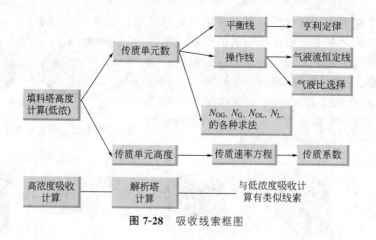

图 7-28 吸收线索框图

例 7-8 在填料塔中用清水吸收氨与空气的混合气中的氨。混合气（标准状态）流量为 $1500\text{m}^3 \cdot \text{h}^{-1}$，氨所占体积分数为 5%，要求氨的回收率达 95%。已知塔内径为 0.8m，填料单位体积有效传质面积 $a=93\text{m}^2 \cdot \text{m}^{-3}$，吸收系数 $K_G=1.1\text{kmol} \cdot \text{m}^{-2} \cdot \text{h}^{-1} \cdot \text{atm}^{-1}$。取吸收剂用量为最少用量的 1.5 倍。该塔在 30℃ 和 $101.3\text{kN} \cdot \text{m}^{-2}$ 压力下操作，在操作条件下的平衡关系为 $p^*=5.78c$ $(\text{kN} \cdot \text{m}^{-2})$，试求：(1) 出塔溶液浓度 x_1；(2) 用平均推动力法求填料层高度 Z；(3) 用吸收因数法求 Z。

解题思路 由所求目标推至已知条件。第（1）问题目标是求 x_1，通过全塔物料衡算方程可求 x_1，但在这个方程中，未知 y_2 和液气比 L/V。可以分两方法求，一方法是通过已知 ϕ 和 y_1，可求 y_2。

$$\phi=\frac{y_1-y_2}{y_1} \quad \text{或} \quad y_2=(1-\phi)y_1$$

另一方法是通过求最小液气比来求操作液气比，而最小液气比的计算式中，未知 m，但 m 可以通过已知的平衡系数 H 来求得。

$$\frac{L}{V}=1.5\left(\frac{L}{V}\right)_{\min}=1.5\frac{y_1-y_2}{y_1/m-x_2}$$

推出

$$m=\frac{E}{p}=\frac{\rho_s}{M_s H P}$$

第（2）、第（3）问题是列出填料层高度的计算公式后，取体积传质系数 $K_G a$ 转化为 $K_y a$ 就可以了。

解

$$Z=\frac{V}{K_y a \Omega}\times\frac{y_1-y_2}{\Delta y_m}$$

推出

$$K_y a = K_G a p$$

(1) $y_2=(1-\phi)y_1=(1-0.95)\times 0.05=0.0025$

$$m=\frac{\rho_s}{M_s H p}=\frac{1000\times 5.78}{18\times 101.3}=3.17$$

$$\frac{L}{V}=1.5\frac{y_1-y_2}{y_1/m-x_2}=\frac{1.5\times(0.05-0.0025)}{0.05/3.17-0}=4.518$$

$$x_1=\frac{V}{L}(y_1-y_2)=\frac{1}{4.52}\times(0.05-0.025)=0.0105$$

(2)
$$K_y a = K_G a p = 1.1 \times 93 = 102.3 \text{ kmol} \cdot \text{m}^{-3} \cdot \text{h}^{-1}$$
$$\Delta y_1 = y_1 - y_1^* = y_1 - mx_1 = 0.05 - 3.17 \times 0.0105 = 0.0167$$
$$\Delta y_2 = y_2 - y_2^* = y_2 - mx_2 = 0.0025$$
$$\Delta y_m = \frac{0.0167 - 0.0025}{\ln\left(\frac{0.0167}{0.0025}\right)} = 0.00748$$

则
$$Z = \frac{V}{K_y a \Omega} \times \frac{y_1 - y_2}{\Delta y_m} = \frac{67}{102.3 \times \frac{\pi}{4} \times (0.8)^2} \times \frac{0.05 - 0.0025}{0.00748} = 8.29 \text{ m}$$

(3)
$$Z = \frac{V}{K_y a \Omega} \times \frac{1}{1 - \frac{mV}{L}} \ln\left[\left(1 - \frac{mV}{L}\right)\left(\frac{y_1 - mx_2}{y_2 - mx_2}\right) + \frac{mV}{L}\right]$$

$$= \frac{67}{102.3 \times \frac{\pi}{4} \times (0.8)^2} \times \frac{1}{1 - 3.17/4.518} \ln\left[\left(1 - \frac{3.17}{4.518}\right)\left(\frac{0.05}{0.0025}\right) + \frac{1}{4.518}\right]$$

$$= 1.304 \times 3.352 \times 1.897 = 8.29 \text{ m}$$

点评：此题是对吸收章节的全面复习，涉及下面五个重要的知识点。
(1) 吸收平衡关系——亨利定律，涉及了 m 与 H 的换算公式，H 的单位，也复习到了。
(2) 操作线方程和最小液气比的计算。
(3) 传质系数及其关系的换算，$K_y a = K_G a P$。
(4) 平均推动力法求算填料层高度。
(5) 吸收因数法求算填料层高度。
还有回收率 ϕ 和理想气体状态方程等均有涉及。

例 7-9 某填料吸收塔，用清水吸收某气体混合物中的有害物质 A，若进塔气中含 A 5%（体积），要求回收率为 90%，气体流率为 32 kmol·m^{-2}·h^{-1}，液体流率为 24 kmol·m^{-2}·h^{-1}，此时的液气比是最小液气比的 1.5 倍。如果物质服从亨利定律（即平衡关系为直线），并已知液相传质单元高度为 0.44m，气相体积传质分系数 $k_y a = 0.06$ kmol·m^{-3}·s^{-1}，试求：(1) 塔底排出液组成 x_1；(2) 用吸收因数法求所需填料层高度 Z；(3) 用平均推动力法求 Z。

解题思路 第 (2) 问中，首先列出 Z 的计算式，但是未知总体积传质系数 $K_y a$ 和传质单元数。一路列出总系数与分系数的关系式，又有 m 和 $k_x a$ 为未知，但根据操作液气比与最小液气比的关系求出 m。又根据 H_L 求出 $k_x a$。另一路是列出传质单元数的计算式即解析因数法和平均推动力法求总传质单元数。

$$Z = \frac{V}{K_y a \Omega} \int_{y_2}^{y_1} \frac{dy}{y - y_e} \quad \rightarrow \quad \frac{1}{K_y a} = \frac{1}{k_y a} + \frac{m}{k_x a} \quad \rightarrow \quad \frac{L}{V} = 1.5 \frac{y_1 - y_2}{y_1/m - x_2}$$

$$H_L = \frac{L}{k_x a \Omega}$$

$$N_{OG} = \frac{1}{1 - \frac{mV}{L}} \ln\left[\left(1 - \frac{mV}{L}\right)\left(\frac{y_1 - mx_2}{y_2 - mx_2}\right) + \frac{mV}{L}\right]$$

解 (1) $\quad y_2 = (1-\phi)y_1 = (1-0.90) \times 0.05 = 0.005$

$$\frac{L}{V} = \frac{y_1 - y_2}{x_1 - x_2} = \frac{24}{32}$$

则 $\quad x_1 = \dfrac{32}{24}(0.05 - 0.005) = 0.06$

(2) $\quad \dfrac{L}{V} = 1.5 V_{\min} = 1.5 \dfrac{y_1 - y_2}{y_1/m - x_2}$

$$\frac{24}{32} = 1.5 \frac{0.05 - 0.005}{0.05/m - 0}$$

则 $\quad m = \dfrac{24 \times 0.05}{32 \times 1.5(0.05 - 0.005)} = 0.556$

因 $\quad \dfrac{L}{\Omega} = 24 \text{ kmol} \cdot \text{m}^{-2} \cdot \text{h}^{-1}$

$$H_L = \frac{L}{k_x a \Omega} = 0.44 \text{ m} \Longrightarrow \frac{1}{k_x a} = \frac{0.44}{24}$$

而 $\quad k_y a = 0.06 \text{ kmol} \cdot \text{m}^{-3} \cdot \text{s}^{-1} = 216 \text{ kmol} \cdot \text{m}^{-3} \cdot \text{h}^{-1}$

则 $\quad \dfrac{1}{K_y a} = \dfrac{1}{k_y a} + \dfrac{m}{k_x a} = \dfrac{1}{216} + \dfrac{0.556 \times 0.44}{24} = 0.0148 \text{ m}^3 \cdot \text{h} \cdot \text{kmol}^{-1}$

而 $\quad \dfrac{V}{\Omega} = 32 \text{ kmol} \cdot \text{m}^{-2} \cdot \text{h}^{-1}$

则 $\quad Z = \dfrac{V}{K_y a \Omega} \times \dfrac{1}{1 - \dfrac{mV}{L}} \ln\left[\left(1 - \dfrac{mV}{L}\right)\left(\dfrac{y_1}{y_2}\right) + \dfrac{mV}{L}\right]$

$$= 32 \times 0.0148 \times \frac{1}{1 - \dfrac{0.556 \times 32}{24}} \ln\left[(1 - 0.741)\frac{0.05}{0.005} + 0.741\right]$$

$$= 0.4736 \times 4.646 = 2.2 \text{ m}$$

(3) $\quad \Delta y_1 = y_1 - y_1^* = y_1 - mx_1 = 0.05 - 0.556 \times 0.06 = 0.0166$

$\quad \Delta y_2 = y_2 - y_2^* = y_2 - mx_2 = 0.005$

$$\Delta y_m = \frac{\Delta y_1 - \Delta y_2}{\ln\left(\dfrac{\Delta y_1}{\Delta y_2}\right)} = \frac{0.0166 - 0.005}{\ln\dfrac{0.0166}{0.005}} = 9.667 \times 10^{-3}$$

$$N_{OG} = \frac{y_1 - y_2}{\Delta y_m} = \frac{0.05 - 0.005}{9.667 \times 10^{-3}} = 4.655$$

则 $\quad Z = \dfrac{V}{K_y a \Omega} \times N_{OG} = 32 \times 0.0148 \times 4.655 = 2.2 \text{ m}$

点评：此题复习了操作线方程、最小液气比公式、填料层高度的两种公式。其区别于例 7-8 的特点是：(1) 通过给出的液气比来求 m；(2) 通过给出的传质单元高度 H_L 来求传质分系数 $k_x a$。复习了总传质系数与传质分系数之间的关系式。

7.7 吸附分离

在日常生活中，吸附剂对人们并不陌生。比方说冰箱里有异味了，就会需要买除臭剂；吸烟的朋友为了减少香烟的毒害会买带过滤嘴的香烟。除臭剂可以吸附异味，过滤嘴可以吸附部分尼古丁，还有食品包装盒里的干燥剂、脱氧剂等，这些都是生活中的吸附现象。吸附现象的一般定义是：一个或多个组分在界面上的富集（正吸附或简单吸附）或损耗（负吸附）的过程。

(1) 吸附分离定义与分类 在化工操作中，是这样定义吸附分离的：利用多孔固体颗粒选择性地吸附流体中的一个或几个组分，从而使混合物得以分离的方法称为吸附操作。通常称被吸附的物质为吸附质，用作吸附的多孔固体颗粒称为吸附剂。吸附剂内部有大量的微孔，所以少量的吸附剂就可以起到浓缩或分离流体中某一特定组分的作用。相对于蒸馏、吸收、液-液萃取而言，吸附往往用于微量成分的分离。

按吸附作用力性质的不同，可将吸附区分为物理吸附和化学吸附两种类型，物理吸附是由分子间作用力，即范德华力产生的。由于范德华力是一种普遍存在于各吸附质与吸附剂之间的弱的相互作用力，因此，物理吸附具有吸附速率快，易于达到吸附平衡和易于脱附等特征。化学吸附是由化学键力的作用产生的，在化学吸附的过程中，可以发生电子的转移、原子的重排、化学键的断裂与形成等微观过程，化学吸附在催化反应中作用明显。对于反复使用吸附剂的吸附分离过程来说，更多的课题是如何防止化学吸附的产生。

常用的吸附剂有天然的，也有人造的。活性炭和沸石是最常用的两大类，其次有硅胶、活性氧化铝等。形状可分为粉末、粒状、纤维状等。

工业吸附分离装置按操作方式来分，包括以下几种。

① 间歇式吸附搅拌槽 主要用于液相中的特定成分的除去、回收等方面。将粉末吸附剂与混合溶液加入搅拌槽中，搅拌使固、液相充分接触，当溶质浓度降低到接近平衡浓度时，即可将吸附剂与溶液分离。

② 固定床吸附装置 在装有吸附剂的填充塔中，自上而下或者自下而上地使流体通过，被吸附的成分留在充填床中，其余组分从床中流出，直至吸附剂达到饱和为止，这是吸附阶段，解吸是通过升温、减压或置换的方法，将吸附在吸附剂上的成分释放出来。固定床吸附装置在工业上应用极广，用于气体分离时充填床高 0.5~2m，用于液体分离时，床高为几米至数十米。

③ 流动床吸附装置 流体从吸附床下部吹入，使吸附剂流态化。因为优点不多，现在很少使用，但用于水处理时有利于减少充填床的堵塞。

④ 移动床吸附装置 它的特点是连续逆流吸附操作。适用于选择性不高、传质速率慢的难分离物系。

⑤ PSA(pressure swing adsorption) 装置 高压下吸附，常压或减压下解吸，利用压力的变化完成循环操作，称为变压吸附。它的特点是在无加热的条件下，通过变压使短时间解吸成为可能，从而实现了装置的小型化，操作的连续化。近年来，PSA 装置得到了广泛的应用，如空气分离、气体精制等方面。

(2) 吸附操作的解析与设计——吸附平衡 在一定的温度下，使一定组成的气体或液体与吸附剂长时间地接触，其中特定的成分（吸附质）被吸附，直至吸附质在气（液）、固两相中的浓度达到平衡。平衡时吸附剂的吸附容量 q 与气相中的吸附质组分分压 p（或浓度 c）的关系曲线称为吸附等温线。下面两式是与实例结果非常吻合的最常用的等温线。

朗格缪尔（Langmuir）方程

$$q = q_m \frac{Kp_i}{1+Kp_i} \tag{7-64}$$

式中，q，q_m 为吸附剂的吸附容量和单分子层最大吸附容量；p_i 为吸附质在气体混合物中的分压；K 为 Langmuir 常数，与温度有关。

上式中 q_m 和 K 可以从关联实验数据得到。

Freundlich 方程

$$q = Kp^{1/n} \tag{7-65}$$

式中，q 为吸附质在吸附剂相中的浓度；p_i 为吸附质在流体相中的分压；K，n 为特征常数，与温度有关。

符合朗格缪尔方程的等温线，或者说在 Freundlich 方程中 $n>1$ 的等温线，其形状为上凸形曲线，称为有利型等温线，反之 $n<1$ 的等温线则称为不利型等温线（下凹型）。$n=1$ 为线性关系。

例 7-10 甲苯蒸气在某种活性炭上的吸附等温线可以用朗格缪尔方程表示，即 $q^* = q_\infty \frac{Kc}{1+Kc}$。常温下（25℃）：$q_\infty = 0.499 \text{kg}$ 甲苯/kg 活性炭，$K=1.03\times10^3$ 空气/kg 甲苯。在 1atm、25℃ 的条件下，用这种活性炭处理含有 0.2%（体积分数）甲苯的空气，固定吸附床中充填有 10kg 的活性炭，问：可以得到多少立方米的洁净空气（空气的吸附量可忽略）。

解 甲苯的分子量 $M=92.13$，1atm、25℃ 的 1m³ 空气中甲苯的量，可以用理想气体的状态方程求得

$$w = \frac{MpV}{RT} = \frac{92.13 \times 0.0020 \times 1.00}{0.08205 \times 298} = 7.536 \times 10^{-3} \text{kg} \cdot \text{m}^{-3}$$

浓度为

$$c = \frac{7.536 \times 10^{-3}}{1-0.002} = 7.551 \times 10^{-3} \text{kg} \cdot \text{m}^{-3}$$

对应于此浓度的平衡吸附量为

$$q^* = \frac{0.499 \times 1.03 \times 10^3 \times 7.551 \times 10^{-3}}{1+1.03 \times 10^3 \times 7.551 \times 10^{-3}} = 0.4422 \text{kg} \cdot \text{kg}^{-1} \text{活性炭}$$

所以，可得洁净空气的量为

$$\frac{0.4422 \times 10}{7.551 \times 10^{-3}} = 586 \text{m}^3$$

(3) 固定床的传质区与透过曲线 在上述例题中，未考虑传质阻力的影响，假定固定床的每一点处都达到了吸附平衡（即吸附速度无限大），并由此算出的精制空气量。这只是假定的理想吸附过程。而实际的吸附过程，由于传质阻力的存在，固定床内吸附质的浓度分布随时间和沿床层位置不断变化，流出物浓度也随时间或流出物体积而变化。

如图 7-29 所示，含吸附质初始浓度为 c_0 的流体，在一定的温度和流量下，连续流过充填吸附剂的固定床层，经过一段时间后，有一部分床层被吸附质所饱和（靠近入口处），还有一部分床层正在进行吸附（中间处），这部分床层的吸附质浓度就会有一个在流动方向上由大变小的分布即浓度波。人们把床层中正在进行吸附的部分就叫做传质区（mass transfer zone，MTZ)。再向上，即靠近出口处，则是未吸附部分，随着时间的推移，浓度波不断地向床层出口方向移动，饱和区也就越来越大，而未吸附区也会越来越小，如果取出口处为测定点来观察床层出口浓度 c_{out} 的变化，就可以得到如图 7-30 所示的曲线，最初出口浓度为 0，逐渐增加，向 c_0 靠近，这条 S 字形的浓度曲线叫做透过曲线。

图 7-29　固定床中的吸附量分布

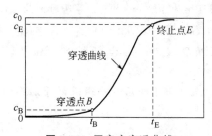

图 7-30　固定床穿透曲线

吸附速率无限大的情况下，这条线会变成垂直线。如果定 c_B 为出口允许浓度时，图中 $c_{\text{out}}=c_B$ 的 B 点就称为穿透点。c_B 为穿透浓度，t_B 为穿透时间，另外，取透过曲线的终止点为接近 c_0 处的 E 点，c_E 称为终止点浓度。在吸附塔设计中，c_B 与 c_E 的取值范围如下式

$$\frac{c_B}{c_0}=\frac{c_0-c_E}{c_0}=0.05\sim0.1$$

吸附等温线的类型会对固定床的动态特性有影响，对于有利型（即上凸形）吸附等温线体系，传质区（MTZ）的长度不会随时间的推移而发生明显的变化，也就是说，流体从入口到出口这一时间段里，床层内的吸附量变化曲线会保持相似的形状随时间轴平移，称为定形的吸附量变化（censtant pattern）。

如果用 Z_a 来表示 MTZ 的长度，可以由下列公式求出

$$Z_a=\frac{u}{K_F a}\int_{c_B}^{c_E}\frac{1}{c-c^*}\mathrm{d}c=H_{of}N_{of} \tag{7-66}$$

式中，H_{of} 为传质单元高度，$H_{of}=\dfrac{u}{K_F a}$；K_F 为总传质系数；a 为 1m³ 填料的有效传质面积；u 为空塔气速；N_{of} 为传质单元数，$N_{of}=\int_{c_B}^{c_E}\dfrac{\mathrm{d}c}{c-c^*}$。

吸附平衡采用 Freundlich 式时

$$N_{of}=\ln\left(\frac{c_E}{c_B}\right)+\frac{1}{n-1}\ln\left(\frac{c_0^{n-1}-c_B^{n-1}}{c_0^{n-1}-c_E^{n-1}}\right) \tag{7-67}$$

吸附平衡采用 Langmuir 式时

$$N_{of}=\frac{1+ac_0}{ac_0}\ln\left(\frac{c_E}{c_B}\right)+\frac{1}{ac_0}\ln\left(\frac{c_0-c_B}{c_0-c_E}\right) \tag{7-68}$$

穿透时间 t_B 可用下式计算，即

$$t_B=\frac{Z_T q_0 \rho_B}{u c_0}\left(1-\frac{Z_a}{2Z_T}\right) \tag{7-69}$$

式中，Z_T为固定充填层的总长度；q_0为与c_0对应的平衡吸附量；ρ_B为充填密度。

例 7-11 含有少量丙酮蒸气的空气通过活性炭填充的固定床层吸附装置。吸附条件为1atm，20℃。吸附等温线如图 7-31 中曲线 1 所示。由于反复再生，重复使用，使活性炭的吸附能力降低，平衡吸附量下降至图 7-31 中曲线 2。丙酮的质量浓度为 3×10^{-2} kg·m^{-3}，进入空塔速率为 1000 m·h^{-1}，穿透时间为 4h，求充填总高度。已知 $c_B = 2\times 10^{-3}$ kg·m^{-3}，$c_E = 2.8\times 10^{-2}$ kg·m^{-3}，充填密度为 450 kg 活性炭·m^{-3}，充填床层的 $H_{of} = 0.03$ m。

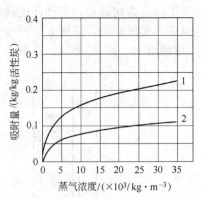

图 7-31 丙酮在活性炭上的吸附平衡
1—原吸附量；2—下降一半的吸附量

解 先作出下降后的平衡吸附等温线（图 7-31 中曲线 2）。

$$c_0 = 3.0\times 10^{-2}; \quad q_0 = 0.130$$
$$c_B = 2.0\times 10^{-3}; \quad q_B = 0.050$$
$$c_E = 2.8\times 10^{-2}; \quad q_E = 0.126$$

c	c^*	$\dfrac{1}{c-c^*}$	$\int\dfrac{dc}{c-c^*}$	c	c^*	$\dfrac{1}{c-c^*}$	$\int\dfrac{dc}{c-c^*}$
2×10^{-3}	0.24×10^{-3}	568	0	16×10^{-3}	5.30×10^{-3}	93.5	2.55
4×10^{-3}	0.30×10^{-3}	270	0.84	20×10^{-3}	9.40×10^{-3}	94.3	2.93
8×10^{-3}	1.00×10^{-3}	143	1.66	24×10^{-3}	14.7×10^{-3}	107	3.33
12×10^{-3}	2.25×10^{-3}	103	2.16	28×10^{-3}	24.3×10^{-3}	270	4.08

$$N_{of} = 4.08; \quad Z_a = 0.03\times 4.08 = 0.122 \text{ m}$$

又因为穿透时间 $t_B = 4$ h，所以

$$4 = \frac{0.130\times 450 Z_T}{1000\times 3\times 10^{-2}}\left(1-\frac{0.122}{2Z_T}\right) = 1.95(Z_T - 0.061)$$

求得 $Z_T = 2.11$ m。

习　题

7-1 100g 水中溶解 1g NH$_3$，从手册查得 20℃时 NH$_3$ 的平衡分压为 986.6 Pa，在此浓度以内服从亨利定律。试求溶解度系数 H（单位为 kmol·m^{-3}·kPa^{-1}）和相平衡常数 m，总压力为 100 kPa。

[答：$H = 0.598$ kmol·m^{-3}·kPa^{-1}，$m = 0.943$]

7-2 10℃时氧在水中的溶解度的表达式 $p^* = 3.313\times 10^6 x$，式中 p^* 为氧在气相中的平衡分压，kPa；x 为溶液中氧的摩尔分数。空气中氧的体积分数为 21%，试求总压为 101 kPa 时，每立方米水中可溶解多少克氧？

[答：11.4 g·m^{-3} 或 0.35 mol·m^{-3}]

7-3 用清水吸收混合气中的 NH$_3$，进入常压吸收塔的气体含 NH$_3$ 的体积分数为 6%，吸收后气体含 NH$_3$ 体积分数为 0.4%，出口溶液的摩尔比为 0.012 kmol NH$_3$·kmol^{-1} 水。此物系的平衡关系为 $y^* = 2.52x$。气液逆流流动，试求塔顶、塔底处气相推动力各为多少？

[答：塔顶 $\Delta y_2 = 0.00402$，塔底 $\Delta y_1 = 0.034$]

7-4 用水吸收空气中的甲醇蒸气,在操作温度 300K 下的溶解度系数 $H=2\text{kmol}\cdot\text{m}^{-3}\cdot\text{kPa}^{-1}$,传质系数 $k_G=0.056\text{kmol}\cdot\text{m}^{-2}\cdot\text{h}^{-1}\cdot\text{kPa}^{-1}$,$k_L=0.075\text{kmol}\cdot\text{m}^{-2}\cdot\text{h}^{-1}\cdot\text{kmol}^{-1}\cdot\text{m}^3$。求总传质系数 K_G 及气相阻力在总阻力中所占的分数。

[答:$K_G=0.0408\text{kmol}\cdot\text{m}^{-2}\cdot\text{h}^{-1}\cdot\text{kPa}^{-1}$,0.73]

7-5 从矿石焙烧送出的气体,含体积分数 9% SO_2,其余视为空气。冷却后送入吸收塔,用水吸收其中所含 SO_2 的 95%。吸收塔的操作温度为 30℃,压力为 100kPa。每小时处理的炉气量为 1000m³(30℃、100kPa 时的体积流量),所用液气比为最小值的 1.2 倍。求每小时的用水量和出塔时水溶液组成。平衡关系数据如表 7-7 所示。

表 7-7 平衡关系数据

液相 SO_2 溶解度/$\text{kgSO}_2\cdot100\text{kg}^{-1}\text{H}_2\text{O}$	7.5	5.0	2.5	1.5	1.0	0.5	0.2	0.1
气相 SO_2 平衡分压/kPa	91.7	60.3	28.8	16.7	10.5	4.8	1.57	0.63

[答:$L=30120\text{kg}\cdot\text{h}^{-1}$,$x_1=0.00206$]

7-6 用煤油从苯蒸气与空气的混合物中回收苯,要求回收 99%。入塔混合气中含苯 2%(摩尔分数)。入塔煤油中含苯 0.02%。溶剂用量为最小用量的 1.5 倍,操作温度为 50℃,压力为 100kPa。平衡关系为 $y^*=0.36x$,总传质系数 $K_ya=0.015\text{kmol}\cdot\text{m}^{-3}\cdot\text{s}^{-1}$。入塔气体的摩尔流量为 $0.015\text{kmol}\cdot\text{m}^{-2}\cdot\text{s}^{-1}$。求填料层高度。

[答:$Z=12\text{m}$]

7-7 在填料塔内用稀硫酸吸收空气中所含的 NH_3。溶液上方 NH_3 的分压为零(相平衡常数 $m=0$)。下列情况所用的气、液流速及其他操作条件都大致相同,总传质单元高度 H_{OG} 都可取为 0.5m。试比较所需填料层高度有何不同。(1)混合气中含摩尔分数 1% NH_3,要求回收 90%;(2)混合气中含 1% NH_3,要求回收 99%;(3)混合气中含 5% NH_3,要求回收 99%。

作了上述比较之后,你对塔高与回收率的关系能获得什么概念?

[答:(1)$Z=1\text{m}$;(2)$Z=2.25\text{m}$;(3)$Z=2.25\text{m}$]

7-8 直径为 0.88m 的填料吸收塔内,装有拉西环填料,填料层高为 6m。每小时处理 2000m³ 含 5% 丙酮与空气的原料气,操作条件为 1atm、25℃。用清水作吸收剂,塔顶出口废气含丙酮 0.263%(以上均为摩尔分数),出塔溶液中每千克含丙酮 61.2g,操作条件下的平衡关系为 $y=2x$。试计算:(1)气相总体积传质系数 K_ya;(2)每小时可回收丙酮多少千克?(3)若将填料层加高 3m,又可以多回收多少千克丙酮?

[答:(1)$K_ya=176.8\text{kmol}\cdot\text{m}^{-3}\cdot\text{h}^{-1}$;(2)$225\text{kg}\cdot\text{h}^{-1}$;(3)$6.56\text{kg}\cdot\text{h}^{-1}$]

本章关键词中英文对照

吸收/adsorption
解吸/desorption
脱吸/stripping
溶质/solute
溶液/solvent
相平衡方程/equilibrium relations
亨利定律/Henry's law
菲克定律/Fick's law
扩散系数/diffusivity
等摩尔方向扩散/equimolar counter diffusion
体积扩散系数/volumetric diffusivity
稳态扩散/steady-state diffusion

传质系数/mass-transfer coefficients
膜体积传质系数/the volumetric film mass-transfer coefficients
总体积传质系数/the volumetric overall mass-transfer coefficients
双膜理论/two-film theory
膜系数/film coefficients
气膜阻力/the gas film resistance
液膜阻力/the liquid film resistance
总阻力/the total resistance
吸收速率/rate of absorption
最适宜气液比/optimum gas-liquid ratio

传质单元高度/height of a transfer unit (HTU)
传质单元数/number of transfer units (NTU)
吸收因子/absorption factor
解吸因子/stripping factor
比表面积/specific surface area
吸收设备/absorber
填料/packing
填料层/packing depth (packed section)
填料支撑装置/packing supports
整砌填料/stacked packing
规整填料/structured (ordered) packings
鞍形填料/saddle packing
填料层高度/height of the packed section

液体分布器/liquid distributor
液体再分布器/liquid redistributor
莲蓬头式/shower nozzle type
再生/regeneration
惰性气体/inert gas
填料塔/packed tower (column)
板式塔/plate columns
浮阀塔板/valve-tray
空塔气速/superficial gas velocity based on empty tower
塔径/tower (column) diameter
平均塔效率/the average plate efficiency
操作费/operating costs

第 8 章 萃取

> **本章学习要求**
>
> 一、重点掌握
> - 萃取原理;
> - 萃取过程的三角形相图溶解度曲线表示方法;
> - 能斯特分配定律。
>
> 二、熟悉内容
> - 萃取过程在三角形相图上的表示;
> - 错流萃取公式推导;
> - 逆流萃取公式推导。
>
> 三、了解内容
> - 图解法确定萃取理论级数;
> - 解析法确定萃取理论级数;
> - 常用萃取设备及其工作原理;
> - 最新萃取技术特点与发展趋势。

8.1 萃取概念的引出

以手工洗衣服为例,衣物用洗涤剂和水浸泡、揉搓后,如何将洗涤剂和泡沫去除呢?用清水多次漂洗,这是人们熟知的过程。多次漂洗的过程即为化工中的液-固萃取过程。如图 8-1 所示,漂洗次数越多,衣服与肥皂沫分离越完全,衣服越干净。

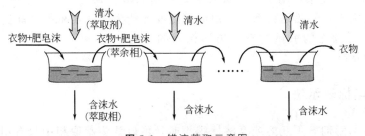

图 8-1 错流萃取示意图

图 8-1 所示的衣物漂洗过程为错流萃取过程。清水称做萃取剂，含沫水为萃取相，衣物和肥皂沫为萃余相。肥皂沫为溶质 A。经验还说明，每盆水揉搓的时间越长（即萃取越接近平衡），拧得越干（即萃取与萃余相相分离越彻底），所用漂洗次数越少（即错流级数越少）。

萃取是指利用混合物各组分对某溶剂具有不同的溶解度，从而使混合物各组分得到分离与提纯的操作过程。

如用醋酸乙酯萃取醋酸水溶液中的醋酸，如图 8-2 所示，此例中醋酸乙酯称为萃取剂（S），醋酸称为溶质（A），水称为稀释剂（B）。

萃取用于沸点非常接近、用一般蒸馏方法不能分离的液体混合物。比如用于化工厂的废水处理，如染料厂、焦化厂废水中苯酚的回收。萃取也用于冶金中，如从锌冶炼烟尘的酸浸出液中萃取铊、锗等。制药工业中，许多复杂有机液体混合物的分离都用到萃取。为使萃取操作得以进行，一方面溶剂（S）对稀释剂（B）、溶质（A）

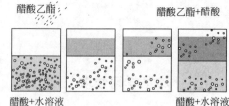

图 8-2 萃取示意图

要具有不同的溶解度；另一方面 S 与 B 必须具有密度差，便于萃取相与萃余相的分离。当然，溶剂（S）具有化学性质稳定、回收容易等特点，则将为萃取操作带来更多的经济效益。

萃取过程计算，习惯上多求取达到指定分离要求所需的理论级数。若采用板式萃取塔，则用理论级数除以级效率，可得实际所需的萃取级数。若采用填料萃取塔，则用理论级数乘以等级高度，可得实际所需的萃取填料层高度。等级高度是指相当于一个理论级分离效果所需的填料层高度，等级高度的数据十分缺乏，多需由实验测得。

萃取理论级数的计算，仍然离不开物料平衡关系和相平衡关系。

8.2 萃取溶解度曲线

8.2.1 三角形相图表示法

以 A、B、S 作为三个顶点组成一个三角形。三角形的三个顶点表示纯物质，一般上顶点表示溶质 A，左下顶点表示稀释剂 B，右下顶点表示溶剂 S。三角形的三条边表示二元混合物的组成，如 AB 连线表示溶质 A 与稀释剂 B 的二元组成。三角形内的平面表示三元混合物的组成。如图 8-3 所示。

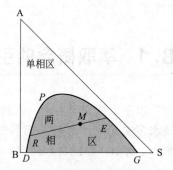

图 8-3 三角形相图溶解度曲线

三角形相图作图复杂，用于萃取计算时，易引入较大误差；若为组成是大于 3 的几元物系，三角形相图亦无能为力；加之有关化工单元操作的书籍均有三角形相图的详细论述，所以本教程讨论从略。

8.2.2 直角坐标表示法

若稀释剂 B 与溶剂 S 不互溶或互溶性很小时，可以认为萃取相中只有组分 A 与 S，萃余相中只有组分 A 与 B。萃取相中溶 A 的含量可用比质量组成 Y 表示，Y 的单位为 kgA·kg^{-1}S。萃余相中溶质 A 的含量用 X 表示，X 的单位为 kgA·kg^{-1}B。当物系达到平衡时，得到一组对应的 X 与 Y。将若干组 X、Y 值，描绘在 X-Y 坐标图上，可得一曲线，此即液-液萃取溶解度曲线，或称分配曲线。用数学式表示为

$$Y = f(X)$$

式中，Y 为萃取相的比质量分数，kgA·kg^{-1}S，即 $Y = \dfrac{W_A(\text{kgA})}{W_S(\text{kgS})}$；X 为萃余相的比质量分数，kgA·kg^{-1}B，即 $X = \dfrac{W_A(\text{kgA})}{W_B(\text{kgB})}$。

有时亦有用质量分数 y、x 来表达溶解度曲线的，此时 y 表示溶质 A 在萃取相中的质量分数，x 表示溶质 A 在萃余相中的质量分数。在 x-y 坐标图上描绘的曲线，亦称为分配曲线。用数学式表达为

$$y = f'(x)$$

式中，y 为萃取相的质量分数，即 $y = \dfrac{W_A}{W_A + W_B + W_S}$；x 为萃余相的质量分数，即 $x = \dfrac{W_A}{W_B + W_S + W_A}$。

本章均以 Y、X（比质量分数）表示萃取浓度。

大多数物系在低浓度情况下，x 和 y 成线性关系，即

$$y_n = k_A x_n \tag{8-1}$$

其中 k_A 称为分配系数，式(8-1) 称为能斯特分配定律。

同理，在低浓度情况下，对于大多数物系，Y 与 X 亦近似成线性关系，即

$$Y_n = m X_n \tag{8-2}$$

如果某物系服从能斯特分配定律，即服从式(8-1) 和式(8-2) 的关系，则将使萃取过程计算大为简化。

例 8-1 以三氯乙烷为溶剂，由丙酮-水溶液中萃取丙酮。其溶解度平衡数据如表 8-1 所示。试将其换算为比质量组成，标绘在直角坐标图上，并求出近似的分配系数 m 值。

表 8-1 丙酮-水-三氯乙烷系统溶解度平衡数据（质量分数）

萃余相(水相 X)			萃取相(三氯乙烷相 Y)		
三氯乙烷(S)	水(B)	丙酮(A)	三氯乙烷(S)	水(B)	丙酮(A)
0.52	93.52	5.96	90.93	0.32	8.75
0.60	89.40	10.00	84.40	0.60	15.00
0.68	85.35	13.97	78.32	0.90	20.78
0.79	80.16	19.05	71.01	1.33	27.66
1.04	71.33	27.63	58.21	2.40	39.39

解 以第一组数据计算为例

$$\text{萃余相 } X = \frac{5.96}{93.52} = 0.0637,\quad \text{萃取相 } Y = \frac{8.75}{90.93} = 0.0962$$

依此计算。现将计算结果列在表 8-2 中，再将表 8-2 数据标绘在图 8-4 中，得 $Y = 1.62X$，即 $m = 1.62$。

表 8-2　例 8-1 附表

X/kgA·kg^{-1}B	Y/kgA·kg^{-1}S	$m=Y/X$
0.0637	0.0962	1.51
0.112	0.178	1.589
0.164	0.265	1.616
0.238	0.390	1.638
0.387	0.677	1.75

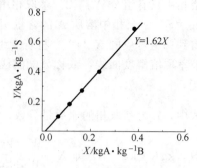

图 8-4　丙酮-水-三氯乙烷相平衡曲线

8.3　错流萃取与逆流萃取计算

8.3.1　错流萃取公式推导

错流萃取流程如图 8-5 所示。组成为 X_F 的原料液与组成为 Y_S 的萃取剂在第一级萃取器中接触萃取，出第一级组成为 X_1 的萃余相，又与新鲜萃取剂在第二级萃取器中接触萃取，依此类推，……直到出第 N 级的萃余相组成 X_N，达到指定的分离要求为止。

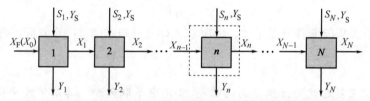

图 8-5　多级错流萃取流程示意图

假设稀释剂 B 与萃取剂 S 的互溶性可以忽略，对图 8-5 所示的虚线范围作溶质 A 的物料衡算得

$$B(X_{n-1}-X_n)=S_n(Y_n-Y_S) \tag{8-3}$$

则

$$Y_n-Y_S=-\frac{B}{S_n}(X_n-X_{n-1}) \tag{8-4}$$

式中，X_{n-1}、X_n 为进、出第 n 级的萃余相比质量组成，kgA·kg^{-1}B；Y_S、Y_n 为进、出第 n 级的萃取相比质量组成，kgA·kg^{-1}S；B 为稀释剂质量流率，kgB·h^{-1}；S_n 为第 n 级的萃取剂质量流率，kgS·h^{-1}。

式 (8-3)、式 (8-4) 均为错流萃取的物料衡算方程，或称错流萃取操作线方程。

式 (8-4) 表示，离开任一级的萃取相组成 Y_n 与萃余相组成 X_n 之间的关系。在直角坐标图上，它为一直线方程。此直线通过点 (X_{n-1},Y_S)，其斜率为 $-B/S_n$。且与分配曲线之交点为 (X_n,Y_n)。

当 $n=1$ 时，则式 (8-4) 为 $Y_1-Y_S=-\dfrac{B}{S_1}(X_1-X_F)$，此方程通过 (X_F,Y_S)，且斜率

为$-B/S_1$,此线与相平衡曲线交点为(X_1, Y_1)。

当$n=2$时,则式(8-4)为$Y_2-Y_S=-\dfrac{B}{S_2}(X_2-X_1)$,此方程通过$(X_1, Y_S)$,且斜率为$-B/S_2$,此线与相平衡曲线交点为$(X_2, Y_2)$。

依此类推,当$X_n < X_N$时,停止作图,每利用一次操作线和一次平衡线,即为一个理论级数。上述即为图解法求错流萃取理论级方法的简要介绍,如图8-6所示。

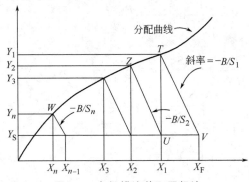

图 8-6 多级错流萃取图解法

若为等溶剂错流萃取,就是说每次所用萃取剂用量都相等,即

$$S_1=S_2=\cdots=S_n=S \tag{1}$$

代入式(8-3)得

$$B(X_{n-1}-X_n)=S(Y_n-Y_S) \tag{2}$$

若分配曲线为一直线,其方程为

$$Y_n=mX_n$$

也即式(8-2),联立式(8-2)和式(2)得

$$B(X_{n-1}-X_n)=S(mX_n-Y_S)$$

$$\left(\dfrac{mS}{B}+1\right)X_n=X_{n-1}+\dfrac{S}{B}Y_S$$

$$X_n=\dfrac{1}{1+\dfrac{mS}{B}}X_{n-1}+\dfrac{SY_S}{B+Sm} \tag{3}$$

令$p=\dfrac{1}{1+\dfrac{mS}{B}}$,$q=\dfrac{SY_S}{B+Sm}$,则式(3)为

$$X_n=pX_{n-1}+q \tag{4}$$

当$n=1$时 $X_1=pX_0+q$

$n=2$时 $X_2=pX_1+q=p(pX_0+q)+q=p^2X_0+(p+1)q$

$n=3$时 $X_3=pX_2+q=p^3X_0+(p^2+p+1)q$

$\vdots$

$n=N$时 $X_N=p^NX_0+(p^{N-1}+p^{N-2}+\cdots+p+1)q$

$=p^NX_0+\dfrac{p^N-1}{p-1}q=p^N\left(X_0+\dfrac{q}{p-1}\right)-\dfrac{q}{p-1}$

则
$$p^N = \frac{X_N + \dfrac{q}{p-1}}{X_0 + \dfrac{q}{p-1}} \implies N = \frac{1}{\ln p}\ln\left[\frac{X_N + \dfrac{q}{p-1}}{X_0 + \dfrac{q}{p-1}}\right]$$

因数学中 $\ln x = -\ln \dfrac{1}{x}$

$$N = \frac{1}{\ln \dfrac{1}{p}}\ln\left[\frac{X_0 + \dfrac{q}{p-1}}{X_N + \dfrac{q}{p-1}}\right] \tag{5}$$

因
$$\frac{1}{p} = 1 + \frac{mS}{B}, \quad q = \frac{SY_S}{B+Sm}, \quad X_0 = X_F$$

$$\frac{q}{p-1} = \frac{\dfrac{SY_S}{B+Sm}}{\dfrac{1}{1+\dfrac{mS}{B}}-1} = \frac{SY_S}{B-B-Sm} = -\frac{Y_S}{m}$$

代入式(5)得

$$N = \frac{1}{\ln\left(1+\dfrac{mS}{B}\right)}\ln\left[\frac{X_F - \dfrac{Y_S}{m}}{X_N - \dfrac{Y_S}{m}}\right] \tag{8-5}$$

式(8-5)为等溶剂且分配曲线为直线的错流萃取理论级数的计算公式。

8.3.2 错流萃取举例

例 8-2 用错流萃取装置，以三氯乙烷（S）为溶剂，由丙酮（A）-水（B）溶液中萃取丙酮。原料液的质量流量为 300 kg·h^{-1}，组成为 0.333（质量分数，下同），萃取剂的组成为 0.0476。已知该错流萃取装置相当于 4 个理论级。欲使萃余相中丙酮的组成降至 0.109，萃取剂总流率为多少？从例 8-1 中得知，该物系的相平衡曲线为 $Y = 1.62X$。

解 首先将组成换算为比质量组成

$$X_F = \frac{x_F}{1-x_F} = \frac{0.333}{1-0.333} = 0.50\,(\text{kgA}\cdot\text{kg}^{-1}\text{B})$$

$$X_N = \frac{x_N}{1-x_N} = \frac{0.109}{1-0.109} = 0.122\,(\text{kgA}\cdot\text{kg}^{-1}\text{B})$$

$$Y_S = \frac{y_S}{1-y_S} = \frac{0.0476}{1-0.0476} = 0.05\,(\text{kgA}\cdot\text{kg}^{-1}\text{S})$$

再求稀释剂 B 的流率。

$$\begin{cases} A+B = 300 \\ \dfrac{A}{B} = 0.5\,(\text{原料的比质量分数为 } 0.5) \end{cases}$$

联立求解得
$$B = \frac{300}{1.5} = 200\,(\text{kg}\cdot\text{h}^{-1})$$

已知 $N=4$，$m=1.62$，代入式(8-5)得

$$\ln\left(1+\frac{mS}{B}\right)=\frac{1}{N}\ln\left[\frac{X_F-\dfrac{Y_S}{m}}{X_N-\dfrac{Y_S}{m}}\right]$$

$$\ln\left(1+\frac{1.62S}{200}\right)=\frac{1}{4}\ln\left[\frac{0.5-\dfrac{0.05}{1.62}}{0.122-\dfrac{0.05}{1.62}}\right]=0.41$$

数学中 $\ln x=c$，则 $x=e^c$

$$1+\frac{1.62S}{200}=e^{0.41}=1.507$$

则 $S=62.6\text{kg}\cdot\text{h}^{-1}$，$S_{总}=4S=4\times62.6=250.4(\text{kg}\cdot\text{h}^{-1})$

8.3.3 逆流萃取公式推导

逆流萃取流程如图8-7所示。组成为 X_F 的原料液与组成为 Y_S 的萃取剂呈逆流接触萃取。

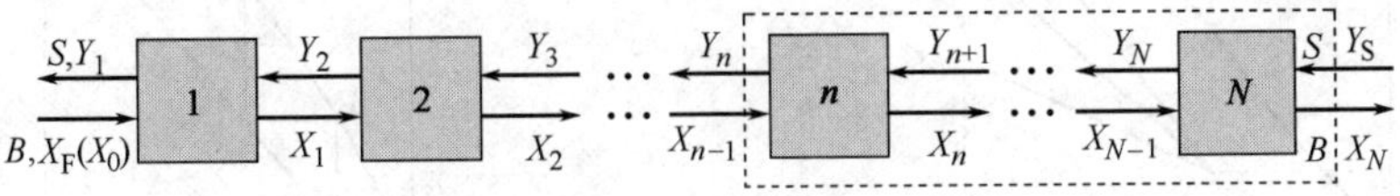

图 8-7 多级逆流萃取流程示意图

假设稀释剂 B 与萃取剂 S 的互溶性可以忽略，对图8-7的虚线范围作溶质 A 的物料衡算得

$$B(X_{n-1}-X_N)=S(Y_n-Y_S) \tag{8-6}$$

$$Y_n=\frac{B}{S}X_{n-1}+Y_S-\frac{B}{S}X_N \tag{8-7}$$

式中，X_{n-1} 为进入第 n 级的萃余相比质量组成，$\text{kgA}\cdot\text{kg}^{-1}\text{B}$；$Y_n$ 为出第 n 级的萃取相比质量组成，$\text{kgA}\cdot\text{kg}^{-1}\text{S}$；$Y_S$ 为萃取剂的初比质量组成，$\text{kgA}\cdot\text{kg}^{-1}\text{S}$；$X_N$ 为出第 N 级的萃余相比质量组成，$\text{kgA}\cdot\text{kg}^{-1}\text{B}$；$B$ 为稀释剂的质量流率，$\text{kgB}\cdot\text{h}^{-1}$；$S$ 为萃取剂的质量流率，$\text{kgS}\cdot\text{h}^{-1}$。

式(8-6)、式(8-7)均为逆流萃取的物料衡算方程，或称逆流萃取操作线。它们表达了 Y_n 与 X_{n-1} 的关系，即离开任一级的萃取相组成与进入该级的萃余相组成的关系。在直角坐标图上，式(8-7)是一条直线。此直线通过点 (X_N,Y_S)，其斜率为 B/S。该线位于相平衡线的右下方，因为溶剂组成 Y_S 必须小于与 X_N 成平衡的 Y_N^*，此时溶质才可能由萃余相传递到萃取相。

8.3.4 萃取最小溶剂用量

与确定吸收过程最小液气比相类似，此处亦存在最小溶剂用量的确定问题。如图8-8所示，当 B/S 变化时，操作线式(8-7)亦在变。当 S 减小时，斜率 B/S 在增大，当操作线通过点 (X_F,Y_F) 时，此时 S 的用量最小，称为最小溶剂用量，用 $S_{\min}$ 表示。

则

$$\frac{B}{S_{min}} = 直线 NM 的斜率 = \frac{Y_F - Y_S}{X_F - X_N}$$

$$S_{min} = \frac{X_F - X_N}{Y_F - Y_S} B \tag{8-8}$$

式中，X_F 为原料液组成，$kgA \cdot kg^{-1}B$；其余符号与前同。

若物系的分配曲线 OE 为直线，则 $Y_F = mX_F$，代入式(8-8) 得

$$S_{min} = \frac{X_F - X_N}{mX_F - Y_S} B \tag{8-9}$$

式(8-8)、式(8-9) 均为最小溶剂用量的计算公式。实际溶剂用量 S 则用 S_{min} 乘以一个系数求得

$$S = kS_{min} \tag{8-10}$$

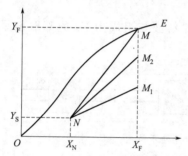

图 8-8 确定萃取最小溶剂用量示意图

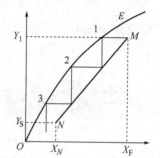

图 8-9 图解法确定逆流萃取理论级数

8.3.5 图解法确定逆流萃取理论级数

若已知萃取物系的相平衡线和操作线，欲求达到指定分离要求的理论级数。与图解精馏理论板完全类似，由点 (X_F, Y_1) 开始，在相平衡线 OE 与操作线 NM 之间画直角梯级，直至 $X_i \leqslant X_N$ 截止。直角梯级的个数即为逆流萃取理论级数。如图 8-9 所示，此时 $N_T = 2.8$ 级。

8.3.6 解析法确定逆流萃取理论级数

若相平衡线服从能斯特分配定律，则逆流萃取理论级数可用解析公式计算。

联立相平衡线式(8-2) 和操作线式(8-7)，得

$$mX_n = \frac{B}{S} X_{n-1} + Y_S - \frac{B}{S} X_N$$

$$X_n = \frac{B}{mS} X_{n-1} + \frac{Y_S}{m} - \frac{B}{mS} X_N \tag{1}$$

令 $p=\dfrac{B}{mS}$，$q=\dfrac{Y_S}{m}-\dfrac{B}{mS}X_N$，则式(1) 简化为

$$X_n = pX_{n-1}+q \tag{2}$$

与求错流萃取理论级数的方法完全一样，解式(2)，得

$$N=\dfrac{1}{\ln\left(\dfrac{1}{p}\right)}\ln\left[\dfrac{X_0+\dfrac{q}{p-1}}{X_N+\dfrac{q}{p-1}}\right] \tag{3}$$

此时，$\dfrac{1}{p}=\dfrac{mS}{B}$，$X_0=X_F$，代入式(3)，得

$$N=\dfrac{1}{\ln\left(\dfrac{mS}{B}\right)}\ln\left[\dfrac{X_F+\dfrac{q}{p-1}}{X_N+\dfrac{q}{p-1}}\right] \tag{4}$$

整理式(4) 中的对数项为

$$\dfrac{X_F+\dfrac{q}{p-1}}{X_N+\dfrac{q}{p-1}}=\dfrac{X_F(p-1)+q}{X_N(p-1)+q}=\dfrac{\dfrac{BX_F}{mS}-X_F+\dfrac{Y_S}{m}-\dfrac{B}{mS}X_N}{\dfrac{BX_N}{mS}-X_N+\dfrac{Y_S}{m}-\dfrac{BX_N}{mS}}$$

$$=\dfrac{\left(1-\dfrac{B}{mS}\right)X_F+\dfrac{B}{mS}X_N-\dfrac{Y_S}{m}+\dfrac{B}{m^2S}Y_S-\dfrac{B}{m^2S}Y_S}{X_N-\dfrac{Y_S}{m}}$$

$$=\dfrac{\left(1-\dfrac{B}{mS}\right)X_F-\dfrac{Y_S}{m}\left(1-\dfrac{B}{mS}\right)+\dfrac{B}{mS}\left(X_N-\dfrac{Y_S}{m}\right)}{X_N-\dfrac{Y_S}{m}}$$

$$=\dfrac{\left(1-\dfrac{B}{mS}\right)\left(X_F-\dfrac{Y_S}{m}\right)+\dfrac{B}{mS}\left(X_N-\dfrac{Y_S}{m}\right)}{X_N-\dfrac{Y_S}{m}}$$

$$=\left(1-\dfrac{B}{mS}\right)\left(\dfrac{X_F-\dfrac{Y_S}{m}}{X_N-\dfrac{Y_S}{m}}\right)+\dfrac{B}{mS}$$

代入式(4) 得

$$N=\dfrac{1}{\ln\left(\dfrac{mS}{B}\right)}\ln\left[\left(1-\dfrac{B}{mS}\right)\left(\dfrac{X_F-\dfrac{Y_S}{m}}{X_N-\dfrac{Y_S}{m}}\right)+\dfrac{B}{mS}\right] \tag{8-11}$$

式(8-11) 为相平衡线为直线时，逆流萃取理论级数的计算公式。

8.3.7 逆流萃取计算举例

例 8-3 若将逆流萃取装置应用于例 8-2 中的物系。萃取剂用量在例 8-2 中得到 $S=250.4\text{kg}\cdot\text{h}^{-1}$,平衡曲线由例 8-1 得到 $Y=1.62X$。试求:(1) 此时溶剂用量为最小溶剂用量的几倍;(2) 所需逆流萃取的理论级数。

解 $m=1.62$,$B=200\text{kg}\cdot\text{h}^{-1}$,$S=250.4\text{kg}\cdot\text{h}^{-1}$,$Y_S=0.05$,$X_F=0.50$,$X_N=0.122$,则 $B/(mS)=200/(1.62\times250.4)=0.493$。

(1) 由式(8-9)得

$$S_{\min}=\frac{X_F-X_N}{mX_F-Y_S}B=\frac{0.50-0.122}{1.62\times0.50-0.05}\times200=99.5(\text{kg}\cdot\text{h}^{-1})$$

则

$$\frac{S}{S_{\min}}=\frac{250.4}{99.5}=2.52$$

(2) 由式(8-11)得

$$N=\frac{1}{\ln\left(\frac{mS}{B}\right)}\ln\left[\left(1-\frac{B}{mS}\right)\left(\frac{X_F-\frac{Y_S}{m}}{X_N-\frac{Y_S}{m}}\right)+\frac{B}{mS}\right]=\frac{1}{\ln\left(\frac{1}{0.493}\right)}\ln\left[(1-0.493)\left(\frac{0.50-\frac{0.05}{1.62}}{0.122-\frac{0.05}{1.62}}\right)+0.493\right]$$

$$=1.414\times1.132=1.6\text{ 级}$$

通过例 8-2 和例 8-3 的计算说明,使用相同量的溶剂,达到相同的分离要求,逆流萃取只需 1.6 级,错流萃取则需 4.0 级。说明逆流萃取优于错流萃取。

8.4 萃取设备

(1) 混合沉降萃取器 先将原料与萃取剂加入到混合槽,经搅拌充分混合接触萃取。然后将混合萃取液送入沉降槽进行沉降分离。分别得到萃取液和萃余液。如图 8-10 所示。

(2) 筛板萃取塔 塔底引入轻相(分散相)经筛孔分散后,在重相(连续相)中上升,到上一层筛板下部聚成一层轻液,再分散,再聚集。分散的过程即萃取传质过程。直到塔上部获得轻相为萃取相,塔下部获得重相为萃余相。如图 8-11 所示。

(3) 离心萃取机 离心萃取机,有一个多孔长带卷成螺旋的转子,转子高速旋转(转速高达 2000~5000r/min)。轻液被送到螺旋转子外围,重液由螺旋中心引入。重液在离心力作用下,通过小孔由里向外运动,两相发生接触传质。如图 8-12 所示。

(4) 填料萃取塔 轻相由塔底引入,重相由塔顶加入,两相在填料表面接触传质。

(5) 转盘筛板萃取塔 利用转盘的机械回转,带动连续相和分散相一起转动,增加相际

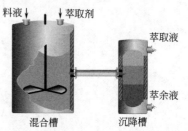

图 8-10 混合沉降萃取器示意图

接触面积，强化萃取传质过程。

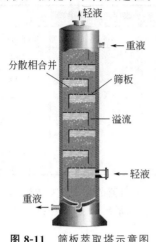

图 8-11　筛板萃取塔示意图

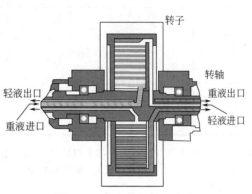

图 8-12　离心萃取机示意图

(6) 往复筛板萃取塔　利用曲轴，使中心轴上的筛板做上、下往复运动，促进液体在筛孔喷射引起分散混合，进行接触传质。目的也是强化萃取传质过程。

(7) 脉冲筛板萃取塔　在筛板塔下部设置一套脉冲发生器（为活塞泵、隔膜泵等），使塔中物料产生频率较高（30～250 次·min^{-1}），冲程较小（6～25mm）的脉冲。加快在筛孔中的接触传质。目的也是强化萃取传质过程。

(8) 超临界流体萃取　超临界流体萃取是国际上最先进的物理萃取技术，简称 SFE（supercritical fluid extraction），是利用超临界流体，即处于温度高于临界温度、压力高于临界压力的热力学状态的流体作为萃取剂，从液体或固体中萃取出特定成分，以达到分离目的。

超临界 CO_2 是指处于临界温度与临界压力（称为临界点）以上状态的一种可压缩的高密度流体，其分子间力很小，类似于气体，而密度却很大，接近于液体，因此具有介于气体和液体之间的气液两重性质，同时具有液体较高的溶解性和气体较高的流动性，比普通液体溶剂传质速率高，并且扩散系数介于液体和气体之间，具有较好的渗透性，而且没有相际效应。

在传统的分离方法中，溶剂萃取是利用溶剂和各溶质间的亲和性（表现在溶解度）的差异来实现分离的；蒸馏是利用溶液中各组分的挥发度（蒸汽压）的不同来实现分离的；而超临界 CO_2 萃取则是通过调节 CO_2 的压力和温度来控制溶解度和蒸汽压这 2 个参数进行分离的，故超临界 CO_2 萃取综合了溶剂萃取和蒸馏的 2 种功能和特点，进而决定了超临界 CO_2 萃取具有传统普通流体萃取方法所不具有的优势。

习　题

8-1　20℃醋酸-水-异丙醚的溶解度数据列于表 8-3 中。在直角坐标上做出相平衡曲线，即 X-Y 曲线。其中，X 是萃余相的比质量分数，Y 是萃取相的比质量分数。

表 8-3　习题 8-1 数据

萃余相（水层）			萃取相（异丙醚层）		
醋酸(A)/%	水(B)/%	异丙醚(S)/%	醋酸(A)/%	水(B)/%	异丙醚(S)/%
0.69	98.1	1.2	0.18	0.5	99.3

续表

萃余相(水层)			萃取相(异丙醚层)		
醋酸(A)/%	水(B)/%	异丙醚(S)/%	醋酸(A)/%	水(B)/%	异丙醚(S)/%
1.4	97.1	1.5	0.37	0.7	98.9
2.7	95.7	1.6	0.79	0.8	98.4
6.4	91.7	1.9	1.9	1.0	97.1
13.3	84.4	2.3	4.8	1.9	93.3
25.5	71.1	3.4	11.4	3.9	84.7
37.0	58.6	4.4	21.6	6.9	71.5

8-2 以异丙醚为萃取剂，用逆流萃取塔萃取醋酸水溶液中的醋酸。原料液的处理量为 $2000kg \cdot h^{-1}$，原料液中醋酸含量为 0.3（质量分数）。纯萃取剂用量为 $5000kg \cdot h^{-1}$。要求最后萃余相中醋酸含量不大于 0.02（质量分数）。

(1) 试利用直角坐标图解法求所需的理论级数。平衡数据如表 8-3 所示。

(2) 若平衡线用 $Y=aX$ 表达，用解析法求解理论级数。

[答：(1) $N=9.5$；(2) $N=9.16$]

本章关键词中英文对照

液液萃取/liquid-liquid extraction
液体萃取/liquid extraction
固体萃取/solid extraction
萃取相/extract
萃余液/raffinate
分散相/dispersed phase
扩散组/diffusion battery
萃取层/extract layer
萃取组/extraction battery
萃余层/raffinate layer
直角形萃取相图/rectangular extraction-phase-diagram

三角图/triangular diagram
联结线/tie line
分配系数/distribution coefficient
多级萃取/multiple-stage extraction
多级错流萃取/multistage crosscurrent extraction
填料萃取塔/packed extraction tower
填料柱/packed column
离心萃取器/离心萃取机/centrifugal extractor
超临界萃取/supercritical fluid extraction

微信扫码，立即获取
教学课件和课后习题详解

第 9 章 干燥

本章学习要求

一、重点掌握
- 干燥过程原理；
- 湿空气性质与计算，温湿图构成与应用；
- 结合水分、平衡水分与临界水分的概念及关系；
- 干燥过程中的湿空气状态与物料衡算。

二、熟悉内容
- 干燥过程中的热量衡算；
- 恒速干燥与降速干燥的特点；
- 干燥时间的计算；
- 干燥器的效率及其强化方法。

三、了解内容
- 常用干燥器的性能与特点；
- 干燥器的选择；
- 其他干燥方法原理；
- 最新干燥技术特点与发展趋势。

9.1 干燥过程概述

（1）干燥单元操作的基本概念 提到干燥，自然联想起农村晒谷子，生活中晒衣服，干燥即除水操作。

那么，什么叫干燥单元操作呢？

利用热能使湿物料的湿分汽化，水汽或湿分蒸汽经气流带走，从而获得固体产品的操作。如图 9-1 所示。

要使湿物料中的水分（或湿分）汽化，就要对湿物料进行加热，这就涉及传热问题。要使固体物料中的水分（或湿分）被气流带走，这就涉及水汽分子经固-气相界面扩散到气流中，这就是传质问题。所以干燥过程既不是单一的传热过程，又不是一个单一的传质过程，它是传热-传质的联合过程。所以一般化工原理教材都先介绍传热、传质,最后介绍干燥过程。

干燥单元操作的定义中,"水汽或湿分蒸汽经气流带走"。什么气流呢,最廉价的气流是空气流。所以了解干燥过程首要了解空气的性质。

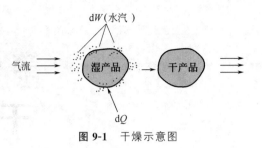

图 9-1　干燥示意图

(2) 干燥操作在化工生产中的应用　化工原料工业中,聚氯乙烯的含水量不能高于 0.3%,否则影响制品的质量。制药工业中,抗生素的水分含量太高,会影响使用期限。染料工业中,未经干燥的染料,影响染色质量。所以化工、轻工、造纸、制革、木材、食品等工业均利用到多种类型的干燥操作。

(3) 干燥操作的分类

① 按传热方式分为　传导干燥、对流干燥、辐射干燥、介电加热干燥。对流干燥应用最为广泛。

② 按操作压力分为　常压干燥、真空干燥。

③ 按操作方式分为　连续式干燥、间歇式干燥。

由于被干燥产品多种多样,所以干燥器的类型很多,干燥的设计计算项目也不少,这里重点介绍常压、连续、对流干燥。

9.2　湿空气性质与温湿图

湿空气性质与温湿图

9.2.1　湿空气的基本概念

什么是湿空气?大气是干空气与水汽(水蒸气)的混合物,亦称为湿空气。

要研究空气的性质,首先想到,湿空气是混合物,则混合的比例是多少呢?所以要研究湿度性质,即湿度、相对湿度、绝对湿度分数。

其次想到,空气是气体,应适用于气体状态方程,即温度、压力、体积。所以要研究温度性质,即干球温度、湿球温度、绝热饱和温度、露点,以及比体积性质,即比体积、饱和比体积。由于大气压力对一定地区约为定值,所以不研究压力性质。

再次,要研究空气对湿物料的传热,所以要研究空气的热性质,即比热容、焓。

要研究湿空气,实质是研究空气的四大类性质,即湿度、温度、焓、比体积等。为了叙述方便,假设下面三个前提:①干燥过程的湿空气,可作为理想气体处理,诸如理想气体方程式,道尔顿分压定律,均可应用于湿空气;②因为干空气是作为热载体,它的质量在干燥过程中始终不变,所以湿空气的有关参数均以单位质量的干空气为基准;③系统总压 $P=101.3\text{kPa}$。

9.2.2　湿空气性质

(1) 湿度 H　湿空气中单位质量干空气所具有的水汽质量叫做湿度,单位 kg 水汽·kg^{-1} 干空气。

$$H=\frac{湿空气中水汽的质量}{湿空气中干空气的质量}=\frac{M_\text{w}n_\text{w}}{M_\text{g}n_\text{g}} \tag{9-1}$$

式中，M_w 为水汽的摩尔质量，$M_w = 18.02 \text{kg} \cdot \text{kmol}^{-1}$；$M_g$ 为空气的摩尔质量，$M_g = 28.95 \text{kg} \cdot \text{kmol}^{-1}$；$n_w$ 为水汽的物质的量，kmol；n_g 为空气的物质的量，kmol。

若湿空气总压为 p，水汽分压为 p_v，则干空气分压为 $p - p_v$，因

$$p_v V = n_w R T \tag{1}$$

$$(p - p_v) V = n_g R T \tag{2}$$

式中，T 为湿空气的温度，K；R 为气体常数。

式(1) 除以式(2) 得

$$\frac{p_v}{p - p_v} = \frac{n_w}{n_g} \tag{9-2}$$

将式(9-2) 代入式(9-1) 得 $\quad H = \frac{18.02}{28.95} \times \frac{p_v}{p - p_v} = 0.622 \frac{p_v}{p - p_v} \tag{9-3}$

式中，p 为湿空气的总压，kPa；p_v 为水汽分压，kPa。

在式(9-3) 中，若分压等于同温度下的饱和蒸气压，即 $p_v = p_s$ 时，则此时湿度 H 称为饱和湿度，用 H_s 表示，即

$$H_s = 0.622 \frac{p_s}{p - p_s} \tag{9-4}$$

式中，p_s 为水汽的饱和蒸气压，kPa；H_s 为饱和湿度，$\text{kg} \cdot \text{kg}^{-1}$ 干空气。

(2) 绝对湿度百分比 在一定温度和总压下，湿空气的湿度与饱和湿度之比的百分数，即是：

$$\frac{H}{H_s} \times 100\% = \frac{(p - p_s) p_v}{(p - p_v) p_s} \times 100\% \tag{9-5}$$

(3) 相对湿度 在一定总压下，湿空气的水汽分压 p_v 与同温下饱和水蒸气压 p_s 之比，即相对湿度，以 φ 表示，φ 的单位为无量纲。

$$\varphi = \frac{p_v}{p_s} \tag{9-6}$$

这里分析 φ 的物理意义。由式(9-6) 得

$$p_s - p_v = p_s - \varphi p_s = p_s (1 - \varphi) \tag{9-7}$$

由式(9-7) 看出，当 $\varphi = 1$ 时，推动力 $p_s - p_v = 0$，说明此时的湿空气已被水汽饱和，不能再吸收水分了。

φ 减少，即 $\varphi < 1$ 时，$p_s - p_v > 0$，湿空气吸湿能力增加。

$\varphi \to 0$（φ 趋向于 0）时，$p_s - p_v$ 趋向于 p_s，说明此时湿空气吸湿能力增至最大。所以说，相对湿度 φ，表示了湿空气的吸湿能力。

H 能否表达湿空气的吸湿能力呢？

由 $H = 0.622 \frac{p_v}{p - p_v}$，代数运算 $\frac{0.622}{H} = \frac{p - p_v}{p_v} = \frac{p}{p_v} - 1$

即

$$\frac{0.622}{H} + 1 = \frac{p}{p_v}$$

所以

$$p_v = \frac{p}{\frac{0.622}{H} + 1}$$

$$p_s - p_v = p_s - \frac{p}{\frac{0.622}{H} + 1} \tag{9-8}$$

由式(9-8) 看出，H 的大小，并不能确定推动力 $(p_s - p_v)$ 的大小，所以说，H 只能

表达湿空气中水汽含量的绝对值,并不能表示湿空气吸湿能力的大小。所以式(9-3)、式(9-6)合并得

$$H = 0.622 \frac{\varphi p_s}{p - \varphi p_s} \tag{9-9}$$

式(9-9)将 H、φ、T(p_s 由 T 决定)联系在一起,是个重要公式。

(4) 比体积 V_H 湿空气的比体积(亦称为总比体积),即 1kg 干空气和其所带的 H kg 水汽所具有的体积,以 V_H 表示,单位是 $m^3 \cdot kg^{-1}$ 干空气。

干空气比体积:1kg 干空气的体积,以 V_g 表示。

水汽比体积:1kg 水汽的体积,以 V_w 表示。

$$V_H = V_g + V_w H \left(\frac{m^3 \text{干空气} + m^3 \text{水汽}}{1 \text{kg 干空气}} \right) \tag{9-10}$$

1kg 干空气,物质的量为 1/29kmol(取空气的摩尔质量为 29kg·kmol^{-1}),在压力为 101.3kPa,温度为 T 时,根据理想气体状态方程 $pV = nRT$

其体积为

$$V_g = \frac{\frac{1}{29}RT}{101.3} \tag{3}$$

同理,29kg 干空气,在压力为 101.3kPa、温度为 273K 时,其体积为

$$22.41 = \frac{1 \times R \times 273}{101.3} \tag{4}$$

将式(3)除以式(4)得

$$V_g = \frac{22.41}{29} \times \frac{T}{273} = 0.773 \frac{T}{273} \tag{5}$$

同理,1kg 水汽,物质的量为 1/18kmol(取水汽的摩尔质量为 18kg·kmol^{-1}),在压力为 101.3kPa 时,其体积为

$$V_w = \frac{\frac{1}{18}RT}{101.3} \tag{6}$$

将式(6)除以式(4)得

$$V_w = \frac{22.41}{18} \times \frac{T}{273} = 1.244 \frac{T}{273} \tag{7}$$

将式(5)和式(7)代入式(9-10)得

$$V_H = V_g + V_w H = (0.773 + 1.244H) \frac{T}{273} \tag{9-11}$$

亦可这样导出,1kg 干空气为 (1/29)kmol,H kg 水汽为 (H/18)kmol,在压力为 101.3kPa 时,总比体积为

$$V_H = \frac{\left(\frac{1}{29} + \frac{H}{18}\right)RT}{101.3} \tag{8}$$

式(8)除以式(4)得

$$V_H = 22.41 \left(\frac{1}{29} + \frac{H}{18}\right)\frac{T}{273}$$

则

$$V_H = (0.773 + 1.244H)\frac{T}{273} \tag{9-11}$$

(5) 饱和比体积 V_{HS} 被水汽饱和的湿空气的比体积,以 V_{HS} 表示。

因被水汽饱和的湿空气湿度为 H_S,所以

$$V_{HS} = (0.773 + 1.244H_S)\frac{T}{273} \tag{9-12}$$

(6) 湿比热容 c_H 湿空气在常压下，1kg 干空气和其所带的 H kg 水汽升高温度 1K 所需的热量，称为湿比热容。单位是 $kJ·kg^{-1}$ 干空气$·K^{-1}$。

$$c_H = c_g + c_v H \tag{9-13}$$

式中，c_g 为干空气比热容，$kJ·kg^{-1}$ 干空气$·K^{-1}$；c_v 为水汽的比热容，$kJ·kg^{-1}$ 水汽$·K^{-1}$。

在工程计算中，常取 $c_g=1.01 kJ·kg^{-1}$ 干空气$·K^{-1}$，$c_v=1.88 kJ·kg^{-1}$ 水汽$·K^{-1}$，则

$$c_H = 1.01 + 1.88H \tag{9-14}$$

(7) 焓 I_H 湿空气焓为每 1kg 干空气和其所带的 H kg 水汽所具有的焓之和。

$$I_H = I_g + I_v H \tag{9-15}$$

一般焓的计算是以 273K 为基准的。

$$I_g = c_g(T-273) \tag{9-16}$$

$$I_v = c_v(T-273) + \gamma_0 \tag{9-17}$$

式中，I_H 为湿空气的焓，$kJ·kg^{-1}$ 干空气；I_g 为干空气的焓，$kJ·kg^{-1}$ 干空气；I_v 为水汽的焓，$kJ·kg^{-1}$ 干空气；γ_0 为水在 273K 时的汽化潜热，取 $\gamma_0 = 2492 kJ·kg^{-1}$。

将式(9-16)、式(9-17) 代入式(9-15)，得

$$I_H = c_g(T-273) + c_v(T-273)H + \gamma_0 H$$
$$= (c_g + c_v H)(T-273) + \gamma_0 H$$
$$I_H = (1.01 + 1.88H)(T-273) + 2492H \tag{9-18}$$

(8) 干球温度 T 用普通温度计所测得的湿空气的温度，称为干球温度。单位用开尔文 K。

(9) 露点 T_d 不饱和的湿空气在总压与湿度保持不变的情况下，降低温度，达到饱和状态的温度，即为露点。

$$H_s = 0.622 \frac{p_s}{p-p_s} \tag{9-4}$$

某湿空气 T_d 下的湿度 H_s 与该湿空气在某一温度下的湿度 H 应相等（$H_s=H$）。即已知露点求湿度的原理。

若总压 p，湿度 H 为已知，由 $H_s=H=0.622\frac{p_s}{p-p_s}$，可求出饱和水蒸气压 p_s，查水蒸气压表，与 p_s 相应温度即为露点。此即已知湿度求露点的原理。

(10) 湿球温度 T_w 如图 9-2 所示，左边的温度计（A），感温球裸露在空气中，则此温度计所测得的温度为空气的干球温度。

右边的温度计（B），感温球用布包裹，纱布用水保持湿润，则此温度计所测得的温度为空气的湿球温度。

设有温度为 T，湿度为 H，水汽分压为 p_v 的大量空气流经 A、B 温度计，假定开始时，A、B 温度计显示出相同的温度 T。由于湿纱布表面的水汽分压 $p_w > p_v$，湿纱布中的水分会汽化。单位时间汽化所需热量为 $q_1 = W\gamma'$。由于汽化的热量，只能取自于水中的显热，所以纱布中的水温要降低，比如降至 T'，这时空气中的温度高于水的温度，即 $T > T'$，于是有热量由空气传至纱布中，单位时间传递的热量为 $q_2 = \alpha A(T-T')$。起初，$T-T'$ 差值较小，则 $q_1 > q_2$，水温继续下降，则 q_2 上升，当 T' 降至 T_w 时，$q_1 = q_2$，传热速率达到动态平衡，纱布中的水温不再降低，此时水温 T_w 即为湿空气的湿球温度。如图 9-3 所示。

由 $q_1 = q_2$ 得 $W\gamma_w = \alpha A(T-T_w)$

$$\frac{W}{A} = \frac{\alpha}{\gamma_w}(T-T_w) \tag{9-19}$$

式中，W 为质量流量，$kg·s^{-1}$；A 为湿纱布与空气的接触面积，m^2；α 为空气至纱布的对

流传热系数，$W \cdot m^{-2} \cdot K^{-1}$；$T_w$ 为湿球温度，K；γ_w 为水在 T_w 时的汽化潜热，$kJ \cdot kg^{-1}$；T 为干球温度，K。

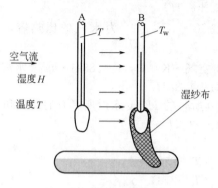

图 9-2 湿球温度测量

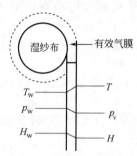

图 9-3 水蒸发热平衡示意

另一方面，水汽扩散的推动力，亦可用其对应的湿度差（$H_w - H$）表示。则依水汽通过有效气膜的传质速率，可写出：

$$\frac{W}{A} = K_H (H_w - H) \tag{9-20}$$

$$H_w = 0.622 \frac{p_w}{p - p_w}$$

式中，K_H 为以湿度差为推动力的传质系数，$kg \cdot m^{-2} \cdot s^{-1} \cdot \Delta H^{-1}$；$H_w$ 为湿球温度下（T_w）的饱和湿度，$kg \cdot kg^{-1}$ 干空气；p_w 为与 T_w 对应的水的饱和蒸气压，kPa；H 为湿空气的湿度，$kg \cdot kg^{-1}$ 干空气。

联立式(9-19)、式(9-20) 得

$$\frac{\alpha}{\gamma_w}(T - T_w) = K_H (H_w - H)$$

则

$$T_w = T - \frac{K_H \gamma_w}{\alpha}(H_w - H) \tag{9-21}$$

若已知干球温度，可用式(9-11) 求湿球温度 T_w，但要用试差法。

由式(9-21) 看出，式中既有传热系数 α，又有传质系数 K_H。所以干燥过程是一个传热-传质的联合过程。对湿空气湿球温度的理解，也是一个难点。喜欢游泳的人知道，泡在泳池中，比坐在岸边，感觉更凉爽。如果空气温度是 30℃，泳池中水的温度会低于 30℃，为什么呢？因为水的温度应是当时环境下的湿空气的湿球温度 T_w。那么湿球温度比空气的温度低多少呢？水的温度是 29℃，还是 28℃，还是 27℃呢？这要看式(9-21) 中 H_w 与 H 的差值了。如果是烈日当头，空气相对湿度 φ 比较小，则 H_w 与 H 之差较大，湿球温度与干球温度相差较大，泳池水温与空气温度相差较大，在泳池中就会倍觉凉爽。如果是阴天或下雨天，空气的相对湿度 φ 比较大，H_w 与 H 相差较小，那么泳池水温与空气温度相差也较小。可以这样理解，湿空气的湿球温度，就是与该湿空气相接触的水的温度。

(11) 绝热饱和温度 T_{as} 如图 9-4 所示为绝热饱和器。当湿度为 H、温度为 T 的不

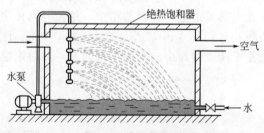

图 9-4 绝热饱和器

饱和空气与大量的循环水密切接触时，水就向空气中汽化变为水汽，所需潜热只能取自空气中的显热。即空气的湿度在增加，而温度则在下降。因为是绝热过程，所以空气的焓是不会变的。当空气被水汽饱和时（$p_s=p_v$），水不再汽化，空气温度也不再下降，而等于循环水的温度，此温度称为该空气的绝热饱和温度 T_{as}，其对应的饱和湿度为 H_{as}，进入湿空气的焓为 I_{H1}，湿空气经增湿冷却后的焓为 I_{H2}。因 $I_{H1}=I_{H2}$

$$(1.01+1.88H)(T-273)+H\gamma_0=(1.01+1.88H_{as})(T_{as}-273)+H_{as}\gamma_0$$

设

$$(1.01+1.88H)\approx(1.01+1.88H_{as})=c_H$$

则

$$c_H(T-273)+H\gamma_0=c_H(T_{as}-273)+H_{as}\gamma_0$$

$$T_{as}=\frac{(H-H_{as})\gamma_0}{c_H}+\frac{c_H(T-273)}{c_H}+273$$

$$T_{as}=T-\frac{\gamma_0}{c_H}(H_{as}-H) \qquad (9-22)$$

式中，T 为空气的干球温度，K；T_{as} 为空气的绝热饱和温度，K；H 为空气的湿度，kg·kg^{-1} 干空气；H_{as} 为空气在 T_{as} 时的湿度，kg·kg^{-1} 干空气；γ_0 为水在 273K 时的汽化潜热，$\gamma_0=2492$kJ·kg^{-1}。

简言之，当空气在焓不变的情况下增湿冷却，而达到饱和的温度，即为空气的绝热饱和温度。

若将式(9-21)与式(9-22)进行比较，如果 $\frac{\alpha}{K_H}=c_H$，$\gamma_0\approx\gamma_w$，则 $T_{as}=T_w$。例如，当 H 为 0.01～0.1 时，c_H 为 1.03～1.2，温度不太高（如 $T=320$K），相对湿度不太低（如 $\varphi=0.6$）时，得 $H=0.047$kg·kg^{-1} 干空气。所以 $c_H=1.01+1.88\times0.047=1.10$。而对于空气-水系统 $\frac{\alpha}{K_H}\approx1.09$，即可认为 $\frac{\alpha}{K_H}=c_H$。所以当空气温度不太高，相对湿度不太低时，即湿球温度接近 273K 时，$\gamma_w\approx\gamma_0$，则 $\frac{\alpha}{K_H}\approx c_H$。对于空气-水系统的计算可认为绝热饱和温度与湿球温度相等。

对于不饱和的湿空气，有干球温度大于湿球温度，湿球温度大于露点温度。

$$T>T_w>T_d$$

对于饱和的湿空气，有干球温度等于湿球温度，等于露点温度。

$$T=T_w=T_d$$

例 9-1 某湿空气的总压 $p=101.3$kPa，干球温度 $T=343$K，相对湿度 $\varphi=40\%$。试求：(1) 湿空气的湿度 H；(2) 湿球温度 T_w 或绝热饱和温度 T_{as}；(3) 露点 T_d；(4) 比体积 V_H；(5) 饱和比体积 V_{HS}；(6) 比热容 c_H；(7) 焓 I_H；(8) 水蒸气分压 p_V。

解 查 $T=343$K 时，水的饱和蒸气压 $p_s=31.16$kPa。

(1) $H=0.622\times\dfrac{0.4\times31.16}{101.3-0.4\times31.16}=0.0873$kg·kg^{-1} 干空气

(2) 要用试差法求 T_w。

设 $T_w=325$K，查得水在 325K 的饱和蒸气压 $p_w=13.7$kPa，$\gamma_w=2373$kJ·kg^{-1}，则

$$H_w=0.622\frac{p_w}{p-p_w}=0.622\times\frac{13.7}{101.3-13.7}=0.0973\text{kg·kg}^{-1}\text{ 干空气}$$

$$T_w = T - \frac{\gamma_w}{1.09}(H_w - H)$$

$$= 343 - \frac{2373}{1.09} \times (0.0973 - 0.0873) = 321\text{K}(\text{说明假设} T_w \text{偏高})$$

又设 $T_w = 324\text{K}$，查得水在 324K 的饱和蒸气压 $p_w = 13.02\text{kPa}$，$\gamma_w = 2376\text{kJ}\cdot\text{kg}^{-1}$，则

$$H_w = 0.622 \times \frac{13.02}{101.3 - 13.02} = 0.0917\text{kg}\cdot\text{kg}^{-1} \text{干空气}$$

$$T_w = 343 - \frac{2376}{1.09} \times (0.0917 - 0.0873) = 333\text{K} (\text{说明假设} T_w \text{偏低})$$

这说明 T_w 在 324~325K 之间，继续试差法计算，得 $T_w = 324.7\text{K}$。

(3) 因
$$H_s = H = 0.622 \frac{p_s}{p - p_s}$$

则
$$p_s = \frac{pH}{0.622 + H} = \frac{101300 \times 0.0873}{0.622 + 0.0873} = 12454\text{Pa}$$

查水的饱和蒸气压表，得 $T_d = 323.5\text{K}$。

(4)
$$V_H = (0.773 + 1.244H)\frac{T}{273} = 1.108\text{m}^3\cdot\text{kg}^{-1}$$

(5) $T = 343\text{K}$ 时，$p_s = 31.16\text{kPa}$

$$H_s = 0.622 \frac{p_s}{p - p_s} = 0.622 \times \frac{31.16}{101.3 - 31.16} = 0.276\text{kg}\cdot\text{kg}^{-1} \text{干空气}$$

则
$$V_{HS} = (0.773 + 1.244H_s)\frac{T}{273} = 1.403\text{m}^3\cdot\text{kg}^{-1}$$

(6) $c_H = 1.01 + 1.88H = 1.01 + 1.88 \times 0.0873 = 1.174\text{kJ}\cdot\text{kg}^{-1}\cdot\text{K}^{-1}$

(7) $I_H = (1.01 + 1.88H)(T - 273) + 2492H$

$= 1.174 \times (343 - 273) + 2492 \times 0.0873 = 299.7\text{kJ}\cdot\text{kg}^{-1} \text{干空气}\cdot\text{K}^{-1}$

(8) 因 $H = 0.622 \frac{p_v}{p - p_v}$，则

$$p_v = \frac{Hp}{0.622 + H} = \frac{0.0873 \times 101.3}{0.622 + 0.0873} = 12.47\text{kPa}$$

9.2.3 湿空气 T-H 图绘制

利用公式计算湿空气的各种性质参数相当烦琐，有时还要用试差法计算，利用算图，则十分便捷。关于湿空气的算图已绘有数种，且各有所长，亦有所短，就准确而论，当推谭天恩的 I-x 图，只可惜不能求取湿空气的比体积 V_H 与比热容 c_H，又没有采用国际单位制，采用 45°的斜坐标系，使初学者学起来难以理解。由祁存谦绘制的改进的湿空气 T-H 图（如图 9-5 所示），各种参数求算全面，精确度亦足够准确，采用国际单位。图 9-5 的作图步骤如下。

(1) 等温线 在图 9-5 中，是与纵轴平行的一组直线，每根直线都是等温度线。
(2) 等湿线 在图 9-5 中，是与横轴平行的一组直线，每根直线都是等湿度线。

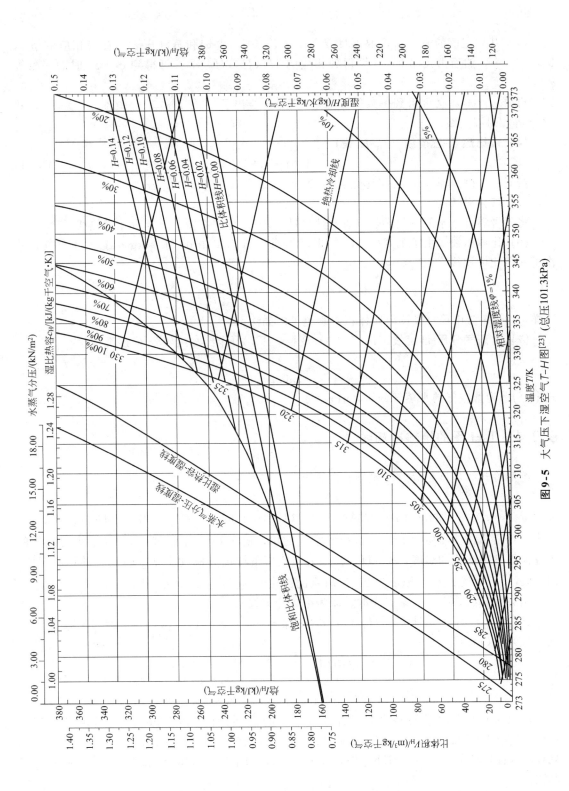

图9-5 大气压下湿空气 T-H 图[23]（总压101.3kPa）

(3) 等相对湿度线（等 φ 线）

$$H = 0.622 \frac{\varphi p_s}{p - \varphi p_s} \tag{9-9}$$

对于某一定值的 $\varphi = \varphi_1$，取温度 $T_1, T_2, T_3, \cdots$，由饱和蒸气压表，查得相应的 $p_{s1}, p_{s2}, p_{s3}, \cdots$，然后由式(9-9)计算得到相应的 $H_1, H_2, H_3, \cdots$。可得到 $\varphi = \varphi_1$ 时的一条等 φ 线。

再令 $\varphi = \varphi_2$，又可得到一条等 φ_2 线，图 9-5 绘出了 φ 为 1%，5%，10%，$\cdots$，100%，共 12 条等相对湿度线。

(4) 湿比热容-湿度线（c_H-H 线）

$$c_H = 1.01 + 1.88H \tag{9-14}$$

按式(9-14)作图，即为湿比热容-湿度线。

(5) 汽化潜热线

将各种温度下水的汽化潜热（查水蒸气性质表），标注在图上，即汽化潜热线。

(6) 比体积线 由下列式(9-11)，以 H 为参变量，H 由 $0 \sim 0.14 \text{kg} \cdot \text{kg}^{-1}$ 干空气，共作了 8 条比体积线：

$$V_H = (0.773 + 1.244H) \frac{T}{273} \tag{9-11}$$

这样，由图 9-5 中可直接读出比体积，避免了内插法。

(7) 水蒸气分压-湿度线 由式(9-3)变换一下，可作出水蒸气分压-湿度线。

$$p_v = \frac{Hp}{0.622 + H} \tag{9-3}$$

式中，p_v 为湿空气的水蒸气分压，kPa。

9.2.4 T-H 图的绝热冷却线

绝热冷却线应该是等焓冷却至饱和的线，其方程为

$$I_H = I_{HS}$$

或写成 $(1.01 + 1.88H)(T - 273) + H\gamma_0 = (1.01 + 1.88H_{as})(T_{as} - 273) + H_{as}\gamma_0$ (1)

式中，I_H、I_{HS} 为湿空气的焓和饱和湿空气的焓，$\text{kJ} \cdot \text{kg}^{-1}$ 干空气；T、T_{as} 为湿空气的干球温度和绝热饱和温度，K；H、H_{as} 为湿空气的湿度和温度为 T_{as} 时空气的饱和湿度，$\text{kJ} \cdot \text{kg}^{-1}$ 干空气；γ_0 为温度为 273K 时水的汽化潜热，$\gamma_0 = 2492 \text{kJ} \cdot \text{kg}^{-1}$。

由方程式(1)得到一系列线群，即为绝热冷却线。

若令 $T_{as} = 315\text{K}$，计算得 $H_{as} = 0.05476 \text{kg} \cdot \text{kg}^{-1}$ 干空气，$I_{HS} = 183.21 \text{kJ} \cdot \text{kg}^{-1}$ 干空气，代入式(1) 得

$$(1.01 + 1.88H)(T - 273) + H\gamma_0 = 183.21$$

或

$$H = -\frac{1.01}{1978.8 + 1.88T}T + \frac{458.94}{1978.8 + 1.88T}$$

由上式看出，此线的斜率与截距都随 T 而变。但当 T 由 315K 变至 373K 时，斜率由 -3.928×10^{-4} 变至 -3.769×10^{-4}，截距由 0.1785 变至 0.1712，由于变化甚微，可当作直线处理。该直线即为等 $T_{as}(=315\text{K})$ 线，亦为等焓线（$I_H = 183.21 \text{kJ} \cdot \text{kg}^{-1}$ 干空气）或绝热冷却线。

同理，本文共作了 12 条绝热冷却线，由图 9-5 中看出，它们之间并不相互平行。

各绝热冷却线的方程,可看作是过该线两个端点的直线。例如,$T_{as}=315K$ 的这条线,可看成是过下列两点:($T_1=315K$,$H_1=0.05476 kg \cdot kg^{-1}$ 干空气)和($T_2=373K$,$H_2=0.03066 kg \cdot kg^{-1}$ 干空气),其方程为

$$H=-4.155\times10^{-4}T+0.1856 \tag{9-23}$$

当 $T=273K$ 时,则 $H=0.07217 kg \cdot kg^{-1}$ 干空气。

现将其他各线的计算结果列在表 9-1 中。

表 9-1　焓差与湿度差的比例系数计算

T_{as}/K	I_H /kJ·kg^{-1} 干空气	焓差值 ΔI_H /kJ·kg^{-1} 干空气	过两端点的直线方程	在等 $T(273K)$ 线上的 H 值 /kg·kg^{-1} 干空气	湿度差值 ΔH /kg·kg^{-1} 干空气	比例系数 $\Delta I_H/\Delta H$ /kJ·kg^{-1} 水
275	12.90	9.70	$H=-4.067\times10^{-4}T+0.1162$	0.00518	0.00386	2513
280	22.60	11.47	$H=-4.040\times10^{-4}T+0.11933$	0.00904	0.00454	2526
285	34.07	13.69	$H=-4.030\times10^{-4}T+0.1236$	0.01358	0.00533	2568
290	47.76	16.72	$H=-4.007\times10^{-4}T+0.1283$	0.01891	0.00653	2560
295	64.48	20.46	$H=-3.995\times10^{-4}T+0.1345$	0.02544	0.00801	2554
300	84.94	25.53	$H=-3.980\times10^{-4}T+0.1421$	0.03345	0.01002	2548
305	110.47	32.10	$H=-3.990\times10^{-4}T+0.1524$	0.04347	0.01261	2546
310	142.57	40.64	$H=-4.067\times10^{-4}T+0.1671$	0.05608	0.01609	2526
315	183.21	52.03	$H=-4.155\times10^{-4}T+0.1856$	0.07217	0.02081	2500
320	235.24	67.27	$H=-4.290\times10^{-4}T+0.2101$	0.09298	0.02672	2518
325	302.51	88.01	$H=-4.458\times10^{-4}T+0.2414$	0.1197	0.0351	2507
330	390.52		$H=-4.675\times10^{-4}T+0.2824$	0.1548		

由表 9-1 中看出,焓差与湿度差之比例系数近于常数,其相对误差在 ±1% 以内。因此可以将焓值刻度列在等 $T(=273K)$ 线上。由图 9-5 确定某空气状态的焓值时,可过该空气状态点,作邻近两条绝热冷却线的平行线,与焓值坐标相交,即读得焓值。

$T_{as}=315K$ 的绝热冷却线与饱和空气线($\varphi=100\%$)之点坐标,由下列方程组可得到

$$\begin{cases} H=-4.155\times10^{-4}T+0.1856 \\ H=0.622\dfrac{p_s}{p_w-p_s} \end{cases}$$

式中,p_s、p_w 为湿空气达到饱和时的水蒸气压和湿空气总压;kPa。

用试差法求解,得 $T=315K$,即交点温度与 T_{as} 相等。所以,过某点作绝热冷却线的平行线,其与饱和空气线相交,读得 T 即为 T_{as}。

关于等湿球温度线,可由下列方程逐条画出。

$$T_w=T-\dfrac{\gamma_w}{1.09}(H_w-H) \tag{9-24}$$

可以发现,当 $T_w<320K$ 时,$T_w>T_{as}$,而且 $T_w>320K$ 时,$T_w<T_{as}$,但相差甚少。所以,图 9-5 中未画出湿球温度线,而取 $T_w\approx T_{as}$。

9.2.5　T-H 图应用举例

例 9-2　利用湿空气 T-H 图,求例 9-1 中的湿空气有关参数。

解　首先在图 9-5 中找到 $\varphi=40\%$ 的相对湿度线与 $T=343K$ 的等温线的交点 A。过 A

作水平线,交湿度坐标得湿度 $H=0.0873 \text{kg} \cdot \text{kg}^{-1}$ 干空气,交 $\varphi=100\%$ 的相对湿度线于 B 点,由 B 作垂线交温度坐标得露点 $T_d=323.3\text{K}$,交湿比热容-湿度线于 C 点,由 C 作垂线交湿比热容横坐标得湿比热容 $c_H=1.174 \text{kJ} \cdot \text{kg}^{-1}$ 干空气 $\cdot \text{K}^{-1}$,交水蒸气分压-湿度线于 D 点,由 D 作垂线交水蒸气分压坐标得 $p_v=12.5\text{kPa}$。再过 A 作相邻绝热冷却线的平行线,交焓值坐标得焓 $I_H=300 \text{kJ} \cdot \text{kg}^{-1}$ 干空气,交 $\varphi=100\%$ 的相对湿度线于 E 点。由 E 作垂线交温度坐标得湿球温度 $T_w=324.8\text{K}$。最后过 A 作垂线交 $H=0.0873 \text{kg}$ 水 $\cdot \text{kg}^{-1}$ 干空气的比体积线于 F 点,交饱和比体积线于 G 点,由 F 和 G 作水平线交比体积坐标,分别得比体积 $V_H=1.11\text{m}^3 \cdot \text{kg}^{-1}$ 干空气和饱和比体积 $V_{HS}=1.40\text{m}^3 \cdot \text{kg}^{-1}$ 干空气。图 9-6 简要表达了查图方法。

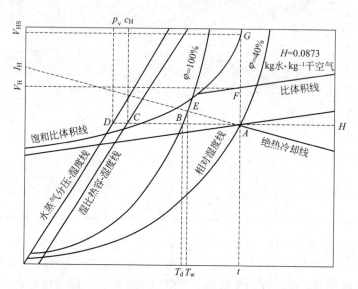

图 9-6 例 9-2 附图

现将计算法、本书 T-H 图、柯尔森 T-H 图法、I-x 图法所得的结果列在表 9-2 中。

表 9-2 各种方法计算结果比较

项 目	计算法	本书 T-H 图法	柯尔森 T-H 图法	I-x 图法	
				查图	换算
H/kg 水 $\cdot \text{kg}^{-1}$ 干空气	0.0872	0.0873	0.108	0.086	0.086
T_w(或 T_{as})/K	324.7	324.8	328	52℃	325
T_d/K	323.5	323.3	327	50℃	323
V_H/m³ $\cdot \text{kg}^{-1}$ 干空气	1.107	1.11	内插		
V_{HS}/m³ $\cdot \text{kg}^{-1}$ 干空气	1.403	1.40	1.40		
c_H/kJ $\cdot \text{kg}^{-1}$ 干空气 $\cdot \text{K}^{-1}$	1.174	1.174	1.22		
I_H/kJ $\cdot \text{kg}^{-1}$ 干空气	299.5	300		70.71kcal $\cdot \text{kg}^{-1}$	296.1
p_v/kPa	12.46	12.5		93.0mmHg	12.4

从表 9-2 中看出,本书 T-H 图,较之其他各类算图,具有求算全面、数值准确、节省时间等优点。

9.2.6 三种类型湿度图比较

前苏联沿袭过来并由谭天恩绘制的 I-x 图，目前国内教材使用较多。如图 9-7(a) 所示，其特点是等湿线、等焓线平行，但等温线不平行，而且该图不能读取 V_H、V_{HS}、c_H。

柯尔森的 T-H 图，欧美国家使用较多。如图 9-7(b) 所示，其特点是等温线、等焓线（或绝热饱和线）平行，但等湿线不平行，而且该图不能读取焓 I_H 和饱和水蒸气压 p_s。

本书改进的"T-H 图"，如图 9-7(c) 所示，其特点是等温线、等湿线平行，但等焓线不平行，可以读出所有参数值，采用直角坐标体系，初学者更容易理解。

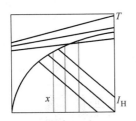
(a) 沿袭前苏联的 I-x 图
等湿线平行，等焓线平行，
但等温线是发散的

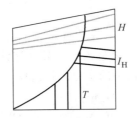
(b) 柯尔森的 T-H 图
等温线平行，等焓线（绝热饱和线）
平行，但等湿线是发散的

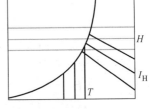
(c) 祁存谦改进的 T-H 图
等温线平行，等湿线
平行，等焓线发散

图 9-7　三种湿度图比较

湿空气的温度-湿度图，有三种用途：第一种，查定湿球温度时，避免了试差法，在例 9-1 中就遇到这种问题；第二种，将湿空气的 11 种性质参数以及若干参数之间的计算公式有机地结合到一张图上，使读者更容易理解湿空气的各种性质；第三种，在一定误差范围内，特别是工程计算中，是确定湿空气性质参数的快捷方法。在计算机技术不断发展的时代，第三种求算功能将逐渐淡出人们的视野。

9.3　物料衡算与热量衡算

9.3.1　干燥器物料衡算及计算举例

在干燥器的设计计算中，通常已知：①单位时间被干燥物料的质量 G_1；②干燥前、后物料中的含水量 w_1 和 w_2；③湿空气进入干燥器前的状态 H_1 和 φ_1；④如果确定了湿空气离开干燥器时状态 H_2、T_2，这将利用热量衡算加以解决。则可以求得水分蒸发量和干燥产品的质量 G_2，而空气消耗量 L 直接关系到预热器的能力和干燥器尺寸的设计。

如何进行物料衡算？物料含水量的两种表示方法如下。

湿基含水量　$w = \dfrac{湿物料中水分的质量}{湿物料的总质量}$（kg 水分·$kg^{-1}$ 湿料）

干基含水量　$X = \dfrac{湿物料中水分的质量}{湿物料中绝对干料的质量}$（kg 水分·$kg^{-1}$ 干料）

w 与 X 之间的换算关系的推导如下。设水分质量为 m_w，绝干料质量为 m_c

则
$$w = \frac{m_w}{m_w + m_c} \quad (1)$$

$$X = \frac{m_w}{m_c} \quad (2)$$

式(2)、式(1) 相除得
$$\frac{X}{w} = \frac{m_w + m_c}{m_c} = 1 + X$$

则
$$w = \frac{X}{1+X} \quad (9\text{-}25)$$

由 $w = \dfrac{X}{1+X}$ 可推得

$$X = \frac{w}{1-w} \quad (9\text{-}26)$$

如图 9-8 所示，湿物料与热空气并流进入干燥器，连续操作，以干燥器作为衡算范围，对干燥器中的水分进行衡算

$$LH_1 + G_1 w_1 = LH_2 + G_2 w_2$$
$$L(H_2 - H_1) = G_1 w_1 - G_2 w_2 \quad (9\text{-}27)$$

因
$$G_c = G_1(1-w_1) = G_2(1-w_2)$$

则
$$G_1 = \frac{G_c}{1-w_1}, \quad G_2 = \frac{G_c}{1-w_2}$$

代入式(9-27) 得
$$L(H_2 - H_1) = G_c \frac{w_1}{1-w_1} - G_c \frac{w_2}{1-w_2}$$
$$L(H_2 - H_1) = G_c(X_1 - X_2) \quad (9\text{-}28)$$

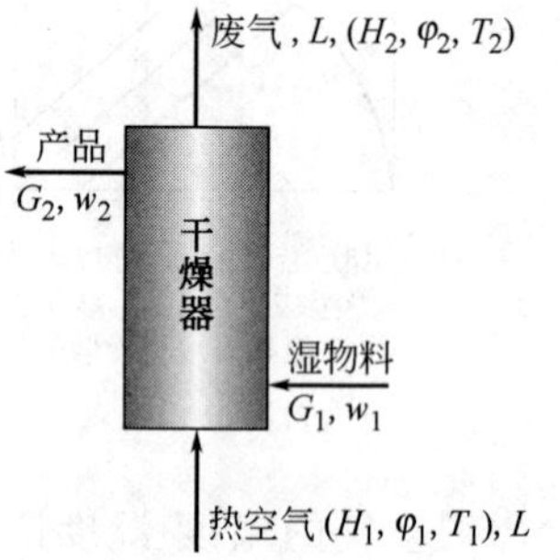

图 9-8 干燥器物料衡算

式中，G_c 为湿物料中绝干料的质量流量，kg 干料·s^{-1}；L 为干空气的质量流量，kg 干空气·s^{-1}；G_1 和 G_2 为湿物料和产品的质量流量，kg·s^{-1}；w_1 和 w_2 为湿物料和产品的湿基含水量，kg 水分·kg^{-1} 湿料；X_1、X_2 为湿物料和产品的干基含水量，kg 水分·kg^{-1} 干料。

式(9-28) 就是干燥器的物料衡算方程。

设水分蒸发的质量流量为 W kg 水分·s^{-1}，则
$$W = G_c(X_1 - X_2) = L(H_2 - H_1)$$

则
$$L = \frac{W}{H_2 - H_1} \quad (9\text{-}29)$$

设单位空气消耗量为 l kg 干空气·kg^{-1} 水分，则

$$l = \frac{L}{W} = \frac{1}{H_2 - H_1} \quad (9\text{-}30)$$

若需选定风机型号，则须计算湿空气的体积流量 V' (m^3·s^{-1})
$$V' = L V_H$$

而
$$V_H = (0.773 + 1.244H) \frac{T}{273}$$

所以
$$V' = L(0.773 + 1.244H) \frac{T}{273} \quad (9\text{-}31)$$

式(9-31) 中湿空气的 T 和 H，相对于风机所在位置的空气状态而言。利用式(9-31) 求得的湿空气的体积流量，就可以选定风机的型号和计算干燥器的直径了。

例 9-3 用干燥器对某盐类结晶进行干燥，一昼夜将10t湿物料，由最初湿含量10%干燥到最终湿含量1%（以上均为湿基），经预热器后的空气的温度为373K，相对湿度为5%，空气离开干燥器时的温度为338K，相对湿度为25%，且已知进预热器前空气温度为293K。当338K时，水的饱和蒸气压为24.99kPa。试求：（1）产品的质量流量（kg·h^{-1}）；（2）如干燥器的截面为圆形，假设热空气在干燥器的线速度为0.4m·s^{-1}，干燥器的直径。

解 如图9-9所示。

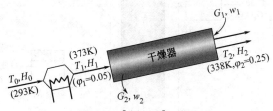

图 9-9 【例 9-3】附图

（1）$G_2(1-w_2)=G_1(1-w_1)$，则

$$G_2=G_1\frac{1-w_1}{1-w_2}=\frac{10000}{24}\times\frac{1-0.1}{1-0.01}=378.8\text{kg}\cdot\text{h}^{-1}$$

（2）$H_1=0.622\frac{\varphi_1 p_1}{p-\varphi_1 p_1}=0.622\times\frac{0.05\times101.3}{101.3-0.05\times101.3}=0.0327\text{kg}\cdot\text{kg}^{-1}$ 干空气

（p_1即为373K或100℃时水的饱和蒸气压，应为1atm，即101.3kPa）

$$H_2=0.622\times\frac{0.25\times24.99}{101.3-0.25\times24.99}=0.0409\text{kg}\cdot\text{kg}^{-1} \text{干空气}$$

$$X_1=\frac{w_1}{1-w_1}=\frac{0.10}{1-0.10}=0.111$$

$$X_2=\frac{w_2}{1-w_2}=\frac{0.01}{1-0.01}=0.0101$$

$$G_c=G_2(1-w_2)=378.8\times(1-0.01)=375\text{kg}\cdot\text{h}^{-1}$$

$$L=\frac{G_c(X_1-X_2)}{H_2-H_1}=\frac{375\times(0.111-0.0101)}{0.0409-0.0327}=4614\text{kg 干空气}\cdot\text{h}^{-1}$$

湿空气比体积，按进入干燥器的空气状态计算，即T_1、H_1

则 $$V_{H1}=(0.773+1.244H_1)\frac{T_1}{273}=(0.773+1.244\times0.0327)\times\frac{373}{273}=1.112\text{m}^3\cdot\text{kg}^{-1}$$

湿空气流量为

$$V'=LV_{H1}=4614\times1.112=5131(\text{m}^3\cdot\text{h}^{-1})=1.425\text{m}^3\cdot\text{s}^{-1}$$

$$\text{干燥器直径 } D=\sqrt{\frac{V'}{0.785u}}=\sqrt{\frac{1.425}{0.785\times0.4}}=2.13\text{m}$$

9.3.2 干燥器热量衡算及计算举例

通过对干燥器的热量衡算，可以确定多项热量的分配情况和热量的消耗量，可作为计算空气预热器的传热面积、加热剂用量、干燥器尺寸、干燥器的热效率和干燥效率的依据。如

图 9-10 所示。

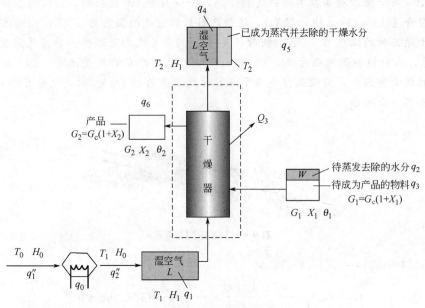

图 9-10　干燥器热量衡算

干燥器热量衡算中会用到以下物理量：

θ_1、θ_2 分别为被干燥物料的进料和产品的温度，K；G_1、G_2 分别为进料和产品的质量流量，kg·s^{-1}；c_s、c_w 分别为干料和水分的比热容，kJ·kg^{-1}·K^{-1}；W 为蒸发水分流量，kg·s^{-1}。其他符号的含义与前面所述符号含义相同。

下面以 273K 为基准，对干燥器进行热量衡算。输入的热量如下。

(1) 热空气输入的热量
$$q_1 = L[(1.01 + 1.88H_1)(T_1 - 273) + 2492H_1] \quad （单位：kJ·s^{-1}）$$

(2) 湿物料中，待蒸发水分输入的热量
$$q_2 = Wc_w(\theta_1 - 273) \quad （单位：kJ·s^{-1}）$$

(3) 湿物料中，将成为产品的干料输入的热量
$$q_3 = G_c c_s(\theta_1 - 273) + X_2 G_c c_w(\theta_1 - 273) \quad （单位：kJ·s^{-1}）$$

输出的热量如下。

(1) 废气中，原来湿空气带走的热量
$$q_4 = L[(1.01 + 1.88H_1)(T_2 - 273) + 2492H_1] \quad （单位：kJ·s^{-1}）$$

(2) 废气中，被蒸发水汽带走的热量
$$q_5 = W[2492 + 1.88(T_2 - 273)] \quad （单位：kJ·s^{-1}）$$

(3) 产品中带走的（是绝干产品带走的，加上产品中仍含有水，水分带走的）**热量**。
$$q_6 = G_c c_s(\theta_2 - 273) + X_2 G_c c_w(\theta_2 - 273) \quad （单位：kJ·s^{-1}）$$

(4) 干燥器的热损失为 Q_3
$$q_1 + q_2 + q_3 = q_4 + q_5 + q_6 + Q_3$$
$$(q_1 - q_4) = (q_5 - q_2) + (q_6 - q_3) + Q_3 = Q_1 + Q_2 + Q_3$$

空气在干燥器中放出的热量($q_1 - q_4$) = 蒸发水分需热(Q_1) + 产品升温需热(Q_2) + 热损失(Q_3)。

$$L(1.01+1.88H_1)(T_1-273)-L(1.01+1.88H_1)(T_2-273)$$
$$=W[2492+1.88(T_2-273)-c_w(\theta_1-273)]+G_c c_m(\theta_2-\theta_1)+Q_3$$

其中 $c_m=c_s+X_2 c_w$，即
$$L(1.01+1.88H_1)(T_1-T_2)$$
$$=W[2492+1.88(T_2-273)-c_w(\theta_1-273)]+G_c c_m(\theta_2-\theta_1)+Q_3 \quad (9-32)$$

这种用文字表述干燥器内热量平衡的关系，是很通俗的讲法。进、出干燥器本来是四股物流，即进空气、出废气、进湿物料、出干产品。但却出现了6种热速率，即 q_1、q_2、q_3、q_4、q_5、q_6。表面上看来是复杂了，但真正用来理解式(9-32)的意义，却是很有说服力的。所以给出与众不同的图9-10，就是要说明式(9-32)的来龙去脉，说明热量衡算式"原本的理由"。

将 $L=\dfrac{W}{H_2-H_1}$ 代入式(9-32)，得

$$\frac{T_1-T_2}{H_2-H_1}=\frac{W[2492+1.88(T_2-273)-c_w(\theta_1-273)]+G_c c_m(\theta_2-\theta_1)+Q_3}{W(1.01+1.88H_1)} \quad (9-33)$$

此式在确定出口空气状态时将用到。

例 9-4 有一逆流操作的转筒干燥器，如图 9-11 所示，筒径 1.2m，筒长 7m，用于干燥湿基含水量3%的某晶体，干燥产品的湿基含水量为 0.2%，干燥器的生产能力为 1080kg·h^{-1}，冷空气为 $T_0=293K$ 及 $\varphi_0=60\%$，流经预热器（器内加热水蒸气的饱和温度为 383K）加热至 363K，进入干燥器，而空气离开的温度为 328K，晶体物料在干燥器中温度由 293K 升至 333K 而排出，绝干料的比热容为 1.26kJ·kg^{-1}·K^{-1}。试求：(1) 蒸发水分量；(2) 空气消耗量及出口空气湿度 H_2；(3) 预热器中加热水蒸气消耗量（若热损失为10%）。

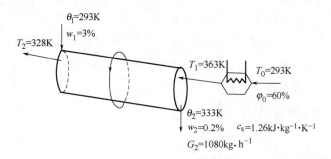

图 9-11 例 9-4 附图

解 (1) $\quad W=G_c(X_1-X_2)=G_2(1-w_2)\left(\dfrac{w_1}{1-w_1}-\dfrac{w_2}{1-w_2}\right)$

则 $\quad W=\dfrac{1080}{3600}\times(1-0.002)\times\left(\dfrac{0.03}{0.97}-\dfrac{0.002}{0.998}\right)=0.0087 \text{kg}\cdot\text{s}^{-1}$

用另一种方法求水分蒸发量 $\quad G_1=G_2\dfrac{1-w_2}{1-w_1}$

$$W=G_1 w_1-G_2 w_2=G_2\left(\dfrac{1-w_2}{1-w_1}w_1-w_2\right)=\dfrac{1080}{3600}\times\left(\dfrac{1-0.002}{1-0.03}\times 0.03-0.002\right)$$

$$=\dfrac{1080}{3600}\times(0.0309-0.002)=0.00867 \text{kg}\cdot\text{s}^{-1}$$

(2) 由式(9-32) 得
$$L = \frac{W}{H_2 - H_1} \quad (1)$$

由式(9-32)
$$L(1.01+1.88H_1)(T_1-T_2)$$
$$= W[2492+1.88(T_2-273)-c_w(\theta_1-273)]+G_c c_m(\theta_2-\theta_1)+Q_3 \quad (2)$$

忽略干燥器的热损失,即 $Q_3 \approx 0$。由式(2) 可求得 L,代入式(1) 可得到 H_2。

由 $T_0 = 293K$,$\varphi_0 = 60\%$,查图得 $H_0 = 0.009 \text{kg} \cdot \text{kg}^{-1}$ 干空气 $= H_1$

$$G_c = G_2(1-w_2) = \frac{1080}{3600} \times (1-0.002) = 0.2994 \text{kg} \cdot \text{s}^{-1}$$

水的比热容
$$c_w = 4.187 \text{kJ} \cdot \text{kg}^{-1} \cdot \text{K}^{-1}$$

$$c_m = c_s + X_2 c_w = 1.26 + 0.002 \times 4.187 = 1.268 \text{kJ} \cdot \text{kg}^{-1} \cdot \text{K}^{-1}$$

则
$$L = \frac{0.0087 \times [2492+1.88 \times (328-273)-4.187 \times (293-273)]+0.2994 \times 1.268 \times (333-293)}{(1.01+1.88 \times 0.009) \times (363-328)}$$

$$= \frac{21.85+15.19}{35.942} = 1.031 \text{kg} \cdot \text{s}^{-1}$$

$$H_2 = \frac{W}{L} + H_1 = \frac{0.0087}{1.031} + 0.009 = 0.0174 \text{kg} \cdot \text{kg}^{-1} \text{干空气}$$

(3) 空气由预热器获得的热量
$$q_0 = L(1.01+1.88H_0)(T_1-T_0)$$
$$= 1.031 \times (1.01+1.88 \times 0.009)(363-293) = 74.11 \text{kJ} \cdot \text{s}^{-1}$$

预热器供给的热量 $Q = q_0 + 0.1q_0 = 74.11 \times 1.1 = 81.52 \text{kJ} \cdot \text{s}^{-1}$

查表得 383K 时饱和蒸汽潜热为 $\gamma_c = 2232 \text{kJ} \cdot \text{kg}^{-1}$

则水蒸气消耗量 $D' = \frac{Q}{\gamma_c} = \frac{81.52}{2232} = 0.0365 \text{kg} \cdot \text{s}^{-1}$

9.3.3 干燥器的热效率与干燥效率

对图 9-10 中的预热器进行热量衡算,得空气经过预热器时所获得的热量为 q_0。
$$q_0 = L(1.01+1.88H_0)(T_1-T_0) \quad (9-34)$$

而空气通过干燥器时,温度由 T_1 降至 T_2 时,所放出的热量为 q_c。
$$q_c = L(1.01+1.88H_0)(T_1-T_2) \quad (9-35)$$

空气在干燥器内的热效率 η_h 定义为,空气在干燥器所放出的热量 q_c 与空气在预热器所获得的热量 q_0 之比。

$$\eta_h = \frac{q_c}{q_0} = \frac{L(1.01+1.88H_0)(T_1-T_2)}{L(1.01+1.88H_0)(T_1-T_0)} = \frac{T_1-T_2}{T_1-T_0} \quad (9-36)$$

由热量衡算式(9-32) 得知,空气在干燥器中所放出的热量 q_c,用于蒸发湿物料中的水分,用于物料升温,还用于补偿干燥器壁的热损失。蒸发湿物料中的水分是干燥的目的,所以将干燥效率 η_d 定义为,蒸发水分所需热量与空气在干燥器中放出的热量 q_c 之比。

$$\eta_d = \frac{q_5 - q_2}{q_c} = \frac{W[2492 + 1.88(T_2 - 273) - c_w(\theta_1 - 273)]}{L(1.01 + 1.88H_0)(T_1 - T_2)} \tag{9-37}$$

干燥效率的定义还没有统一，有的是以蒸发水分所需热量与空气在预热器中获得热量之比，表示干燥效率，即上列两种热效率之乘积。

$$\eta = \frac{q_5 - q_2}{q_0} = \eta_h \eta_d \tag{9-38}$$

式中，q_0 为空气在预热器中获得的热量 $kJ \cdot s^{-1}$；q_c 为空气在干燥器中所放出的热量，$kJ \cdot s^{-1}$；η_h 为干燥器热效率；η_d 为干燥效率；T_0、T_1、T_2 分别为进预热器温度，进干燥器温度，出干燥器温度，K；H_0 为进预热器空气湿度，$kg \cdot kg^{-1}$ 干空气。

9.4 干燥速率与干燥时间

9.4.1 物料所含湿分的性质

前面通过讲解湿空气的性质、干燥器的物料衡算和热量衡算，可以得到完成一定干燥任务所需要的空气量及加热量，继而为选用风机及预热器提供了依据。

至于干燥周期的长短、干燥器尺寸大小，则需通过干燥速率与干燥时间的计算来确定。

干燥过程，就是物料的湿分由物料内部迁至外部，再由外部汽化进入空气主体的过程。湿分（dW）迁移的速度，即干燥速率，取决于湿空气的性质和物料所含湿分的性质。

(1) 平衡水分与自由水分 按水分能否用干燥方法除去的原则，分为平衡水分和自由水分，如图 9-12 所示。

干燥推动力 $\Delta p = p_1 - p$

① 当 $\Delta p = 0$，即 $p_1 = p$ 时，物料中还存在着水分，为平衡水分，以 X^* 表示。不能用干燥方法除去的水分，称为平衡水分。

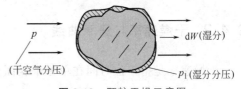

图 9-12 颗粒干燥示意图

② 物料中所含水分 X，大于 X^* 的那一部分为自由水分 $(X - X^*)$。

能用干燥方法除去的水分，称为自由水分。自由水分等于总水分减去平衡水分。

平衡水分 X^* 依所接触的空气的 T 与 φ 的不同而改变。

如图 9-13 所示，木材与 298K、$\varphi = 60\%$ 的空气接触时，$X^* = 0.12$；与 298K、$\varphi = 40\%$ 的空气接触时，$X^* = 0.075$。

(2) 结合水分与非结合水分

① 结合水分 物料中所含水分，其蒸气压 p_1 低于同温下的水的饱和蒸气压 p_s，即 $p_1 < p_s$，这部分水分称为结合水分。

② 非结合水分 物料中所含水分大于结合水分的那一部分称为非结合水分。如果将图 9-13 所示各线延长，使与 $\varphi = 100\%$ 相交，交点以下的为结合水分。交点以上的为非结合水分。如图 9-13 所示，例如含水量为 $X = 0.5$ 的木材，0.3 以下是结合水分，$0.3 \sim 0.5$ 的水分是非结合水分。

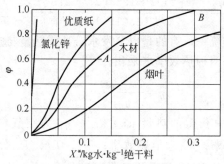

图 9-13　298K 时某些物料的平衡水分

例 9-5　图 9-14 为某物料在 298K 时的平衡曲线。设物料的含水量为 0.30kg 水·kg^{-1} 绝干料，若与 $\varphi=70\%$ 的空气接触，试划分该物料平衡水分与自由水分、结合水分与非结合水分。

解　曲线与 $\varphi=70\%$ 的线交于 A，读得 $X^*=0.08$。

曲线与 $\varphi=100\%$ 的线交于 B，读得 $X^*=0.2$。则

平衡水分为 0.08kg 水·kg^{-1} 绝干料

自由水分为 $0.3-0.08=0.22$kg 水·kg^{-1} 绝干料

结合水分为 0.2kg 水·kg^{-1} 绝干料

非结合水分为 $0.3-0.2=0.1$kg 水·kg^{-1} 绝干料

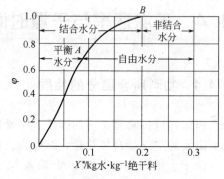

图 9-14　例 9-5 附图

9.4.2　干燥速率与速率曲线

干燥速率是指单位时间在单位干燥面积上汽化的水分质量。用微分式表示为

$$u=\frac{dW}{A d\tau}$$

因为　$dW=-G_c dX$

$$u=\frac{dW}{A d\tau}=\frac{-G_c dX}{A d\tau} \tag{9-39}$$

式中，u 为干燥速率，kg·m^{-2}·s^{-1}；W 为汽化水分量，kg；A 为干燥面积，m^2；τ 为干燥所需时间，s；G_c 为绝干料的质量，kg。

负号表示物料含水量随干燥时间的增加而减少。类似于传热中的傅里叶定律，要加上负号一样的道理。

干燥速率可由干燥实验求得。

取一干燥试样，已知其面积 A m^2，其绝干料质量 G_c kg。空气为恒定状况（H、T）下，对试样进行干燥。减重 ΔW_1 kg 时，记下所需时间 $\Delta \tau_1$，于是记下了一系列 $\Delta W_1, \Delta W_2, \Delta W_3, \cdots$ 和对应的一系列 $\Delta \tau_1, \Delta \tau_2, \Delta \tau_3, \cdots$。

因为 $X_i=\dfrac{W_i-G_c}{G_c}$，$u_i=\dfrac{\Delta W_i}{A \Delta \tau_i}$，所以可画出 $u_i=f(X_i)$ 曲线，即干燥速率对干基含水

量的变化曲线。如图 9-15 所示，即干燥速率曲线。

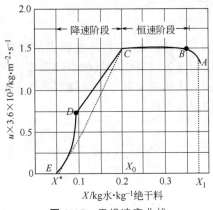

图 9-15　干燥速率曲线

AB 段，称预热段，时间很短；
BC 段，称恒速干燥阶段；
CD 段，称不饱和降速干燥阶段；
DE 段，称汽化平面内迁干燥阶段。

X_0 称为临界含水量，$X_1 > X_0$，处于恒速干燥阶段；$X_1 < X_0$，若物料起始含水量 X_1 小于临界含水量 X_0，则一开始就处于降速干燥阶段；X^* 称为平衡含水量。

临界含水量　物料的临界含水量是恒速干燥阶段和降速干燥阶段的分界点，它是干燥器设计中的重要参数。临界含水量 X_0 越大，则转入降速阶段越早，完成相同的干燥任务所需的干燥时间越长。临界含水量因物料的性质、厚度和恒速阶段干燥速率的不同而异，通常吸水性物料的临界含水量比非吸水性物料的大；同一物料，恒速阶段干燥速率越大，则临界含水量越高；物料越厚，则临界含水量越大。临界含水量通常由实验测定，表 9-3 给出某些物料的临界含水量数值范围。

表 9-3　不同物料的临界含水量

有机物料		无机物料		临界含水量 /kg·/kg 干料$^{-1}$
特征	实例	特征	实例	
很粗的纤维	未染过的羊毛	粗核无孔的物料，粒度大于 50 目	石英	0.03～0.05
		晶体的、粒状的、孔隙较少的物料，粒度为 50～325 目	食盐,海沙,矿石	0.05～0.15
晶体的、粒状的、孔隙小的物料	麸酸结晶	细晶体有孔物料	硝石,细砂,黏土料,细泥	0.15～0.25
粗纤维细粉	粗毛线,醋酸纤维,印刷纸,碳素颜料	细沉淀物,无定形和胶体状态的物料,无机颜料	碳酸钙,细陶土,普鲁士蓝	0.25～0.5
细纤维,非晶形的和均匀的压紧物料	淀粉,亚硫酸纸浆,厚皮革	浆状,有机物的无机盐	碳酸钙,碳酸镁,二氧化钛,硬脂酸钙	0.5～1.0
分散的压紧物料,胶体状态和凝胶状态的物料	鞣制皮革,糊墙纸,动物胶	有机物的无机盐,催化剂,吸附剂	硬脂酸锌,四氯化锡,硅胶,氢氧化铝	1.0～30.0

9.4.3 恒速干燥速率计算

在恒速阶段里,即图 9-15 所示的 AC 段内,物料表面覆盖一层水分,一般认为全部是非结合水分。物料表面的温度应升为或降为空气的湿球温度。简单的道理是,可将湿物料当作湿纱布,当空气传给湿物料的传热速率等于由湿物料汽化水分所需的传热速率时,湿物料即达到稳定温度,就是空气的湿球温度 T_w。

空气对湿物料的传热速率为

$$\frac{dQ}{d\tau}=\alpha A(T-T_w)$$

湿物料水分汽化传热速率为

$$\frac{dQ}{d\tau}=\frac{\gamma_w dW}{d\tau}$$

联立二式得

$$\alpha A(T-T_w)=\frac{\gamma_w dW}{d\tau}$$

$$\frac{dW}{A d\tau}=\frac{\alpha}{\gamma_w}(T-T_w) \tag{9-40}$$

空气对湿物料的传质速率为

$$\frac{dW}{d\tau}=K_H A(H_w-H)$$

$$\frac{dW}{A d\tau}=K_H(H_w-H) \tag{9-41}$$

在这个阶段,T、T_w、α、γ_w 均为不变的数,所以此时 $\frac{dW}{A d\tau}$ 也是恒定值。所以称为恒速阶段。则

$$u=\frac{dW}{A d\tau}=\frac{\alpha}{\gamma_w}(T-T_w)=K_H(H_w-H) \tag{9-42}$$

下面介绍通过求 α,来求取 u。计算 α,目前广泛用的是经验公式,即许多人做的传热实验演变的经验总结。利用这些经验公式就可以解决恒定速率的计算问题。

(1) 对于静止的物料层

① 当空气流动方向平行于物料表面,且空气质量流量 $\bar{L}$ 为 $0.7 \sim 0.85 \text{kg} \cdot \text{m}^{-2} \cdot \text{s}^{-1}$ 时

$$\alpha=0.0143(\bar{L})^{0.8} \tag{9-43}$$

式中,$\bar{L}$ 为单位时间、单位面积流过的空气质量,$\bar{L}=\frac{u}{V_H}$。

② 当空气流动方向垂直于物料表面,且 $\bar{L}$ 为 $1.1 \sim 5.5 \text{kg} \cdot \text{m}^{-2} \cdot \text{s}^{-1}$ 时

$$\alpha=0.024(\bar{L})^{0.37} \tag{9-44}$$

(2) 对于悬浮于气流中的固体

$$Nu=2+0.54 Re_\tau^{0.5} \tag{9-45}$$

式中,Nu 为努塞尔数,$Nu=\frac{\alpha d_p}{\lambda_g}$;$Re_\tau$ 为雷诺数,$Re_\tau=\frac{d_p u_t}{\upsilon_g}$;$d_p$ 为颗粒直径,m;λ_g 为空气的热导率,$\text{kW} \cdot \text{m}^{-1} \cdot \text{K}^{-1}$;$u_t$ 为颗粒沉降速度,$\text{m} \cdot \text{s}^{-1}$;$\upsilon_g$ 为空气的运动黏度,$\text{m}^2 \cdot \text{s}^{-1}$。

(3) 对于沸腾干燥中的传热膜系数

$$Nu = 4 \times 10^{-3} (Re)^{1.5} \tag{9-46}$$

式中，Re 为雷诺数，$Re = \dfrac{d_p w_g}{v_g}$；$w_g$ 为沸腾床中气体速度，$\text{m} \cdot \text{s}^{-1}$。

提高恒定速率$\left(\dfrac{\mathrm{d}W}{A\mathrm{d}\tau}\right)$的途径如下。由$\dfrac{\mathrm{d}W}{A\mathrm{d}\tau} = \dfrac{\alpha}{\gamma_w}(T - T_w) = K_H(H_w - H)$ 看出：

① 提高空气速度，可使 α、K_H 提高，所谓"有风比无风干得快"；

② 提高空气温度，可使 $(T - T_w)$ 提高，所谓"夏天比冬天干得快"；

③ 降低空气湿度，可使 $(H_w - H)$ 提高，所谓"晴天比雨天干得快"；

④ 改进气流与物料的接触方式，为提高 $\dfrac{\mathrm{d}W}{A\mathrm{d}\tau}$，采用悬浮最好，穿流次之，平行流较差。

可见，利用上述干燥知识，可以解释日常生活中的干燥现象。

9.4.4 干燥时间及计算举例

所谓求干燥时间，就是已知干燥速率和物料需要去除的含水量，求算所需要的时间。由式(9-39)得

$$u = \frac{\mathrm{d}W}{A\mathrm{d}\tau} = -\frac{G_c}{A} \times \frac{\mathrm{d}X}{\mathrm{d}\tau}$$

则

$$\mathrm{d}\tau = -\frac{G_c}{A} \times \frac{\mathrm{d}X}{u}$$

$$\int \mathrm{d}\tau = -\frac{G_c}{A} \int \frac{\mathrm{d}X}{u} \tag{9-47}$$

因为干燥分为两个阶段，在恒速阶段，u 为常量。在降速阶段，u 为变量。所以干燥时间的求取也分为两个阶段进行。式(9-47)是计算干燥时间的基本关系式。

(1) 恒速阶段

$$\int_0^{\tau_1} \mathrm{d}\tau = -\frac{G_c}{u_0 A} \int_{X_1}^{X_0} \mathrm{d}X$$

则

$$\tau_1 = \frac{G_c}{u_0 A}(X_1 - X_0) \tag{9-48}$$

u_0 为恒速干燥速率，既可由干燥速率曲线读得，也可由传热系数 α 或者传质系数 K_H 计算得到。

$$u_0 = \frac{\mathrm{d}W}{A\mathrm{d}\tau} = \frac{\alpha}{\gamma_w}(T - T_w) = K_H(H_w - H) \tag{9-49}$$

(2) 降速阶段

在此阶段中，干燥速率 u 随物料中的含水量 $(X - X^*)$ 而变。即

$$u = -\frac{G_c \mathrm{d}X}{A \mathrm{d}\tau} = f(X - X^*) \tag{9-50}$$

代入式(9-47)得

$$\tau_2 = \int_0^{\tau_2} \mathrm{d}\tau = -\frac{G_c}{A}\int_{X_0}^{X_2} \frac{\mathrm{d}X}{f(X-X^*)} = \frac{G_c}{A}\int_{X_2 - X^*}^{X_0 - X^*} \frac{\mathrm{d}(X - X^*)}{f(X - X^*)} \tag{9-51}$$

用图解积分可求 τ_2。由干燥速率曲线可以得到如图9-16所示的曲线。曲线下边的面积为

$$\int_{X_2-X^*}^{X_0-X^*} \frac{\mathrm{d}(X-X^*)}{f(X-X^*)}$$

若将 CDE 当作一直线处理，如图 9-17 所示。则

$$\frac{u}{X-X^*}=K_X \quad (K_X \text{ 为 } CE \text{ 线的斜率})$$

$$\frac{1}{u}=\frac{1}{K_X(X-X^*)} \tag{9-52}$$

由式(9-47) 得 $\quad \tau_2=\int_0^{\tau_2}\mathrm{d}\tau=-\dfrac{G_c}{A}\int_{X_0}^{X_2}\dfrac{\mathrm{d}X}{u}=\dfrac{G_c}{A}\int_{X_2}^{X_0}\dfrac{\mathrm{d}X}{K_X(X-X^*)}$

即 $\quad \tau_2=\dfrac{G_c}{AK_X}\ln\left(\dfrac{X_0-X^*}{X_2-X^*}\right) \tag{9-53}$

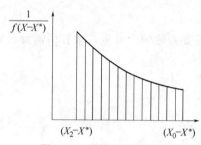

图 9-16 图解积分示意图

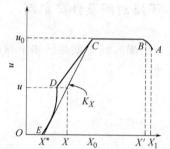

图 9-17 降速干燥速率曲线示意图

又因在图 9-17 中，得 $\quad \dfrac{u_0}{X_0-X^*}=K_X \tag{9-54}$

将式(9-54) 代入式(9-53)，则 $\quad \tau_2=\dfrac{G_c}{u_0 A}(X_0-X^*)\ln\left(\dfrac{X_0-X^*}{X_2-X^*}\right) \tag{9-55}$

总时间 $\quad \tau=\tau_1+\tau_2=\dfrac{G_c}{u_0 A}\left[(X_1-X_0)+(X_0-X^*)\ln\dfrac{X_0-X^*}{X_2-X^*}\right] \tag{9-56}$

此式的优点：若已知 X_0、X^*，求 u_0，即可求出两个阶段的总干燥时间。式(9-56) 是假定降速干燥曲线可用直线代替而得到的计算式。实际设计中，在降速干燥阶段，都是用式(9-51)，用图解积分法求解降速干燥阶段的干燥时间。

例 9-6 某批物料的干燥速率曲线如图 9-15 所示。将该物料由含水量 25% 干燥至 6%（均为湿基）。湿物料的初质量为 160kg，干燥表面积为 0.025m² · kg⁻¹ 绝干料，设装卸料时间为 $\tau'=1$h，试确定每批物料的干燥时间。

解 $\quad G_c=G_1(1-w_1)=160\times(1-0.25)=120$kg

$\quad A=0.025\times 120=3$m²

初始干基含水量 $\quad X_1=\dfrac{w_1}{1-w_1}=\dfrac{0.25}{1-0.25}=0.333$

最终干基含水量 $\quad X_2=\dfrac{w_2}{1-w_2}=\dfrac{0.06}{1-0.06}=0.064$

由图 9-15 查得，$X_0 = 0.20$，$X^* = 0.05$，因为 $u_0 \times 3600 = 1.5 \text{kg} \cdot \text{m}^{-2} \cdot \text{s}^{-1}$，则 $u_0 = \dfrac{1.5}{3600} \text{kg} \cdot \text{m}^{-2} \cdot \text{s}^{-1}$，代入式(9-56) 得

$$\tau_1 + \tau_2 = \dfrac{G_c}{u_0 A}\left[(X_1 - X_0) + (X_0 - X^*)\ln\left(\dfrac{X_0 - X^*}{X_2 - X^*}\right)\right]$$

$$= \dfrac{120 \times 3600}{1.5 \times 3}\left[(0.333 - 0.20) + (0.20 - 0.05)\ln\left(\dfrac{0.20 - 0.05}{0.064 - 0.05}\right)\right]$$

$$= 96000 \times (0.133 + 0.15 \times 2.37) = 46896\text{s} = 13.03\text{h}$$

因为有 1h 的装卸料时间则每批物料干燥周期为 14.03h。

9.5 干燥器和习题课

9.5.1 干燥器种类及原理

(1) 厢式干燥器 为常压间歇操作的典型设备。一般小型的称为烘箱，例如化学实验室用来干燥玻璃器皿的烘箱，就是小型厢式干燥器。大型的称烘房，例如洗衣店的烘干房，染织厂的染织物烘干房，就是大型的厢式干燥器。一般大型宾馆、旅游服务的温泉度假村，都有大型的烘干房。厢式干燥器的外壁用砖坯或绝热材料包裹，在干燥器内有盛放被干燥物料的浅盘或支架，若干燥被单、毛巾，则就是一些晾衣架等。空气由风机送入预热器，被加热至一定温度，再从干燥器下方送入器内。热空气采用部分循环的方式，只有部分热气排出，带走物料中的水汽。调节进风量大小，使之与排出风量近似相等，达到最佳烘干效率。图 9-18 所示为一个烘箱的干燥示意图。

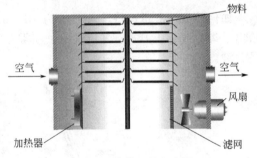

图 9-18 烘箱干燥示意图

(2) 转筒干燥器 图 9-19 所示为用空气直接加热的逆流转筒干燥器，又称为回转圆筒干燥器。转筒与水平倾斜成一定角度，形成高端和低端并慢速转动，不断地把待干物抄起来又抛下。热空气由转筒低端送入，废气在高端

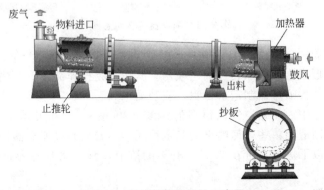

图 9-19 逆流转筒干燥器示意图

排出并带走水汽。待干物料由高端进入，在低端得到干燥产品。转筒内壁安装有不同形状的抄板。其作用是将物料抄起后，再抛下，以增大干燥表面积。抄板的形式，视待干物料的含水量、颗粒大小来设计。

转筒干燥器的特点是：生产能力大，水分蒸发量可达每小时 10t；操作弹性好，若待干物料水分、粒度发生变化，它亦能稳定操作；能干燥多种晶体，如有机肥料、无机肥料、矿渣、水泥等，均可选用转筒干燥器。

(3) 喷雾干燥器 用喷雾器将溶液、浆液或悬浮液，喷成雾滴分散于热气流中，使水分迅速蒸发达到干燥目的。喷出的雾滴仅需 3～10s 即可成为颗粒，达于干燥器内壁，在喷雾干燥器下方获得固体产品。如图 9-20 所示。

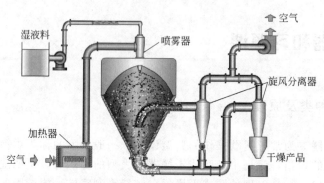

图 9-20 喷雾干燥器示意图

如何使热空气迅速将溶液分散为 10～60μm 的雾滴？其关键设备是喷雾器。如图 9-21 给出了离心式、压力式、气流式三种喷雾器的结构。实际生产过程的调试中，喷雾器调试也是关键。

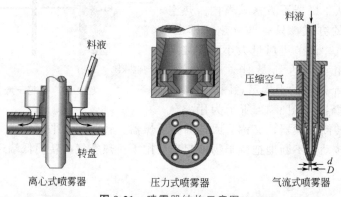

图 9-21 喷雾器结构示意图

在离心式喷雾器中，料液从上方进入，转盘高速旋转，转速达 4000～20000r/min，溶液在离心力作用下形成雾滴，从转盘周边喷出。其优点是操作简单，对物料的适应性强，产品粒度分布均匀。此种喷雾器制造价格贵，安装要求高。

在气流式喷雾器中，压缩空气以很高的速度（200m·s^{-1} 或更高）从喷嘴喷出，使料液分散为雾滴。它制造简单些，但喷雾的稳定性还是不如离心式喷雾器。

喷雾干燥器可以干燥含水量在 70%～80% 的溶液，鲜牛奶制备为奶粉，就是使用喷雾干燥器。

(4) 旋风干燥器 如图 9-22 所示，干燥器是一个塔状主体，塔内固定有多层的旋流板，

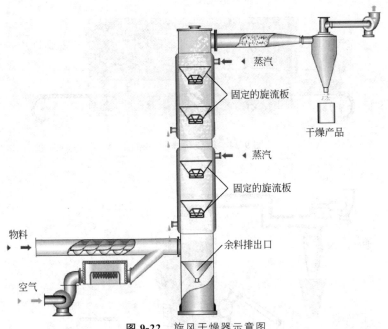

图 9-22　旋风干燥器示意图

外壳通以蒸汽加热，维持塔内一定温度。待干物料从塔底部由螺旋推料机加入，粒状物料由热风带动，从底部开始，以旋流方式逐级上升，到达塔顶得到干燥产品。因为热风中的颗粒，是在热风旋流上升中被干燥，所以称为旋风干燥器。没有被热风带走的余料，从塔底收集取出，再循环使用。一些烧碱厂的聚氯乙烯干燥，就是用的旋风干燥器。

(5) **螺旋推料干燥器**　如图 9-23 所示，基本结构就是一个螺旋推料器，外壳是夹层圆筒，里面是转动的螺旋桨。现在将外壳通加蒸汽，控制壳内温度。螺旋桨叶做成空心，在桨叶内也通加蒸汽。粒状物料从一端加入，物料在螺旋桨缓慢地推进中，从壳体和桨叶获取热量，得以干燥。在推出干燥器时，亦达到干燥要求，得到干燥产品，螺旋桨转速很慢，为 $10\mathrm{r \cdot min^{-1}}$。此干燥器用于聚丙烯的颗粒干燥。

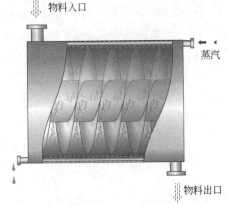

图 9-23　螺旋推料干燥器示意图

(6) **微波干燥器**　湿物料用皮带机送入器内，物料在输送过程中被加热干燥。采用微波热源，物料湿分从内部开始干燥，内外干燥速度均匀，适用于热敏性物料。如图 9-24 所示。

(7) **流化床干燥器**　如图 9-25 所示，流化干燥是固体流态化技术在干燥中的应用。干燥器实质是一个气-固流化床，热空气由底部加入，待干物料也在下部加入到床中。物料颗粒与热空气在床中混合传热、传质。流化床上部有干燥产品出口，热空气由顶部经旋风分离器之后排出。

流化床的特点是，固体颗粒被热气流猛烈冲刷、翻腾，气固接触充分，传热面积大，干燥效率高。因为是流化床，就可以控制干燥颗粒在床中的停留时间，所以流化床特别适用于去除需时较长的结合水分。

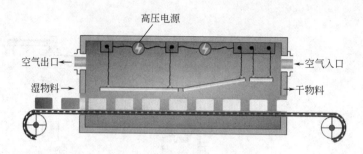

图 9-24 微波干燥器示意图

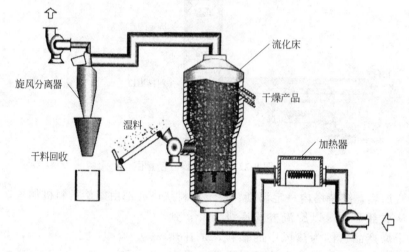

图 9-25 流化床干燥器示意图

(8) 气流干燥器 如图 9-26 所示，就是待干物料颗粒在气流输送中得到干燥。因为要

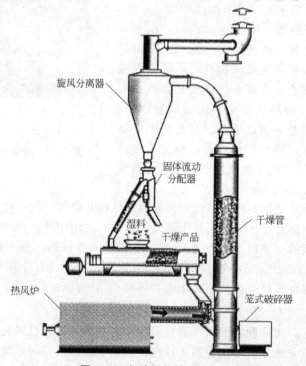

图 9-26 气流干燥器示意图

达到较高的气流输送速度,一般热气体流速为 $10\sim20\mathrm{m\cdot s^{-1}}$,干燥器就设计成直径不大、高十几米的干燥管。一般物料在管中仅停留数秒钟,如果干燥管不是很高的话,物料颗粒在管中停留时间就更短。因为物料在管中停留时间短,更加适用于热敏性物料的干燥。对于去除物料中的非结合水分,能在很短时间内得到干燥,所以气流干燥器更适合去除非结合水分。

气流干燥和流化干燥有许多共同点,都是利用流态化技术;气、固在床中都有充分的接触,传热系数和传热面积很大,干燥效率高,生产能力大。

气流干燥和流化干燥的主要区别是,气流干燥不能控制干燥颗粒在床中的停留时间,停留时间极短,流化干燥可以控制颗粒在床中的停留时间。

(9) 洞道式干燥器 干燥木材和砖瓦坯,需要较小的干燥速度,采用洞道干燥。热空气在洞道内封闭循环。料车在轻轨上可行走,打开两边的封闭门,出一车干料,排出一部分水汽,进一车湿料,补充一部分空气。洞道长度可达 30~40m。

(10) 间歇式洞道干燥器 多辆小车同时推进洞道,关上封闭门。热空气在洞道内循环,有可控闸门控制空气进口和出口,以便排出水蒸气。一旦干燥完毕,推出洞道,完成一个间歇操作。

(11) 真空耙式干燥器 加热蒸汽加热夹套内侧的浆膏状物料。装料后器内抽真空。水平搅拌器每隔数分钟交替正、反向转动,将黏附在器壁上的物料刮下并混合。搅拌器叶片之间自由放置四根辊,辊落下打击叶片,将黏附在叶片上的物料震落。干燥完毕后,停止加热,接通大气,卸料,完成一个间歇操作。

(12) 滚筒干燥器 钢制中空滚筒缓慢旋转,转速为 $4\sim10\mathrm{r\cdot min^{-1}}$。加热蒸汽在筒内加热并冷凝,冷凝液由虹吸管吸出。滚筒在浆料上方旋转过程中,厚度为 0.3~5mm 的浆料分布于筒上汽化、干燥,旋转一周后将干料刮下。

(13) 双滚筒干燥器 两滚筒的旋转方向相反,浆料向两滚筒间的缝隙处喷洒,物料被加热到接近于滚筒表面的温度,刮刀不断将干物料刮下。

(14) 红外线干燥器 湿物料用带机送入器内,物料在输送过程中被加热干燥。采用辐射热源。用可控阀调节空气进、出流量。

9.5.2 干燥器的选型

干燥操作是比较复杂的过程,干燥器的选择也受诸多因素的影响。一般干燥器的选型是以湿物料的特性及对产品质量的要求为依据,应基本做到所选设备在技术上可行、经济上合理、产品质量上得到保证。在选择干燥器时,通常需考虑以下因素。

① 湿物料的特性 包括湿物料的基本性质(如密度、热熔性、含水率等)、物料形状、物料与水分的结合方式及热敏性等;

② 产品的质量要求 如粒度分布、最终含水量及均匀性等;

③ 设备使用的基础条件 设备安装地的气候干湿条件、场地的大小、热源的类型等;

④ 回收问题 包括固体粉尘回收及溶剂的回收;

⑤ 能源价格、操作安全和环境因素 为节约能源,在满足干燥的基本条件下,应尽可能地选择热效率高的干燥器。若排出的废气中含有污染环境的粉尘或有毒物质,应选择合适的干燥器来减少排出的废气量,或对排出的废气加以处理。此外,在选择干燥器时,还必须考虑噪声等问题。

表 9-4 为主要干燥器的选用表,可供选型参考。

表 9-4　主要干燥器的选用

湿物料状态	物 料 实 例	适用的干燥器
液体或浆状	洗涤剂、盐溶液、牛奶、乳浊液、中药等	喷雾干燥器、滚筒干燥器
膏糊状	染料、颜料、淀粉、黏土、粉煤灰等	厢式干燥器、气流干燥器、滚筒干燥器
粉粒状	聚氯乙烯等合成树脂、合成肥料、化肥、活性炭、石膏、谷物	厢式干燥器、洞道式干燥器、气流干燥器、转筒干燥器、流化床干燥器
块状	煤粉、焦炭、矿砂、合成橡胶等	厢式干燥器、洞道式干燥器、转筒干燥器、流化床干燥器
片状	豆类、烟叶、植物切片等	厢式干燥器、洞道式干燥器、转筒干燥器
短纤维	醋酸纤维、硝酸纤维	厢式干燥器、洞道式干燥器、流化床干燥器
一定形状物料或制品	陶瓷器、胶合板、皮革、木材等	厢式干燥器、洞道式干燥器、红外线干燥器

9.5.3　干燥习题课

习题课是培养学生综合能力的重要手段。图 9-27 所示为干燥线索方框图。

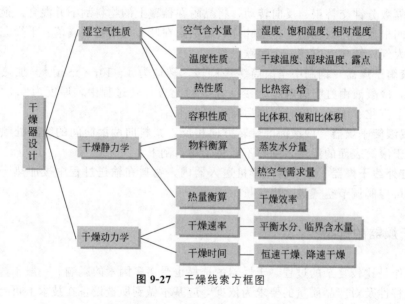

图 9-27　干燥线索方框图

例 9-7　某湿物料在气流干燥器内进行干燥，操作压力为 101kPa，湿物料的处理量为 $1kg \cdot s^{-1}$，湿物料的含水量为 0.1，产品的含水量不高于 0.02（以上均为湿基），空气的初始温度为 20℃，湿度为 0.006kg 水·kg^{-1} 干空气。空气预热至 140℃进入干燥器，假定干燥过程近似为等焓过程，试求：(1) 若气体出干燥器的温度选定为 80℃，预热器所提供的热量及热效率；(2) 若气体出干燥器的温度选定为 45℃，气体离开干燥器后，因在管道及旋风分离器中散热，温度又将下降 10℃，问此时是否会发生物料返潮现象？已知水在不同温度下的饱和蒸气压如下所示：

温度/℃	10	15	20	30	40	50	60
饱和蒸气压/kPa	1.228	1.705	2.332	4.242	7.375	12.333	19.92

解题思路 这是个理想干燥器的计算。第（1）问是在选定 $t_2=80℃$ 时，求 $Q_预$ 和热效率 η，$Q_预=L(I_1-I_0)$，在这个式子中 I_0 和 I_1 可以直接求得，而 L 可以通过 $L=\dfrac{W}{H_2-H_1}$ 求得，所以，首先求出 W、I_0、I_1，再利用理想干燥器是个等焓过程，求出 H_2，而得到 L，进而求得 $Q_预$ 及 η。

第（2）问是一个物料返潮的判断问题。关键在于确定废气的出口温度，确定其最大含水量（饱和湿含量）是否低于环境空气的实际湿度。若实际湿度大于饱和湿度，会有水从空气中析出进入物料，则物料会返潮；否则不会返潮。

解 （1）蒸发水蒸气量

$$W=G_1\frac{w_1-w_2}{1-w_2}=1\times\frac{0.1-0.02}{1-0.02}=0.0816\mathrm{kg\cdot s^{-1}}$$

$$I_0=(1.01+1.88H_0)t_0+2492H_0=(1.01+1.88\times0.006)\times20+2492\times0.006$$
$$=35.38\mathrm{kJ\cdot kg^{-1}}\text{干空气}$$

$$I_1=(1.01+1.88H_1)t_1+2492H_1=(1.01+1.88\times0.006)\times140+2492\times0.006$$
$$=157.93\mathrm{kJ\cdot kg^{-1}}\text{干空气}$$

又由于是等焓过程，有

$$I_1=I_2=(1.01+1.88H_2)t_2+2492H_2$$

$$(1.01+1.88H_2)\times80+2492H_2=157.93$$

$$H_2=0.0292\mathrm{kg\text{水}\cdot kg^{-1}\text{干空气}}$$

干空气用量

$$L=\frac{W}{H_2-H_1}=\frac{0.0816}{0.0292-0.006}=3.52\mathrm{kg\cdot s^{-1}}$$

空气在预热器中获得的热量 q_0

$$q_0=L(I_1-I_0)=3.52\times(157.93-35.38)=431.4\mathrm{kJ\cdot s^{-1}}$$

空气在干燥器中放出的热量 q_c

$$q_c=L(1.01+1.88H_0)(t_1-t_2)=3.52\times(1.01+1.88\times0.006)\times(140-80)=215.7\mathrm{kg\cdot s^{-1}}$$

热效率

$$n_d=\frac{q_c}{q_0}=\frac{215.7}{431.4}=0.5$$

或者由式(9-36)得

$$n_d=\frac{t_1-t_2}{t_1-t_0}=\frac{140-80}{140-20}=0.5$$

（2）当空气出干燥器的温度为 45℃ 时，重新计算 H_2 有

$$I_1=I_2=(1.01+1.88H_2)\times45+2492H_2=157.93$$

$$H_2=0.0437\mathrm{kg\text{水}\cdot kg^{-1}\text{干空气}}$$

35℃时的饱和蒸气压由内插法可知为 5.808kPa，此时空气的饱和湿度为

$$H_s=0.622\frac{p_s}{P-p_s}=0.622\times\frac{5.808}{101.3-5.808}=0.0378\mathrm{kg\text{水}\cdot kg^{-1}\text{干空气}}$$

由于 $H_s < H_2 = 0.0437 \text{kg 水} \cdot \text{kg}^{-1}$ 干空气，所以物料会返潮。离开干燥器后，因为在管道中散热，温度还会下降，所以后面输送中更会返潮。

点评：降低废气的出口温度可以提高干燥器的热效率，但是废气的出口温度不能过低，否则当废气在离开干燥器时，因在管道及旋风分离器中散热，温度低于露点以下而析出水滴，会使干燥产品返潮。

例 9-8 某湿物料 10kg，均匀地平摊在长 0.8m，宽 0.6m 的平底浅盘内，并在恒定的空气条件下进行干燥，物料的初始含水量为 15%，干燥 4h 后含水量降为 8%，已知在此条件下物料的平衡含水量为 1%，临界含水量为 6%（皆为湿基），并假定降速阶段的干燥速率与物料的自由含水量（干基）呈线性关系，试求：将物料继续干燥至含水量为 2%，所需要总干燥时间为多少？

解题思路 这是求总的干燥时间，因为已知临界含水量为 6%，所以，总的干燥时间，可以分恒速阶段和降速阶段来分别求得后相加而成。

解 绝对干物料的质量为
$$G_c = G_1(1-w_1) = 10 \times (1-0.15) = 8.5 \text{kg}$$

物料初始含水量（干基）为
$$X_1 = \frac{w_1}{1-w_1} = \frac{0.15}{1-0.15} = 0.176 \text{kg 水} \cdot \text{kg}^{-1} \text{绝干料}$$

干燥 4h，物料的含水量（干基）为
$$X = \frac{w}{1-w} = \frac{0.08}{1-0.08} = 0.087 \text{kg 水} \cdot \text{kg}^{-1} \text{绝干料}$$

物料的平衡含水量（干基）为
$$X^* = \frac{w^*}{1-w^*} = \frac{0.01}{1-0.01} = 0.0101 \text{kg 水} \cdot \text{kg}^{-1} \text{绝干料}$$

物料的临界含水量（干基）为
$$X_0 = \frac{w_0}{1-w_0} = \frac{0.06}{1-0.06} = 0.0638 \text{kg 水} \cdot \text{kg}^{-1} \text{绝干料}$$

物料的最终含水量（干基）为
$$X_2 = \frac{w_2}{1-w_2} = \frac{0.02}{1-0.02} = 0.0204 \text{kg 水} \cdot \text{kg}^{-1} \text{绝干料}$$

因 4h 后的含水量 X，大于平衡含水量 X^*，故整个 4h 全部是恒速干燥，干燥速率为
$$u_0 = \frac{G_c}{A\tau}(X_1 - X) = \frac{8.5}{0.8 \times 0.6 \times 4} \times (0.176 - 0.087) = 0.394 \text{kg} \cdot \text{m}^{-2} \cdot \text{h}^{-1}$$

将物料干燥到临界含水量所需时间为
$$\tau_1 = \frac{G_c}{Au_0}(X_1 - X_0) = \frac{8.5}{0.8 \times 0.6 \times 0.394} \times (0.176 - 0.0638) = 5.04 \text{h}$$

继续在降速阶段将物料干燥到 X_2 所需时间为
$$\tau_2 = \frac{G_c(X_0 - X^*)}{Au_0} \ln\left(\frac{X_0 - X^*}{X_2 - X^*}\right) = \frac{8.5 \times (0.0638 - 0.0101)}{0.8 \times 0.6 \times 0.394} \ln\left(\frac{0.0638 - 0.0101}{0.0204 - 0.0101}\right) = 3.98 \text{h}$$

所需总时间为
$$\tau = \tau_1 + \tau_2 = 5.04 + 3.98 = 9.02 \text{h}$$

另一解法：因为 $\tau = \dfrac{G_c}{Au_0}(X_1 - X) = 4\text{h}$

所以 $\dfrac{G_c}{Au_0} = \dfrac{4}{X_1 - X} = \dfrac{4}{0.176 - 0.087} = 44.94$

$$\tau_1 = \dfrac{G_c}{Au_0}(X_1 - X_0) = 44.94 \times (0.176 - 0.0638) = 5.04\text{h}$$

$$\tau_2 = \dfrac{G_c(X_0 - X^*)}{Au_0} \ln\left(\dfrac{X_0 - X^*}{X_2 - X^*}\right) = 44.94 \times (0.0638 - 0.0101) \ln\left(\dfrac{0.0638 - 0.0101}{0.0204 - 0.0101}\right) = 3.98\text{h}$$

所需总时间为 $\tau = \tau_1 + \tau_2 = 5.04 + 3.98 = 9.02\text{h}$

点评：此题巩固了临界水分、平衡水分等概念。并利用已知干燥时间数据求算恒速干燥速率 u_0。

习 题

9-1 已知标准大气压下空气的干球温度为 50℃，湿球温度为 30℃。求此空气的湿度、焓、相对湿度、露点、比热容及比体积。

[答：0.019 kg·kg^{-1} 干空气；98 kJ·kg^{-1} 干空气；25%；24℃；1.045 kJ·kg^{-1}·K^{-1}；0.925 m^3·kg^{-1} 干空气]

9-2 利用湿空气的性质图查出表 9-5 中空格项的数值，填充表 9-5。湿空气总压强 $P = 1.0133 \times 10^5$ Pa。

表 9-5 习题 9-2 附表

序号	干球温度/℃	湿球温度/℃	湿度/kg 水·kg^{-1} 干空气	相对湿度/%	焓/kJ·kg^{-1} 干空气	水汽分压/kN·m^{-2}	露点/℃
1	(20)			(75)			
2	(40)						(25)
3		(35)					(30)

[答：计算结果见表 9-6]

表 9-6 习题 9-2 计算结果

序号	干球温度/℃	湿球温度/℃	湿度/kg 水·kg^{-1} 干空气	相对湿度/%	焓/kJ·kg^{-1} 干空气	水汽分压/kN·m^{-2}	露点/℃
1	(20)	17	0.011	(75)	48	1.5	15.5
2	(40)	28.5	0.020	42	92	3.2	(25)
3	55	(35)	0.028	27	127	4.3	(30)

9-3 将温度为 120℃，湿度为 0.15 kg 水·kg^{-1} 干空气的湿空气在 101.3 kPa 的恒定总压下加以冷却。试分别计算冷却至以下温度 1 kg 干空气所析出的水分：(1) 冷却到 100℃；(2) 冷却到 50℃；(3) 冷却到 20℃。

[答：(1) 0；(2) 0.0638 kg 水·kg^{-1} 干空气；(3) 0.1353 kg 水·kg^{-1} 干空气]

9-4 空气的干球温度为 20℃，湿球温度为 16℃，此空气经一预热器后温度升高到 50℃，送入干燥器时温度降至 30℃。试求：(1) 此时出口空气的湿含量、焓及相对湿度；(2) 100 m^3 的新鲜干空气预热到

50℃所需的热量及通过干燥器所移走的水蒸气量各为多少？

[答：(1) 0.019kg 水·kg^{-1} 干空气，78kJ·kg^{-1} 干空气，70%；(2) 3984kJ, 1.08kg]

9-5 在常压干燥器中，将肥料从含水量5%干燥至0.5%（均为湿基），干燥器的生产能力为5400kg 绝干料·h^{-1}。肥料进、出干燥器的温度分别为21℃和66℃。热空气进入干燥器的温度为127℃，湿度为0.007kg 水·kg^{-1} 干空气，离开时温度为82℃。若不计热损失，试确定干空气的消耗量及空气离开干燥器时的湿度。设干肥料与水的比热容均为1.93kJ·kg^{-1}·K^{-1}。

[答：2.57×10^4 kg·h^{-1}，0.017kg·kg^{-1} 干空气]

9-6 某干燥器的生产能力为2000kg 湿物料·h^{-1}。操作条件如下：新鲜空气的温度为20℃，湿度为0.01kg 水·kg^{-1} 干空气。离开干燥器时空气的温度为34℃，湿度为0.028kg 水·kg^{-1} 干空气。物料进入干燥器时的湿含量为50%，离开干燥器时湿含量为13%（均为湿基）。已知干燥器内各项热量损失可以忽略，预热器热损失为15%。求干燥器所需要的空气量和空气预热器中热消耗量。

[答：13.11kg 干空气·s^{-1}，941kJ·s^{-1}]

9-7 某转筒式干燥器，转筒的内直径为1.2m，用于干燥一种粒状物料，物料中水分的质量分数是自30%干燥到2%（湿基）。所用湿空气的状态：进入干燥器时温度为110℃，湿球温度为40℃；离开干燥器时温度为75℃，湿球温度设为70℃。设计时规定空气在转筒内的质量速度为300kg·m^{-2}·h^{-1}。问这个干燥器每小时最多能处理多少千克湿物料？

[答：305kg·h^{-1}]

9-8 采用一台连续操作的干燥器来处理某物料。空气进预热器前的状态是干球温度为26℃，湿球温度为23℃，经预热器加热到95℃后，再送入干燥器，空气出干燥器时的温度为65℃。被干燥物料的状况是湿物料进口温度为25℃，产品的出口温度为35℃。湿物料的湿基含水量为1.5%（质量分数），干燥后最终湿基含水量为0.2%（质量分数）。绝干料的比热容为1.842kJ·kg^{-1}·K^{-1}。干燥器的生产能力为9216kg 湿物料·h^{-1}。干燥器的热损失为586kJ·kg^{-1} 汽化水分。试求产品量及空气消耗量。

[答：2.53kg·s^{-1}，4.92kg 湿空气·s^{-1}]

9-9 常压下，空气在温度为20℃、湿度为0.01kg 水·kg^{-1} 干空气的状态下被预热到120℃后进入理论干燥器，废气出口的湿度为0.03kg 水·kg^{-1} 干空气。物料的含水量由3.7%干燥至0.5%（均为湿基）。干空气的流量为8000kg 干空气·h^{-1}。试求：(1) 每小时加入干燥器的湿物料量；(2) 废气出口的温度。

[答：(1) 4975kg·h^{-1}；(2) 68.9℃]

9-10 某湿物料的处理量为3.89kg·s^{-1}，温度为20℃，含水量为10%（湿基），在常压下用热空气进行干燥，要求干燥后产品含水量不超过1%（湿基），物料的出口温度由实验测得为70℃。已知干物料的比热容为1.4kJ·kg^{-1}·K^{-1}，空气的初始温度为20℃，相对湿度为50%，若将空气预热至130℃进入干燥器，规定气体出口温度不低于80℃，干燥过程热损失约为预热器供热量的10%。试求：(1) 该干燥过程所需空气量、所需热量及干燥器的热效率；(2) 若加强干燥设备的保温措施，使热损失可以忽略不计，所需空气量、所需热量及干燥器的热效率有何变化？

[答：(1) 29.05kg 干空气·s^{-1}，3271kJ·s^{-1}，0.354；(2) 22.7kg 干空气·s^{-1}，2556kJ·s^{-1}，0.454]

9-11 常压下，已知25℃时氧化锌物料的气、固两相水分的平衡关系，其中当$\varphi=100\%$时，$X=0.02$kg 水·kg^{-1} 绝干料，当$\varphi=40\%$时，$X=0.007$kg 水·kg^{-1} 绝干料。设氧化锌的含水量为0.25kg 水·kg^{-1} 绝干料，若与$t=25℃$，$\varphi=40\%$的恒定空气条件长时间充分接触。试问该物料的平衡含水量和自由含水量，结合水分和非结合水分的含量各为多少？

[答：0.007kg 水·kg^{-1} 绝干料，0.243kg 水·kg^{-1} 绝干料，0.02kg 水·kg^{-1} 绝干料，0.23kg 水·kg^{-1} 绝干料]

9-12 在恒定干燥条件下，将某湿物料由$X_1=0.33$kg 水·kg^{-1} 绝干料，干燥至$X_2=0.09$kg 水·kg^{-1} 绝干料，共需7h。已知物料的临界含水量为$X_0=0.16$kg 水·kg^{-1} 绝干料，平衡含水量为$X^*=0.05$kg 水·kg^{-1} 绝干料。问继续干燥至$X_3=0.07$kg 水·kg^{-1} 绝干料，再需多少小时？

[答：1.9h]

本章关键词中英文对照

干燥/drying
湿空气/humid air
湿空气/moist air
饱和空气/saturated air
不饱和空气/undersaturated air
不含蒸汽的空气、绝干空气/vapor-free gas
温度计/thermometer
干球温度/dry bulb temperature
湿球温度/wet-bulb temperature
绝对饱和温度/adiabatic saturation temperature
露点温度/dew-point temperature
湿度/humidity
饱和湿度/saturation humidity
绝对湿度/absolute humidities
相对湿度/relative humidity
湿度平衡/moisture equilibria
湿含量/moisture content
平衡湿含量/equilibrium moisture content
自由湿含量/free moisture content
比热容/the specific heats
湿比热容/humid heat
湿比容/humid volume
显热/sensible heat
潜热/latent heat
焓/enthalpy
饱和蒸汽压/the saturation vapor pressure
湿度图/humidity chart
加湿/humidification

去湿/dehumidification
脱水/dehydration
绝干/bone-dry
绝干固体/moisture-free（bone-dry）solid
进料/feedstock
颗粒/granular
结合水/bound moisture
非结合水/unbound moisture
平衡水分/equilibrium moisture
自由水分/free moisture
空隙率/void fraction
毛细作用力/capillary forces
干燥速度曲线/rate-of-drying curve
恒定干燥条件/constant-drying conditions
恒速率阶段/constant-rate period
降速阶段/falling-rate period
临界湿含量/critical moisture content
喷雾器 atomizer
气流干燥器/flash dryers
间歇干燥器/batch dryer
箱式干燥箱/compartment dryer
转筒干燥器/rotary dryers
转筒干燥器/rum dryer
喷雾干燥机/spray dryers
真空干燥 vacuum drying
冷冻干燥/freeze-drying
热敏性的/heat sensitive
吸湿性的/hygroscopic
试差法/trial-and-error

第 10 章
流态化与气力输送

> **本章学习要求**
>
> 一、重点掌握
> - 固定床、流化床与气力输送的定义及原理；
> - 流化床气速与压降的关系曲线。
>
> 二、熟悉内容
> - 起始流化速度的表达；
> - 流化床带出速度的定义与计算。
>
> 三、了解内容
> - 气力输送的操作方式与设备；
> - 流化床与其他单元操作的联合设备；
> - 新型流化床与气力输送技术与发展趋势。

10.1 固体流态化

10.1.1 流态化现象

流态化（简称流化）是一种使固体颗粒通过与流体接触转化成类似流体状态的操作。近 40 年来，这种技术发展很快，广泛应用于粉粒状物料的输送、混合、干燥、煅烧和气-固反应等过程中。

当流体自下而上地通过一个固体颗粒床层时，可能出现以下几种情况：当流速较低，颗粒静止不动，流体只在颗粒之间的缝隙穿过，称为固定床，如图 10-1(a) 所示；当流速继续增大，颗粒开始松动，颗粒位置也在一定的区间进行调整，床层略微膨胀，但颗粒还不能自由运动；如果流速再继续升高，这时颗粒全部悬浮在向上流动的气体或液体中，随着流速增大，床层的高度也随之升高，这种情况称为流化床，如图 10-1(b) 所示；当流速再升高达到某一极值时，流化床上界面消失，颗粒分散悬浮在气流中，被气流所带走，这种状态称为气力输送，如图 10-1(c) 所示。

在流化床阶段，床层有一明显的上界面，气-固系统的密相流化床，看起来很像沸腾着的液体，并且在很多方面都是呈现类似液体的性质。例如，当容器倾斜，床层上表面保持水平，如图 10-2(a) 所示。两床层连通，它们的床面能自行调整至同一水平面，如图 10-2(b) 所示。床层中任意两点压力差大致等于此两点的床层静压头，如图 10-2(c) 所示。流化床层也像液体一样具有流动性，如容器壁面开孔，颗粒将从孔口喷出。并可像液体一样由一个容器流入到另一个容器中，如图 10-2(d) 所示。

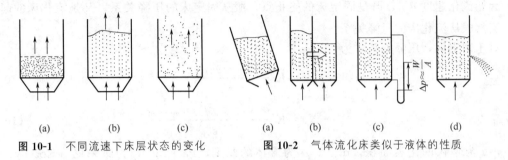

图 10-1　不同流速下床层状态的变化　　　图 10-2　气体流化床类似于液体的性质

由于流化床具有液体的某些性质，因此在一定状态下，流化床层有一定的密度、热导率、比热容和黏度等。在有些书刊中也称流化床为沸腾床和假液化床。

10.1.2　压降与流速的关系

气体空塔气速 u 即气体体积流量除以塔截面积。如果气体自下而上通过颗粒床层，气速 u 与床层压降（$-\Delta p$）的关系如图 10-3 所示。

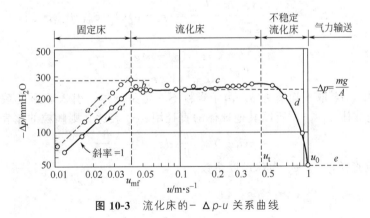

图 10-3　流化床的 $-\Delta p$-u 关系曲线

(1) 固定床阶段　图 10-3 中的曲线 a 段（虚线），表明 $-\Delta p$ 与 u 成正比例，直线关系，斜率为 1。

(2) 流化床阶段　当气速 u 增加，达到 b 处附近，压强降增至最大值后开始减小，出现向上的弧线 b 段。u 再增，$-\Delta p$ 基本维持不变，即曲线中的 c 段，是流化床的稳定阶段，$-\Delta p$ 开始稳定时的气速，称为起始流化速度 u_{mf}。当 u 再增加，颗粒有带出，越带出越多，$-\Delta p$ 开始下降，即曲线中的 d 段，可称为流化床的不稳定阶段，也可称为流化床与气力输送的过渡阶段，当 $-\Delta p$ 开始下降时的气速，称做带出速度 u_t。

(3) 气力输送阶段　当 u 再增，到达速度 u_0 处，颗粒全被气流带走，空隙率 ε 趋近于

1，$-\Delta p$ 最低，此时开始气力输送阶段。如曲线中的 e 段。u_0 称做气力输送气速。

当到达流化床阶段 c 以后，减少气速 u，发现压降（$-\Delta p$）曲线不是由 $b \to a$ 返回，而是 $b \to a'$（实线）返回。a' 段显示的 $-\Delta p$ 比 a 段的低，说明颗粒由上升气流中落下时，所形成的床层比人工充填的床层更为疏松，即空隙率更大些。

10.1.3 起始流化速度

起始流化速度 u_{mf}，既是固定床的终止点，服从固定床的压降关系，又是流化床的起始点，当然服从流化床的压降关系。

对于固定床，压降关系式为

$$-\Delta p = K'' \frac{a^2(1-\varepsilon)^2 \mu u L}{\varepsilon^3} \tag{10-1}$$

在 u_{mf} 点

$$-\Delta p = K'' \frac{a^2(1-\varepsilon_{mf})^2 \mu u_{mf} L_{mf}}{\varepsilon_{mf}^3} \tag{10-2}$$

式中，a 为颗粒的比表面积，m^{-1}；μ 为流体的黏度，$Pa \cdot s$；K'' 为康采尼（Kozeny）常数；ε_{mf} 为起始流化的床层空隙率；L_{mf} 为起始流化床层厚度，m。

对于流化床，压降关系为

$$\frac{-\Delta p}{L} = (\rho_s - \rho)(1-\varepsilon)g \tag{10-3}$$

式中，ρ_s、ρ 分别是固体和流体的密度，$kg \cdot m^{-3}$。

在 u_{mf} 点

$$-\Delta p = (\rho_s - \rho)(1-\varepsilon_{mf}) L_{mf} g \tag{10-4}$$

联立式(10-2)、式(10-4)得

$$K'' \frac{a^2(1-\varepsilon_{mf})^2 \mu u_{mf} L_{mf}}{\varepsilon_{mf}^3} = (\rho_s - \rho)(1-\varepsilon_{mf}) L_{mf} g$$

则

$$u_{mf} = \frac{\varepsilon_{mf}^3 (\rho_s - \rho) g}{K'' a^2 (1-\varepsilon_{mf}) \mu} \tag{10-5}$$

式(10-3)中，K'' 取平均值为 5。由于颗粒不一定是球体，引入球形度系数 φ_s，光滑球体 $\varphi_s = 1$，其他球体 $\varphi_s < 1$，所以其他球体的直径用 $d\varphi_s$ 表达。则颗粒的比表面积

$$a = \pi(d\varphi_s)^2 / \left[\frac{\pi}{6}(d\varphi_s)^3\right] = \frac{6}{d\varphi_s} \tag{10-6}$$

式中，d 为颗粒直径，m；φ_s 为球形度系数。

将 $K''=5$，$a = \frac{6}{d\varphi_s}$ 代入式(10-5)得

$$u_{mf} = \frac{\varepsilon_{mf}^3 \varphi_s^2 d^2 (\rho_s - \rho) g}{180(1-\varepsilon_{mf}) \mu} \tag{10-7}$$

令 $C_{mf} = \frac{\varepsilon_{mf}^3 \varphi_s^2}{180(1-\varepsilon_{mf})}$，称为起始流化系数，对于光滑球体，$\varepsilon_{mf} = 0.4$，$\varphi_s = 1$

$$C_{mf} = \frac{(0.4)^3 \times 1}{180 \times (1-0.4)} = 0.00059$$

则

$$u_{mf} = 0.00059 \frac{d^2 (\rho_s - \rho) g}{\mu} \tag{10-8}$$

式(10-7)、式(10-8)即光滑球体颗粒的起始流化速度的表达式。

10.1.4 流化床的带出速度

u_t 是流化床流体速度的上限，u_{mf} 就是流化床流体速度的下限了。

下面介绍一种计算 u_t 的简易算法。

(1) 首先用斯托克斯定律计算 u'_t

$$u'_t = \frac{d^2(\rho_s - \rho)g}{18\mu} \tag{3-6}$$

(2) 算出此时的雷诺数

$$Re'_t = \frac{du'_t\rho}{\mu}$$

(3) 利用图 10-4 以求取修正系数 f_t，f_t 为实际沉降速度 u_t 与按斯托克斯定律计算的沉降速度 u'_t 的比值。

$$f_t = u_t/u'_t$$

$$u_t = f_t u'_t = f_t \frac{d^2(\rho_s - \rho)g}{18\mu} \tag{10-9}$$

由式(10-9)可以确定沉降速度。修正系数 f_t 可以从图 10-4 查得。

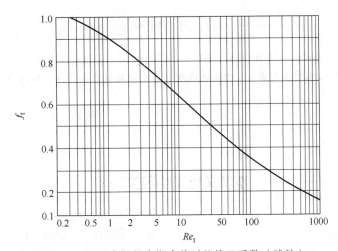

图 10-4　不适合斯托克斯定律时的修正系数（球粒）

对于非球形颗粒，可用非球形颗粒校正系数 C 乘以按球形颗粒计算的 u_t，最后即得到非球形颗粒的带出速度。C 的数值可按式(10-10)进行计算。

$$C = 0.843\lg\frac{\varphi_s}{0.065} \tag{10-10}$$

关于流化床的操作速度，理论上应在最小（起始）流化速度和带出速度之间。

10.2　气力输送概述

当流化床中的气速大于带出速度 u_t 时，即开始了流态化的气力输送阶段。这种利用气体的流动来输送固体颗粒的操作称为气力输送。气力输送是一种先进的输送方法。广泛用于仓库、码头和工厂内外，用来输送粉状、粒状、片状的散碎物料。

气力输送的优点：①结构简单，易于实现连续化和自动化操作；②生产能力大，可沿任何方向输送；③系统密封，可减少物料损失，保持环境。缺点是动力损耗大，物料对管路磨损大。

气力输送可分为引风式操作和压风式操作。

气力输送的实际气速 u_1 肯定比带出速度 u_t 要大得多，但具体确定是多少，一般根据经验进行设计。可参考表 10-1 所列数据。

表 10-1　气流速度的经验系数

输送物料情况	气流速度 u	输送物料情况	气流速度 u
松散物料在垂直管路中	$u=(1.3\sim1.7)u_t$	有两个弯头的垂直或倾斜管	$u=(2.4\sim4.0)u_t$
松散物料在倾斜管路中	$u=(1.5\sim1.9)u_t$	管路布置较复杂时	$u=(2.6\sim5.0)u_t$
松散物料在水平管路中	$u=(1.8\sim2.0)u_t$	细粉状物料	$u=(50\sim100)u_t$
有一个弯头的上升管	$u=2.2u_t$		

由于气力输送过程复杂，目前还没有成熟的理论可以遵循，多数参考经验公式进行设计。

习　题

流化床干燥器中的颗粒的直径为 5mm，密度为 1400kg·m^{-3}，静床高为 0.3m。热空气在床中的平均温度为 200℃。试求流化床的压力降及起始流化速度。为了简化计算，空气可假设为干空气，颗粒可视为球形（$\varphi_s=1$，$\varepsilon_{mf}=\varepsilon_m=0.4$）。

[答：$-\Delta p=2472\text{Pa}$；$u_{mf}=7.8\text{m·s}^{-1}$]

本章关键词中英文对照

流态化/fluidization　　　　　　　　球形度/sphericity
流化床/fluidized bed　　　　　　　最小流化速度/minimum fluidization velocity
颗粒流化/particulate fluidization　　空隙率/void fraction
光滑球体/smooth sphere　　　　　　比表面积/specific surface area

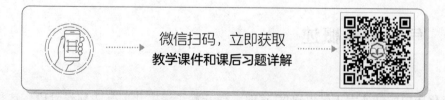

附录

附录1 常用单位换算

	米 m	毫米 mm	英寸 in	英尺 ft	英里 mile
长度	1	1×10^3	39.37	3.2808	6.214×10^{-4}
	1×10^{-3}	1	3.937×10^{-2}	3.28×10^{-3}	6.214×10^{-7}
	2.548×10^{-2}	25.4	1	8.333×10^{-2}	1.578×10^{-5}
	3.048×10^{-1}	304.8	12	1	1.894×10^{-4}
	1.609×10^3	1.609×10^6	6.336×10^4	5280	1

	平方米 m^2	公亩 Are	平方公里 km^2	平方英尺 ft^2	英亩 Acre
面积	1	1×10^{-2}	1×10^{-6}	10.764	2.471×10^{-4}
	100	1	1×10^{-4}	1076.4	2.471×10^{-2}
	1×10^6	1×10^4	1	1.076×10^7	247.1
	9.29×10^{-2}	9.29×10^{-4}	9.29×10^{-8}	1	2.296×10^{-5}
	4046.9	40.469	4.047×10^{-3}	43560	1

	立方米 m^3	升 L	(美)加仑 US Gal	(英)加仑 UK Gal	立方英尺 ft^3
体积	1	1000	264.17	219.98	35.315
	1×10^{-3}	1	2.642×10^{-1}	2.20×10^{-1}	0.0353
	3.785×10^{-3}	3.7853	1	8.327×10^{-1}	0.1337
	4.546×10^{-3}	4.546	1.20095	1	0.1605
	2.832×10^{-2}	28.316	7.481	6.229	1

	克 g	千克 kg	吨 t	磅 lb	盎司 oz
质量	1	1×10^{-3}	1×10^{-6}	2.205×10^{-3}	3.527×10^{-2}
	1×10^3	1	1×10^{-3}	2.20462	35.274
	1×10^6	1×10^3	1	2204.6	3.527×10^4
	453.59	4.5359×10^{-1}	4.536×10^{-4}	1	16
	28.35	2.835×10^{-2}	2.835×10^{-5}	6.25×10^{-2}	1

	牛顿 N ($kg_质\cdot m\cdot s^{-2}$)	公斤(力) (kgf)	达因 dyn	磅 lbf	磅达 pdl
力(重量)	1	0.102	10^5	0.2248	7.233
	9.8067	1	980670	2.205	70.91
	10^{-5}	1.02×10^{-6}	1	2.248×10^{-6}	7.233×10^{-5}
	4.448	0.4536	4.448×10^5	1	32.17
	0.1383	0.0141	13825	0.0311	1

续表

	牛顿·米$^{-1}$ N·m^{-1}	公斤力·米$^{-1}$ kgf·m^{-1}	达因·厘米$^{-1}$ dyn·cm^{-1}	磅·英尺$^{-1}$ lbf·ft^{-1}	克·厘米$^{-1}$ g·cm^{-1}
表面张力	1	0.102	10^3	6.864×10^{-2}	1.02
	9.807	1	9807	0.6720	10
	10^{-3}	1.02×10^{-4}	1	6.864×10^{-5}	1.02×10^{-3}
	14.592	1.488	14592	1	14.88
	0.9807	0.1	980.7	0.0672	1

	帕 Pa	毫米水柱 mmH$_2$O	大气压 atm	磅力/平方英寸 psi	英寸汞柱 inHg
压力	1	1.0197×10^{-1}	9.8692×10^{-6}	1.4504×10^{-4}	2.953×10^{-4}
	9.806	1	9.678×10^{-5}	1.422×10^{-3}	2.89×10^{-3}
	101325	10332	1	14.696	29.921
	6894.8	703.06	6.805×10^{-2}	1	2.036
	3386.5	345.32	3.34×10^{-2}	4.912×10^{-1}	1

	焦耳 J	千焦耳 kJ	千瓦·时 kW·h	大卡 kcal	英热单位 Btu
能量	1	1×10^{-3}	2.778×10^{-7}	2.388×10^{-4}	9.478×10^{-4}
	1×10^3	1	2.778×10^{-4}	2.388×10^{-1}	9.478×10^{-1}
	3.6×10^6	3600	1	860.1	3413
	4186.8	4.1868	1.163×10^{-3}	1	3.968
	1055.1	1.0551	2.93×10^{-4}	2.519×10^{-1}	1

	瓦 W	千瓦 kW	大卡·时$^{-1}$ kcal·h^{-1}	英热单位·时$^{-1}$ Btu·h^{-1}	冷吨 TR
功率	1	1×10^{-3}	8.60×10^{-1}	3.413	2.844×10^{-4}
	1×10^3	1	860.1	3.413×10^3	2.844×10^{-1}
	1.163	1.163×10^{-3}	1	3.968	3.30×10^{-4}
	2.93×10^{-1}	2.93×10^{-4}	2.52×10^{-1}	1	8.33×10^{-5}
	3516	3.516	3024	12000	1

	W·m^{-2}·K^{-1}	kcal·h^{-1}·m^{-2}·℃$^{-1}$	英热单位·英尺$^{-2}$·时$^{-1}$·℉$^{-1}$ Btu·h^{-1}·ft^{-2}·℉$^{-1}$
传热系数	1	0.8597	0.1761
	1.163	1	0.2049
	5.6783	4.882	1

	W·m^{-1}·K^{-1}	kcal·cm·m^{-2}·h^{-1}·℃$^{-1}$	英热单位·英寸·英尺$^{-2}$·时$^{-1}$·℉$^{-1}$ Btu·in·h^{-1}·ft^{-2}·℉$^{-1}$
热导率	1	86.01	6.935
	1.163×10^{-2}	1	8.063×10^{-2}
	1.442×10^{-1}	12.40	1

	kJ·kg^{-1}·K^{-1}	kcal·kg^{-1}·℃$^{-1}$	英热单位·磅$^{-1}$·℉$^{-1}$ Btu·lb^{-1}·℉$^{-1}$
比热容	1	2.388×10^{-1}	2.388×10^{-1}
	4.1868	1	1

续表

	Pa·s	泊 P	厘泊 cP	磅·英尺$^{-1}$·s lb·ft^{-1}·s	公斤力·s·m^{-2} kgf·s·m^{-2}
动力黏度	1	10	1000	0.6720	0.102
	0.1	1	100	0.0672	0.0102
	10^{-3}	0.01	1	6.72×10^{-4}	1.02×10^{-4}
	1.4481	14.881	1488.1	1	0.1519
	9.81	98.1	9810	6.59	1

	m^2·s^{-1}	斯 cm^2·s^{-1}	米^2·时$^{-1}$ m^2·h^{-1}	英尺^2·秒$^{-1}$ ft^2·s^{-1}	英尺^2·时$^{-1}$ ft^2·s^{-1}
运动黏度	1	10^4	3.6×10^3	10.76	38750
	10^{-4}	1	0.36	1.076×10^{-3}	3.875
	2.778×10^{-4}	2.778	1	2.99×10^{-3}	10.76
	9.29×10^{-4}	929.0	334.5	1	3600
	2.851×10^{-3}	0.2581	0.0929	2.778×10^{-4}	1

	米^2·秒$^{-1}$ m^2·s^{-1}	厘米^2·秒$^{-1}$ cm^2·s^{-1}	米^2·时$^{-1}$ m^2·h^{-1}	英尺^2·时$^{-1}$ ft^2·h^{-1}	英尺^2·秒$^{-1}$ in^2·s^{-1}
扩散系数	1	10^4	3600	3.875×10^4	1550
	10^{-4}	1	0.36	3.875	0.155
	2.778×10^{-4}	2.778	1	10.674	0.4306
	0.2581×10^{-4}	0.2581	0.0929	1	0.04
	6.452×10^{-4}	6.452	2.323	25	1

注：1 n mile（海里）=1852m，1 桶=138kg，$t/℃=\frac{5}{9}(t/℉-32)$。

附录 2　水的物理性质

温度 $(t)/℃$	饱和蒸气压 $(p)/kPa$	密度 (ρ) /kg·m^{-3}	焓 (H) /kJ·kg^{-1}	比热容 $(c_p\times10^{-3})$ /J·kg^{-1}·K^{-1}	热导率 $(\lambda\times10^2)$ /W·m^{-1}·K^{-1}	黏度 $(\mu\times10^6)$ /Pa·s	体积膨胀系数 $(\beta\times10^4)$ /K^{-1}	表面张力 $(\sigma\times10^4)$ /N·m^{-1}	普朗特数 Pr
0	0.611	999.9	0	4.212	55.1	1788	−0.81	756.4	13.6
10	1.227	999.7	42.04	4.191	57.4	1306	+0.87	741.6	9.52
20	2.338	998.2	83.91	4.183	59.9	1004	2.09	726.9	7.02
30	4.241	995.7	125.7	4.174	61.8	801.5	3.05	712.2	5.42
40	7.375	992.2	167.5	4.174	63.5	653.3	3.86	696.5	4.31
50	12.335	988.1	209.3	4.174	64.8	549.4	4.57	676.9	3.54
60	19.92	983.1	251.1	4.179	65.9	469.9	5.22	662.2	2.99
70	31.16	977.8	293.0	4.187	66.8	406.1	5.83	643.5	2.55
80	47.36	971.8	355.0	4.195	67.4	355.1	6.40	625.9	2.21
90	70.11	965.3	377.0	4.208	68.0	314.9	6.96	607.2	1.95
100	101.3	958.4	419.1	4.220	68.3	282.5	7.50	588.6	1.75
110	143	951.0	461.4	4.233	68.5	259.0	8.04	569.0	1.60
120	198	943.1	503.7	4.250	68.6	237.4	8.58	548.4	1.47
130	270	934.8	546.4	4.266	68.6	217.8	9.12	528.8	1.36
140	361	926.1	589.1	4.287	68.5	201.1	9.68	507.2	1.26

续表

温度 (t)/℃	饱和蒸气压 (p)/kPa	密度 (ρ) /kg·m^{-3}	焓 (H) /kJ·kg^{-1}	比热容 $(c_p \times 10^{-3})$ /J·kg^{-1}·K^{-1}	热导率 $(\lambda \times 10^2)$ /W·m^{-1}·K^{-1}	黏度 $(\mu \times 10^6)$ /Pa·s	体积膨胀系数 $(\beta \times 10^4)$ /K^{-1}	表面张力 $(\sigma \times 10^4)$ /N·m^{-1}	普朗特数 Pr
150	476	917.0	632.2	4.313	68.4	186.4	10.26	486.6	1.17
160	618	907.0	675.4	4.346	68.3	173.6	10.87	466.0	1.10
170	792	897.3	719.3	4.380	67.9	162.8	11.52	443.4	1.05
180	1003	886.9	763.3	4.417	67.4	153.0	12.21	422.8	1.00
190	1255	876.0	807.8	4.459	67.0	144.2	12.96	400.2	0.96
200	1555	863.0	852.8	4.505	66.3	136.4	13.77	376.7	0.93
210	1908	852.3	897.7	4.555	65.5	130.5	14.67	354.1	0.91
220	2320	840.3	943.7	4.614	64.5	124.6	15.67	331.6	0.89
230	2798	827.3	990.2	4.681	63.7	119.7	16.80	310.0	0.88
240	3348	813.6	1037.5	4.756	62.8	114.8	18.08	285.5	0.87
250	3978	799.0	1085.7	4.844	61.8	109.9	19.55	261.9	0.86
260	4694	784.0	1135.7	4.949	60.5	105.9	21.27	237.4	0.87
270	5505	767.9	1185.7	5.070	59.0	102.0	23.31	214.8	0.88
280	6419	750.7	1236.8	5.230	57.4	98.1	25.79	191.3	0.90
290	7445	732.3	1290.0	5.485	55.8	94.2	28.84	168.7	0.93
300	8592	712.5	1344.9	5.736	54.0	91.2	32.73	144.2	0.97
310	9870	691.1	1402.2	6.071	52.3	88.3	37.85	120.7	1.03
320	11290	667.1	1462.1	6.574	50.6	85.3	44.91	98.10	1.11
330	12865	640.2	1526.2	7.244	48.4	81.4	55.31	76.71	1.22
340	14608	610.1	1594.8	8.165	45.7	77.5	72.10	56.70	1.39
350	16537	574.4	1671.4	9.504	43.0	72.6	103.7	38.16	1.60
360	18674	528.0	1761.5	13.984	39.5	66.7	182.9	20.21	2.35
370	21053	450.5	1892.5	40.321	33.7	56.9	676.7	4.71	6.79

注：β 值选自 Steam Tables in SI Units, 2nd ed, Grigull U, et al, ed, Springer-Verlag, 1984。

附录3 饱和水蒸气的物理性质（按温度排列）

温度/℃	绝对压力/kPa	蒸汽的比体积 /m^3·kg^{-1}	蒸汽的密度 /kg·m^{-3}	焓/kJ·kg^{-1} 液体	焓/kJ·kg^{-1} 蒸汽	汽化热 /kJ·kg^{-1}
0	0.6082	206.5	0.00484	0	2491	2491
5	0.8730	147.1	0.00680	20.9	2500.8	2480
10	1.226	106.4	0.00940	41.9	2510.4	2469
15	1.707	77.9	0.01283	62.8	2520.5	2458
20	2.335	57.8	0.01719	83.7	2530.1	2446
25	3.168	43.40	0.02304	104.7	2539.7	2435
30	4.247	32.93	0.03036	125.6	2549.3	2424
35	5.621	25.25	0.03960	146.5	2559.0	2412
40	7.377	19.55	0.05114	167.5	2568.6	2401
45	9.584	15.28	0.06543	188.4	2577.8	2389
50	12.34	12.054	0.0830	209.3	2587.4	2378
55	15.74	9.589	0.1043	230.3	2596.7	2366
60	19.92	7.687	0.1301	251.2	2606.3	2355
65	25.01	6.209	0.1611	272.1	2615.5	2343
70	31.16	5.052	0.1979	293.1	2624.3	2331

续表

温度/℃	绝对压力/kPa	蒸汽的比体积/m³·kg⁻¹	蒸汽的密度/kg·m⁻³	焓/kJ·kg⁻¹ 液体	焓/kJ·kg⁻¹ 蒸汽	汽化热/kJ·kg⁻¹
75	38.55	4.139	0.2416	314.0	2633.5	2320
80	47.68	3.414	0.2929	334.9	2642.3	2307
85	57.88	2.832	0.3531	355.9	2651.1	2295
90	70.14	2.365	0.4229	376.8	2659.9	2283
95	84.56	1.985	0.5039	397.8	2668.7	2271
100	101.33	1.675	0.5970	418.7	2677.0	2258
105	120.85	1.421	0.7036	440.0	2685.0	2245
110	143.31	1.212	0.8254	461.0	2693.4	2232
115	169.11	1.038	0.9635	482.3	2701.3	2219
120	198.64	0.893	1.1199	503.7	2708.9	2205
125	232.19	0.7715	1.296	525.0	2716.4	2191
130	270.25	0.6693	1.494	546.4	2723.9	2178
135	313.11	0.5831	1.715	567.7	2731.0	2163
140	361.47	0.5096	1.962	589.1	2737.7	2149
145	415.72	0.4469	2.238	610.9	2744.4	2134
150	476.24	0.3933	2.543	632.2	2750.7	2119
160	618.28	0.3075	3.252	675.8	2762.9	2087
170	792.59	0.2431	4.113	719.3	2773.3	2054
180	1003.5	0.1944	5.145	763.3	2782.5	2019
190	1255.6	0.1568	6.378	807.6	2790.1	1982
200	1554.8	0.1276	7.840	852.0	2795.5	1944
210	1917.7	0.1045	9.567	897.2	2799.3	1902
220	2320.9	0.0862	11.60	942.4	2801.0	1859
230	2798.6	0.07155	13.98	988.5	2800.1	1812
240	3347.9	0.05967	16.76	1034.6	2796.8	1762
250	3977.7	0.04998	20.01	1081.4	2790.1	1709
260	4693.8	0.04199	23.82	1128.8	2780.9	1652
270	5504.0	0.03538	28.27	1176.9	2769.3	1591
280	6417.2	0.02988	33.47	1225.5	2752.0	1526
290	7743.3	0.02525	39.60	1274.5	2732.3	1457
300	8592.9	0.02131	46.93	1325.5	2708.0	1382

附录 4 饱和水蒸气的物理性质（按压力排列）

绝对压力/kPa	温度/℃	蒸汽的比体积/m³·kg⁻¹	蒸汽的密度/kg·m⁻³	焓/kJ·kg⁻¹ 液体	焓/kJ·kg⁻¹ 蒸汽	汽化热/kJ·kg⁻¹
1.0	6.3	129.37	0.00773	26.48	2503.1	2476.8
1.5	12.5	88.26	0.01133	52.26	2515.3	2463.0
2.0	17.0	67.29	0.01486	71.21	2524.2	2452.9
2.5	20.9	54.47	0.01836	87.45	2531.8	2444.3
3.0	23.5	45.52	0.02179	98.38	2536.8	2438.4
3.5	26.1	39.45	0.02523	109.30	2541.8	2432.5
4.0	28.7	34.88	0.02867	120.23	2546.8	2426.6
4.5	30.8	33.06	0.03205	129.00	2550.9	2421.9
5.0	32.4	28.27	0.03537	135.69	2554.0	2418.3
6.0	35.6	23.81	0.04200	149.06	2560.1	2411.0

续表

绝对压力/kPa	温度/℃	蒸汽的比体积 /m³·kg⁻¹	蒸汽的密度 /kg·m⁻³	焓/kJ·kg⁻¹ 液体	焓/kJ·kg⁻¹ 蒸汽	汽化热 /kJ·kg⁻¹
7.0	38.8	20.56	0.04864	162.44	2566.3	2403.8
8.0	41.3	18.13	0.05514	172.73	2571.0	2398.2
9.0	43.3	16.24	0.06156	181.16	2574.8	2393.6
10	45.3	14.71	0.06798	189.59	2578.5	2388.9
15	53.5	10.04	0.09956	224.03	2594.0	2370.0
20	60.1	7.65	0.13068	251.51	2606.4	2354.9
30	66.5	5.24	0.19093	288.77	2622.4	2333.7
40	75.0	4.00	0.24975	315.93	2634.1	2312.2
50	81.2	3.25	0.30799	339.8	2644.3	2304.5
60	85.6	2.74	0.36514	358.21	2652.1	2293.9
70	89.9	2.37	0.42229	376.61	2659.8	2283.2
80	93.2	2.09	0.47807	390.08	2665.3	2275.3
90	96.4	1.87	0.53384	403.49	2670.8	2267.4
100	99.6	1.70	0.58961	416.90	2676.3	2259.5
120	104.5	1.43	0.69868	437.51	2684.3	2246.8
140	109.2	1.24	0.80758	457.67	2692.1	2234.4
160	113.0	1.21	0.82981	473.88	2698.1	2224.2
180	116.6	0.988	1.0209	489.32	2703.7	2214.6
200	120.2	0.887	1.1273	493.71	2709.2	2204.6
250	127.2	0.719	1.3904	534.39	2719.7	2185.4
300	133.3	0.606	1.6501	560.38	2728.5	2168.1
350	138.8	0.524	1.9074	583.76	2736.1	2152.3
400	143.4	0.463	2.1618	603.61	2742.1	2138.5
450	147.7	0.414	2.4152	622.42	2747.8	2125.4
500	151.7	0.375	2.6673	639.59	2752.8	2113.2
600	158.7	0.316	3.1686	670.22	2761.4	2091.1
700	164.7	0.273	3.6657	696.27	2767.8	2071.5
800	170.4	0.240	4.1614	720.96	2773.7	2052.7
900	175.1	0.215	4.6525	741.82	2778.1	2036.2
1×10³	179.9	0.194	5.1432	762.68	2782.5	2019.7
1.1×10³	180.2	0.177	5.6339	780.34	2785.5	2005.1
1.2×10³	187.8	0.166	6.1241	797.92	2788.5	1990.6
1.3×10³	191.5	0.155	6.6141	814.25	2790.9	1976.7
1.4×10³	194.8	0.141	7.1038	829.06	2792.4	1963.7
1.5×10³	198.2	0.132	7.5935	843.86	2794.5	1950.7
1.6×10³	201.3	0.124	8.0814	857.77	2796.0	1938.2
1.7×10³	204.1	0.177	8.5674	870.58	2797.1	1926.5
1.8×10³	206.9	0.110	9.0533	883.39	2798.1	1914.8
1.9×10³	209.8	0.105	9.5392	896.21	2799.2	1903.0
2×10³	212.2	0.0997	10.0338	907.32	2799.7	1892.4
3×10³	233.7	0.0666	15.0075	1005.4	2798.9	1793.5
4×10³	250.3	0.0498	20.0969	1082.9	2789.8	1706.8
5×10³	263.8	0.0394	25.3663	1146.9	2776.2	1629.2
6×10³	275.4	0.0324	30.8494	1203.2	2759.5	1556.3
7×10³	285.7	0.0273	36.5744	1253.2	2740.8	1487.6

续表

绝对压力/kPa	温度/℃	蒸汽的比体积/$m^3 \cdot kg^{-1}$	蒸汽的密度/$kg \cdot m^{-3}$	焓/$kJ \cdot kg^{-1}$ 液体	焓/$kJ \cdot kg^{-1}$ 蒸汽	汽化热/$kJ \cdot kg^{-1}$
8×10^3	294.8	0.0295	42.5768	1299.2	2720.5	1403.7
9×10^3	303.2	0.0205	48.8945	1343.4	2699.1	1356.6
1×10^4	310.9	0.018	55.5407	1384.0	2677.1	1293.1
1.2×10^4	324.5	0.0142	70.3075	1463.4	2631.2	1167.7
1.4×10^4	336.5	0.0115	87.3020	1567.9	2583.2	1043.4
1.6×10^4	347.2	0.00927	107.8010	1615.8	2531.1	915.4
1.8×10^4	356.9	0.00744	134.4813	1699.8	2466.0	766.1
2×10^4	365.6	0.00566	176.5961	1817.8	2364.2	544.9

附录5 干空气的物理性质（$p = 1.01325 \times 10^5$ Pa）

温度(t)/℃	密度(ρ)/$kg \cdot m^{-3}$	定压比热容(c_p)/$kJ \cdot kg^{-1} \cdot ℃^{-1}$	热导率($\lambda \times 10^2$)/$W \cdot m^{-1} \cdot ℃^{-1}$	黏度($\mu \times 10^6$)/Pa·s	运动黏度($v \times 10^6$)/$m^2 \cdot s^{-1}$	普朗特数 Pr
−50	1.584	1.013	2.04	14.6	9.23	0.728
−40	1.515	1.013	2.12	15.2	10.04	0.728
−30	1.453	1.013	2.20	15.7	10.80	0.723
−20	1.395	1.009	2.28	16.2	11.61	0.716
−10	1.342	1.009	2.36	16.7	12.43	0.712
0	1.293	1.005	2.44	17.2	13.28	0.707
10	1.247	1.005	2.51	17.6	14.16	0.705
20	1.205	1.005	2.59	18.1	15.06	0.703
30	1.165	1.005	2.67	18.6	16.00	0.701
40	1.128	1.005	2.76	19.1	16.96	0.699
50	1.093	1.005	2.83	19.6	17.95	0.698
60	1.060	1.005	2.90	20.1	18.97	0.696
70	1.029	1.009	2.96	20.6	20.02	0.694
80	1.000	1.009	3.05	21.1	21.09	0.692
90	0.972	1.009	3.13	21.5	22.10	0.690
100	0.946	1.009	3.21	21.9	23.13	0.688
120	0.898	1.009	3.34	22.8	25.45	0.686
140	0.854	1.013	3.49	23.7	27.80	0.684
160	0.815	1.017	3.64	24.5	30.09	0.682
180	0.779	1.022	3.78	25.3	32.49	0.681
200	0.746	1.026	3.93	26.0	34.85	0.680
250	0.674	1.038	4.27	27.4	40.61	0.677
300	0.615	1.047	4.60	29.7	48.33	0.674
350	0.566	1.059	4.91	31.4	55.46	0.676
400	0.524	1.068	5.21	33.0	63.09	0.678
500	0.456	1.093	5.74	36.2	79.38	0.687
600	0.404	1.114	6.22	39.1	96.89	0.699
700	0.362	1.135	6.71	41.8	115.40	0.706
800	0.329	1.156	7.18	44.3	134.80	0.713
900	0.301	1.172	7.63	46.7	155.10	0.717
1000	0.277	1.185	8.07	49.0	177.10	0.719
1100	0.257	1.197	8.50	51.2	199.30	0.722
1200	0.239	1.210	9.15	53.5	233.70	0.724

附录6 IS型单级单吸离心泵规格（摘录）

泵型号	流量 /m³·h⁻¹	扬程 /m	转速 /r·min⁻¹	汽蚀余量 /m	泵效率 /%	功率/kW 轴功率	功率/kW 配带功率
IS50-32-125	7.5	22	2900	2.0	47	0.96	2.2
	12.5	20		2.0	60	1.13	
	15	18.5		2.5	60	1.26	
	3.75	5.4	1450	2.0	43	0.13	0.55
	6.3	5		2.0	54	0.16	
	7.5	4.6		2.5	55	0.17	
IS50-32-160	7.5	34.3	2900	2.0	44	1.59	3
	12.5	32		2.0	54	2.02	
	15	29.6		2.5	56	2.16	
	3.75	8.5	1450	2.0	35	0.25	0.55
	6.3	8		2.0	48	0.28	
	7.5	7.5		2.5	49	0.31	
IS50-32-200	7.5	52.5	2900	2.0	38	2.82	5.5
	12.5	50		2.0	48	3.54	
	15	48		2.5	51	3.84	
	3.75	13.1	1450	2.0	33	0.41	0.75
	6.3	12.5		2.0	42	0.51	
	7.5	12		2.5	44	0.56	
IS50-32-250	7.5	82	2900	2.0	28.5	5.67	11
	12.5	80		2.0	38	7.16	
	15	78.5		2.5	41	7.83	
	3.75	20.5	1450	2.0	23	0.91	1.5
	6.3	20		2.0	32	1.07	
	7.5	19.5		2.5	35	1.14	
IS65-50-125	15	21.8	2900	2.0	58	1.54	3
	25	20		2.5	69	1.97	
	30	18.5		3.0	68	2.22	
	7.5	5.35	1450	2.0	53	0.21	0.55
	12.5	5		2.0	64	0.27	
	15	4.7		2.5	65	0.30	
IS65-50-160	15	35	2900	2.0	54	2.65	5.5
	25	32		2.0	65	3.35	
	30	30		2.5	66	3.71	
	7.5	8.8	1450	2.0	50	0.36	0.75
	12.5	8.0		2.0	60	0.45	
	15	7.2		2.5	60	0.49	
IS65-40-200	15	53	2900	2.0	40	4.42	7.5
	25	50		2.0	60	5.67	
	30	47		2.5	61	6.29	
	7.5	13.2	1450	2.0	43	0.63	1.1
	12.5	12.5		2.0	55	0.77	
	15	11.8		2.5	57	0.85	

续表

泵型号	流量 /m³·h⁻¹	扬程 /m	转速 /r·min⁻¹	汽蚀余量 /m	泵效率 /%	功率/kW	
						轴功率	配带功率
IS65-40-250	15	82	2900	2.0	37	9.05	15
	25	80		2.0	50	10.3	
	30	78		2.5	53	12.02	
IS65-40-315	15	127	2900	2.5	28	18.5	30
	25	125		2.5	40	21.3	
	30	123		3.0	44	22.8	
IS80-65-125	30	22.5	2900	3.0	64	2.87	5.5
	50	20		3.0	75	3.63	
	60	18		3.5	74	3.98	
	15	5.6	1450	2.5	55	0.42	0.75
	25	5		2.5	71	0.48	
	30	4.5		3.0	72	0.51	
IS80-65-160	30	36	2900	2.5	61	4.82	7.5
	50	32		2.5	73	5.97	
	60	29		3.0	72	6.59	
	15	9	1450	2.5	55	0.67	1.5
	25	8		2.5	69	0.75	
	30	7.2		3.0	68	0.86	
IS80-50-200	30	53	2900	2.5	55	7.87	15
	50	50		2.5	69	9.87	
	60	47		3.0	71	10.8	
	15	13.2	1450	2.5	51	1.06	2.2
	25	12.5		2.5	65	1.31	
	30	11.8		3.0	67	1.44	
IS80-50-250	30	84	2900	2.5	52	13.2	22
	50	80		2.5	63	17.3	
	60	75		3.0	64	19.2	
IS80-50-315	30	128	2900	2.5	41	25.5	37
	50	125		2.5	54	31.5	
	60	123		3.0	57	35.3	
IS100-80-125	60	24	2900	4.0	67	5.86	11
	100	20		4.5	78	7.00	
	120	16.5		5.0	74	7.28	

附录7 金属材料的某些性能

材料名称	密度 ρ/kg·m^{-3}	20℃ 比热容 c_p/J·kg^{-1}·K^{-1}	热导率 λ/W·m^{-1}·K^{-1}	热导率 λ/W·m^{-1}·K^{-1} 温度/℃ -100	0	100	200	300	400	600	800	1000	1200
纯铝	2710	902	236	243	236	240	238	234	228	215			
杜拉铝(96Al-4Cu,微量Mg)	2790	881	169	124	160	188	188	193					
铝合金(92Al-8Mg)	2610	904	107	86	102	123	148						
铝合金(87Al-13Si)	2660	871	162	139	158	173	176						
铍	1850	1758	219	382	218	170	145	129	118				
纯铜	8930	386	398	421	401	393	389	384	379	366	352		
铝青铜(90Cu-10Al)	8360	420	56		49	57	66						
青铜(89Cu-11Sn)	8800	343	24.8		24	28.4	33.2						
黄铜(70Cu-30Zn)	8440	377	109	90	106	131	143	145	148				
铜合金(60Cu-40Ni)	8920	410	22.2	19	22.2	23.4							
黄金	19300	127	315	331	318	313	310	305	300	287			
纯铁	7870	455	81.1	96.7	83.5	72.1	63.5	56.5	50.3	39.4	29.6	29.4	31.6
阿姆口铁	7860	455	73.2	82.9	74.7	67.5	61.0	54.8	49.9	38.6	29.3	29.3	31.1
灰铸铁($w_C \approx 3\%$)	7570	470	39.2		28.5	32.4	35.8	37.2	36.6	20.8	19.2		
碳钢($w_C \approx 0.5\%$)	7840	465	49.8	50.5	47.5	44.8	42.0	39.4	34.0	29.0		
碳钢($w_C \approx 1.0\%$)	7790	470	43.2	43.0	42.8	42.2	41.5	40.6	36.7	32.2		
碳钢($w_C \approx 1.5\%$)	7750	470	36.7	36.8	36.6	36.2	35.7	34.7	31.7	27.8		
铬钢($w_{Cr} \approx 5\%$)	7830	460	36.1	36.3	35.2	34.7	33.5	31.4	28.0	27.2	27.2	27.2
铬钢($w_{Cr} \approx 13\%$)	7740	460	26.8	26.5	27.0	27.0	27.0	27.6	28.4	29.0	29.0	
铬钢($w_{Cr} \approx 17\%$)	7710	460	22	22	22.2	22.6	22.6	23.3	24.0	24.8	25.5	
铬钢($w_{Cr} \approx 26\%$)	7650	460	22.6	22.6	23.8	25.5	27.2	28.5	31.8	35.1	38	

续表

材料名称	密度 ρ/kg·m^{-3}	20℃ 比热容 c_p/J·kg^{-1}·K^{-1}	20℃ 热导率 λ/W·m^{-1}·K^{-1}	热导率 λ/W·m^{-1}·K^{-1} 温度/℃ -100	0	100	200	300	400	600	800	1000	1200
铬镍钢(18-20Cr/8-12Ni)	7820	460	15.2	12.2	14.7	16.6	18.0	19.4	20.8	23.5	26.3		30.9
铬镍钢(17-19Cr/9-13Ni)	7830	460	14.7	11.8	14.3	16.1	17.5	18.8	20.2	22.8	25.5	28.2	
镍钢($w_{Ni} \approx 1\%$)	7900	460	45.5	40.8	45.2	46.8	46.1	44.1	41.2	35.7			
镍钢($w_{Ni} \approx 3.5\%$)	7910	460	36.5	30.7	36.0	38.8	39.7	39.2	37.8				
镍钢($w_{Ni} \approx 25\%$)	8030	460	13.0	10.9	13.4	15.4	17.1	18.6	20.1	23.1			
镍钢($w_{Ni} \approx 35\%$)	8110	460	13.8		15.7	16.1	16.5	16.9	17.1	17.8	18.4		
镍钢($w_{Ni} \approx 44\%$)	8190	460	15.8	17.3	19.4	20.5	21.0	21.1	21.3	22.5			
镍钢($w_{Ni} \approx 50\%$)	8260	460	19.6			14.8	16.0	17.0	18.3				
锰钢($w_{Mn} \approx 12\%$~13%, $w_{Ni} \approx 3\%$)	7800	487	13.6		18.4	51.0	50.0	47.0	43.5	35.5	27		
锰钢($w_{Mn} \approx 0.4\%$)	7860	440	51.2	37.2	35.5	19.7	21.0	22.3	23.6	24.9	26.3		
钨钢($w_W \approx 5\%$~6%)	8070	436	18.7			34.3	32.8	31.5					
铝	11340	128	35.3	160	157	154	152	150					
镁	1730	1020	156	146	139	135	131	127	123	116	109	103	93.7
钼	9590	255	138	144	94	82.8	74.2	67.3	64.6	69.0	73.3	77.6	81.9
镍	8900	444	91.4	73.3	71.5	71.6	72.0	72.8	73.6	76.6	80.0	84.2	88.9
铂	21450	133	71.4	431	428	422	415	407	399	384			
银	10500	234	427	75	68.2	63.2	60.9						
锡	7310	228	67	23.3	22.4	20.7	19.9	19.9	19.4	19.9	45.6		
钛	4500	520	22	24.3	27.0	29.1	31.1	33.4	35.7	40.6			
铀	19070	116	27.4	123	122	117	112						
锌	7140	388	121	26.5	23.2	21.8	21.2	20.9	21.4	22.3	24.5	26.4	28.0
锆	6570	276	22.9	204	182	166	153	142	134	125	119	114	110
钨	19350	134	179										

附录 8 某些液体的物理性质

序号	名称	分子式	相对分子质量	密度(20℃)/kg·m⁻³	沸点(101.325kPa)/℃	汽化热(101.325kPa)/kJ·kg⁻¹	比热容(20℃)/kJ·kg⁻¹·K⁻¹	粘度(20℃)/mPa·s	热导率(20℃)/W·m⁻¹·K⁻¹	体积膨胀系数(20℃)/10⁻⁴℃⁻¹	表面张力(20℃)/10⁻³N·m⁻¹
1	水	H_2O	18.02	998	100	2258	4.183	1.005	0.599	1.82	72.8
2	盐水(25%NaCl)	—		1186(25℃)	107		3.39	2.3	0.57(30℃)	(4.4)	
3	盐水(25%$CaCl_2$)	—		1228	107		2.89	2.5	0.57	(3.4)	
4	硫酸	H_2SO_4	98.08	1831	340(分解)		1.47(98%)		0.38	5.7	
5	硝酸	HNO_3	63.02	1513	86	481.1		1.17(10℃)			
6	盐酸(30%)	HCl	36.47	1149			2.55	2(31.5%)	0.42		
7	二硫化碳	CS_2	76.13	1262	46.3	352	1.005	0.38	0.16	12.1	32
8	戊烷	C_5H_{12}	72.15	626	36.07	357.4	2.24(15.6℃)	0.229	0.113	15.9	16.2
9	己烷	C_6H_{14}	86.17	659	68.74	335.1	2.31(15.6℃)	0.313	0.119		18.2
10	庚烷	C_7H_{16}	100.20	684	98.43	316.5	2.21(15.6℃)	0.411	0.123		20.1
11	辛烷	C_8H_{18}	114.22	763	125.67	306.4	2.19(15.6℃)	0.54	0.131		21.8
12	三氯甲烷	$CHCl_3$	119.38	1489	61.2	253.7	0.992	0.58	0.138(30℃)	12.6	28.5(10℃)
13	四氯化碳	CCl_4	153.82	1594	76.8	195	0.850	1.0	0.12		26.8
14	1,2-二氯乙烷	$C_2H_4Cl_2$	98.96	1253	83.6	324	1.26	0.83	0.14(50℃)		30.8
15	苯	C_6H_6	78.11	879	80.10	393.9	1.704	0.737	0.148	12.4	28.6
16	甲苯	C_7H_8	92.13	867	110.63	363	1.70	0.675	0.138	10.9	27.9
17	邻二甲苯	C_8H_{10}	106.16	880	144.42	347	1.74	0.811	0.142		30.2
18	间二甲苯	C_8H_{10}	106.16	864	139.10	343	1.70	0.611	0.167	10.1	29.0
19	对二甲苯	C_8H_{10}	106.16	861	138.35	340	1.704	0.643	0.129		28.0
20	苯乙烯	C_8H_8	104.1	911(15.6℃)	145.2	(352)	1.733	0.72			

续表

序号	名称	分子式	相对分子质量	密度(20℃)/kg·m^{-3}	沸点(101.325kPa)/℃	汽化热(101.325kPa)/kJ·kg^{-1}	比热容(20℃)/kJ·kg^{-1}·K^{-1}	黏度(20℃)/mPa·s	热导率(20℃)/W·m^{-1}·K^{-1}	体积膨胀系数(20℃)/10^{-4}℃$^{-1}$	表面张力(20℃)/10^{-3}N·m^{-1}
21	氯苯	C$_6$H$_5$Cl	112.56	1106	131.8	325	1.298	0.85	0.14(30℃)		32
22	硝基苯	C$_6$H$_5$NO$_2$	123.17	1203	210.9	396	1.466	2.1	0.15		41
23	苯胺	C$_6$H$_5$NH$_2$	93.13	1022	184.4	448	2.07	4.3	0.17	8.5	42.9
24	苯酚	C$_6$H$_5$OH	94.1	1050(50℃)	181.8 40.9(熔点)	511	1.80(100℃)	3.4(50℃)			
25	萘	C$_{10}$H$_8$	128.17	1145(固体)	217.9 80.2(熔点)	314		0.59(100℃)			
26	甲醇	CH$_3$OH	32.04	791	64.7	1101	2.48	0.6	0.212	12.2	22.6
27	乙醇	C$_2$H$_5$OH	46.07	789	78.3	846	2.39	1.15	0.172	11.6	22.8
28	乙醇(95%)	—		804	78.3		2.35	1.4			
29	乙二醇	C$_2$H$_4$(OH)$_2$	62.05	1113	197.6	780	2.35	23	0.59		47.7
30	甘油	C$_3$H$_5$(OH)$_3$	92.09	1261	290(分解)		2.34	1499	0.14	53	63
31	乙醚	(C$_2$H$_5$)$_2$O	74.12	714	34.6	360	1.9	0.24		16.3	18
32	乙醛	CH$_3$CHO	44.05	783(18℃)	20.2	574	1.6	1.3(18℃)			21.2
33	糠醛	C$_5$H$_4$O$_2$	96.06	1168	161.7	452	2.35	1.15(50℃)	0.17		43.5
34	丙酮	CH$_3$COCH$_3$	58.08	792	56.2	523	2.17	0.32	0.26		23.7
35	甲酸	HCOOH	46.03	1220	100.7	494	1.99	1.9	0.17	10.7	27.8
36	醋酸	CH$_3$COOH	60.03	1049	118.1	406	1.92	1.3	0.14(10℃)	10.0	23.9
37	醋酸乙酯	CH$_3$COOC$_2$H$_5$	88.11	901	77.1	368		0.48			
38	煤油			780～820				3	0.15		
39	汽油			680～800				0.7～0.8	0.19(30℃)	12.5	

附录 9 某些气体的物理性质

名称	分子式	相对分子质量	密度 (0℃,101.325kPa) /kg·m^{-3}	定压比热容 (20℃,101.325kPa) /kJ·kg^{-1}·K^{-1}	$K=\dfrac{c_p}{c_V}$	黏度 (0℃,101.325kPa) /10^{-6}Pa·s	沸点 (101.325kPa) /℃	汽化热 (101.325kPa) /kJ·kg^{-1}	临界点 温度/℃	临界点 压力/kPa	热导率 (0℃,101.325kPa) /W·m^{-1}·K^{-1}
空气	—	28.95	1.293	1.009	1.40	17.3	−195	197	−140.7	3769	0.0244
氧	O_2	32.00	1.429	0.913	1.40	20.3	−132.98	213	−118.82	5038	0.0240
氮	N_2	28.02	1.251	1.047	1.40	17.0	−195.78	199	−147.13	3393	0.0228
氢	H_2	2.02	0.090	14.27	1.407	8.42	−252.75	454	−239.9	1297	0.1630
氦	He	4.00	0.179	5.275	1.66	18.8	−268.95	20	−267.96	229	0.1440
氩	Ar	39.94	1.782	0.532	1.66	20.9	−185.87	163	−122.44	4864	0.0173
氯	Cl_2	70.91	3.217	0.481	1.36	12.9(16℃)	−33.8	305	+144.0	7711	0.0072
氨	NH_3	17.03	0.771	2.22	1.29	9.18	−33.4	1373	+132.4	1130	0.0215
一氧化碳	CO	28.01	1.250	1.047	1.40	16.6	−191.48	211	−140.2	3499	0.0226
二氧化碳	CO_2	44.01	1.976	0.837	1.30	13.7	−78.2	574	+31.1	7387	0.0137
二氧化硫	SO_2	64.07	2.927	0.632	1.25	11.7	−10.8	394	+157.5	7881	0.0077
二氧化氮	NO_2	46.01	—	0.804	1.31	—	+21.2	712	+158.2	10133	0.0400
硫化氢	H_2S	34.08	1.539	1.059	1.30	11.66	−60.2	548	+100.4	19140	0.0131
甲烷	CH_4	16.04	0.717	2.223	1.31	10.3	−161.58	511	−82.15	4620	0.0300
乙烷	C_2H_6	30.07	1.357	1.729	1.20	8.50	−88.50	486	+32.1	4950	0.0180
丙烷	C_3H_8	44.10	2.020	1.863	1.13	7.95(18℃)	−42.1	427	+95.6	4357	0.0148
丁烷(正)	C_4H_{10}	58.12	2.673	1.918	1.108	8.10	−0.5	386	+152.0	3800	0.0135
戊烷(正)	C_5H_{12}	72.15	—	1.72	1.09	8.74	−36.08	151	+197.1	3344	0.0128
乙烯	C_2H_4	28.05	1.261	1.528	1.25	9.35	+103.7	481	+9.7	5137	0.0164
丙烯	C_3H_6	42.08	1.914	1.633	1.17	8.35(20℃)	−47.7	440	+91.4	4600	—
乙炔	C_2H_2	26.04	1.171	1.683	1.24	9.35	−83.66(升华)	829	+35.7	6242	0.0184
氯甲烷	CH_3Cl	50.49	2.308	0.741	1.28	9.89	−24.1	406	+148.0	6687	0.0085
苯	C_6H_6	78.11	—	1.252	1.1	7.2	+80.2	394	+288.5	4833	0.0088

主要符号表

英文字母

A	管道截面积,m^2;滤饼面积,m^2;传热面积,m^2;吸收因子$=L/mV$;萃取溶质量,$kg \cdot h^{-1}$	I_v	水汽的焓,kJ/kg 水汽
B	旋风分离器进口宽度,m;萃取稀释剂量,$kg \cdot h^{-1}$	J	质量通量,$kmol \cdot m^{-2} \cdot s^{-1}$
c	单位体积溶液中溶质气体的物质的量,$kmol \cdot m^{-3}$	k_G	以分压差为推动力的气相传质分系数,$kmol \cdot m^{-2} \cdot s^{-1} \cdot kPa^{-1}$
c_g	干空气比热容,$kJ \cdot kg^{-1}$ 干空气 $\cdot K^{-1}$	k_L	以浓度差为推动力的液相传质分系数,$m \cdot s^{-1}$
c_H	湿比热容,$kJ \cdot kg^{-1}$ 干空气 $\cdot K^{-1}$	k_x	以液相摩尔分数表达的液相传质分系数,$kmol \cdot m^{-2} \cdot s^{-1}$
c_v	水汽的比热容,$kJ \cdot kg^{-1}$ 干空气 $\cdot K^{-1}$	k_y	以气相摩尔分数表达的气相传质分系数,$kmol \cdot (m^{-2} \cdot s^{-1})$
c_P	定压比热容,$J \cdot kg^{-1} \cdot K^{-1}$		
C_0	黑体辐射系数,$5.669 \, W/m^{-2} \cdot K^{-4}$	K	总传热系数,$W \cdot m^{-2} \cdot K^{-1}$;恒压过滤常数;Langmuir 常数
C_{mf}	起始流化系数		
C_{sf}	加热表面-液体组合情况的经验常数	K''	Kozeny 常数
d	管径,m;球形颗粒直径,m	K_c	分离因数
d_c	临界粒径,m	K_G	以分压差为推动力的气相总传质系数,$kmol \cdot m^{-2} \cdot s^{-1} \cdot kPa^{-1}$
d_e	当量直径,m		
d_m	管道内外壁的平均管径,m	K_L	以浓度差为推动力的液相总传质系数,$m \cdot s^{-1}$
D	换热器外壳内径,m;加热蒸汽流率,$kg \cdot s^{-1}$;精馏产品流量,$kmol \cdot s^{-1}$;扩散系数,$m^2 \cdot s^{-1}$	K_x	以液相摩尔分数表达的液相总传质系数,$kmol \cdot m^{-2} \cdot s^{-1}$
D_1	反应器扩散系数	K_y	以气相摩尔分数表达的气相总传质系数,$kmol \cdot m^{-2} \cdot s^{-1}$
E	灰体辐射能力,$W \cdot m^{-2}$;亨利系数		
E_0	精馏塔全塔效率	l_e	当量长度,m
E_{MG}	精馏塔汽相莫弗里板效率	L	管长,m;滤饼厚度,m;蒸馏段回流液摩尔流率,$kmol \cdot s^{-1}$;干空气的质量流量,kg 干空气 $\cdot s^{-1}$
E_{ML}	精馏塔液相莫弗里板效率		
f	摩擦系数;校正系数		
F	溶液进料量,$kmol \cdot s^{-1}$	L'	提馏段回流液相摩尔流率,$kmol \cdot s^{-1}$
F'	内摩擦力,N	L_e	当量滤饼厚度,m
g	重力加速度,$9.8 m^2 \cdot s^{-1}$	m	质量,kg;相平衡常数(亨利常数)
G_c	湿物料中绝干料的质量流量,kg 干料 $\cdot s^{-1}$	n	摩尔数
h_f	局部阻力损失,米液柱	N	精馏塔塔板数,个;传质通量,$kmol \cdot m^{-2} \cdot s^{-1}$;传质单元数
H	泵扬程,米液柱;加热蒸汽的焓,$J \cdot kg^{-1}$;溶解度系数,$kmol \cdot m^{-3} \cdot Pa^{-1}$;传质单元高度,m;湿度,$kg$ 水汽 $\cdot kg^{-1}$ 干空气	N_e	气流有效旋转圈数
		N_{min}	精馏塔最小理论塔板数,个
H'	二次蒸汽的焓,$J \cdot kg^{-1}$	N_P	精馏塔实际塔板数,个
H_s	饱和湿度,kg 水汽 $\cdot kg^{-1}$ 干空气	N_T	精馏塔理论塔板数,个
I_g	干空气的焓,$kJ \cdot kg^{-1}$ 干空气	p	压力,Pa;
I_H	湿空气焓,$kJ \cdot kg^{-1}$ 干空气	p^*	溶液上方溶质气体的分压,Pa

续表

p_s	湿空气的饱和水蒸气压,Pa	T_w	湿球温度,K
p_v	湿空气的水汽分压,Pa	u	流速,m·s^{-1};干燥速度,kg·m^{-2}·s^{-1}
P	泵轴功率,W	u_r	离心沉降速度,m·s^{-1}
P_e	泵有效轴功率,W	u_T	颗粒切向速度,m·s^{-1}
q	热流密度,W·m^{-2};精馏塔表征进料状况的热量之比,=(L'−L)/F;吸附剂的吸附容量,kg·kg^{-1}	V	体积,m^3;精馏段蒸气摩尔流率,kmol·s^{-1}
		V'	提馏段蒸气摩尔流率,kmol·s^{-1}
q_V	体积流量,m^3·s^{-1}	V_e	当量体积,m^3
q_m	质量流量,kg·s^{-1};单分子层最大吸附容量,kg·kg^{-1}	V_g	1kg 干空气的体积,m^3·kg^{-1} 干空气
		V_H	湿空气的比体积,m^3·kg^{-1} 干空气
Q	传热速率,W	V_{HS}	被水汽饱和的湿空气的比体积,m^3·kg^{-1} 干空气
Q_L	蒸发器热损失,W		
r	滤饼比阻,1/m^2;饱和温度 t_s 下的比汽化热,J·kg^{-1};均相反应速率,kmol/(m^3·s)	V_w	1kg 水汽的比体积,m^3·kg^{-1} 水汽
		W	水分蒸发量,kg·h^{-1};质量分数;精馏塔底产品,kmol·s^{-1};汽化水份量,kg
R	管道半径,m;气体常数,8.314J·mol^{-1}·k^{-1};回流比		
		x	精馏液相摩尔分数;反应转化率
R_d	污垢热阻,m^2·K·W^{-1}	x_0	蒸发原料液中的溶质浓度,质量分数
R_m	颗粒旋转平均半径,m	x_1	蒸发完成液中的溶质浓度,质量分数
R_{min}	最小回流比	X	液相摩尔比;干基含水量,kg 水分·kg^{-1} 干料
S	解吸因子=mV/L;萃取溶剂量,kg·h^{-1}	X^*	平衡水分,kg 水绝干料·kg^{-1}
S_{min}	萃取最小溶剂用量,kg·h^{-1}	y	精馏气相摩尔分数
t	冷流体温度,K;管心距,m;	Y	气相摩尔比
T	热流体温度,K;干球温度,K	Z	传质单元数
T_d	露点,K		

希腊字母

α	对流传热系数,W·m^{-2}·K^{-1};相对挥发度;1m^3 填料的有效气液传质面积,m^2·m^{-3};颗粒的比表面积,1/m	φ_s	球形度系数
		λ	摩擦因数;热导率,W·m^{-1}·K^{-1}
		μ	黏度,动力黏性系数,Pa·s
β	反应选择性	υ	运动黏性系数,m^2·s^{-1};相平衡时的挥发度
δ	传热边界层厚度,m	θ	停留时间,s
ε	黑度	ρ	密度,kg·m^{-3}
ϕ	反应收率	σ	工质气液界面的表面张力,N·m^{-1}
γ	加热蒸汽汽化潜热,J·kg^{-1}	τ	摩擦剪应力,N·m^{-2};干燥时间,s
γ'	二次蒸汽的汽化潜热,J·kg^{-1}	ω	湿基含水量,kg 水分·kg^{-1} 湿料
γ_w	水在 T_w 时的汽化潜热,J·kg^{-1}	ξ	阻力系数;反应进度
η	泵效率;干燥效率	Δt_m	对数平均温差;沸点升高引起的温度差,K
η_0	旋风分离器分离效率	Δt_T	蒸发器理论温度差,K
φ	相对湿度	Ω	吸收塔截面积,m^2

相似特征数

Bi	毕渥(Biot)数	Ra	瑞利(Rayleigh)数
Fo	傅里叶(Fourier)数	Re	雷诺(Reynolds)数
Gr	格拉晓夫(Grashof)数	Sc	施密特(Schmidt)数
Nu	努塞尔(Nusselt)数	Sh	舍伍德(Sherwood)数
Pr	普朗特(Prandtl)数	St	斯坦顿(Stanton)数

参 考 文 献

[1] 张洪源，丁绪淮，顾毓珍.化工过程及设备（上、下册）.北京：中国工业出版社，1956.
[2] 陈涛，张国亮.化工传递过程基础.3 版.北京：化学工业出版社，2019.
[3] 上海师范学院，福建师范大学.化工基础.2 版.北京：高等教育出版社，1990.
[4] 祁存谦，胡振瑗.简明化工原理实验.武汉：华中师范大学出版社，1991.
[5] 祁存谦，雷达.化工原理习题指导.武汉：华中师范大学出版社，1993.
[6] 柴诚敬，张国亮.化工原理（上册）——化工流体流动与传热.3 版.北京：化学工业出版社，2020.
[7] 闫志谦，张利锋.化工原理（上、下册）.4 版.北京：化学工业出版社，2020.
[8] 陈敏恒，丛德滋，齐鸣斋，等.化工原理（上、下册）.5 版.北京：化学工业出版社，2020.
[9] 陈甘棠，陈建峰，陈纪忠.化学反应工程.4 版.北京：化学工业出版社，2021.
[10] 管国锋，赵汝溥.化工原理.4 版.北京：化学工业出版社，2015.
[11] 钟理，郑大锋，伍钦.化工原理（上、下册）.北京：化学工业出版社，2020.
[12] 杨祖荣，刘丽英，刘伟.化工原理.4 版.北京：化学工业出版社，2021.
[13] 王志魁.化工原理.5 版.北京：化学工业出版社，2018.
[14] 夏清，贾绍义.化工原理（上、下册）.2 版.天津：天津大学出版社，2012.
[15] 谭天恩，窦梅.化工原理（上、下册）.4 版.北京：化学工业出版社，2013.
[16] 张木全，云智勉，邰晓曦.化工原理.3 版.广州：华南理工大学出版社，2013.
[17] 祁存谦，吕树申，丁楠.化工基础网络课程.北京：高等教育出版社，2003.
[18] 祁存谦.孔板流量计的永久压强降的理论公式.化学世界，1985，26（11）：422-424.
[19] 陶文铨.传热学.第 5 版.北京：高等教育出版社，2019.
[20] 庄骏，张红.热管技术及其工程应用.北京：化学工业出版社，2000.
[21] 赵廷仁，祁存谦.精馏原理与恒摩尔流的讲课体会 [J].化工高等教育，1986（4）：4.
[22] 祁存谦，赵廷仁.吸收塔中填料层高度的解析算法 [J].化学世界，1988（03）：35-38.
[23] 祁存谦.改进的湿空气 $T-H$ 图 [J].化学世界，1984（04）：17-20.